丛书主编　柯　洪

全国一级造价工程师职业资格考试十年真题·九套模拟

建设工程造价管理

上册　十年真题

主编　杨　强

中国建筑工业出版社
中国城市出版社

图书在版编目（CIP）数据

建设工程造价管理 / 杨强主编. -- 北京 : 中国城市出版社，2023.7

全国一级造价工程师职业资格考试十年真题·九套模拟 / 柯洪主编

ISBN 978-7-5074-3621-1

Ⅰ. ①建… Ⅱ. ①杨… Ⅲ. ①建筑造价管理-资格考试-习题集 Ⅳ. ①TU723.31-44

中国国家版本馆 CIP 数据核字（2023）第 136867 号

本书由“十年真题”和“九套模拟”两部分组成，分别对考生复习备考起到不同的指导和帮助作用。

其中，“十年真题”通过关注高频考点、关注常见考试题型、关注考题中干扰项的选择三方面的研读层层推进，带动考生深刻了解考试的内涵及发展趋势，不仅帮助考生牢固掌握知识点，还可以帮助考生对考试的各项要求了如指掌、成竹于胸，使考生具备深厚的考试基础知识的沉淀。同时，在通过“十年真题”牢固掌握基础知识、熟悉考试规律的基础上，通过“九套模拟”不断训练及提升考生运用知识及应对考试的能力。与其他的模拟试卷相比，九套模拟试题具有循序渐进、循环提高、关注 2023 版教材中新增及修订的知识点、配合解析、掌握易错考点等特色。

责任编辑：朱晓瑜 张智芊
责任校对：赵 菲

全国一级造价工程师职业资格考试十年真题·九套模拟
丛书主编 柯 洪
建设工程造价管理
主编 杨 强
*
中国建筑工业出版社、中国城市出版社出版、发行（北京海淀三里河路 9 号）
各地新华书店、建筑书店经销
北京鸿文瀚海文化传媒有限公司制版
建工社（河北）印刷有限公司印刷
*
开本：787 毫米×1092 毫米 1/16 印张：23¼ 字数：548 千字
2023 年 6 月第一版 2023 年 6 月第一次印刷
定价：**62.00** 元（上、下册）
ISBN 978-7-5074-3621-1
（904617）

前　言

一、2023 年一级造价师职业资格考试的特点分析及教材修订

1. 自 2022 年起造价工程师的报考条件发生了变化，《人力资源社会保障部关于降低或取消部分准入类职业资格考试工作年限要求有关事项的通知》（人社部发〔2022〕8 号）将一级造价工程师的报考条件调整为：

（1）具有工程造价专业大学专科（或高等职业教育）学历，从事工程造价、工程管理业务工作满 4 年；具有土木建筑、水利、装备制造、交通运输、电子信息、财经商贸大类大学专科（或高等职业教育）学历，从事工程造价、工程管理业务工作满 5 年。

（2）具有工程造价、通过工程教育专业评估（认证）的工程管理专业大学本科学历或学位，从事工程造价、工程管理业务工作满 3 年；具有工学、管理学、经济学门类大学本科学历或学位，从事工程造价、工程管理业务工作满 4 年。

（3）具有工学、管理学、经济学门类硕士学位或者第二学士学位，从事工程造价、工程管理业务工作满 2 年。

（4）具有工学、管理学、经济学门类博士学位。

（5）具有其他专业相应学历或者学位的人员，从事工程造价、工程管理业务工作年限相应增加 1 年。

随着报考条件中对工作年限要求的进一步降低，以及 2023 年国家疫情防控政策的全面放开，必然导致考生数量大幅度增加。为保证职业资格考试的水平，一级造价工程师的考试难度有可能略有增加。如何复习备考才能顺利获取职业资格，也是广大考生重点关心的问题。

2. 2023 年继续采用 2019 版《造价工程师职业资格考试大纲》，“建设工程造价管理”“建设工程技术与计量”“建设工程计价”课程满分为 100 分，考试时间为 150 分钟；“建设工程造价案例分析”课程满分为 120 分，考试时间为 240 分钟。

3. 2023 年“造价工程师职业资格考试培训教材”进行了局部修订，通常教材修订时的新增内容在考试时都会作为重点，主要修订依据包括：

(1)《企业安全生产费用提取和使用管理办法》(财资〔2022〕136号);

(2)《工程造价指标分类及编制指南》(中国建设工程造价管理协会);

(3)《国家发展改革委等部门关于严格执行招标投标法规制度进一步规范招标投标主体行为的若干意见》(发改法规规〔2022〕1117号);

(4)《建设项目工程总承包计价规范》T/CCEAS 001—2022;

(5)《关于完善建设工程价款结算有关办法的通知》(财建〔2022〕183号)。

二、考生在复习备考时遇到的困难

经过长期以来对考生复习状况的跟踪调研,以及与部分考生代表的当面沟通,大部分积极备考的考生普遍反映教材的内容并不难理解和掌握,但在考试时还是会不断出现判断、选择或计算错误。造成这些应考困境的主要原因是:

1. 造价工程师职业资格考试的教材内容就专业知识的层面来说并不是很深,大多是从事专业领域工作应具备的基础知识。很多考生学习起来并不是很吃力,但经常出现顾此失彼的现象。因为同时进行四门课程的备考,不免在时间和精力分配上力不从心。并且各门课程的内容容易相互干扰,每一个知识点都不难掌握,但把四门课的知识点都集中在一起不免有顾此失彼之感。

2. 经过二十多年的发展,造价工程师职业资格考试已经形成了比较稳定的模式。也就是不仅仅要求考生能够学会教材中的各个知识点,还必须能够牢固掌握并灵活运用。造价工程师职业资格考试的题目有时可能在一个相对简单的知识点上设计一些难度较大的题目,考生如不能掌握考试规律,很难得到理想的分数。

3. 考生备考时会有无从下手之感。面对厚厚的几百页教材,考生往往抓不住重点,不了解主要的考点,不了解主要的题型,不了解主要的考试方式。如果在复习备考中不辅助以大量的高质量习题训练,可能最终会有事倍功半的结果。

三、本书的主要特点

本书由"十年真题"和"九套模拟"两部分组成,分别对考生复习备考起到了不同的指导和帮助作用。

1. "十年真题"部分。对真题的详细研读永远是复习备考的不二法门,但很多考生只满足于用历年真题测试自己的知识掌握程度,殊不知这种方法的帮助是很有限的。某一年真题自行测试效果较为理想,并不能表示今年的考试也可以顺利通过。再加上教材的更新比较频繁,很多考生并不了解历次教材的修订情况,反而会被过去的知识点所影响,对目前教材的内容产生理解困惑。基于这些困境，本书“十年真题”部分主要通过真题研读的方式帮助考生掌握每门课程的核心考点和要求，同时避免常犯的考试错误。

（1）研读要点一：关注高频考点。虽然在十年中，教材已多次更新，既包括知识点范畴的更新，也包括某知识点具体内容的更新，但是在历次变化中，高频考点表现出相对的稳定性，通过“十年真题”中各考点的出现频次，可以准确掌握全书的考试重点，事半功倍。

（2）研读要点二：关注常见考试题型。在掌握高频考点的基础上，还应进一步熟悉各考点在历次考核中的常见题型。从历年真题的情况来看，通常每一高频考点会有两到三种常见的考试题型，包括计算题、概念选择题、综合理解题、比较选择题（对于案例来说，可以掌握在一道大题中常见的考核小点），掌握了常见题型，就可以应对考试时可能出现的各种变化。

（3）研读要点三：关注考题中干扰项的选择。这是广大考生最容易忽略的一点，恰恰也是最重要的一点。很多考生在看历年真题时，重点关注的都是正确答案的选项，鲜有关注其他干扰项的设置。其实干扰项的设置是大有道理的，都是根据考生对知识点的常见错误理解而设计的，并且对于大多数考点来说，干扰项的选择也有其规律性，很多干扰项重复出现。熟悉常见考点的干扰项，能够避免众多考生犯错（对于案例分析科目来说，就是在计算时经常出现的计算遗漏、计算错误或者考虑欠缺等情况），从而真正做到知己知彼、百战不殆。

“十年真题”通过以上三方面的研读层层推进，带动考生深刻了解考试的内涵及发展趋势，不仅帮助考生对知识点的掌握更加牢固，还可以对考试的各项要求了如指掌、成竹于胸。

2. “九套模拟”部分。在通过“十年真题”牢固掌握基础知识，熟悉考试规律的基础上，本书通过“九套模拟”不断训练及提升考生运用知识及应对考试的能力。与其他的模拟试卷相比，本书独具以下特点：

（1）循序渐进，循环提高。本书主要针对参加土建和安装专业的考生，各专业课程都准备了九套模拟题（案例分析科目为七套模拟题），并创新性地将其分为逆袭卷（五套）、黑白卷（三套）和定心卷（一套）。逆袭卷用于考前 45~60 天的阶段，主要特点是覆盖面广，对所有知识点和考点全面覆盖，以帮助考生深入掌握教材内容；黑白卷用于考前 30 天的阶段，主要特点是模拟题集中于教材的重点、难点及高频考点，帮助考生以最快速度最大程度掌握考试中分值占比最大的知识点；定心卷用于考前 7~15 天的阶段，主要特点是全真模拟考题难度，考生可以更加真实地测定出知识的掌握程度。

（2）关注 2023 版教材中新增或新修订的知识点。每次教材改版时，新增及新修订的考点通常都会作为重点考核的内容。本书的各套模拟题针对这些知识点亦重点关注，反复用不同题型进行训练，提高考生掌握的熟练程度。

(3) 配合解析，掌握易错考点。考生往往面临“知其然而不知其所以然”的困境。针对这一难题，本书选择了部分真题进行详细解析，详尽深入阐述各易错考点。考生可举一反三，避免在考试中被类似题型迷惑，可以取得更好的成绩。

相信通过对本书的学习，考生可以大幅度提高对各知识点的掌握程度，取得理想的考试成绩。由于编者水平有限，本书中难免会有疏漏，还望各位考生原谅并提出宝贵意见。

目　录

上册　十年真题

下册　九套模拟

第一章　工程造价管理及其基本制度

一、本章概览

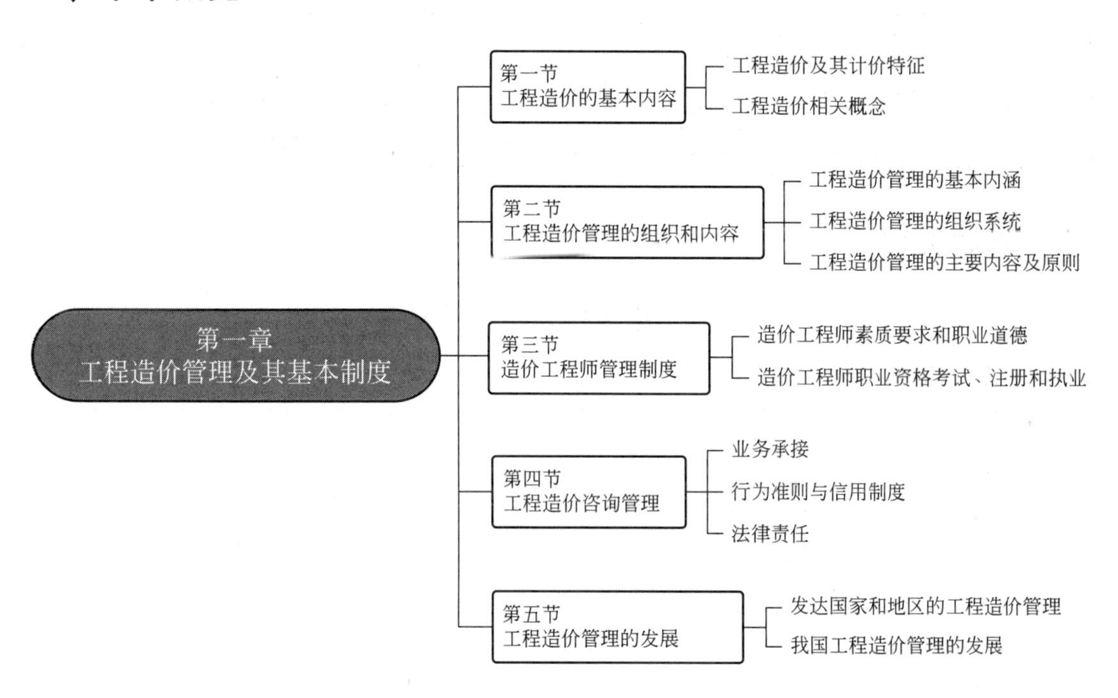

二、考情分析

参见表1-1。

表1-1　本章考情分析

考试年度	2022年				2021年				2020年			
题型/节	单选题		多选题		单选题		多选题		单选题		多选题	
	数量	分值	数量	分值	数量	分值	数量	分值	数量	分值	数量	分值
第一节	1	1	1	2					2	2		
第二节	1	1			1	1	1	2	2	2	1	2
第三节					1	1					1	2
第四节			1	2	1	1			2	2		
第五节	1	1					1	2				
本章小计	3	3	2	4	3	3	2	4	6	6	2	4
本章得分	7分				7分				10分			

第一节 工程造价的基本内容

一、主要知识点及考核要点

参见表 1-2。

表 1-2 主要知识点及考核要点

序号	知识点	考核要点
1	工程造价及其计价特征	工程造价含义；计价的单件性、多次性、组合性；投资估算、工程概算、修正概算、施工图预算、合同价、中间结算、竣工决算的概念及相关特征
2	工程造价相关概念	静态投资与动态投资的组成及其关系；生产性建设项目总投资的构成

二、真题回顾

Ⅰ 工程造价及其计价特征

（一）单选题

1. 从投资者（业主）角度分析，工程造价是指建设一项工程预期或实际开支的（ ）。(2014 年)

A. 全部建筑安装工程费用　　B. 建设工程总费用
C. 全部固定资产投资费用　　D. 建设工程动态投资费用

2. 建筑产品的单件性特点决定了每项工程造价都必须（ ）。(2015 年)

A. 分布组合　　B. 分层组合
C. 多次计算　　D. 单独计算

3. 工程项目的多次计价是一个（ ）过程。(2016 年)

A. 逐步分解和组合，逐步汇总概算造价
B. 逐步深化和细化，逐步接近实际造价
C. 逐步分析和测算，逐步确定投资估算
D. 逐步确定和控制，逐步积累竣工结算价

4. 建设项目的造价是指项目总投资中的（ ）。(2017 年)

A. 固定资产与流动资产投资之和　　B. 建筑安装工程投资
C. 建筑安装工程费与设备费之和　　D. 固定资产投资总额

5. 下列工程计价文件中，由施工承包单位编制的是（ ）。(2018 年)

A. 工程概算文件　　B. 施工图结算文件
C. 工程结算文件　　D. 竣工决算文件

6. 从投资者角度，工程造价是指建设一项工程预期开支或实际开支的全部（ ）费用。(2020 年)

A. 建筑安装工程　　B. 有形资产投资

C. 静态投资　　D. 固定资产投资

7. 建设工程计价是一个逐步组合的过程，正确的造价组合过程是（　　）。（2020 年）

A. 单位工程造价、分部分项工程造价、单项工程造价

B. 单位工程造价、单项工程造价、分部分项工程造价

C. 分部分项工程造价、单位工程造价、单项工程造价

D. 分部分项工程造价、单项工程造价、单位工程造价

8. 某工程项目的建设投资为 1800 万元，建设期贷款利息为 200 万元，建筑安装工程费用为 100 万元，设备和工具器具购置费为 500 万元，流动资产投资为 300 万元。从业主角度，该项目的工程造价是（　　）万元。（2022 年）

A. 1500　　B. 1800

C. 2000　　D. 2300

（二）多选题

1. 工程计价的依据有多种不同类型，其中工程单价的计算依据有（　　）。（2018 年）

A. 材料价格　　B. 投资估算指标

C. 机械台班费　　D. 人工单价

E. 概算定额

2. 以下各项中，属于在工程项目设计阶段形成的计价文件有（　　）。（2022 年）

A. 投资估算　　B. 设计概算

C. 修正概算　　D. 施工预算

E. 施工图预算

Ⅱ　工程造价相关概念

（一）单选题

1. 下列费用中，属于建设工程静态投资的是（　　）。（2013 年）

A. 基本预备费　　B. 涨价预备费

C. 建设期贷款利息　　D. 建设工程有关税费

2. 生产性建设项目总投资由（　　）两部分组成。（2015 年）

A. 建筑工程投资和安装工程投资　　B. 建安工程投资和设备工器具投资

C. 固定资产投资和流动资产投资　　D. 建安工程投资和工程建设其他投资

3. 以下属于静态投资的是（　　）。（2019 年）

A. 涨价预备费　　B. 基本预备费

C. 建设期贷款利息　　D. 资金的时间价值

三、真题解析

Ⅰ　工程造价及其计价特征

（一）单选题

1. **【答案】** C

【解析】 从投资者（业主）角度分析，工程造价是指建设一项工程预期开支或实际开

支的全部固定资产投资费用。

2.【答案】D

【解析】建筑产品的单件性特点决定了每项工程都必须单独计算造价。

3.【答案】B

【解析】多次计价是个逐步深化和逐步接近实际造价的过程。

4.【答案】D

【解析】从投资者（业主）角度分析，工程造价是指建设一项工程预期开支或实际开支的全部固定资产投资费用。

5.【答案】C

【解析】工程结算价是指在工程竣工验收阶段，按合同调价范围和调价方法，对实际发生的工程量增减、设备和材料价差等进行调整后计算和确定的价格，反映的是工程项目的实际造价。结算价一般是由承包单位编制，由发包单位或委托其他的工程造价咨询机构审查。

6.【答案】D

【解析】从投资者（业主）角度分析，工程造价是指建设一项工程预期开支或实际开支的全部固定资产投资费用。

7.【答案】C

【解析】工程造价的组合过程依次是：分部分项工程造价、单位工程造价、单项工程造价、建设项目总造价。

8.【答案】C

【解析】从投资者（业主）角度看，工程造价是指建设一项工程预期开支或实际开支的全部固定资产投资费用，固定资产总投资包括建设投资和建设期贷款利息两部分。因此，该项目工程造价为1800+200=2000（万）。

（二）多选题

1.【答案】ACD

【解析】工程单价计算依据包括人工单价、材料价格、材料运杂费、机械台班费等。

2.【答案】BCE

【解析】工程设计阶段一般包括初步设计和施工图设计两个阶段，分别形成设计概算文件和施工图预算文件。对于大型复杂项目，可根据不同行业的特点和需要，在初步设计之后增加技术设计阶段，形成修正概算文件，是对初步设计概算的修正和调整。

Ⅱ 工程造价相关概念

（一）单选题

1.【答案】A

【解析】静态投资包括：建筑安装工程费、设备和工器具购置费、工程建设其他费、基本预备费，以及因工程量误差而引起的工程造价增减等。

2.【答案】C

【解析】生产性建设项目总投资包括固定资产投资和流动资产投资两部分；非生产性

建设项目总投资只包括固定资产投资，不含流动资产投资。

3. **【答案】** B

【解析】 静态投资包括：建筑安装工程费、设备和工器具购置费、工程建设其他费、基本预备费，以及因工程量误差而引起的工程造价增减等。

第二节　工程造价管理的组织和内容

一、主要知识点及考核要点

参见表 1-3。

表 1-3　　主要知识点及考核要点

序号	知识点	考核要点
1	工程造价管理的基本内涵	全面造价管理概念；全寿命期造价管理、全过程造价管理、全要素造价管理、全方位造价管理的概念及特点
2	工程造价管理的组织系统	无
3	工程造价管理的主要内容及原则	造价管理各阶段内容区分；以设计阶段为重点的全过程造价控制；技术与经济相结合原则

二、真题回顾

Ⅰ　工程造价管理的基本内涵

（一）单选题

1. 建设工程全要素造价管理是指要实现（　　）的集成管理。(2013 年)

A. 人工费、材料费、施工机具使用费

B. 直接成本、间接成本、规费、利润

C. 工程成本、工期、质量、安全、环境

D. 建筑安装工程费用、设备工器具费用、工程建设其他费用

2. 下列工作中，属于工程招标投标阶段造价管理内容的是（　　）。(2016 年)

A. 承发包模式选择　　B. 融资方案设计

C. 组织实施模式选择　　D. 索赔方案设计

3. 政府部门、行业协会、建设单位、施工单位及咨询机构通过协调工作，共同完成工程造价控制任务，属于建设工程全面造价管理中的（　　）。(2017 年)

A. 全过程造价管理　　B. 全方位造价管理

C. 全寿命期造价管理　　D. 全要素造价管理

4. 全面造价管理是指有效地利用专业知识与技术，对（　　）进行筹划和控制。(2020 年)

A. 资源、成本、盈利和风险

B. 工期、质量、成本和风险

C. 质量、安全、成本和盈利

D. 工期成本、质量成本、安全成本和环境成本

5. 下列造价管理做法中，体现全寿命期造价管理思想的是（　　）。(2022 年)

A. 将建造成本、工期成本、质量成本纳入造价管理

B. 建设单位、施工单位及有关咨询机构协同进行造价管理

C. 将工程项目建成后的日常使用及拆除成本纳入造价管理

D. 将工程项目从开工到竣工验收各阶段均作为造价管理重点

（二）多选题

按国际造价管理联合会（International Cost Engineering Council，简称：ICEC）给出的定义，全面造价管理是指有效地利用专业知识与技术，对（　　）进行筹划与控制。(2019 年)

A. 过程　　B. 资源

C. 成本　　D. 盈利

E. 风险

Ⅱ　工程造价管理的主要内容及原则

（一）单选题

1. 建设工程项目投资决策后，控制工程造价的关键在于（　　）。(2014 年)

A. 工程设计　　B. 工程施工

C. 材料设备采购　　D. 施工招标

2. 下列工作中，属于工程项目策划阶段造价管理内容的是（　　）。(2015 年)

A. 投资方案经济评价　　B. 编制工程量清单

C. 审核工程概算　　D. 确定投标报价

3. 为了有效地控制工程造价，应将工程造价管理的重点放在工程项目的（　　）阶段。(2016 年)

A. 初步设计和投标　　B. 施工图设计和预算

C. 策划决策和设计　　D. 方案设计和概算

4. 下列工作中，属于工程发承包阶段造价管理工作内容的是（　　）。(2018 年)

A. 处理工程变更　　B. 审核工程概算

C. 进行工程计量　　D. 编制工程量清单

5. 控制工程造价最有效的手段是（　　）。(2019 年)

A. 以设计阶段为重点　　B. 技术与经济相结合

C. 主动控制与被动控制相结合　　D. 造价的动态控制

6. 建设工程造价管理的关键阶段是在（　　）。(2020 年)

A. 施工阶段　　B. 施工和竣工阶段

C. 招标和施工阶段　　D. 前期决策和设计阶段

7. 为有效控制工程造价，业主应将工程造价管理的重点放在（　　）阶段。(2021 年)

A. 招标和结算　　B. 决策和设计

C. 设计和施工　　D. 招标和竣工验收

（二）多选题

1. 为有效控制工程造价，应将工程造价管理的重点放在（　　）阶段。（2017 年）

A. 施工招标　　B. 施工

C. 策划决策　　D. 设计

E. 竣工验收

2. 下列工程造价管理工作中，属于工程施工阶段造价管理工作内容的有（　　）。（2020 年）

A. 编制施工图预算　　B. 审核投资估算

C. 进行工程计量　　D. 处理工程变更

E. 编制工程量清单

3. 技术与经济相结合是控制工程造价的最有效手段，下列工程造价控制中，属于技术措施的有（　　）。（2021 年）

A. 明确造价控制人员的任务　　B. 开展设计的多方案比选

C. 审查施工组织设计　　D. 对节约投资给予奖励

E. 通过审查施工图设计研究节约投资的可能性

三、真题解析

1　工程造价管理的基本内涵

（一）单选题

1. 【答案】C

【解析】全要素造价管理的核心是按照优先性的原则，协调和平衡工期、质量、安全、环保与成本之间的对立统一关系。影响建设工程造价的因素有很多，为此，控制建设工程造价不仅是控制建设工程本身的建造成本，还应同时考虑工期成本、质量成本、安全与环境成本的控制，从而实现工程成本、工期、质量、安全、环境的集成管理。

2. 【答案】A

【解析】在全过程造价管理中，招标投标阶段包括标段划分、发承包模式及合同形式的选择、招标控制价或标底编制。

3. 【答案】B

【解析】全方位造价管理，即“大家一起管造价”。建设工程造价管理不仅是建设单位或承包单位的任务，还应是政府部门、行业协会、建设单位、施工单位及咨询机构的共同任务。

4. 【答案】A

【解析】全面造价管理是指有效地利用专业知识与技术，对资源、成本、盈利和风险进行筹划和控制。

5. 【答案】C

【解析】建设工程全寿命期造价是指建设工程初始建造成本和建成后的日常使用及拆

除成本之和，包括策划决策、建设实施、运行维护及拆除回收等各阶段费用。

（二）多选题

【答案】BCDE

【解析】全面造价管理是指有效地利用专业知识与技术，对资源、成本、盈利和风险进行筹划与控制。

Ⅱ 工程造价管理的主要内容及原则

（一）单选题

1.【答案】A

【解析】工程造价管理的关键在于前期决策和设计阶段，而在项目投资决策后，控制工程造价的关键就在于设计。

2.【答案】A

【解析】按照有关规定编制及审核投资估算，经有关部门批准作为拟建工程项目策划决策的控制造价；基于不同的投资方案进行经济评价，作为工程项目决策的重要依据。选项编制工程量清单和确定投标报价均属于工程发承包阶段的内容；审核工程概算属于工程设计阶段的内容。

3.【答案】C

【解析】本题考查的是工程造价管理的主要内容及原则。要有效地控制工程造价，就应将工程造价管理的重点转到工程项目策划决策和设计阶段。

4.【答案】D

【解析】编制工程量清单属于工程发承包阶段造价管理工作内容，审核工程概算属于设计阶段，处理变更及工程计量属于施工阶段。

5.【答案】B

【解析】技术与经济相结合是控制工程造价最有效的手段。

6.【答案】D

【解析】工程造价控制的关键在于前期决策和设计阶段。

7.【答案】B

【解析】工程造价管理的关键在于前期决策和设计阶段。为有效控制工程造价，应将工程造价管理的重点放在决策和设计阶段。

（二）多选题

1.【答案】CD

【解析】工程造价管理的关键在于前期决策和设计阶段，要有效地控制工程造价，就应将工程造价管理的重点转到工程项目策划决策和设计阶段。

2.【答案】CD

【解析】工程施工阶段包括进行工程计量及工程款支付管理，实施工程费用动态监控，处理工程变更和索赔。

3.【答案】BCE

【解析】从组织上采取措施，包括明确项目组织结构，明确造价控制人员及其任务，明确管理职能分工；从技术上采取措施，包括重视设计多方案选择，严格审查初步设计、技术设计、施工图设计、施工组织设计，深入研究节约投资的可能性；从经济上采取措施，包括动态比较造价的计划值与实际值，严格审核各项费用支出，采取对节约投资的有力奖励措施等。

第三节　造价工程师管理制度

一、主要知识点及考核要点

参见表 1-4。

表 1-4　主要知识点及考核要点

序号	知识点	考核要点
1	造价工程师素质要求和职业道德	无
2	造价工程师职业资格考试、注册和执业	职业资格证书、注册及注册证书；一级造价工程师执业范围；二级造价工程师执业范围

二、真题回顾

造价工程师职业资格考试、注册和执业

（一）单选题

1. 以下属于二级造价工程师工作内容的是（　　）。（2019 年）

A. 编制投资估算　　B. 编制招标控制价

C. 审核工程量清单　　D. 审核结算

2. 关于造价师执业的说法，正确的是（　　）。（2021 年）

A. 造价师可同时在两家单位执业

B. 取得造价师职业资格证后即可以个人名义执业

C. 造价师执业应持注册证书和执业印章

D. 造价师只可允许本单位从事造价工作的其他人员以本人名义执业

（二）多选题

1. 根据《注册造价工程师管理办法》，注册造价工程师的执业范围有（　　）。（2014 年）

A. 工程概算的审核和批准　　B. 工程量清单的编制和审核

C. 工程合同价款的变更和调整　　D. 工程索赔费用的分析和计算

E. 工程经济纠纷的调解和裁定

2. 根据造价工程师职业资格制度，下列工作内容中，属于一级造价工程师执业范围的有（　　）。（2020 年）

A. 批准工程投资估算　　B. 审核工程设计概算

C. 审核工程投标报价　　D. 进行工程审计中的造价鉴定

E. 调解工程造价纠纷

三、真题解析

造价工程师职业资格考试、注册和执业

（一）单选题

1. **【答案】** B

【解析】 二级造价工程师主要协助一级造价工程师开展相关工作，可独立开展以下具体工作：建设工程工料分析、计划、组织与成本管理，施工图预算、设计概算的编制；建设工程量清单、最高投标限价、投标报价的编制；建设工程合同价款、结算价款和竣工决算价款的编制。

2. **【答案】** C

【解析】 造价工程师不得同时受聘于两个或两个以上单位执业；取得造价工程师执业资格证书且从事工程造价相关工作的人员，经注册方可以造价工程师名义执业；造价工程师执业时应持注册证书和执业印章。

（二）多选题

1. **【答案】** BCD

【解析】 原注册造价工程师执业范围与现行管理办法中，一级造价工程师执业范围内容基本一致。一级造价工程师执业范围包括建设项目全过程的工程造价管理与咨询等，具体工作内容有：项目建议书、可行性研究投资估算与审核、项目评价造价分析；建设工程设计概算、施工（图）预算的编制和审核；建设工程招标投标文件工程量和造价的编制与审核；建设工程合同价款、结算价款、竣工决算价款的编制与管理；建设工程审计、仲裁、诉讼、保险中的造价鉴定，工程造价纠纷调解；建设工程计价依据、造价指标的编制与管理；与工程造价管理有关的其他事项。

2. **【答案】** BCDE

【解析】 一级造价工程师执业范围包括建设项目全过程的工程造价管理与咨询等，具体工作内容有：项目建议书、可行性研究投资估算与审核、项目评价造价分析；建设工程设计概算、施工（图）预算的编制和审核；建设工程招标投标文件工程量和造价的编制与审核；建设工程合同价款、结算价款、竣工决算价款的编制与管理；建设工程审计、仲裁、诉讼、保险中的造价鉴定，工程造价纠纷调解；建设工程计价依据、造价指标的编制与管理；与工程造价管理有关的其他事项。

第四节　工程造价咨询管理

一、主要知识点及考核要点

参见表1-5。

表 1-5　主要知识点及考核要点

序号	知识点	考核要点
1	业务承接	工程造价咨询业务范围
2	行为准则与信用制度	信用档案、不良行为记录
3	法律责任	违规情形与罚款额度

二、真题回顾

Ⅰ　业务承接

多选题

根据《工程造价咨询企业管理办法》，属于工程造价咨询业务范围的有（　　）。（2019 年）

A. 项目经济评价报告编制　　B. 工程竣工决算报告编制

C. 项目设计方案比选　　D. 工程索赔费用计算

E. 项目概预算审批

Ⅱ　法律责任

（一）单选题

1. 根据《工程造价咨询企业管理办法》，工程造价咨询企业可被处 1 万元以上 3 万元以下罚款的情形是（　　）。（2016 年）

A. 跨地区承接业务不备案的

B. 转包承接的工程造价咨询业务的

C. 设立分支机构未备案的

D. 企业注册资本变更未备案的

2. 根据《工程造价咨询企业管理办法》，工程造价咨询企业跨省承接业务未及时办理备案，由主管部门责令限期改正，逾期改正的，可处以（　　）的罚款。（2017 年）

A. 5000 元以上 2 万元以下　　B. 1 万元以下

C. 1 万元以上 3 万元以下　　D. 3 万元以上

3. 在下列工程造价咨询企业的行为中，属于违规行为的是（　　）。（2021 年）

A. 向工程造价行业组织提供工程造价企业信用档案信息

B. 在工程造价成果文件上加盖有企业名称、资质等级及证书编号的执业印章，并由执行咨询业务的注册造价工程师签字、加盖个人执业印章

C. 跨省承接工程造价业务，并自承接业务之日起 30 日内到建设工程所在地省人民政府建设主管部门备案

D. 同时接受招标人和投标人对同一工程项目的工程造价咨询业务

（二）多选题

下列各项行为中，属于造价企业违反规定的是（　　）。（2022 年）

A. 跨省承揽业务的在 25 日内完成备案

B. 同时接受两个投标人对同一工程项目的造价咨询业务

C. 同时接受招标人和投标人对同一工程项目的造价咨询业务

D. 转包承接的工程造价咨询业务

E. 收取低微的费用参与工程投标

三、真题解析

Ⅰ 业务承接

多选题

【答案】 ABD

【解析】 工程造价咨询业务范围包括：建设项目建议书及可行性研究投资估算、项目经济评价报告的编制和审核；建设项目概预算的编制与审核，并配合设计方案比选、优化设计、限额设计等工作进行工程造价分析与控制；建设项目合同价款的确定（包括招标工程工程量清单和最高投标限价、投标报价的编制和审核）；合同价款的签订与调整（包括工程变更、工程洽商和索赔费用的计算）及工程款支付，工程结算及竣工结（决）算报告的编制与审核等；工程造价经济纠纷的鉴定和仲裁的咨询；提供工程造价信息服务等。

Ⅱ 法律责任

（一）单选题

1. **【答案】** B

【解析】 工程造价咨询企业转包承接的工程造价咨询业务，属于“其他违规责任”情形，可处1万元以上3万元以下罚款（根据新教材内容对原真题选项略作调整）。

2. **【答案】** A

【解析】 跨省承接业务不备案的，由县级以上地方人民政府住房和城乡建设主管部门予以警告，责令限期改正；逾期未改正，可处5000元以上2万元以下罚款（根据新教材内容对原真题略作调整）。

3. **【答案】** D

【解析】 同时接受招标人和投标人或两个以上投标人对同一工程项目的工程造价咨询业务，由县级以上地方人民政府住房城乡建设主管部门或者有关专业部门给予警告，责令限期改正。

（二）多选题

【答案】 BCD

【解析】 工程造价咨询企业有下列行为之一的，由县级以上地方人民政府住房和城乡建设主管部门或有关专业部门给予警告责令限期改正，并处1万元以上3万元以下的罚款：(1)同时接受招标人和投标人或两个以上投标人对同一工程项目的工程造价咨询业务；(2)以给予回扣、恶意压低收费等方式进行不正当竞争；(3)转包承接的工程造价咨询业务；(4)法律、法规禁止的其他行为。

第五节　工程造价管理的发展

一、主要知识点及考核要点

参见表 1-6。

表 1-6　主要知识点及考核要点

序号	知识点	考核要点
1	发达国家和地区的工程造价管理	ENR 指数；通用合同文本（FIDIC、JCT、AIA 等）
2	我国工程造价管理的发展	无

二、真题回顾

Ⅰ　发达国家和地区的工程造价管理

（一）单选题

1. 美国建筑师学会（AIA）标准合同体系中，A 系列合同文件是关于（　　）之间的合同文件。(2013 年)

A. 发包人与建筑师　　B. 建筑师与专业顾问公司

C. 发包人与承包人　　D. 建筑师与承包人

2. 在英国建设工程标准合同体系中，主要通用于房屋建筑工程的是（　　）合同体系。(2014 年)

A. ACA　　B. JCT

C. AIA　　D. ICE

3. 美国建筑师学会（AIA）的合同条件体系分为 A、B、C、D、E、F 系列，用于财务管理表格的是（　　）。(2017 年)

A. C 系列　　B. D 系列

C. F 系列　　D. G 系列

4. 美国的工程造价估算中，材料费和机械使用费估算的基础是（　　）。(2018 年)

A. 现行市场行情或市场租赁价　　B. 联邦政府公布的上月信息价

C. 现行材料及设备供应商报价　　D. 预计项目实施时的市场价

5. 英国有着一套完整的建设工程标准合同体系，（　　）通用于房屋建筑工程。(2019 年)

A. ACA　　B. AIA

C. JCT　　D. ENR

（二）多选题

1. 为了确定工程造价，美国工程新闻记录（ENR）编制的工程造价指数是由（　　）个体指数加权组成的。(2016 年)

A. 机械工人
B. 波特兰水泥
C. 普通劳动力
D. 构件钢材
E. 木材

2. 美国的工程造价估算中，管理费和利润一般是在某些费用基础上按照一定比例计算，这些费用包括（　　）。(2021 年)

A. 人工费
B. 材料费
C. 设备购置费
D. 机械使用费
E. 开办费

Ⅱ　我国工程造价管理的发展

（一）单选题

在完善的保险制度下，发达国家和地区的造价咨询企业所采用的典型模式是（　　）。(2022 年)

A. 合伙制
B. 股份制
C. 上市制
D. 私有制

三、真题解析

Ⅰ　发达国家和地区的工程造价管理

（一）单选题

1. **【答案】** C

【解析】 因教材微调，此真题个别选项与现用教材表述略有出入。AIA 的合同条件中，A 系列是业主与施工承包商、CM 承包商、供应商之间，以及总承包商与分包商之间的合同文本；B 系列是业主与建筑师之间的合同文本；C 系列是关于建筑师与提供专业服务的顾问之间的合同文本；D 系列是建筑师行业所用的文件；F 系列是财务管理表格；G 系列是建筑师企业与项目管理中使用的文件。

2. **【答案】** B

【解析】 JCT 是英国的主要合同体系之一，主要通用于房屋建筑工程。

3. **【答案】** C

【解析】 AIA 的合同条件中，A 系列是业主与施工承包商、CM 承包商、供应商之间，以及总承包商与分包商之间的合同文本；B 系列是业主与建筑师之间的合同文本；C 系列是关于建筑师与提供专业服务的顾问之间的合同文本；D 系列是建筑师行业所用的文件；F 系列是财务管理表格；G 系列是建筑师企业与项目管理中使用的文件。

4. **【答案】** A

【解析】 美国工程造价估算中，材料费和机械使用费均以现行市场行情或市场租赁价为造价估算的基础，并在人工费、材料费和机械使用费总额的基础上按照一定的比例再计提管理费和利润。

5. **【答案】** C

【解析】 JCT 是英国的主要合同体系之一，主要通用于房屋建筑工程。

（二）多选题

1.【答案】BCDE

【解析】ENR 造价指数是一个加权总指数，由构件钢材、波特兰水泥、木材和普通劳动力四种个体指数组成。

2.【答案】ABD

【解析】材料费和机械使用费均以现行的市场行情或市场租赁价作为造价估算的基础，并在人工费、材料费和机械使用费总额的基础上按照一定的比例（一般为 10%左右）再计提管理费和利润。

Ⅱ　我国工程造价管理的发展

（一）单选题

【答案】A

【解析】合伙制企业因对其组织方面具有强有力的风险约束性，能够促使其不断强化风险意识，提高咨询质量，保持较高的职业道德水平。正因如此，在完善工程保险制度下的合伙制也是发达国家和地区工程造价咨询企业所采用的典型组织模式。

第二章　相关法律法规

一、本章概览

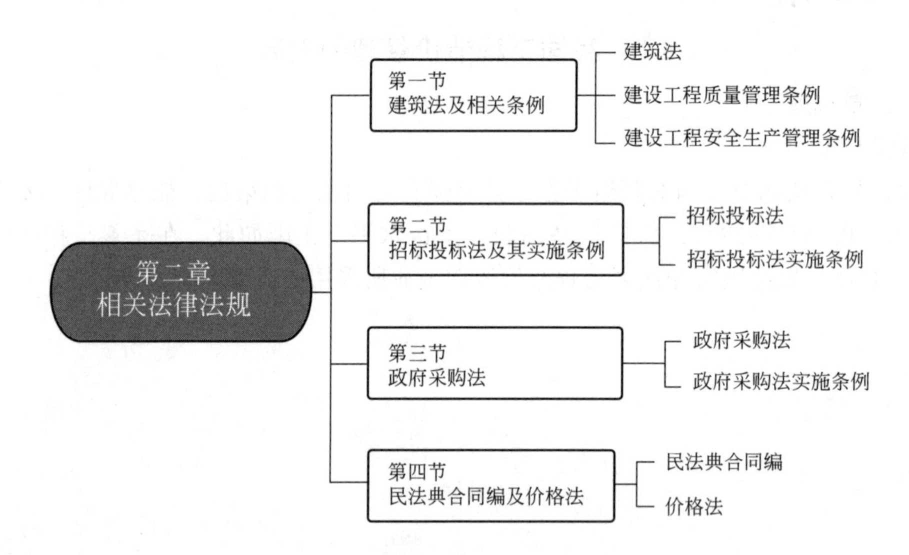

二、考情分析

参见表 2-1。

表 2-1　　本章考情分析

考试年度	2022 年				2021 年				2020 年			
题型 \ 节	单选题		多选题		单选题		多选题		单选题		多选题	
	数量	分值	数量	分值	数量	分值	数量	分值	数量	分值	数量	分值
第一节	2	2	1	2	2	2			1	1	2	4
第二节	2	2			2	2	1	2	2	2		
第三节	1	1					1	2	1	1		
第四节	2	2	1	2	3	3			2	2	2	4
本章小计	7	7	2	4	7	7	2	4	6	6	4	8
本章得分	11 分				11 分				14 分			

第一节 建筑法及相关条例

一、主要知识点及考核要点

参见表 2-2。

表 2-2 主要知识点及考核要点

教材点		知识点
1	建筑法	建筑工程施工许可；建筑工程监理；建筑安全生产管理
2	建设工程质量管理条例	施工单位的质量责任和义务；监理单位的业务承担；质量保修制度与最低保修期；竣工验收备案
3	建设工程安全生产管理条例	安全生产管理费用；安全生产教育培训；安全技术措施和专项施工方案

二、真题回顾

Ⅰ 建筑法

（一）单选题

1. 根据《建筑法》，建筑工程由多个承包单位联合共同承包的，关于承包合同履行责任的说法，正确的是（ ）。(2014 年)

A. 由牵头承包方承担主要责任 B. 由资质等级高的承包方承担主要责任

C. 由承包各方承担连带责任 D. 按承包各方投入比例承担相应责任

2. 根据《建筑法》，在建的建筑工程因故中止施工的，建设单位应当自中止施工之日起（ ）个月内，向发证机关报告。(2015 年)

A. 1 B. 2

C. 3 D. 6

3. 根据《建筑法》，获取施工许可证后，因故不能按期开工的，建设单位应当申请延期，延期的规定是（ ）。(2016 年)

A. 以两次为限，每次不超过 2 个月 B. 以三次为限，每次不超过 2 个月

C. 以两次为限，每次不超过 3 个月 D. 以三次为限，每次不超过 3 个月

4. 根据《建筑法》，在建的建筑工程因故中止施工的，建设单位应当自中止施工起（ ）个月内，向发证机关报告。(2017 年)

A. 1 B. 2

C. 3 D. 6

5. 建设单位应当自领取施工许可证之日起（ ）内开工。(2020 年)

A. 1 个月 B. 6 个月

C. 3 个月 D. 12 个月

6. 建筑装饰工程公司取得施工许可证后，由于建设方原因，决定延期 8 个月再开工，

关于施工许可证有效期的说法，正确的是（　　）。(2021 年)

A. 许可证被发证机关收回

B. 进行一次核验后，可以持续使用

C. 第 3 个月申请延期 3 个月，第 6 个月再申请延期 3 个月

D. 直接废止

（二）多选题

1.《建筑法》规定的建筑许可内容有（　　）。(2014 年)

A. 建筑工程施工许可　　B. 建筑工程监理许可

C. 建筑工程规范许可　　D. 从业资格许可

E. 建设投资规模许可

2. 根据《建筑法》，关于建筑工程承包的说法，正确的有（　　）。(2016 年)

A. 承包单位应在其资质等级许可的业务范围内承揽工程

B. 大型建筑工程可由两个以上的承包单位联合共同承包

C. 除总承包合同约定的分包外，工程分包须经建设单位认可

D. 总承包单位就分包工程对建设单位不承担连带责任

E. 分包单位可将其分包的工程再分包

3. 根据《建筑法》，申请领取施工许可证应当具备的条件有（　　）。(2018 年)

A. 建设资金已全额到位　　B. 已提交建筑工程用地申请

C. 已经确定建筑施工单位　　D. 有保证工程质量和安全的具体措施

E. 已完成施工图技术交底和图纸会审

4. 从事建筑活动的施工企业、勘察单位、设计单位和监理单位的资质等级划分依据包括（　　）。(2022 年)

A. 注册资本　　B. 专业技术人员

C. 工程业绩　　D. 办公场所

E. 员工人数

Ⅱ　建设工程质量管理条例

（一）单选题

1. 根据《建设工程质量管理条例》，下列关于建设单位的质量责任和义务的说法，正确的是（　　）。(2013 年)

A. 建设单位报审的施工图设计文件未经审查批准的，不得使用

B. 建设单位不得委托本工程的设计单位进行监理

C. 建设单位使用未经验收合格的工程应有施工单位签署的工程保修书

D. 建设单位在工程竣工验收后，应委托施工单位向有关部门移交项目档案

2. 根据《建设工程质量管理条例》，应当按照国家有关规定办理工程质量监督手续的单位是（　　）。(2014 年)

A. 建设单位　　B. 设计单位

C. 监理单位　　D. 施工单位

3. 根据《建设工程质量管理条例》，在正常使用条件下，设备安装工程的最低保修期限是（ ）年。(2015 年)

A. 1
B. 2
C. 3
D. 4

4. 根据《建设工程质量管理条例》，下列工程中，需要编制专项施工方案组织专家进行论证、审查的是（ ）。(2015 年)

A. 爆破工程
B. 起重吊装工程
C. 脚手架工程
D. 高大模板工程

5. 根据《建设工程质量管理条例》，在正常使用条件下，供热与供暖系统的最低保修期限是（ ）个供暖期、供热期。(2016 年)

A. 1
B. 2
C. 3
D. 4

6. 根据《建设工程质量管理条例》，建设工程的保修期自（ ）之日起计算。(2017 年)

A. 工程交付使用
B. 竣工审计通过
C. 工程价款结清
D. 竣工验收合格

7. 根据《建设工程质量管理条例》，在正常使用条件下，给水排水管道工程的最低保修期限为（ ）年。(2018 年)

A. 1
B. 2
C. 3
D. 5

8. 建设单位应当自建设工程竣工验收合格之日起（ ）日内，将建设工程竣工验收报告报建设行政主管部门或者其他有关部门备案。(2019 年)

A. 10
B. 15
C. 20
D. 30

9. 提供施工现场相邻建筑物和构筑物、地下工程的有关资料，并保证资料的真实、准确、完整是（ ）的安全责任。(2019 年)

A. 建设单位
B. 勘察单位
C. 设计单位
D. 施工单位

10. 下列建筑设计单位的做法，正确的是（ ）。(2021 年)

A. 拒绝建设单位提出的违反相关规定降低工程质量的要求
B. 按照建设单位要求在设计文件中指定设备供应商
C. 不予理睬发现的施工单位擅自修改工程设计进行施工的行为
D. 在设计文件中对选用的建筑材料和设备只注明了规格，未注明技术性能

11. 根据现行《建设工程监理规范》GB/T 50319 要求，监理工程师对建设工程实施监理的形式包括（ ）。(2022 年)

A. 旁站、巡视和班组自检
B. 巡视、平行检验和班组自检
C. 平行检验、班组互检和旁站

D. 旁站、巡视和平行检验

12. 根据《建设工程质量管理条例》，在正常使用条件下，设备安装和装修工程的最低保修期限为（　　）。(2022 年)

A. 2 年　　B. 5 年

C. 3 年　　D. 4 年

（二）多选题

1. 根据《建设工程质量管理条例》，建设工程竣工验收应具备的条件有（　　）。(2013 年)

A. 有完整的技术档案和施工管理资料

B. 有勘察、设计、施工、工程监理等单位分别签署的质量合格文件

C. 有施工单位签署的工程保修书

D. 有工程款结清证明文件

E. 有工程使用的主要建筑材料的进场试验报告

2. 根据《建设工程质量管理条例》，关于施工单位承揽工程的说法，正确的有（　　）。(2014 年)

A. 施工单位应在资质等级许可的范围内承揽工程

B. 施工单位不得以其他施工单位的名义承揽工程

C. 施工单位可允许个人以本单位的名义承揽工程

D. 施工单位不得转包所承揽的工程

E. 施工单位不得分包所承揽的工程

3. 根据《建设工程质量管理条例》，建设工程竣工验收应当具备的条件有（　　）。(2020 年)

A. 完成建设工程设计和合同约定的各项内容

B. 有完整的技术档案和施工管理资料

C. 有质量监督机构签署的质量合格文件

D. 有施工单位签署的工程保修书

E. 有建设单位签发的工程移交证书

Ⅲ　建设工程安全生产管理条例

（一）单选题

1. 根据《建设工程安全生产管理条例》，建设单位将保证安全施工的措施报送建设行政主管部门或者其他有关部门备案的时间是（　　）。(2013 年)

A. 建设工程开工之日起 15 日内　　B. 建设工程开工之日起 30 日内

C. 开工报告批准之日起 15 日内　　D. 开工报告批准之日起 30 日内

2. 根据《建设工程安全生产管理条例》，建设工程安全作业环境及安全施工措施所需费用，应当在编制（　　）时确定。(2014 年)

A. 投资估算　　B. 工程概算

C. 施工图预算　　D. 施工组织设计

（二）多选题

1. 根据《建设工程安全生产管理条例》，下列关于建设工程安全生产责任的说法，正确的是（　　）。(2013 年)

A. 设计单位应在设计文件中注明涉及施工安全的重点部位和环节

B. 施工单位对于安全作业费用有其他用途时需经建设单位批准

C. 施工单位应对管理人员和作业人员每年至少进行一次安全生产教育培训

D. 施工单位应向作业人员提供安全防护用具和安全防护服装

E. 施工单位应自施工起重机械验收合格之日起 60 日内向有关部门登记

2. 根据《建设工程安全生产管理条例》，施工单位对列入工程概算的安全作业环境及安全施工措施所需费用，应当用于（　　）。(2015 年)

A. 施工安全防护设施的采购　　B. 施工机械设备的更新

C. 施工机具安全性能的检测　　D. 安全施工措施的落实

E. 安全生产条件的改善

3. 根据《建设工程安全生产管理条例》，施工单位应当对达到一定规模的危险性较大的（　　）编制专项施工方案。(2016 年)

A. 土方开挖工程　　B. 钢筋工程

C. 模板工程　　D. 混凝土工程

E. 脚手架工程

4. 根据《建设工程安全生产管理条例》，对于列入建设工程概算的安全作业环境及安全施工措施所需的费用，应当用于（　　）。(2017 年)

A. 专项施工方案安全验算论证　　B. 施工安全防护用具的采购

C. 安全施工措施的落实　　D. 安全生产条件改善

E. 施工安全防护设施的更新

5. 对于列入建设工程概算的安全作业环境及安全施工措施所需的费用，施工单位应当用于（　　）。(2018 年)

A. 安全生产条件改善　　B. 专职安全管理人员工资发放

C. 施工安全设施更新　　D. 安全事故损失赔付

E. 施工安全防护用具采购

6. 根据《建设工程安全生产管理条例》，下列安全生产责任中，属于建设单位安全责任的有（　　）。(2019 年)

A. 确定建设工程安全作业环境及安全施工措施所需费用并纳入工程概算

B. 对采用新结构的建设工程，提出保障施工作业人员安全的措施建议

C. 拆除工程施工前，将拟拆除建筑物的说明、拆除施工组织方案等资料报有关部门备案

D. 建立健全安全生产责任制度，制定安全生产规章制度和操作规程

E. 对达到一定规模的危险性较大的分部分项工程编制专项施工方案，并附具安全验算结果

7. 根据《建设工程安全生产管理条例》，施工单位对列入建设工程概算的安全作业环

境及安全施工措施所需费用，应当用于（　　）。(2020 年)

A. 采购施工安全防护用具　　B. 缴纳职工工伤保险费
C. 支付从事危险作业人员津贴　　D. 更新施工安全防护措施
E. 改善安全生产条件

三、真题解析

Ⅰ　建筑法

（一）单选题

1. 【答案】C

【解析】大型建筑工程或结构复杂的建筑工程，可以由两个以上的承包单位联合共同承包，共同承包的各方对承包合同的履行承担连带责任。两个以上不同资质等级的单位实行联合共同承包的，应当按照资质等级低的单位的业务许可范围承揽工程。

2. 【答案】A

【解析】在建的建筑工程因故中止施工的，建设单位应当自中止施工之日起 1 个月内，向发证机关报告，并按照规定做好建设工程的维护管理工作。

3. 【答案】C

【解析】建设单位应当自领施工许可证之日起 3 个月内开工。因故不能按期开工的，应当向发证机关申请延期；延期以两次为限，每次不超过 3 个月。

4. 【答案】A

【解析】在建的建筑工程因故中止施工的，建设单位应当自中止施工之日起 1 个月内，向发证机关报告，并按照规定做好建设工程的维护管理工作。

5. 【答案】C

【解析】建设单位应当自领取施工许可证之日起 3 个月内开工。

6. 【答案】C

【解析】建设单位应当自领取施工许可证之日起 3 个月内开工。因故不能按期开工的，应当向发证机关申请延期；延期以两次为限，每次不超过 3 个月。既不开工又不申请延期或者超过延期时限的，施工许可证自行废止。

（二）多选题

1. 【答案】AD

【解析】建筑许可包括建筑工程施工许可和从业资格两个方面。

2. 【答案】ABC

【解析】总承包单位和分包单位就分包工程对建设单位承担连带责任，故 D 选项错误。禁止分包单位将其承包的工程再分包，故 E 选项错误。

3. 【答案】CD

【解析】建设单位申领施工许可证的条件中，选项 C、D 表述准确。建设资金已经落实（不一定要求全额到位），选项 A 错误；已办理建筑工程用地批准手续（不是提交申请），选项 B 错误；有满足施工需要的施工图纸及技术资料（不是完成施工图技术交底和图纸会审），选项 E 错误。

4.【答案】ABC

【解析】从事建筑活动的施工企业、勘察单位、设计单位和监理单位，按照其拥有的注册资本、专业技术人员、技术装备、已完成的建筑工程业绩等资质条件，划分为不同的资质等级。

Ⅱ 建设工程质量管理条例

（一）单选题

1.【答案】A

【解析】建设单位应当将施工图设计文件报县级以上人民政府建设主管部门或者其他有关部门审查。施工图设计文件未经审查批准的，不得使用。故选项 A 正确。建设单位可以委托具有工程监理相应资质等级并与被监理工程的施工承包单位没有隶属关系或者其他利害关系的该工程的设计单位进行监理。故选项 B 错误。建设单位组织相关单位进行竣工验收，验收合格方可交付使用，竣工验收应当具备条件之一是有施工单位签署的工程保修书。故选项 C 错误。建设单位应建立健全建设项目档案并在建设工程竣工验收后，及时向建设行政主管部门或者其他有关部门移交建设项目档案。故选项 D 错误。

2.【答案】A

【解析】建设单位在领取施工许可证或者开工报告前，应当按照国家有关规定办理工程质量监督手续。

3.【答案】B

【解析】电气管道、给水排水管道、设备安装和装修工程最低保修期为 2 年。

4.【答案】D

【解析】工程中涉及基坑、地下暗挖工程、高大模板工程的专项施工方案，施工单位还应当组织专家进行论证、审查。

5.【答案】B

【解析】本题考查的是《建设工程质量管理条例》。供热与供暖系统，为 2 个月采暖期、供冷期。

6.【答案】D

【解析】根据《建设工程质量管理条例》，建设工程实行质量保修制度。建设工程的保修期，自竣工验收合格之日起计算。

7.【答案】B

【解析】电气管道、给水排水管道、设备安装和装修工程保修期为 2 年。

8.【答案】B

【解析】建设单位应当自建设工程竣工验收合格之日起 15 日内，将建设工程竣工验收报告报建设行政主管部门或者其他有关部门备案。

9.【答案】A

【解析】建设单位应当向施工单位提供施工现场及毗邻区域内供水、排水、供电、供气、供热、通信、广播电视等地下管线资料，气象和水文观测资料，相邻建筑物和构筑物、地下工程的有关资料，并保证资料的真实、准确、完整。

10. 【答案】A

【解析】建设单位不得以任何理由，要求建筑设计单位或建筑施工单位违反法律、行政法规和建筑工程质量、安全标准，降低工程质量，建筑设计单位和建筑施工单位应当拒绝建设单位的此类要求。

11. 【答案】D

【解析】监理工程师应当按照工程监理规范的要求，采取旁站、巡视和平行检验等形式，对建设工程实施监理。

12. 【答案】A

【解析】在正常使用条件下，建设工程最低保修期限为：(1)基础设施工程、房屋建筑的地基基础工程和主体结构工程，为设计文件规定的该工程合理使用年限；(2)屋面防水工程、有防水要求的卫生间、房间和外墙面的防渗漏，为5年；(3)供热与供冷系统，为2个采暖期、供冷期；(4)电气管道、给水排水管道、设备安装和装修工程，为2年。

（二）多选题

1. 【答案】ABCE

【解析】建设单位收到建设工程竣工验收报告后，应当组织设计、施工、工程监理等有关单位进行竣工验收；建设工程经验收合格的方可交付使用。建设工程竣工验收应当具备下列条件：(1)完成建设工程设计和合同约定的各项内容；(2)有完整的技术档案和施工管理资料；(3)有工程使用的主要建筑材料、建筑构配件和设备的进场试验报告；(4)有勘察、设计、施工、工程监理等单位分别签署的质量合格文件；(5)有施工单位签署的工程保修书。

2. 【答案】ABD

【解析】从事建设工程勘察、设计的单位应当依法取得相应等级的资质证书，并在其资质等级许可的范围内承揽工程。禁止勘察、设计单位超越其资质等级许可的范围或者以其他勘察、设计单位的名义承揽工程。禁止勘察、设计单位允许其他单位或者个人以本单位的名义承揽工程。勘察、设计单位不得转包或者违法分包所承揽的工程。

3. 【答案】ABD

【解析】建设工程竣工验收应当具备下列条件：(1)完成建设工程设计和合同约定的各项内容；(2)有完整的技术档案和施工管理资料；(3)有工程使用的主要建筑材料、建筑构配件和设备的进场试验报告；(4)有勘察、设计、施工、工程监理等单位分别签署的质量合格文件；(5)有施工单位签署的工程保修书。

Ⅲ 建设工程安全生产管理条例

（一）单选题

1. 【答案】C

【解析】依法批准开工报告的建设工程，建设单位应当自开工报告批准之日起15日内，将保证安全施工的措施报送建设工程所在地县级以上地方人民政府建设行政主管部门或者其他有关部门备案。

2. 【答案】B

【解析】建设单位在编制工程概算时，应当确定建设工程安全作业环境及安全施工措施所需费用；在申请领取施工许可证时，应当提供建设工程有关安全施工措施的资料。

（二）多选题

1. 【答案】ACD

【解析】施工单位对列入建设工程概算的安全作业环境及安全施工措施所需费用，应当用于施工安全防护用具及设施的采购和更新、安全施工措施的落实、安全生产条件的改善，不得挪作他用，故选项 B 错误。施工单位应当自施工起重机械和整体提升脚手架、模板等自升式架设设施验收合格之日起 30 日内，向建设行政主管部门或者其他有关部门登记，故选项 E 错误，其余各项描述无误。

2. 【答案】ADE

【解析】施工单位对列入建设工程概算的安全作业环境及安全施工措施所需费用，应当用于施工安全防护用具及设施的采购和更新、安全施工措施的落实、安全生产条件的改善，不得挪作他用。

3. 【答案】ACE

【解析】施工单位应当在施工组织设计中编制安全技术措施和施工现场临时用电方案，对下列达到一定规模的危险性较大的分部分项工程编制专项施工方案，并附具安全验算结果，经施工单位技术负责人、总监理工程师签字后实施，由专职安全生产管理人员进行现场监督：①基坑支护与降水工程；②土方开挖工程；③模板工程；④起重吊装工程；⑤脚手架工程；⑥拆除、爆破工程；⑦国务院建设行政主管部门或者其他有关部门规定的其他危险性较大的工程。

4. 【答案】BCDE

【解析】对于列入建设工程概算的安全作业环境及安全施工措施所需的费用，施工单位应当用于施工安全防护用具及设施的采购和更新、安全施工措施的落实、安全生产条件改善，不得挪作他用。

5. 【答案】ACE

【解析】对于列入建设工程概算的安全作业环境及安全施工措施所需的费用，施工单位应当用于施工安全防护用具及设施的采购和更新、安全施工措施的落实、安全生产条件改善，不得挪作他用。

6. 【答案】AC

【解析】根据《建设工程安全生产管理条例》，建设单位在编制工程概算时，应当确定建设工程安全作业环境及安全施工措施所需费用。建设单位应当在拆除工程施工 15 日前，将相关资料报送建设工程所在地的县级以上地方人民政府建设行政主管部门或者其他有关部门备案，选项 A、C 符合题意。其余各项不属于建设单位的安全责任。

7. 【答案】ADE

【解析】施工单位对列入建设工程概算的安全作业环境及安全施工措施所需费用，应当用于施工安全防护用具及设施的采购和更新、安全施工措施的落实、安全生产条件的改善，不得挪作他用。

第二节 招标投标法及其实施条例

一、主要知识点及考核要点

参见表2-3。

表2-3 主要知识点及考核要点

教材点		知识点
1	招标投标法	数字（15日、20日）；开标、评标和中标；评标委员会
2	招标投标法实施条例	数字（5日、10日、2日等）；邀请招标与不招标；资格预审与招标文件；相互串通的区分；投标否决

二、真题回顾

Ⅰ 招标投标法

（一）单选题

1. 根据《招标投标法》，对于依法必须进行招标的项目，自招标文件开始发出之日起至投标人提交投标文件截止之日止，最短不得少于（ ）日。（2017年）

A. 10　　B. 20

C. 30　　D. 60

2. 某依法必须招标的项目，招标人拟定于2020年11月1日开始发售招标文件，根据《招标投标法》，要求投标人提交投标文件的截止时间最早可设定在2020年（ ）。（2020年）

A. 11月11日　　B. 11月16日

C. 11月21日　　D. 12月1日

3. 根据《招标投标法》，评标委员会名单在（ ）前保密。（2021年）

A. 开标　　B. 合同签订

C. 中标候选人公示　　D. 中标结果确定

4. 根据《招标投标法》，依法必须进行招标的项目，自（ ）之日起至投标人提交投标文件截止之日止，最短不得少于20日。（2022年）

A. 投标人收到招标文件

B. 招标文件开始发出

C. 招标公告发出

D. 出售招标文件

Ⅱ　招标投标法实施条例

（一）单选题

1. 根据《招标投标法实施条例》，投标保证金不得超过（　　）。（2013 年）

A. 招标项目估算价的 2%　　B. 招标项目估算价的 3%

C. 投标报价的 2%　　D. 投标报价的 3%

2. 根据《招标投标法实施条例》，潜在投标人对招标文件有异议的，应当在投标截止时间（　　）日前提出。（2014 年）

A. 3　　B. 5

C. 10　　D. 15

3. 根据《招标投标法实施条例》，投标人撤回已提交的投标文件，应当在（　　）前，书面通知招标人。（2015 年）

A. 投标截止时间　　B. 评标委员会开始评标

C. 评标委员会结束评标　　D. 招标人发出中标通知书

4. 根据《招标投标法实施条例》，对于采用两阶段招标的项目。投标人在第一阶段向招标人提交的文件是（　　）。（2016 年）

A. 不带报价的技术建议　　B. 带报价的技术建议

C. 不带报价的技术方案　　D. 带报价的技术方案

5. 根据《招标投标法实施条例》，履约保证金不得超过中标合同金额的（　　）。（2017 年）

A. 2%　　B. 5%

C. 10%　　D. 20%

6. 根据《招标投标法实施条例》，依法必须进行招标的项目可以不进行招标的情形是（　　）。（2018 年）

A. 受自然环境限制只有少量潜在投标人

B. 需要采用不可替代的专利或者专有技术

C. 招标费用占项目合同金额的比例过大

D. 因技术复杂只有少量潜在投标人

7. 根据《招标投标法实施条例》，投标人认为招标投标活动不符合法律法规规定的，可以自知道或应当知道之日起（　　）日内向行政监督部门投诉。（2018 年）

A. 10　　B. 15

C. 20　　D. 30

8. 某招标项目结算价 1000 万元，投标截止日为 8 月 30 日，投标有效期为 9 月 25 日，则该项目投标保证金金额和其有效期应是（　　）。（2019 年）

A. 最高不超过 30 万元，有效期为 9 月 25 日

B. 最高不超过 30 万元，有效期为 8 月 30 日

C. 最高不超过 20 万元，有效期为 8 月 30 日

D. 最高不超过 20 万元，有效期为 9 月 25 日

9. 某工程中标合同金额为6500万元，根据《招标投标法》及其实施条例，中标人提交履约保证金不能超过（　　）万元。(2020年)

A. 130　　B. 650

C. 975　　D. 1300

10. 根据《招标投标法实施条例》，下列评标过程中出现的情形，评标委员会可要求投标人作出书面澄清和说明的是（　　）。(2021年)

A. 投标人报价高于招标文件设定的最高投标限价

B. 不同投标人的投标文件载明的项目管理成员为同一人

C. 投标人提交的投标保证金低于招标文件的规定

D. 在投标文件发现有含义不明确的文字内容

11. 根据《招标投标法实施条例》，下列属于依法必须招标的项目可以不进行招标情况的是（　　）。(2022年)

A. 受自然环境限制，只有少量潜在投标人

B. 公开招标占项目合同金额比例过大

C. 因技术复杂，只有少量潜在投标人

D. 采购人依法能够自行建设、生产或提供

（二）多选题

1. 根据《招标投标法实施条例》，下列关于招标投标的说法，正确的有（　　）。(2013年)

A. 采购人依法装修自行建设、生产的项目，可以不进行招标

B. 招标费用占合同比例过大的项目，可以不进行招标

C. 招标人发售招标文件收取的费用应当限于补偿印刷、邮寄的成本支出

D. 潜在投标人对招标文件有异议的，应当在投标截止时间10日前提出

E. 招标人采用资格后审办法的，应当在开标后15日内由评标委员会公布审查结果

2. 根据《招标投标法实施条例》，评标委员会应当否决投标的情形有（　　）。(2014年)

A. 投标报价高于工程成本

B. 投标文件未经投标单位负责人签字

C. 投资报价低于招标控制价

D. 投标联合体没有提交共同投标协议

E. 投标人不符合招标文件规定的资格条件

3. 根据《招标投标法实施条例》，视为投标人相互串通投标的情形有（　　）。(2015年)

A. 投标人之间协商投标报价

B. 不同投标人委托同一单位办理投标事宜

C. 不同投标人的投标保证金从同一单位的账户转出

D. 不同投标人的投标文件载明的项目管理成员为同一人

E. 投标人之间约定中标人

4. 根据《招标投标法实施条例》，属于不合理条件限制、排斥潜在投标人或投标人的情形有（　　）。(2016年)

A. 就同一招标项目向投标人提供相同的项目信息
B. 设定的技术和商务条件与合同履行无关
C. 以特定行业的业绩作为加分条件
D. 对投标人采用无差别的资格审查标准
E. 对招标项目指定特定的品牌和原产地

5. 根据《招标投标法实施条例》，关于投标保证金的说法，正确的有（ ）。(2017年)
A. 投标保证金有效期应当与投标有效期一致
B. 投标保证金不得超过招标项目估算价的2%
C. 采用两阶段招标的，投标应在第一阶段提交投标保证金
D. 招标人不得挪用投标保证金
E. 招标人最迟应在签订书面合同时同时退还投标保证金

6. 下列行为中，属于招标人与投标人串通投标的有（ ）。(2019年)
A. 招标人明示投标人压低投标报价
B. 招标人授意投标人修改投标文件
C. 招标人向投标人公布招标控制价
D. 招标人向投标人透漏招标标底
E. 招标人组织投标人进行现场踏勘

7. 根据《招标投标法实施条例》，国有资金占控股或主导地位依法必须进行招标的项目，可以采用邀请招标的情形有（ ）。(2021年)
A. 技术复杂或性质特殊，不能确定主要设备的详细规则或具体要求
B. 技术复杂、有特殊要求，只有少量潜在投标人可供选择
C. 项目规模大、投资多，中小企业难以胜任
D. 项目特征独特，需有特定行业的业绩
E. 采用公开招标方式的费用占项目合同金额的比例过大

三、真题解析

Ⅰ 招标投标法

（一）单选题

1. **【答案】** B

【解析】 依法必须进行招标的项目，自招标文件开始发出之日起至投标人提交投标文件截止之日，最短不得少于20日。

2. **【答案】** C

【解析】 依法必须进行招标的项目，自招标文件开始发出之日起至投标人提交投标文件截止之日，最短不得少于20日。

3. **【答案】** D

【解析】 评标委员会成员名单一般应于开标前确定，并应在中标结果确定前保密。

4. **【答案】** B

【解析】 依法必须进行招标的项目，自招标文件开始发出之日起至投标人提交投标文件截止之日止，最短不得少于20天。

Ⅱ 招标投标法实施条例

（一）单选题

1. 【答案】A

【解析】在招标工作的实施中，如招标人在招标文件中要求投标人提交投标保证金，投标保证金不得超过招标项目估算价的 2%。招标人不得挪用投标保证金。投标保证金的有效期应当与投标有效期一致。

2. 【答案】C

【解析】如潜在投标人或者其他利害关系人对资格预审文件有异议，应当在提交资格预审申请文件截止时间 2 日前提出；如对招标文件有异议，应当在投标截止时间 10 日前提出。招标人应当自收到异议之日起 3 日内作出答复；作出答复前，应当暂停招标投标活动。

3. 【答案】A

【解析】本题考查的是《招标投标法》。在招标文件要求提交投标文件的截止时间前，投标人可以补充、修改或者撤回已提交的投标文件，并书面通知招标人。

4. 【答案】A

【解析】对于采用两阶段招标的项目，在第一阶段，投标人按照招标公告或者投标邀请书提交的要求提交不带报价的技术建议，招标人根据投标人提交的技术建议确定技术标准和要求编制招标文件。

5. 【答案】C

【解析】根据《招标投标法实施条例》，履约保证金不得超过中标合同金额的 10%。

6. 【答案】B

【解析】需要采用不可替代的专利或者专有技术的项目可以不招标。其余各项均可采用邀请招标方式确定中标人。

7. 【答案】A

【解析】投标人认为招标投标活动不符合法律法规规定的，可以自知道或应当知道之日起 10 日内向行政监督部门投诉。

8. 【答案】D

【解析】投标保证金不得超过招标项目估算价的 2%。投标保证金有效期应当与投标有效期一致。

9. 【答案】B

【解析】履约保证金不得超过中标合同金额的 10%，6500×10% = 650（万元）。

10. 【答案】D

【解析】评标委员会可以书面方式要求投标单位对投标文件中含意不明确的内容做必要的澄清、说明或补正，但是澄清、说明或补正不得超出投标文件的范围或者改变投标文件的实质性内容。

11. 【答案】D

【解析】有下列情形之一的，可以不进行招标：(1)需要采用不可替代的专利或者专有技术；(2)采购人依法能够自行建设、生产或者提供；(3)已通过招标方式选定的特许经营项目投资人依法能够自行建设、生产或者提供；(4)需要向原中标人采购工程、货物或者服务，否则将影响施工或者功能配套要求；(5)国家规定的其他特殊情形。

(二）多选题

1. **【答案】** ACD

【解析】 根据《招标投标法实施条例》，采购人依法能够自行建设、生产或者提供的，可以不进行招标；招标费用占合同比例过大的项目，可以采用邀请招标；故选项 A 正确，选项 B 错误。招标人发售资格预审文件、招标文件收取的费用应当限于补偿印刷、邮寄的成本支出，不得以营利为目的，故选项 C 正确。潜在投标人或者其他利害关系人如对招标文件有异议，应当在投标截止时间 10 日前提出，故选项 D 正确。如招标人采用资格后审办法对投标人进行资格审查，应当在开标后由评标委员会按照招标文件规定的标准和方法对投标人的资格进行审查，故选项 E 错误。

2. **【答案】** BDE

【解析】 有下列情形之一的，评标委员会应当否决其投标：(1)投标文件未经投标单位盖章和单位负责人签字；(2)投标联合体没有提交共同投标协议；(3)投标人不符合国家或者招标文件规定的资格条件；(4)同一投标人提交两个以上不同的投标文件或者投标报价，但招标文件要求提交备选投标的除外；(5)投标报价低于成本或者高于招标文件设定的最高投标限价；(6)投标文件没有对招标文件的实质性要求和条件作出响应；(7)投标人有串通投标、弄虚作假、行贿等违法行为。

3. **【答案】** BCD

【解析】 有下列情形之一的，视为投标人相互串通投标：(1)不同投标人的投标文件由同一单位或者个人编制；(2)不同投标人委托同一单位或者个人办理投标事宜；(3)不同投标人的投标文件载明的项目管理成员为同一人；(4)不同投标人的投标文件异常一致或者投标报价呈规律性差异；(5)不同投标人的投标文件相互混装；(6)不同投标人的投标保证金从同一单位或者个人的账户转出。选项 A、E 属于投标人相互串通投标。

4. **【答案】** BCE

【解析】 招标人不得以不合理的条件限制、排斥潜在投标人或者投标人。招标人有下列行为之一的，属于以不合理条件限制、排斥潜在投标人或者投标人：(1)就同一招标的项目，向潜在投标人或者投标人提供有差别的项目信息；(2)设定的资格、技术、商务条件与招标项目的具体特点和实际需要不相适应或者与合同履行无关；(3)依法必须进行招标的项目，以特定行政区域或者特定行业的业绩、奖项作为加分条件或者中标条件；(4)对潜在投标人或者投标人采取不同的资格审查或者评标标准；(5)限定或者指定特定的专利、商标、品牌、原产地或者供应商；(6)依法必须进行招标的项目，非法限定潜在投标人或者投标人的所有制形式或者组织形式；(7)以其他不合理条件限制、排斥潜在投标人或者投标人，招标人不得组织单个或者部分潜在投标人踏勘项目现场。

5. **【答案】** ABD

【解析】 投标保证金不得超过招标项目估算价的 2%。投标保证金有效期应与投标有效期一致，招标人不得挪用投标保证金，选项 A、B、D 正确。采用两阶段招标的，如招标人要求投标人提交投标保证金，应当在第二阶段提出，选项 C 错误。招标人最迟应在书面合同签订后 5 日内向中标人和未中标的投标人退还投标保证金，选项 E 错误。

6. **【答案】** ABD

【解析】 根据《招标投标法实施条例》，有下列情形的属于招标人与投标人串通投标：招标人在开标前开启投标文件并将有关信息泄露给其他投标人；招标人直接或间接向投标人泄露标底、评标委员会成员等信息；招标人明示或暗示投标人压低或抬高投标报价；招标人授意授标人撤换、修改投标文件；招标人明示或暗示投标人为特定投标人中标提供方便；招标人与投标人为谋求特定投标人中标而采取的其他串通行为。

7. **【答案】** BE

【解析】 可以邀请招标的项目。国有资金占控股或者主导地位的依法必须进行招标的项目，应当公开招标；但有下列情形之一的，可以邀请招标：(1) 技术复杂、有特殊要求或者受自然环境限制，只有少量潜在投标人可供选择；(2) 采用公开招标方式的费用占项目合同金额的比例过大。

第三节 政府采购法

一、主要知识点及考核要点

参见表 2-4。

表 2-4 主要知识点及考核要点

教材点		知识点
1	政府采购法	邀请招标；单一来源采购；询价
2	政府采购法实施条例	招标文件；投标保证金；履约保证金

二、真题回顾

政府采购法

（一）单选题

1. 某通过招标投标订立的政府采购合同金额为 200 万元，合同履行过程中需追加与合同标的相同的货物，在其他合同条款不变且追加合同金额最高不超过（ ）万元时，可以签订补充合同采购。(2019 年)

A. 10　　B. 20

C. 40　　D. 50

2. 根据《政府采购法》，对于实行集中采购的政府采购，集中采购目录应由（ ）公布。(2020 年)

A. 省级以上人民政府　　B. 国务院相关主管部门

C. 省级政府采购部门　　D. 县级以上人民政府

3. 政府采购工程没有投标人投标的，可采用（　　）方式采购。(2022 年)

A. 邀请招标　　B. 竞争性谈判

C. 单一来源　　D. 重新招标

（二）多选题

根据《政府采购法》和《政府采购法实施条例》，下列组织机构中，属于使用财政性资金的政府采购人的有（　　）。(2021 年)

A. 国有企业　　B. 集中采购机构

C. 各级国家机关　　D. 事业单位

E. 团体组织

三、真题解析

政府采购法

（一）单选题

1. **【答案】** B

【解析】 必须保证原有采购项目一致性或服务配套的要求，需要继续从原供应商处添购，且添购资金总额不超过原合同采购金额 10%的，可以签订补充合同。200×10% = 20(万元)。

2. **【答案】** A

【解析】 政府采购实行集中采购和分散采购相结合，集中采购的范围由省级以上人民政府公布的集中采购目录确定。

3. **【答案】** B

【解析】 符合下列情形之一的货物或服务，可采用竞争性谈判方式采购：(1)招标后没有供应商投标或没有合格标或重新招标未能成立的；(2)技术复杂或性质特殊，不能确定详细规格或要求的；(3)采用招标所需时间不能满足用户紧急需要的；(4)不能事先计算出价格总额的。

（二）多选题

【答案】 CDE

【解析】《政府采购法》所称，政府采购是指各级国家机关事业单位和团体组织，使用财政性资金采购依法制定的集中采购目录以内的或采购限额标准以上的货物、工程和服务的行为。政府采购工程进行招标投标的，适用《招标投标法》。

第四节　民法典合同编及价格法

一、主要知识点及考核要点

参见表 2-5。

表 2-5 主要知识点及考核要点

教材点		知识点
1	民法典合同编	合同形式；邀约与承诺；格式条款；效力待定、无效、可变更可撤销合同；违约责任
2	价格法	政府定价商品；定价目录；定价依据

二、真题回顾

Ⅰ 民法典合同编

（一）单选题

1. 根据《合同法》，下列关于格式合同的说法，正确的是（　　）。（2013 年）

A. 采用格式条款订立合同，有利于保证合同双方的公平权利

B. 《合同法》规定的合同无效的情形适用于格式合同条款

C. 对格式条款的理解发生争议的，应当作出有利于提供各式条款一方的解释

D. 格式条款和非格式条款不一致的，应当采用格式条款

2. 根据《合同法》，债权人领取提存物的有效期限为（　　）年。（2013 年）

A. 1　　B. 2

C. 3　　D. 5

3. 根据《合同法》，下列关于定金的说法，正确的是（　　）。（2013 年）

A. 债务人准备履行债务时，定金应当收回

B. 给付定金的一方如不履行债务，无权要求返还定金

C. 收受定金的一方如不履行债务，应当返还定金

D. 当事人既约定违约金，又约定定金的，违约时适用违约金条款

4. 根据《合同法》，合同价款或者报酬约定不明确，且通过补充协议等方式仍不能确定的，应按照（　　）的市场价格履行。（2014 年）

A. 接受货币方所在地　　B. 合同订立地

C. 给付货币方所在地　　D. 订立合同时履行地

5. 根据《合同法》，在执行政府定价的合同履行中，需要按新价格执行的情形是（　　）。（2014 年）

A. 逾期付款的，遇价格上涨时　　B. 逾期付款的，遇价格下降时

C. 逾期提取标的物的，遇价格下降时　　D. 逾期交付标的物的，遇价格上涨时

6. 订立合同的当事人依照有关法律对合同内容进行协商并达成一致意见时的合同状态称为（　　）。（2015 年）

A. 合同订立　　B. 合同成立

C. 合同生效　　D. 合同有效

7. 判断合同是否成立的依据是（　　）。（2016 年）

A. 合同是否生效　　B. 合同是否产生法律约束力

C. 要约是否生效　　D. 承诺是否生效

8. 合同订立过程中，属于要约失效的情形是（　　）。(2016 年)

A. 承诺通知到达要约人　　B. 受要约人依法撤销承诺

C. 要约人在承诺期限内未作出承诺　　D. 受要约人对要约内容作出实质性变更

9. 根据《合同法》，合同生效后，当事人就价款约定不明确又未能补充协议的，合同价款应按（　　）执行。(2016 年)

A. 订立合同时履行地市场价格　　B. 订立合同时付款方所在地市场价格

C. 标的物交付时市场价格　　D. 标的物交付时政府指导价

10. 根据《合同法》，关于要约和承诺的说法中，正确的是（　　）。(2017 年)

A. 撤回要约的通知应当在要约到达受要约人之后到达受要约人

B. 承诺的内容应当与要约的内容一致

C. 要约邀请是合同成立的必经过程

D. 撤回承诺的通知应当在要约确定的承诺期限内到达要约人

11. 根据《合同法》，执行政府定价或政府指导价的合同时，对于逾期交付标的物的处置方式是（　　）。(2017 年)

A. 遇价格上涨时，按照原价格执行；价格下降时，按照新价格执行

B. 遇价格上涨时，按照新价格执行；价格下降时，按照原价格执行

C. 无论价格上涨或下降，均按照新价格执行

D. 无论价格上涨或下降，均按照原价格执行

12. 根据《合同法》，当事人既约定违约金，又约定定金的，一方违约时，对方的正确处理方式是（　　）。(2018 年)

A. 只能选择适用违约金条款　　B. 只能选择适用定金条款

C. 同时适用违约金和定金条款　　D. 可以选择适用违约金或定金条款

13. 对格式条款有两种以上解释的，下列说法正确的是（　　）。(2019 年)

A. 该格式条款无效，由双方重新协商

B. 该格式条款效力待定，由仲裁机构裁定

C. 应当作出利于提供格式条款一方的解释

D. 应当作出不利于提供格式条款一方的解释

14. 根据《民法典》合同编，除法律另行规定或当事人另有约定外，采用数据电文形式订立的合同，其合同成立的地点为（　　）。(2021 年)

A. 收件人的主营业地，没有主营业地的为住所地

B. 发件人的主营业地或住所地任选其一

C. 收件人的住所地，没有住所地的为主营业地

D. 发件人的主营业地，没主营业地的为住所地

15. 根据《民法典》合同编，由于债权人无正当理由拒绝受领债务人履约，债务人宜采取的做法是（　　）。(2021 年)

A. 行使代位权　　B. 将标的物提存

C. 通知解除合同　　D. 行驶抗辩权

16. 根据《民法典》合同编，采用快递物流方式交付货物的，以（　　）为交付时

间。(2022年)

A. 收货人的签收时间　　B. 发货人的签发时间

C. 收货人的查验时间　　D. 快递到达时间

17. 根据《民法典》合同编，当事人一方不履行合同义务或者履行合同义务不符合约定时，应当承担的违约责任是（　　）。(2022年)

A. 继续履行，赔偿损失或采取补救措施　　B. 停止履行，只赔偿损失

C. 继续履行，不赔偿损失　　D. 既不履行，也不赔偿损失

(二) 多选题

1. 根据《合同法》，关于违约责任的说法，正确的是（　　）。(2014年)

A. 违约责任以无效合同为前提

B. 违约责任可由当事人在法定范围内约定

C. 违约责任以违反合同义务为要件

D. 违约责任必须以支付违约金的方式承担

E. 违约责任是一种民事赔偿责任

2. 关于合同形式的说法，正确的有（　　）。(2015年)

A. 建设工程合同应当采用书面形式

B. 电子数据交换不能直接作为书面合同

C. 合同有书面和口头两种形式

D. 电话不是合同的书面形式

E. 书面形式限制了当事人对合同内容的协商

3. 根据《合同法》，合同当事人违约责任的特点有（　　）。(2016年)

A. 违约责任以合同成立为前提

B. 违约责任主要是一种赔偿责任

C. 违约责任以违反合同义务为要件

D. 违约责任由当事人按法律规定的范围自行约定

E. 违约责任由当事人按相当的原则确定

4. 根据《合同法》，关于要约和承诺的说法，正确的有（　　）。(2020年)

A. 要约通知发出时即表明要约生效

B. 承诺应当在要约确定的期限内到达要约人

C. 要约一旦发出不得撤销

D. 承诺通知到达要约人时生效

E. 承诺的内容应当与要约的内容一致

5. 在《民法典》合同编典型合同分类中，建设工程合同包括的合同类型有（　　）。(2022年)

A. 保证合同　　B. 勘察合同

C. 设计合同　　D. 租赁合同

E. 施工合同

Ⅱ 价格法

（一）单选题

1. 根据《价格法》，政府在制定关系群众切身利益的公用事业价格时，应当建立（　　）制度，征求消费者、经营者和有关方面的意见。（2018 年）

A. 听证会　　B. 专家咨询

C. 评估会　　D. 社会公示

2. 根据《价格法》，地方定价商品目录应经（　　）审定后公布。（2019 年）

A. 地方人民政府价格主管部门　　B. 地方人民政府

C. 国务院价格主管部门　　D. 国务院

3. 根据《价格法》，在制定关系群众切身利益的公用事业价格、公益性服务价格、自然垄断经营的价格应当建立（　　）制度。（2020 年）

A. 风险评估　　B. 公示

C. 专家咨询　　D. 听证会

4. 根据《价格法》，当重要商品和服务价格显著上涨时，国务院和省、自治区、直辖市人民政府可采取的干预措施是（　　）。（2021 年）

A. 限定利润率、实行提价申报制度和调价备案制度

B. 限定购销差价、批零差价、地区差价和季节差价

C. 限定利润率、规定限价、实行价格公示制度

D. 成本价公示、规定限价

（二）多选题

根据《价格法》，经营者有权制定的价格有（　　）。（2015 年）

A. 资源稀缺的少数商品价格

B. 自然垄断经营的商品价格

C. 属于市场调节的价格

D. 属于政府定价产品范围的新产品试销价格

E. 公益性服务价格

三、真题解析

Ⅰ 民法典合同编

（一）单选题

1. **【答案】** B

【解析】 对格式条款的理解发生争议的，按照通常理解予以解释；对格式条款有两种以上解释的，应当作出不利于提供格式条款一方的解释。格式条款和非格式条款不一致的，应当采用非格式条款。《合同法》规定的合同无效的情形，同样适用于格式条款。

2. **【答案】** D

【解析】 提存是指由于债权人的原因致使债务人难以履行债务时，债务人可以将标的

物交给有关机关保存，以此消灭合同的制度。债权人领取提存物的权利期限为 5 年，超过该期限，提存物扣除提存费用后归国家所有。

3. 【答案】B

【解析】给付定金的一方不履行约定债务的，无权要求返还定金；收受定金的一方不履行约定债务的，应当双倍返还定金。当事人既约定违约金，又约定定金的，一方违约时，对方可以选择适用违约金或者定金条款。

4. 【答案】D

【解析】合同生效后，当事人就质量、价款或者报酬、履行地点等内容没有约定或者约定不明确的，可以协议补充；不能达成补充协议的，按照合同有关条款或者交易习惯确定。价款或者报酬不明确的，按照订立合同时履行地的市场价格履行；依法应当执行政府定价或者政府指导价的，按照规定履行。

5. 【答案】A

【解析】《合同法》规定，执行政府定价或政府指导价的，在合同约定的交付期限内，政府价格调整时，按照交付时的价格计价。逾期交付标的物的，遇价格上涨时，按照原价格执行；价格下降时，按照新价格执行。逾期提取标的物或者逾期付款的，遇价格上涨时，按照新价格执行；价格下降时，按照原价格执行。基本原则：对违约方不利。

6. 【答案】B

【解析】合同成立是指双方当事人依照有关法律对合同的内容进行协商并达成一致的意见。承诺生效时合同成立；合同成立的判断依据是承诺是否生效。

7. 【答案】D

【解析】承诺生效时合同成立。

8. 【答案】D

【解析】有下列情形之一的，要约失效：(1) 拒绝要约的通知到达要约人；(2) 要约人依法撤销要约；(3) 承诺期限届满，受要约人未作出承诺；(4) 受要约人对要约的内容作出实质性变更。

9. 【答案】A

【解析】价款或者报酬不明确的，按照订立合同时履行地的市场价格履行；依法应当执行政府定价或者政府指导价的，按照规定履行。

10. 【答案】B

【解析】撤回要约的通知应当在要约到达受要约人之前或同时到达受要约人，选项 A、D 错误；承诺的内容应当与要约的内容一致，选项 B 正确；合同订立需要经过要约和承诺两个阶段，要约邀请不是必要阶段，选项 C 错误。

11. 【答案】A

【解析】此类考题按照“谁有过错，对谁不利”的方式处理。供货方逾期交付标的物，应按对供货方不利的方式处置：遇价格上涨时，按照原价格执行；价格下降时，按照新价格执行。

12. 【答案】D

【解析】当事人既约定违约金，又约定定金的，一方违约时，对方可以选择适用违约金或定金条款。

13. 【答案】D

【解析】对格式条款有两种以上解释的，应当作出不利于提供格式条款一方的解释。

14. 【答案】A

【解析】采用数据电文形式订立合同的，收件人的主营业地为合同成立的地点；没有主营业地的，其住所地为合同成立的地点。当事人另有约定的，按照其约定。

15. 【答案】B

【解析】有下列情形之一，难以履行债务的，债务人可以将标的物提存：

（1）债权人无正当理由拒绝受领；

（2）债权人下落不明；

（3）债权人死亡未确定继承人、遗产管理人，或者丧失民事行为能力未确定监护人；

（4）法律规定的其他情形。

16. 【答案】A

【解析】通过互联网等信息网络订立的电子合同日标的为交付商品并采用快递物流方式交付的，以收货人的签收时间为交付时间。

17. 【答案】A

【解析】当事人一方不履行合同义务或者履行合同义务不符合约定的，应当承担继续履行、采取补救措施或赔偿损失等违约责任。

（二）多选题

1. 【答案】BCE

【解析】违约责任有以下主要特点：(1)违约责任以有效合同为前提；(2)违约责任以违反合同义务为要件；(3)违约责任可由当事人在法定范围内约定；(4)违约责任是一种民事赔偿责任。

2. 【答案】AD

【解析】电子数据交换也是通过电子方式传递信息，可以产生以纸张为载体的书面资料，故可以直接作为书面合同，选项 B 错误；除了书面和口头，还有其他形式，例如默认形式和推定形式，选项 C 错误；书面合同形式优点在于有据可查、权利义务记载清楚、便于履行，发生纠纷时容易举证和分清责任，并不限制有关内容的协商。电话联系属于口头形式，选项 E 错误。

3. 【答案】BCDE

【解析】违约责任是指合同当事人不履行或不适当履行合同，应依法承担的责任。与其他责任制度相比，违约责任有以下主要特点：(1)违约责任以有效合同为前提；(2)违约责任以违反合同义务为要件；(3)违约责任可由当事人在法定范围内约定；(4)违约责任是一种民事赔偿责任，违约责任的确定贯彻损益相当原则。

4. 【答案】BDE

【解析】要约到达受要约人时生效，选项 A 错误；要约可以撤销，撤销要约的通知应当在受要约人发出承诺通知之前到达受要约人，选项 C 错误。其余各项表述正确。

5. 【答案】BCE

【解析】在《民法典》合同编典型合同分类中，对建设工程合同（包括工程勘察、设计、施工合同）内容做了专门规定。

Ⅱ 价格法

（一）单选题

1.【答案】A

【解析】政府在制定关系群众切身利益的公用事业价格时，应当建立听证会制度，征求消费者、经营者和有关方面的意见。

2.【答案】C

【解析】地方定价目录由省、自治区、直辖市人民政府价格主管部门按照中央定价目录规定的定价权限和具体适用范围制定，经本级人民政府审核同意，报国务院价格主管部门审定后公布。

3.【答案】D

【解析】制定关系群众切身利益的公用事业价格、公益性服务价格、自然垄断经营的商品价格时，应当建立听证会制度，征求消费者、经营者和有关方面的意见。

4.【答案】A

【解析】当重要商品和服务价格显著上涨或者有可能显著上涨，国务院和省、自治区、直辖市人民政府可以对部分价格采取限定差价率或者利润率、规定限价、实行提价申报制度和调价备案制度等干预措施。

（二）多选题

【答案】CD

【解析】本题考查的是价格法。经营者享有的权利：(1)自主制定属于市场调节的价格（选项C）；(2)在政府指导价规定的幅度内制定价格；(3)制定属于政府指定价、政府定价产品范围内的新产品的试销价格，特定产品除外（选项D）；(4)检举、控告侵犯其依法自主定价权利的行为。选项A、B、E属于政府定价的商品。

第三章　工程项目管理

一、本章概览

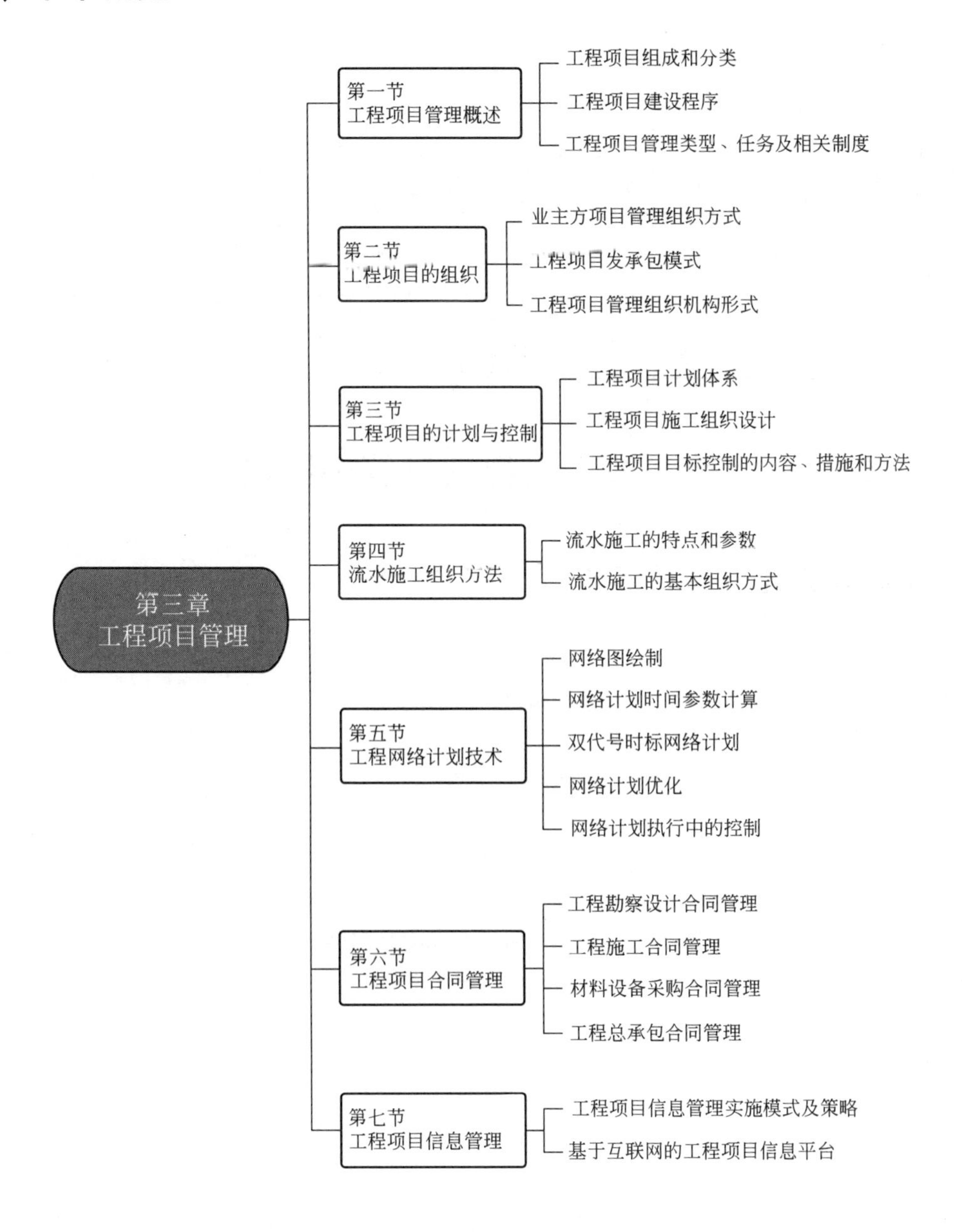

二、考情分析

参见表3-1。

表3-1 本章考情分析

考试年度	2022年				2021年				2020年			
题型 节	单选题		多选题		单选题		多选题		单选题		多选题	
	数量	分值	数量	分值	数量	分值	数量	分值	数量	分值	数量	分值
第一节	4	4	1	2	2	2			3	3	1	2
第二节	2	2	1	2	2	2			1	1	1	2
第三节	2	2	1	2	4	4	1	2	3	3	2	4
第四节	3	3	1	2	1	1	2	4	1	1		
第五节	3	3	1	2	4	4	1	2	2	2		
第六节	2	2			2	2	1	2	2	2		
第七节	1	1			1	1						
本章小计	17	17	5	10	16	16	5	10	12	12	4	8
本章得分	27分				26分				20分			

第一节 工程项目管理概述

一、主要知识点及考核要点

参见表3-2。

表3-2 主要知识点及考核要点

序号	知识点	考核要点
1	工程项目组成和分类	分部工程与分项工程
2	工程项目建设程序	审批、审核、备案制；施工图审查内容；质量监督手续提交资料；项目后评价
3	工程项目管理类型、任务及相关制度	“三同时”；BIM；董事会职责、总经理职责

二、真题回顾

Ⅰ 工程项目组成和分类

（一）单选题

1. 根据《建筑工程施工质量验收统一标准》GB 50300，下列工程中，属于分项工程的是（　　）。（2013年）

A. 电气工程　　B. 钢筋工程

C. 屋面工程　　D. 桩基工程

2. 根据《建筑工程施工质量验收统一标准》GB 50300，下列工程中，属于分部工程的是（　　）。(2014 年)

A. 木门窗安装工程　　B. 外墙防水工程

C. 土方开挖工程　　D. 智能建筑工程

3. 下列工程中，属于分部工程的是（　　）。(2015 年)

A. 既有工厂的车间扩建工程　　B. 工业车间的设备安装工程

C. 房屋建筑的装饰装修工程　　D. 基础工程中的土方开挖工程

4. 根据《建筑工程施工质量验收统一标准》GB 50300，下列工程中，属于分项工程的是（　　）。(2016 年)

A. 计算机机房工程　　B. 轻钢结构工程

C. 土方开挖工程　　D. 外墙防水工程

5. 下列工程中，属于单项工程的是（　　）。(2022 年)

A. 生产车间的吊车设备安装工程

B. 主体基础工程

C. 钢结构工程

D. 生产车间

（二）多选题

根据《建筑工程施工质量验收统一标准》GB 50300，下列工程中，属于分部工程的有（　　）。(2017 年)

A. 砌体结构工程　　B. 智能建筑工程

C. 建筑节能工程　　D. 土方回填工程

E. 装饰装修工程

Ⅱ　工程项目建设程序

（一）单选题

1. 根据《国务院关于投资体制改革的决定》，实施核准制的项目，企业应向政府主管部门提交（　　）。(2013 年)

A. 项目建议书　　B. 项目可行性研究

C. 项目申请报告　　D. 项目开工报告

2. 下列项目开工建设准备工作中，在办理工程质量监督手续之后才能进行的工作是（　　）。(2013 年)

A. 办理施工许可证　　B. 编制施工组织设计

C. 编制监理规划　　D. 审查施工图设计文件

3. 根据《国务院关于投资体制改革的决定》，对于采用投资补助方式的政府投资项目，政府需要审批的文件是（　　）。(2014 年)

A. 项目建议书　　B. 可行性研究报告

C. 资金申请报告　　　　D. 初步设计和概算

4. 根据《国务院关于投资体制改革的决定》，对于采用贷款贴息方式的政府投资项目，政府需要审批（　　）。(2015 年)

A. 项目建议书　　　　B. 可行性研究报告

C. 工程概算　　　　D. 资金申请报告

5. 根据《国务院关于投资体制改革的决定》，对于采用直接投资和资本金注入方式的政府投资项目，除特殊情况外，政府部门不再审批（　　）。(2016 年)

A. 开工报告　　　　B. 初步设计

C. 工程概算　　　　D. 可行性研究报告

6. 根据《国务院关于投资体制改革的决定》，对于采用直接投资和资本金注入方式的政府投资项目，除特殊情况外，政府主管部门不再审批（　　）。(2017 年)

A. 项目建议书　　　　B. 项目初步设计

C. 项目开工报告　　　　D. 项目可行性研究报告

7. 根据《国务院关于投资体制改革的决定》，实行备案制的项目是（　　）。(2018 年)

A. 政府直接投资的项目

B. 采用资金注入方式的政府投资项目

C. 政府核准的投资项目目录外的企业投资项目

D. 政府核准的投资项目目录内的企业投资项目

8. 根据《国务院关于投资体制改革的决定》，特别重大的政府投资项目实行（　　）制度。(2019 年)

A. 专家评议　　　　B. 咨询评估

C. 民主评议　　　　D. 公众听证

9. 根据《国务院关于投资体制改革的决定》，企业不使用政府资金投资建设需核准的项目时，政府部门在投资决策阶段仅需审批的文件是（　　）。(2020 年)

A. 可行性研究报告　　　　B. 初步设计文件

C. 资金申请报告　　　　D. 项目申请报告

10. 建设工程项目后评价采用的基本方法是（　　）。(2020 年)

A. 对比评价法　　　　B. 效应判断法

C. 影响评估法　　　　D. 效果梳理法

11. 根据《国务院关于投资体制改革的决定》，采用投资补助、转贷和贷款贴息方式的政府投资项目，政府主管部门只审批（　　）。(2021 年)

A. 资金申请报告　　　　B. 项目申请报告

C. 项目备案表　　　　D. 开工报告

12. 对于政府投资项目，建设单位建设程序中的第一步工作是（　　）。(2022 年)

A. 成立组织机构

B. 提出项目建议书

C. 委托造价咨询机构编制投资估算

D. 编制可行性研究报告

13. 某项目批准的投资估算为 5000 万元，当总概算超过（　　）万元时，应进行技术经济论证，重新上报审批。（2022 年）

A. 5000　　B. 5500

C. 6000　　D. 6500

（二）多选题

1. 根据《房屋建筑和市政基础设施工程施工图设计文件审查管理办法》，施工图审查机构对施工图设计文件审查的内容有（　　）。（2014 年）

A. 是否按限额设计标准进行施工图设计

B. 是否符合工程建设强制性标准

C. 施工图预算是否超过批准的工程概算

D. 地基基础和主体结构的安全性

E. 危险性较大的工程是否有专项施工方案

2. 建设单位在办理工程质量监督注册手续时，需提供的资料有（　　）。（2016 年）

A. 中标通知书　　B. 施工进度计划

C. 施工方案　　D. 施工组织设计

E. 监理规划

3. 工程项目决策阶段编制的项目建议书应包括的内容有（　　）。（2018 年）

A. 环境影响的初步评价　　B. 社会评价和风险分析

C. 主要原材料供应方案　　D. 资金筹措方案设想

E. 项目进度安排

4. 根据《国务院关于投资体制改革的决定》，对于非政府投资项目，实行（　　）。（2022 年）

A. 审批制　　B. 核准制

C. 承诺制　　D. 登记备案制

E. 审查制

Ⅲ　工程项目管理类型、任务及相关制度

（一）单选题

1. 实行建设项目法人责任制的项目，项目董事会需要负责的工作是（　　）。（2014 年）

A. 筹措建设资金并按时偿还债务

B. 组织编制并上报项目初步设计文件

C. 编制和确定工程招标方案

D. 组织工程建设实施并控制项目目标

2. 为了实现工程造价的模拟计算和动态控制，可应用建筑信息建模（BIM）技术，在包含进度数据的建筑模型上加载费用数据而形成（　　）模型。（2017 年）

A. 6D　　B. 5D

C. 4D　　D. 3D

3. 为了保护环境，在项目实施阶段应做到“三同时”。这里的“三同时”是指主体工程与环保措施工程要（　　）。(2018年)

A. 同时施工、同时验收、同时投入运行

B. 同时审批、同时设计、同时施工

C. 同时设计、同时施工、同时投入运行

D. 同时施工、同时移交、同时使用

4. 对于实行项目法人责任制的项目，属于项目董事会职权的是（　　）。(2018年)

A. 审核项目概算文件　　B. 组织工程招标工作

C. 编制项目财务决算　　D. 拟定生产经营计划

5. 应用BIM技术能够强化工程造价管理的主要原因在于（　　）。(2020年)

A. BIM可用来构建可视化模型　　B. BIM可用来模拟施工方案

C. BIM可用来检查管线碰撞　　D. BIM可用来自动算量

6. 推行“全过程工程咨询”，是一种（　　）的重要体现。(2019年)

A. 传统项目管理转变为技术经济分析　　B. 将传统碎片咨询转变为集成化咨询

C. 将实施咨询转变为投资决策咨询　　D. 造价专项咨询转变为整体项目管理

7. 对于实行项目法人责任制的项目，项目董事会的责任是（　　）。(2019年)

A. 组织编制，初步设计文件　　B. 控制工程投资、工期和质量

C. 组织工程设计招标　　D. 筹措建设资金

8. 在工程建设中，环保要求“三同时”是指主体工程与环保工程应（　　）。(2021年)

A. 同时立项、设计、施工　　B. 同时立项、施工、竣工

C. 同时设计、施工、竣工　　D. 同时设计、施工、投入使用

(二) 多选题

1. 根据《关于实行建设项目法人责任制的暂行规定》，建设项目总经理的职权有（　　）。(2013年)

A. 组织审核初步设计文件　　B. 组织工程设计招标

C. 审批项目财务预算　　D. 组织单项工程预验收

E. 编制项目财务决算

2. 实行法人责任制的建设项目总经理的职责有（　　）。(2015年)

A. 负责筹措建设资金　　B. 负责提出项目竣工验收申请报告

C. 组织编制项目初步设计文件　　D. 组织工程设计招标工作

E. 负责生产准备工作和培训有关人员

3. 在工程建设实施过程中，为了做好环境保护，主体工程与环保措施工程必须同时进行的工作有（　　）。(2020年)

A. 招标　　B. 设计

C. 施工　　D. 竣工结算

E. 投入运行

三、真题解析

Ⅰ　工程项目组成和分类

（一）单选题

1.【答案】B

【解析】分项工程是将分部工程按主要工种、材料、施工工艺、设备类别等划分的工程。例如，土方开挖、土方回填、钢筋、模板、混凝土、砖砌体、木门窗制作与安装、玻璃幕墙等工程。

2.【答案】D

【解析】分部工程是指将单位工程按专业性质、建筑部位等划分的工程。建筑工程包括：地基与基础、主体结构、装饰装修、屋面工程、给水排水及采暖、电气、智能建筑、通风与空调、电梯等分部工程。

3.【答案】C

【解析】分部工程包括：地基与基础、主体结构、建筑装饰装修、屋面、建筑给水排水及采暖、建筑电气、智能建筑、通风与空调、电梯、建筑节能等分部工程。

4.【答案】C

【解析】分项工程是指分部工程按主要工种、材料、施工工艺、设备类别等划分的工程。例如，土方开挖、土方回填、钢筋、模板、混凝土、砖砌体、木门窗制作与安装、玻璃幕墙等工程。

5.【答案】D

【解析】生产性工程项目的单项工程，一般是指能独立生产的车间，包括厂房建筑、设备安装等工程。

（二）多选题

【答案】BCE

【解析】砌体结构工程属于子分部工程，土方回填工程属于分项工程，其余各项均为分部工程。

Ⅱ　工程项目建设程序

（一）单选题

1.【答案】C

【解析】政府投资项目实行审批制；非政府投资项目实行核准制和登记备案制。企业在投资建设《政府核准的投资项目目录》中的项目时，仅需向政府提交项目申请报告，不再经过批准项目建议书、可行性研究报告和开工报告的程序。对于《政府核准的投资项目目录》以外的企业投资项目，实行备案制。除国家另有规定外，由企业按照属地原则向地方政府投资主管部门备案。

2.【答案】A

【解析】建设单位在办理施工许可证之前，应当到规定的工程质量监督机构办理工程质量监督注册手续。办理工程质量监督注册手续时需提供下列资料：(1)施工图设计文件审查报告和批准书;(2)中标通知书和施工、监理合同;(3)建设单位、施工单位和监理单位工程项目的负责人和机构组成;(4)施工组织设计和监理规划。

3. **【答案】** C

【解析】 对于采用直接投资和资本金注入方式的政府投资项目，政府需要从投资决策的角度审批项目建议书和可行性研究报告，除特殊情况外，不再审批开工报告，同时还要严格审批其初步设计和概算；对于采用投资补助、转贷和贷款贴息方式的政府投资项目，则只审批资金申请报告。

4. **【答案】** D

【解析】 本题考查的是工程项目建设程序。对于采用投资补助、转贷和贷款贴息方式的政府投资项目，只审批资金申请报告。

5. **【答案】** A

【解析】 本题考查的是工程项目建设程序。对于采用直接投资和资本金注入方式的政府投资项目，政府需要从投资决策的角度审批项目建议书和可行性研究报告，除特殊情况外，不再审批开工报告，同时还要严格审批其初步设计和概算。

6. **【答案】** C

【解析】 对于采用直接投资和资本金注入方式的政府投资项目，政府需要从投资决策的角度审批项目建议书和可行性研究报告，除特殊情况外，不再审批开工报告，同时还要严格审批其初步设计和概算。

7. **【答案】** C

【解析】 政府核准的投资项目目录内的企业投资项目实行核准制，政府核准的投资项目目录外的企业投资项目，实行备案制。

8. **【答案】** A

【解析】 政府投资项目一般都要经过符合资质要求的咨询中介机构的评估论证，特别重大的项目还应实行专家评议制度。国家将逐步实行政府投资项目公示制度，以广泛听取各方面的意见和建议。

9. **【答案】** D

【解析】 非政府投资项目实行核准制或登记备案制。企业在投资建设《政府核准的投资项目目录》中的项目时，仅需向政府提交项目申请报告，不再经过批准项目建议书、可行性研究报告和开工报告的程序。

10. **【答案】** A

【解析】 项目后评价的基本方法是对比评价法。

11. **【答案】** A

【解析】 对于采用直接投资和资本金注入方式的政府投资项目，政府需要从投资决策的角度审批项目建议书和可行性研究报告，除特殊情况外，不再审批开工报告，同时还要严格审批其初步设计和概算；对于采用投资补助、转贷和贷款贴息方式的政府投资项目，则只审批资金申请报告。

12. **【答案】** B

【解析】 按照我国现行规定，政府投资项目建设程序可分为多个阶段，首先是根据国民经济和社会发展长远规划，结合行业和地区发展规划的要求，提出项目建议书。

13. 【答案】B

【解析】如果初步设计提出的总概算超过可行性研究报告总投资的10%以上或其他主要指标需要变更时，应说明原因和计算依据，并重新向原审批单位报批可行性研究报告。本题中，5000×(1+10%)=5500（万元）。

（二）多选题

1. 【答案】BD

【解析】审查的主要内容包括:(1)是否符合工程建设强制性标准;(2)地基基础和主体结构的安全性;(3)消防安全性;(4)人防工程(不含人防指挥工程)防护安全性;(5)是否符合民用建筑节能强制性标准、绿色标准;(6)勘察设计企业和注册执业人员以及相关人员是否按规定在施工图上加盖相应的图章和签字。

2. 【答案】ADE

【解析】办理质量监督注册手续时，需提供下列资料：施工图设计文件审查报告和批准书；中标通知书和施工、监理合同，建设单位、施工单位和监理单位工程项目的负责人和机构组成；施工组织设计和监理规划（监理实施细则）；其他需要的文件资料。

3. 【答案】ADE

【解析】选项B、C属于可行性研究报告内容，选项A、D、E属于项目建议书内容。

4. 【答案】BD

【解析】根据《国务院关于投资体制改革的决定》，政府投资项目实行审批制；非政府投资项目实行核准制或登记备案制。

Ⅲ　工程项目管理类型、任务及相关制度

（一）单选题

1. 【答案】A

【解析】建设项目董事会的职权有：负责筹措建设资金；审核、上报项目初步设计和概算文件；审核、上报年度投资计划并落实年度资金；提出项目开工报告；研究解决建设过程中出现的重大问题；负责提出项目竣工验收申请报告；审定偿还债务计划和生产经营方针，并负责按时偿还债务；聘任或解聘项目总经理，并根据总经理的提名，聘任或解聘其他高级管理人员。其他为总经理职权范围内的职责。

2. 【答案】B

【解析】利用BIM技术可以实现模拟施工，在3D基础上加进度数据形成4D模型，在此基础上再加载费用数据形成5D模型。

3. 【答案】C

【解析】在项目实施阶段应做到“三同时”，即主体工程与环保措施工程同时设计、同时施工、同时投入运行。

4. 【答案】A

【解析】项目董事会的职权包括审核、上报项目初步设计和概算。

5. 【答案】D

【解析】基于 BIM 的自动算量功能，可提高工程量计算的准确性，属于 BIM 强化造价管理的内容。

6. 【答案】B

【解析】近年来，推行的“全过程工程咨询”，就是将传统“碎片化”咨询转变为“集成化”咨询的重要体现。

7. 【答案】D

【解析】建设项目董事会的职权有：负责筹措建设资金；审核、上报项目初步设计和概算文件；审核、上报年度投资计划并落实年度资金；提出项目开工报告；研究解决建设过程中出现的重大问题；负责提出项目竣工验收申请报告；审定偿还债务计划和生产经营方针，并负责按时偿还债务；聘任或解聘项目总经理，并根据总经理的提名，聘任或解聘其他高级管理人员。

8. 【答案】D

【解析】在项目实施阶段，必须做到“三同时”，即主体工程与环保措施工程同时设计、同时施工、同时投入运行。

（二）多选题

1. 【答案】BDE

【解析】项目总经理的职权有：组织编制项目初步设计文件，对项目工艺流程、设备选型、建设标准、总图布置提出意见，提交董事会审查，故选项 A 错误；组织工程设计、施工监理、施工队伍和设备材料采购的招标工作，编制和确定招标方案、标底和评标标准，评选和确定投标、中标单位，故选项 B 正确；编制项目财务预算、决算，故选项 C 错误、选项 E 正确；负责组织项目试生产和单项工程预验收，故选项 D 正确。

2. 【答案】CDE

【解析】本题考查的是工程项目管理的类型、任务及相关制度。选项 A、B 属于项目董事会职权。建设项目总经理职责有：组织编制项目初步设计文件，对项目工艺流程、设备选型、建设标准、总图布置提出意见、提交董事会审查；组织工程设计、施工监理、施工队伍和设备材料采购的招标工作，编制确定招标方案、组织编制项目初步设计文件、负责生产准备工作和培训有关人员。

3. 【答案】BCE

【解析】在项目实施阶段，必须做到“三同时”，即主体工程与环保措施工程同时设计、同时施工、同时投入运行。

第二节　工程项目的组织

一、主要知识点及考核要点

参见表 3-3。

表 3-3 主要知识点及考核要点

序号	知识点	考核要点
1	业主方项目管理组织方式	工程代建制
2	工程项目发承包模式	总分包与平行承包；联合体与合作体；CM 模式
3	工程项目管理组织机构形式	直线制、职能制、直线职能制；矩阵制（强中弱）特点

二、真题回顾

Ⅰ 业主方项目管理组织方式

单选题

根据《国务院关于投资体制改革的决定》，工程代建制是一种针对（ ）的建设实施组织方式。(2019 年)

A. 经营性政府投资　　B. 基础设施投资

C. 非经营性政府投资　　D. 核准目录内企业投资

Ⅱ 工程项目发承包模式

（一）单选题

1. 代理型 CM 合同由建设单位与分包单位直接签订，一般采用（ ）的合同形式。(2013 年)

A. 固定单价　　B. 可调总价

C. GMP 加酬金　　D. 简单的成本加酬金

2. 工程项目承包模式中，建设单位组织协调工作量小，但风险较大的是（ ）。(2014 年)

A. 总分包模式　　B. 合作体承包模式

C. 平等承包模式　　D. 联合体承包模式

3. 关于 CM 承包模式的说法，正确的是（ ）。(2015 年)

A. CM 合同采用成本加酬金的计价方式

B. 分包合同由 CM 单位与分包单位签订

C. 总包与分包之间的差价归 CM 单位

D. 订立 CM 合同时需要一次确定施工合同总价

4. CM（Construction Management）承包模式的特点是（ ）。(2016 年)

A. 建设单位与分包单位直接签订合同　　B. 采用流水施工法施工

C. CM 单位可赚取总分包之间的差价　　D. 采用快速路径法施工

5. 建设工程采用平行承包模式的特点是（ ）。(2017 年)

A. 有利于缩短建设工期　　B. 不利于控制工程质量

C. 业主组织管理简单　　D. 工程造价控制难度小

6. 关于 CM 承包模式的说法，正确的是（ ）。(2019 年)

A. 使工程项目实现有条件的“边设计、边施工”

B. 秉承在工程设计全部结束之后，进行施工招标

C. 工程设计与施工由一个总承包单位统筹安排

D. 所有分包不通过招标的方式展开竞争

7. 建设项目将工程项目设计与施工发包给工程项目管理公司，工程项目管理公司再将所承接的设计和施工任务全部分包给专业设计单位和施工单位，自己专心致力于工程项目工作，该组织模式是（　　）。(2021 年)

A. 项目管理承包模式　　B. 工程代建制

C. 总分包模式　　D. CM 承包模式

8. 建设单位将工程项目全过程或其中某个阶段（如设计或施工）的全部工作发包给一家符合要求的总承包单位，总承包管理公司的主要工作内容是（　　）。(2022 年)

A. 完成设计督促施工

B. 督促优化设计并完成施工任务

C. 采购和设计施工

D. 组织设计单位、施工单位完成任务

（二）多选题

1. 下列关于 CM 承包模式的说法，正确的有（　　）。(2014 年)

A. CM 承包模式下采用快速路径法施工

B. CM 单位直接与分包单位签订分包合同

C. CM 合同采用成本加酬金的计价方式

D. CM 单位与分包单位之间的合同价是保密的

E. CM 单位不赚取总包与分包之间的差价

2. 建设工程采用平行承包模式时，建设单位控制工程造价难度大的原因有（　　）。(2015 年)

A. 合同价值小，建设单位选择承包单位的范围小

B. 合同数量多，组织协调工作量大

C. 总合同价不易在短期内确定，影响造价控制的实施

D. 建设周期长，增加时间成本

E. 工程招标任务量大，需控制多项合同价格

3. 与 EPC 总承包模式相比，平行承包模式的特点有（　　）。(2020 年)

A. 建设单位可在更大范围内选择承包单位　　B. 建设单位组织协调工作量大

C. 建设单位合同管理工作量大　　D. 有利于建设单位较早确定工程造价

E. 有利于建设单位向承包单位转移风险

4. 对建设单位而言，工程项目总分包模式的特点有（　　）。(2022 年)

A. 需要管理的合同数量多

B. 组织管理和协调工程量少

C. 选择总承包单位范围小

D. 不利于控制工程造价

E. 有利于缩短建设周期

Ⅲ 工程项目管理组织机构形式

（一）单选题

1. 工程项目管理组织机构采用直线制形式的主要优点是（　　）。（2014 年）

A. 管理业务专门化，易提高工作质量　　B. 部门间横向联系强，管理效率高

C. 隶属关系明确，易实现统一指挥　　D. 集权与分权结合，管理机构灵活

2. 某施工组织机构如下图所示，该组织结构属于（　　）组织形式。（2015 年）

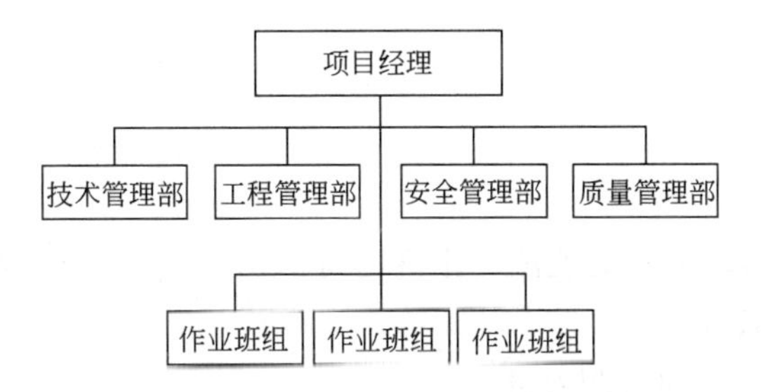

A. 直线制　　B. 直线职能制

C. 职能制　　D. 矩阵制

3. 下列项目管理组织机构形式中，未明确项目经理角色的是（　　）组织机构。（2016 年）

A. 职能制　　B. 弱矩阵制

C. 平衡矩阵制　　D. 强矩阵制

4. 直线职能制组织结构的特点是（　　）。（2017 年）

A. 信息传递路径较短　　B. 容易形成多头领导

C. 各职能部门间横向联系强　　D. 各职能部门职责清楚

5. 对于技术复杂、各职能部门之间的技术界面比较繁杂的大型工程项目，宜采用的项目组织形式是（　　）组织形式。（2018 年）

A. 直线制　　B. 弱矩阵制

C. 中矩阵制　　D. 强矩阵制

6. 关于工程项目管理组织机构特点的说法，正确的是（　　）。（2020 年）

A. 矩阵制组织中，项目成员受双重领导

B. 职能制组织中，指令唯一且职责清晰

C. 直线制组织中，可实现专业化管理

D. 强矩阵制组织中，项目成员仅对职能经理负责

7. 某公司为完成某大型复杂的工程项目，要求在项目管理组织机构内设置职能部门以发挥各类专家作用。同时从公司临时抽调专业人员到项目管理组织机构，要求所有成员只对项目经理负责，项目经理全权负责该项目。该项目管理组织机构宜采用的组织形式是（　　）。（2021 年）

A. 直线制　　B. 强矩阵制

C. 职能制　　D. 弱矩阵制

8. 某施工项目管理组织机构如下图所示，其组织形式是（　　）。(2022 年)

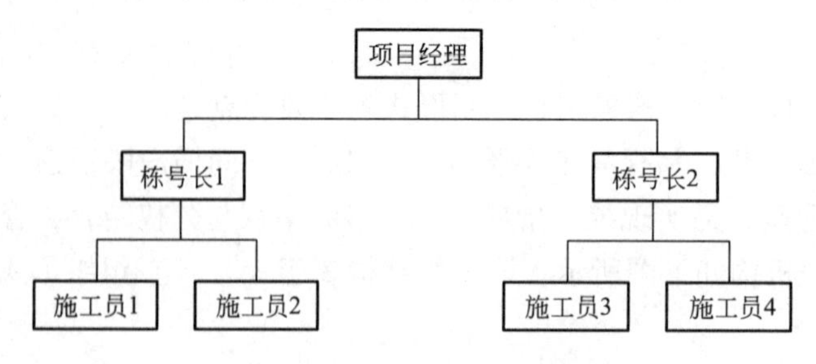

A. 直线制　　B. 职能制

C. 矩阵制　　D. 直线职能制

(二) 多选题

1. 关于强矩阵制组织形式的说法，正确的有（　　）。(2013 年)

A. 项目经理具有较大权限

B. 需要配备训练有素的协调人员

C. 项目组织成员绩效完全由项目经理考核

D. 适用于技术复杂且时间紧迫的工程项目

E. 项目经理直接向企业最高领导负责

2. 项目管理采用矩阵制组织机构形式的特点有（　　）。(2019 年)

A. 组织机构稳定性强　　B. 容易造成职责不清

C. 组织机构灵活性大　　D. 组织机构机动性强

E. 每一个成员受双重领导

三、真题解析

Ⅰ　业主方项目管理组织方式

单选题

【答案】 C

【解析】 工程代建制是一种针对非经营性政府投资项目的建设实施组织方式，专业化的工程项目管理单位作为代建单位，在工程项目建设过程中按照委托合同的约定代行建设单位职责。

Ⅱ　工程项目发承包模式

(一) 单选题

1. **【答案】** D

【解析】 CM 承包模式是指由建设单位委托一家单位承担项目管理工作。CM 单位有代理型和非代理型，CM 合同采用成本加酬金方式时，代理型和非代理型的 CM 合同是有区别的。代理型合同采用简单的成本加酬金合同形式；非代理型合同采用保证最大工程费用（GMP）加酬金的合同形式。

2. **【答案】** B

【解析】采用合作体承包模式，建设单位的组织协调工作量小，但风险较大。由于承包单位是一个合作体，各公司之间能相互协调，从而减少了建设单位的组织协调工作量。但当合作体中某一家公司倒闭破产时，其他成员单位及合作体机构不承担项目合同的经济责任，这一风险将由建设单位承担。

3.【答案】A

【解析】代理型的 CM 单位不负责工程分包的发包，与分包单位的合同由建设单位直接签订，而非代理型的 CM 单位直接与分包单位签订分包合同，选项 B 错误。CM 单位不赚取总包与分包之间的差价，选项 C 错误。采用 CM 承包模式时，施工任务要进行多次分包，施工合同总价不是一次确定，选项 D 错误。CM 合同采用成本加酬金的计价方式，选项 A 正确。

4.【答案】D

【解析】CM 承包模式组织快速路径的生产方式，使工程项目实现有条件的“边设计、边施工”，而不是流水施工法施工，选项 B 错误、选项 D 正确。代理型的单位不负责工程分包的发包，与分包单位的合同由建设单位直接签订，而非代理型的单位直接与分包单位签订分包合同，选项 A 错误。CM 单位不赚取总包与分包之间的差价，选项 C 错误。

5.【答案】A

【解析】平行承包模式的特点：(1)有利于建设单位择优选择承包单位。(2)有利于控制工程质量。(3)有利于缩短建设工期。(4)组织管理和协调工作量大。(5)工程造价控制难度大。(6)相对于总分包模式而言，平行承包模式不利于发挥那些技术水平高、综合管理能力强的承包单位的综合优势。

6.【答案】A

【解析】CM 承包模式使工程项目实现有条件的“边设计、边施工”，某部分施工图设计完成后，就可以开始进行该部分工程的施工招标。所有分包都通过招标方式展开竞争，合同总价更具合理性。CM 模式下，由 CM 单位负责施工管理，设计与施工并非由一个总承包单位负责。

7.【答案】A

【解析】总分包模式中有一种特殊的项目组织模式是工程项目总承包管理模式，即建设单位将工程项目设计与施工的主要部分发包给专门从事设计与施工组织管理的工程项目管理公司，该公司自己既没有设计力量，也没有施工队伍，而是将其所承接的设计和施工任务全部分包给其他设计单位和施工单位，工程项目管理公司则专心致力于工程项目管理工作。

8.【答案】D

【解析】总分包模式中有一种特殊的项目组织模式是工程项目总承包管理模式，即建设单位将工程项目设计与施工的主要部分发包给专门从事设计与施工组织管理的工程项目管理公司，该公司自己既没有设计力量，也没有施工队伍，而是将其所承接的设计和施工任务全部分包给其他设计单位和施工单位，工程项目管理公司则专心致力于工程项目管理工作。

（二）多选题

1.【答案】ACE

【解析】 CM承包模式的特点如下:(1)采用快速路径法施工;(2)CM单位有代理型(Agency)和非代理型(Non-Agency)两种;(3)CM合同采用成本加酬金方式。CM分包合同价是保密、透明的,CM单位不赚取总包与分包之间的差价。

2.**【答案】** CE

【解析】 平行承包模式的特点之一,工程造价控制难度大,一是由于总合同价不易短期确定,从而影响工程造价控制的实施;二是由于工程招标任务量大,需控制多项合同价格,从而增加工程造价控制的难度。

3.**【答案】** ABC

【解析】 平行承包模式的特点:(1)有利于建设单位择优选择承包单位。(2)有利于控制工程质量。(3)有利于缩短建设工期。(4)组织管理和协调工作量大。(5)工程造价控制难度大。(6)相对于总分包模式而言,平行承包模式不利于发挥那些技术水平高、综合管理能力强的承包单位的综合优势。

4.**【答案】** BCE

【解析】 总分包模式有如下特点:(1)有利于工程项目的组织管理。由于建设单位只与总承包单位签订合同,合同结构简单。同时,由于合同数量少,使得建设单位的组织管理和协调工作量小,可发挥总承包单位多层次协调的积极性。(2)有利于控制工程造价。由于总包合同价格可以较早确定,建设单位可承担较少风险。(3)有利于控制工程质量。由于总承包单位与分包单位之间通过分包合同建立了责、权、利关系,在承包单位内部,工程质量既有分包单位的自控,又有总承包单位的监督管理,从而增加了工程质量监控环节。(4)有利于缩短建设工期。总承包单位具有控制的积极性,分包单位之间也有相互制约作用。此外,在工程设计与施工总承包的情况下,由于工程设计与施工由一个单位统筹安排,使两个阶段能够有机地融合,一般均能做到工程设计阶段与施工阶段的相互搭接。(5)对建设单位而言,选择总承包单位的范围小,一般合同金额较高。(6)对总承包单位而言,责任重、风险大,需要具有较高的管理水平和丰富的实践经验。当然,获得高额利润的潜力也比较大。

Ⅲ 工程项目管理组织机构形式

(一)单选题

1.**【答案】** C

【解析】 直线制组织机构的主要优点是结构简单、权力集中、易于统一指挥、隶属关系明确、职责分明、决策迅速。但由于未设职能部门,项目经理没有参谋和助手,要求领导者通晓各种业务,成为“全能式”人才。无法实现管理工作专业化,不利于项目管理水平的提高。

2.**【答案】** B

【解析】 直线职能制吸收了直线制和职能制两种组织机构的优点,由图可以直接判断。

3.**【答案】** B

【解析】 弱矩阵组织中,并未明确对项目目标负责的项目经理。即使有项目负责人,其角色也只是一个项目协调或监督者，而不是一个管理者。

4. **【答案】** D

【解析】 直线职能制吸收了直线制和职能制两种组织机构的优点，既保持了直线制统一指挥的特点，又满足了职能制对管理工作专业化分工的要求。主要优点是集中领导、职责清楚，有利于提高管理效率。但这种组织机构中各职能部门之间的横向联系差，信息传递路线长，职能部门与指挥部门之间容易产生矛盾。

5. **【答案】** D

【解析】 强矩阵组织形式适用于技术复杂且时间紧迫的工程项目。对于技术复杂的工程，各职能部门之间技术界面比较繁杂，采用强矩阵组织形式有利于加强各职能部门之间的协调配合。

6. **【答案】** A

【解析】 矩阵中的每一个成员都受项目经理和职能部门经理的双重领导，如果处理不当，会造成矛盾，产生扯皮现象，A 选项正确。职能制组织机构中，没有处理好管理层次和管理部门的关系，形成多头领导，使下级执行者接受多方指令，容易造成职责不清，B 选项错误。直线制组织机构，无法实现管理工作专业化，不利于项目管理水平的提高，C 选项错误。强矩阵制项目经理由企业最高领导任命，并全权负责项目。项目经理直接向最高领导负责，项目组成员的绩效完全由项目经理进行考核，项目组成员只对项目经理负责，D 选项错误。

7. **【答案】** B

【解析】 强矩阵组织模式中，项目经理由企业最高领导任命，并全权负责项目。项目经理直接向最高领导负责，项目组成员的绩效完全由项目经理进行考核，项目组成员只对项目经理负责。

8. **【答案】** A

【解析】 直线制组织机构的主要优点是结构简单、权力集中、易于统一指挥、隶属关系明确、职责分明、决策迅速。但由于未设职能部门，项目经理没有参谋和助手，要求领导者通晓各种业务，成为“全能式”人才。无法实现管理工作专业化，不利于项目管理水平的提高。

（二）多选题

1. **【答案】** ACDE

【解析】 强矩阵制项目经理由企业最高领导任命，并全权负责项目，项目经理直接向最高领导负责，项目组成员的绩效完全由项目经理进行考核，项目组成员只对项目经理负责。强矩阵制组织形式的特点是拥有专职的、具有较大权限的项目经理以及专职项目管理人员。强矩阵制组织形式适用于技术复杂且时间紧迫的工程项目。中矩阵制组织形式的特点是需要精心建立管理程序和配备训练有素的协调人员，故选项 B 错误。

2. **【答案】** CDE

【解析】 项目管理采用矩阵制组织机构形式的优点包括组织机构的灵活性较大，机动性较强，有利于调动人员工作积极性。其缺点有组织机构稳定性差，每一个成员受双重领导，易产生扯皮现象。

第三节 工程项目的计划与控制

一、主要知识点及考核要点

参见表 3-4。

表 3-4 主要知识点及考核要点

序号	知识点	考核要点
1	工程项目计划体系	8 个表格分类及概念区分；项目管理规划大纲和项目管理实施规划
2	工程项目施工组织设计	三类施工组织设计及其编制和审批；单位工程施工组织设计的施工部署；专项施工方案
3	工程项目目标控制的内容、措施和方法	目标控制方法（7 种）

二、真题回顾

Ⅰ 工程项目计划体系

（一）单选题

1. 下列计划表中，属于建设单位计划体系中工程项目建设总进度计划的是（ ）。(2017 年)

A. 年度计划项目表　　B. 年度建设资金平衡表

C. 投资计划年度分配表　　D. 年度设备平衡表

2. 施工承包单位的项目管理实施规划应由（ ）组织编制。(2018 年)

A. 施工企业经营负责人　　B. 施工项目经理

C. 施工项目技术负责人　　D. 施工企业技术负责人

3. 工程项目计划体系中，用来阐明各单位工程建设规模、投资额、新增固定资产、新增生产能力等建设总规模及本年计划完成情况的计划表是（ ）。(2020 年)

A. 年度计划项目表　　B. 年度竣工投产交付使用计划表

C. 年度建设资金平衡表　　D. 投资计划年度分配表

4. 工程项目建设总进度计划表格部分的主要内容有（ ）。(2021 年)

A. 工程项目一览表、工程项目总进度计划、投资计划年度分配表和工程项目进度平衡表

B. 工程项目一览表、年度计划项目表、年度竣工投产交付使用计划表和年度建设资金平衡表

C. 工程概况表、施工总进度计划表、主要资源配置计划表、工程项目进度平衡表

D. 工程概况表、工程项目前期工作进度计划、工程项目总进度计划、工程项目年度计划

5. 工程项目一览表是将初步设计中确定的建设内容，按照（ ）进行归类并编号。(2022 年)

A. 单项工程或单位工程　　B. 单位工程或分部工程

C. 分部工程或分项工程　　D. 单位工程或分项工程

（二）多选题

建设单位编制的工程项目建设总进度计划包括的内容有（　　）。(2014 年)

A. 竣工投产交付使用计划表　　B. 工程项目一览表

C. 年度建设资金平衡表　　D. 工程项目进度平衡表

E. 投资计划年度分配表

Ⅱ　工程项目施工组织设计

（一）单选题

1. 根据《建筑施工组织设计规范》GB/T 50502，单位工程施工组织设计应由（　　）主持编制。(2013 年)

A. 建设单位项目负责人　　B. 施工项目负责人

C. 施工单位技术负责人　　D. 施工项目技术负责人

2. 根据《建筑施工组织设计规范》GB/T 50502，按编制对象不同，施工组织设计的三个层次是指（　　）。(2014 年)

A. 施工总平面图、施工总进度计划和资源需求计划

B. 施工组织总设计、单位工程施工组织设计和施工方案

C. 施工总平面图、施工总进度计划和专项施工方案

D. 施工组织总设计、单位工程施工进度计划和施工作业计划

3. 根据《建筑施工组织设计规范》GB/T 50502，施工组织总设计应由（　　）主持编制。(2015 年)

A. 总承包单位技术负责人　　B. 施工项目负责人

C. 总承包单位法定代表人　　D. 施工项目技术负责人

4. 根据《建筑施工组织设计规范》GB/T 50502，施工组织设计包括三个层次，分别是指（　　）。(2016 年)

A. 施工组织总设计、单位工程施工组织设计和施工方案

B. 施工组织总设计、单位工程施工组织设计和施工进度计划

C. 施工组织设计、单位进度计划和施工方案

D. 指导性施工组织设计、实施性施工组织设计和施工方案

5. 编制单位工程施工进度计划时，确定工作项目持续时间需要考虑每班工人数量、限定每班工人数量上限的因素是（　　）。(2017 年)

A. 工作项目工程量　　B. 最小劳动组合

C. 人工产量定额　　D. 最小工作面

6. 下列组成内容中，属于单位工程施工组织设计纲领性内容的是（　　）。(2018 年)

A. 施工进度计划　　B. 施工方法

C. 施工现场平面布置　　D. 施工部署

7. 专项施工方案由（　　）技术部门组织审核。(2019 年)

A. 建设单位　　B. 监理单位

C. 监督机构　　D. 施工单位

8. 根据《建设工程安全生产管理条例》，危险性较大的分部分项工程专家论证应由（　　）组织。（2020 年）

A. 建设单位　　B. 施工单位

C. 设计单位　　D. 监理单位

9. 在单位工程施工组织设计文件中，施工流水段划分一般属于（　　）部分的内容。（2021 年）

A. 工程概况　　B. 施工进度计划

C. 施工部署　　D. 主要施工方案

10. 针对危险性较大的分部分项工程，施工单位应编制专项施工方案，其主要内容除工程概况、编制依据和施工安全保证措施以外，还应有（　　）。（2021 年）

A. 施工计划、施工现场平面布置、季节性施工方案

B. 施工进度计划、资金使用计划、变更计划、临时设施的准备

C. 投资费用计划、资源配置计划、施工方法及工艺要求

D. 施工计划、施工工艺技术、劳动力计划、计算书及相关图纸

11. 根据施工总进度计划，施工总平面布置时，办公区、生活区和生产区宜（　　）。（2022 年）

A. 分离设置，符合节能、环保、安全和消防等要求

B. 集中布置，布置在建筑红线和建筑中间，减少二次搬运

C. 充分利用既有建筑物和既有设施，增加生活区临时配套设施

D. 建在红线下

（二）多选题

1. 根据《建筑施工组织设计规范》GB/T 50502，单位工程施工组织设计中的施工部署应包括（　　）。（2016 年）

A. 施工资源配置计划　　B. 施工进度安排和空间组织

C. 施工重点和难点分析　　D. 工程项目管理组织机构

E. 施工现场平面布置

2. 施工总进度计划是施工组织总设计的主要组成部分，编制施工总进度计划的主要工作有（　　）。（2021 年）

A. 确定总体施工准备条件

B. 计算工程量

C. 确定各单位工程和施工期限

D. 确定各单位工程的开竣工时间和相互搭接关系

E. 确定主要施工方法

3. 在单位工程施工组织设计中，资源配置计划包括（　　）。（2022 年）

A. 劳动力配置计划

B. 主要周转材料配置计划

C. 监理人员配置

D. 工程材料和设备的配置计划

E. 计量、测量和检验仪器配置计划

Ⅲ 工程项目目标控制的内容、措施和方法

(一) 单选题

1. 下列工程项目目标控制方法中，可用来找出工程质量主要影响因素的是（ ）。(2013 年)

A. 直方图法　　B. 鱼刺图法

C. 排列图法　　D. S 曲线法

2. 下列工程项目目标控制方法中，可用来掌握产品质量波动情况及质量特征的分布规律，以便对质量状况进行分析判断的是（ ）。(2014 年)

A. 直方图法　　B. 鱼刺图法

C. 控制图法　　D. S 曲线法

3. 下列控制措施中，属于工程项目目标被动控制措施的是（ ）。(2015 年)

A. 制定实施计划时，考虑影响目标实现和计划实施的不利因素

B. 说明和揭示影响目标实现和计划实施的潜在风险因素

C. 制定必要的备用方案，以应对可能出现的影响目标实现的情况

D. 跟踪目标实施情况，发现目标偏离时及时采取纠偏措施

4. 香蕉曲线法和 S 曲线法均可用来控制工程造价和工程进度。两者的主要区别是：香蕉曲线以（ ）为基础绘制。(2016 年)

A. 施工横道计划　　B. 流水施工计划

C. 工程网络计划　　D. 增值分析计划

5. 应用直方图法分析工程质量状况时，直方图出现折齿型分布的原因是（ ）。(2017 年)

A. 数据分组不当或组距确定不当　　B. 少量材料不合格

C. 短时间内工人操作不熟练　　D. 数据分类不当

6. 适用于分析和描述某种质量问题产生原因的统计分析工具是（ ）。(2018 年)

A. 直方图　　B. 控制图

C. 因果分析图　　D. 主次因素分析图

7. 下列工程项目目标控制方法中可用来随时了解生产过程中质量变化情况的方法是（ ）。(2019 年)

A. 控制图法　　B. 排列图法

C. 直方图法　　D. 鱼刺图法

8. S 曲线法比较实际进度和计划进度时，实际累计在计划累计线上，表示（ ）。(2020 年)

A. 实际进度落后于计划进度　　B. 计划进度编制过于保守

C. 实际进度超前于计划进度　　D. 计划进度偏于紧迫

9. 采用排列图分析影响工程质量的主要因素时，将影响因素分为三类，其中 A 类因

素是指累计频率在（ ）范围内的因素。（2021 年）

A. 0~70%　　B. 0~80%

C. 80%~90%　　D. 90%~100%

（二）多选题

1. 下列项目目标控制方法中，可用于控制工程质量的有（ ）。（2015 年）

A. S 曲线法　　B. 控制图法

C. 排列图法　　D. 直方图法

E. 横道图法

2. 采用控制图法控制生产过程质量时，说明点子在控制界限内排列有缺陷的情形有（ ）。（2016 年）

A. 点子连续在中心线一侧出现 7 个以上

B. 连续 7 个以上的点子上升或下降

C. 连续 11 个点子落在一倍标准偏差控制界限之外

D. 点子落在两倍标准偏差控制界限之外

E. 点子落在三倍标准偏差控制界限附近

3. 下列工程项目目标控制方法中，可用来控制工程造价和工程进度的方法有（ ）。（2019 年）

A. 香蕉曲线法　　B. 目标管理法

C. S 曲线法　　D. 责任矩阵法

E. 因果分析图法

4. 下列工程项目目标控制方法中，可用来综合控制工程造价和工程进度的方法有（ ）。（2020 年）

A. 控制图法　　B. 因果分析法

C. S 曲线法　　D. 香蕉曲线法

E. 直方图法

5. 关于排列图的说法，正确的有（ ）。（2020 年）

A. 排列图左边的纵坐标表示影响因素发生的频数

B. 排列图中直方图形的高度表示影响因素造成损失的大小

C. 排列图右边的纵坐标表示影响因素累计发生的频率

D. 累计频率在 90%~100%范围内的因素是影响工程质量的主要因素

E. 排列图可用于判定工程质量主要影响因素造成的费用增加值

三、真题解析

Ⅰ 工程项目计划体系

（一）单选题

1. 【答案】C

【解析】工程项目建设总进度计划的主要内容包括文字和表格两部分。表格部分包括工程项目一览表、工程项目总进度计划、投资计划年度分配表和工程项目进度平衡表。

2. 【答案】B

【解析】施工承包单位的项目管理实施规划应由施工项目经理组织编制。

3. 【答案】B

【解析】年度竣工投产交付使用计划表，用来阐明各单位工程建设规模、投资额、新增固定资产、新增生产能力等建设总规模及本年计划完成情况，并阐明其竣工日期。

4. 【答案】A

【解析】工程项目建设总进度计划表格部分包括工程项目一览表、工程项目总进度计划、投资计划年度分配表和工程项目进度平衡表。

5. 【答案】A

【解析】工程项目一览表是将初步设计中确定的建设内容，按照单项工程或单位工程进行归类并编号，明确其建设内容和投资额，以便各部门按统一的口径确定工程项目投资额，并以此为依据对其进行管理。

（二）多选题

【答案】BDE

【解析】工程项目建设总进度计划的主要内容包括文字和表格两部分。表格部分包括工程项目一览表、工程项目总进度计划、投资计划年度分配表和工程项目进度平衡表。

Ⅱ　工程项目施工组织设计

（一）单选题

1. 【答案】B

【解析】单位工程施工组织设计是指以单位（子单位）工程为主要对象编制的施工组织设计，应由施工项目负责人主持编制，施工单位技术负责人或其授权的技术人员负责审批。

2. 【答案】B

【解析】根据《建筑施工组织设计规范》GB/T 50502，施工组织设计是指以施工项目为对象编制的，用以指导施工的技术、经济和管理的综合性文件。按编制对象不同，施工组织设计包括三个层次，即施工组织总设计、单位工程施工组织设计和施工方案。

3. 【答案】B

【解析】施工组织总设计应由施工项目负责人主持编制，应由总承包单位技术负责人负责审批。

4. 【答案】A

【解析】按编制对象不同，施工组织设计包括三个层次，即施工组织总设计、单位工程施工组织设计和施工方案。

5. 【答案】D

【解析】最小工作面限定了每班安排人数的上限，而最小劳动组合限定了每班安排人数的下限。

6.【答案】D

【解析】施工部署是工程施工组织设计纲领性内容。

7.【答案】D

【解析】专项施工方案应当由施工单位技术部门组织本单位施工技术、安全、质量等部门的专业技术人员进行审核。

8.【答案】B

【解析】超过一定规模的危险性较大的分部分项工程专项施工方案应当由施工单位组织召开专家论证会。实行施工总承包的，由施工总承包单位组织召开专家论证会。

9.【答案】C

【解析】施工部署中的进度安排和空间组织应符合下列要求：(1)应明确说明工程主要施工内容及其进度安排，施工顺序应符合工序逻辑关系；(2)施工流水段应结合工程具体情况分阶段进行合理划分，并说明划分依据及流水方向，确保均衡流水施工；(3)施工重点和难点分析，包括组织管理和施工技术两个方面；(4)工程项目管理组织机构。

10.【答案】D

【解析】专项施工方案应当包括以下内容：工程概况、编制依据、施工计划、施工工艺技术、施工安全保证措施、劳动力计划、计算书及相关图纸。

11.【答案】A

【解析】施工总平面布置应遵循的原则：(1)平面布置科学合理，施工场地占用面积少；(2)合理组织运输，减少二次搬运；(3)施工区域的划分和场地的临时占用应符合总体施工部署和施工流程的要求，减少相互干扰；(4)充分利用既有建（构）筑物和既有设施为工程项目施工服务，降低临时设施的建造费用；(5)临时设施应方便生产、生活，办公区、生活区和生产区宜分离设置；(6)符合节能、环保、安全和消防等要求；(7)遵守工程所在地政府建设主管部门和建设单位关于施工现场安全文明施工的相关规定。

（二）多选题

1.【答案】BCD

【解析】施工部署是对工程项目进行统筹规划和全面安排，包括工程项目施工目标、施工进度安排和空间组织、施工重点和难点分析、工程项目管理组织机构等。施工部署是施工组织设计的纲领性内容，施工进度计划、施工准备与资源配置计划、施工方法、施工现场平面布置等均应围绕施工部署进行编制和确定。

2.【答案】BCD

【解析】施工总进度计划是根据总体施工部署的要求，用来确定各单位工程的施工顺序、施工时间及相互衔接关系的计划。施工总进度计划的编制步骤和方法如下：(1)计算工程量；(2)确定各单位工程的施工期限；(3)确定各单位工程的开竣工时间和相互搭接关系；(4)编制初步施工总进度计划；(5)编制正式的施工总进度计划。

3.【答案】ABD

【解析】 资源配置计划包括：劳动力配置计划和物资配置计划。其中，劳动力配置计划应包括：(1)确定各施工阶段用工量；(2)根据施工进度计划确定各施工阶段劳动力配置计划。物资配置计划包括：(1)主要工程材料和设备的配置计划应根据施工进度计划确定，包括各施工阶段所需主要工程材料、设备的种类和数量；(2)工程施工主要周转材料、施工机具的配置计划应根据施工部署和施工进度计划确定，包括施工阶段所需主要周转材料、施工机具的种类和数量。

Ⅲ　工程项目目标控制的内容、措施和方法

（一）单选题

1. **【答案】** C

【解析】 排列图又叫主次因素分析图或帕累特图，是用来寻找影响工程（产品）质量主要因素的一种有效工具；直方图又叫频数分布直方图，可掌握产品质量的波动情况；鱼刺图又叫因果分析图或树枝图，是用来寻找某种质量问题产生原因的有效工具；S 曲线可用于控制工程造价和工程进度。

2. **【答案】** A

【解析】 直方图又叫频数分布直方图，它以直方图形的高度表示一定范围内数值所发生的频数，据此可掌握产品质量的波动情况，了解质量特征的分布规律，以便对质量状况进行分析判断。因果分析图又叫树枝图或鱼刺图，是用来判定某种质量问题产生的原因的有效工具。控制图法是一种典型的动态分析方法。S 曲线法是一种进度控制的分析方法。

3. **【答案】** D

【解析】 选项 ABC 均属于主动控制。被动控制措施应包含：应用现代化管理方法和手段跟踪、测试、检查工程实施过程，发现异常情况，及时采取纠偏措施；明确项目管理组织中过程控制人员的职责，发现情况及时采取措施进行处理；建立有效的信息反馈系统，及时反馈偏离计划目标值的情况，以便及时采取措施进行纠正。

4. **【答案】** C

【解析】 香蕉曲线法的原理与 S 曲线法的原理基本相同，其主要区别在于：香蕉曲线是以工程网络计划为基础绘制的。

5. **【答案】** A

【解析】 折齿型分布多数是由于做频数表时，分组不当或组距确定不当所致。

6. **【答案】** C

【解析】 因果分析图是用来寻找某种质量问题产生原因的有效工具。

7. **【答案】** A

【解析】 采用动态分析方法，可以随时了解生产过程中的质量变化情况。控制图法是一种典型的动态分析方法。

8. **【答案】** C

【解析】 如下图 S 曲线控制图，在横坐标方向上，水平距离表示进度偏差，实际进度超前计划进度。

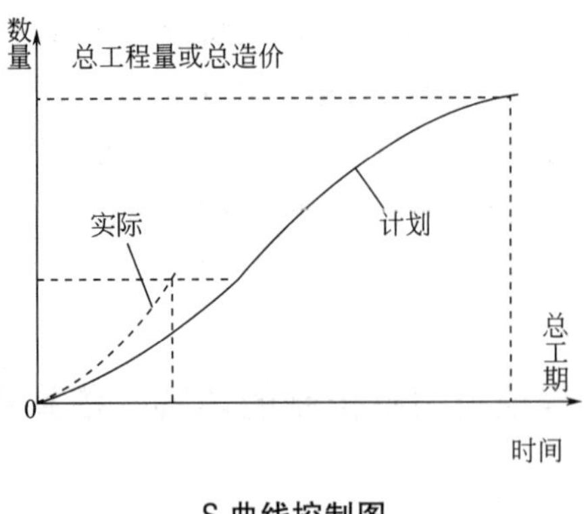

S 曲线控制图

9. 【答案】B

【解析】在一般情况下，将影响质量的因素分为三类，累计频率在 0~80%范围内的因素，称为 A 类因素，是主要因素；在 80%~90%范围内的为 B 类因素，是次要因素；在 90%~100%范围内的为 C 类因素，是一般因素。

（二）多选题

1. 【答案】BCD

【解析】排列图法、控制图法、直方图法都可以控制工程质量，S 曲线法和横道图法可以控制工程进度，不能控制工程质量。

2. 【答案】AB

【解析】点子在控制界限内排列有缺陷，包括以下几种情况：(1)点子连续在中心线一侧出现 7 个以上；(2)连续 7 个以上的点子上升或下降；(3)点子在中心线一侧多次出现，如连续 11 个点中至少有 10 个点在同一侧；或连续 14 点中至少有 12 点、连续 17 点中至少有 14 点、连续 20 点中至少有 16 点出现在同一侧；(4)点子接近控制界限，如连续 3 个点中至少有 2 个点落在两倍标准偏差与三倍标准偏差控制界限之间；或连续 7 点中至少有 3 点、连续 10 点中至少有 4 点落在两倍标准偏差与三倍标准偏差控制界限之间；(5)点子出现周期性波动。

3. 【答案】AC

【解析】S 曲线和香蕉曲线都可用来控制工程造价和工程进度。

4. 【答案】CD

【解析】S 曲线可用于控制工程造价和工程进度。与 S 曲线法相同，香蕉曲线同样可用来控制工程造价和工程进度。

5. 【答案】AC

【解析】排列图由两个纵坐标、一个横坐标、若干个直方图形和一条曲线组成。其中左边的纵坐标表示频数，右边的纵坐标表示频率，横坐标表示影响质量的各种因素，A、C 选项正确。若干个直方图形分别表示质量影响因素的项目，直方图形的高度则表示影响因素的大小程度，按大小顺序由左向右排列，曲线表示各影响因素大小的累计百分数，B 选项错误。在一般情况下，将影响质量的因素分为三类，累计频率在 0~80%范围的因素，称为 A 类因素，是主要因素，D 选项错误。排列图又叫主次因素分析图或帕累特图，是用来寻找影响工程（产品）质量主要因素的一种有效工具，E 选项错误。

第四节　流水施工组织方法

一、主要知识点及考核要点

参见表 3-5。

表 3-5　　主要知识点及考核要点

序号	知识点	考核要点
1	流水施工的特点和参数	三类 7 种参数（分类和定义）；划分施工段的原则；流水节拍的确定方法
2	流水施工的基本组织方式	四种流水施工特点；等节奏、等步距异节奏、非节奏计算

二、真题回顾

Ⅰ　流水施工的特点和参数

（一）单选题

1. 下列流水施工参数中，均属于时间参数的是（　　）。（2013 年）

A. 流水节拍和流水步距　　B. 流水步距和流水强度

C. 流水强度和流水段　　D. 流水段和流水节拍

2. 建设工程组织流水施工时，某施工过程（专业工作队）在单位时间内完成的工程量称为（　　）。（2014 年）

A. 流水节拍　　B. 流水步距

C. 流水节奏　　D. 流水能力

3. 下列流水施工参数中，属于空间参数的是（　　）。（2015 年）

A. 施工过程和流水强度　　B. 工作面和流水步距

C. 施工段和工作面　　D. 流水强度和流水段

4. 下列流水施工参数中，属于时间参数的是（　　）。（2017 年）

A. 施工过程和流水步距　　B. 流水步距和流水节拍

C. 施工段和流水强度　　D. 流水强度和工作面

5. 用以表达流水施工在施工工艺方面的参数，包括（　　）。（2019 年）

A. 工作面和流水节拍　　B. 流水步距和流水强度

C. 施工过程和流水强度　　D. 施工过程和流水节拍

6. 建设工程组织流水施工时，用来表达流水施工在施工工艺方面进展状态的参数是（　　）。（2020 年）

A. 流水强度和施工过程　　B. 流水节拍和施工段

C. 工作面和施工过程　　D. 流水步距和施工段

7. 横道图的横轴和纵轴分别表示（　　）。（2022 年）

A. 施工进度，施工过程　　B. 施工进度，施工段

C. 施工过程，施工段　　D. 工作面，施工段

8. 专业工作队在各个施工段上的劳动量要大致相等，其相差幅度不宜超过（　　）。（2022 年）

A. 5%　　B. 10%～15%

C. 15%～20%　　D. 20%～25%

（二）多选题

1. 下列流水施工参数中，用来表达流水施工在空间布置上开展状态的参数有（　　）。（2016 年）

A. 流水能力　　B. 施工过程

C. 流水强度　　D. 工作面

E. 施工段

2. 建设工程组织流水施工时，确定流水节拍的方法有（　　）。（2018 年）

A. 定额计算法　　B. 经验估计法

C. 价值工程法　　D. ABC 分析法

E. 风险概率法

3. 关于流水施工方式特点的说法，正确的是（　　）。（2021 年）

A. 施工工期较短，可以尽早发挥项目的投资效益

B. 实现专业化生产，可以提高施工技术水平和劳动生产率

C. 工人连续施工，可以充分发挥施工机械和劳动力的生产效率

D. 提高工程质量，可以增加建设工程的使用寿命

E. 工作队伍较多，可能增加总承包单位的成本

4. 下列流水施工参数中，属于空间参数的有（　　）。（2021 年）

A. 流水步距　　B. 工作面

C. 流水强度　　D. 施工过程

E. 施工段

5. 组织流水施工时，可以用来表达流水施工在时间安排上所处状态的参数有（　　）。（2022 年）

A. 流水强度　　B. 流水节拍

C. 流水步距　　D. 流水施工工期

E. 自由时差

Ⅱ　流水施工的基本组织方式

（一）单选题

1. 某工程划分为 3 个施工过程、4 个施工段，组织加快的成倍节拍流水施工，流水节拍分别为 4 天、4 天和 2 天，则应派（　　）个专业工作队参与施工。（2013 年）

A. 2　　B. 3

C. 4　　D. 5

2. 某工程划分为 3 个施工过程、4 个施工段组织流水施工，流水节拍见下表，则该工

程流水施工工期为（ ）天。（2014 年）

流水节拍表（单位：天）

施工过程	施工段及流水节拍			
	①	②	③	④
Ⅰ	4	5	3	4
Ⅱ	3	2	3	2
Ⅲ	4	3	5	4

A. 22　　B. 23

C. 26　　D. 27

3. 某工程划分为 3 个施工过程、4 个施工段组织固定节拍流水施工，流水节拍为 5 天，累计间歇时间为 2 天，累计提前插入时间为 3 天，该工程流水施工工期为（ ）天。（2015 年）

A. 29　　B. 30

C. 34　　D. 35

4. 工程项目组织非节奏流水施工的特点是（ ）。（2016 年）

A. 相邻施工过程的流水步距相等　　B. 各施工段上的流水节拍相等

C. 施工段之间没有空闲时间　　D. 专业工作队数等于施工过程数

5. 某工程分为 3 个施工过程、4 个施工段组织加快的成倍节拍流水施工，流水节拍分别为 4 天、6 天和 4 天，则需要派出（ ）个专业工作队。（2016 年）

A. 7　　B. 6

C. 4　　D. 3

6. 某工程有 3 个施工过程，分为 4 个施工段组织流水施工。流水节拍分别为 2 天、3 天、4 天、3 天；4 天、2 天、3 天、5 天；3 天、2 天、2 天、4 天。则流水施工工期为（ ）。（2017 年）

A. 17 天　　B. 19 天

C. 20 天　　D. 21 天

7. 某分部工程流水施工计划如下表所示，该流水施工的组织形式是（ ）。（2018 年）

施工过程编号	施工进度（天）												
	1	2	3	4	5	6	7	8	9	10	11	12	13
Ⅰ	①		②		③		④						
Ⅱ			①		②		③		④				
Ⅲ						①		②		③		④	

A. 异步距异节奏流水施工　　B. 等步距异节奏流水施工

C. 有提前插入时间的固定节拍流水施工　　D. 有间歇时间的固定节拍流水施工

8. 某工程有 3 个施工过程，分为 3 个施工段组织流水施工。3 个施工过程的流水节拍依次为 3 天、3 天、4 天；5 天、2 天、1 天；4 天、1 天、5 天，则流水施工工期为（　　）天。(2018 年)

A. 6　　B. 17

C. 18　　D. 19

9. 工程项目有 3 个施工过程、4 个施工段，施工过程在施工段上的流水节拍分别为 4 天、2 天、4 天，组织成倍节拍流水施工，则流水施工工期为（　　）天。(2019 年)

A. 10　　B. 12

C. 16　　D. 18

10. 钢筋绑扎与混凝土浇筑之间的流水步距为（　　）。(2021 年)

编号	模板	钢筋绑扎	混凝土浇筑
第一区	5	4	2
第二区	4	5	3
第三区	4	6	2

A. 2　　B. 5

C. 8　　D. 10

11. 某固定节拍流水施工，施工过程 n=3、施工段 m=4、流水节拍 t=2，施工过程①和施工过程②之间组织间歇 1 天，该流水施工总工期为（　　）天。(2022 年)

A. 10　　B. 11

C. 12　　D. 13

(二) 多选题

1. 非节奏流水施工的特点有（　　）。(2013 年)

A. 各施工段的流水节拍均相等　　B. 相邻施工过程的流水步距不尽相等

C. 专业工作队数等于施工过程数　　D. 施工段之间可能有空闲时间

E. 有的专业工作队不能连续工作

2. 固定节拍流水施工的特点有（　　）。(2014 年)

A. 各施工段上的流水节拍均相等　　B. 相邻施工过程的流水步距均相等

C. 专业工作队数等于施工过程数　　D. 施工段之间可能有空闲时间

E. 有的专业工作队不能连续作业

3. 建设工程组织加快的成倍节拍流水施工的特点有（　　）。(2015 年)

A. 各专业工作队在施工段上能够连续作业

B. 相邻施工过程的流水步距均相等

C. 不同施工过程的流水节拍成倍数关系

D. 施工段之间可能有空闲时间

E. 专业工作队数大于施工过程数

4. 建设工程组织加快的成倍节拍流水施工的特点有（　　）。(2017 年)

A. 同一施工过程的各施工段上的流水节拍成倍数关系

B. 相邻施工过程的流水步距相等

C. 专业工作队数等于施工过程数

D. 各专业工作队在施工段上可连续工作

E. 施工段之间可能有空闲时间

5. 建设工程组织固定节拍流水施工的特点有（　　）。(2019 年)

A. 专业工作队数大于施工过程数

B. 施工段之间没有空闲时间

C. 相邻施工过程的流水步距相等

D. 各施工段上的流水节拍相等

E. 各专业工作队能够在各施工段上连续作业

三、真题解析

Ⅰ　流水施工的特点和参数

（一）单选题

1. **【答案】** A

【解析】 时间参数主要包括流水节拍、流水步距和流水施工工期，流水强度和施工过程属于工艺参数，流水段(也称“施工段”)和工作面属于空间参数。

2. **【答案】** D

【解析】 流水强度是指流水施工的某施工过程（队）在单位时间内所完成的工程量，也称为流水能力或生产能力。例如，浇筑混凝土施工过程的流水强度是指每工作班浇筑的混凝土立方数。

3. **【答案】** C

【解析】 本题考查的是流水施工的特点和参数。空间参数是指在组织流水施工时，用以表达流水施工在空间布置上开展状态的参数，通常包括工作面和施工段。

4. **【答案】** B

【解析】 时间参数主要包括流水节拍、流水步距和流水施工工期，流水强度和施工过程属于工艺参数，施工段和工作面属于空间参数。

5. **【答案】** C

【解析】 工艺参数主要是指在组织流水施工时，用以表达流水施工在施工工艺方面进展状态的参数，通常包括施工过程和流水强度两个参数。

6. **【答案】** A

【解析】 工艺参数主要是指在组织流水施工时，用以表达流水施工在施工工艺方面进展状态的参数，通常包括施工过程和流水强度。

7. **【答案】** A

【解析】横道图是流水施工的表达方式之一，横道图的横坐标表示流水施工的持续时间；纵坐标表示施工过程的名称或编号。n 条带有编号的水平线段表示 n 个施工过程或专业工作队的施工进度安排，其编号①、②……表示不同的施工段。

8. 【答案】B

【解析】划分施工段的原则之一是：同一专业工作队在各个施工段上的劳动量应大致相等，相差幅度不宜超过 10%~15% 。

（二）多选题

1. 【答案】DE

【解析】空间参数是指在组织流水施工时，用以表达流水施工在空间布置上开展状态的参数，通常包括工作面和施工段。

2. 【答案】AB

【解析】确定流水节拍的方法有定额计算法和经验估计法两种。

3. 【答案】ABCD

【解析】(1)施工工期较短，可以尽早发挥投资效益。(2)实现专业化生产，可以提高施工技术水平和劳动生产率。(3)连续施工，可以充分发挥施工机械和劳动力的生产效率。(4)提高工程质量，可以增加建设工程的使用寿命，节约使用过程中的维修费用。(5)降低工程成本，可以提高承包单位的经济效益。

4. 【答案】BE

【解析】空间参数是指在组织流水施工时，用以表达流水施工在空间布置上开展状态的参数。通常包括工作面和施工段。

5. 【答案】BCD

【解析】时间参数是指在组织流水施工时，用以表达流水施工在时间安排上所处状态的参数，主要包括流水节拍、流水步距和流水施工工期等。

Ⅱ 流水施工的基本组织方式

（一）单选题

1. 【答案】D

【解析】第一步：确定流水步距，K=最大公约数［4，4，2］=2。第二步：确定专业工作队数目，由 $b_j=t_j/K$ 可得，$b_1=4/2=2$，$b_2=4/2=2$，$b_3=2/2=1$。参与工程流水施工的专业队总数 $n=\sum b_j=2+2+1=5$。

2. 【答案】D

【解析】流水施工工期计算公式：累加求和错位相减取大差法。

$$\begin{array}{rrrrr} 4 & 9 & 12 & 16 & \\ - & 3 & 5 & 8 & 10 \\ \hline 4 & 6 & 7 & 8 & -10 \end{array}$$

最大值为 8（施工过程 1-2 的流水步距）；

$$\begin{array}{rrrrr} 3 & 5 & 8 & 10 & \\ - & 4 & 7 & 12 & 16 \\ \hline 3 & 1 & 1 & -2 & -16 \end{array}$$

最大值为 3（施工过程 2-3 的流水步距）；

工期＝8+3+16＝27（天）。

3.【答案】A

【解析】T＝（3+4−1）×5+2−3＝29（天）。

4.【答案】D

【解析】非节奏流水施工特点：各施工过程在各施工段的流水节拍不全相等、相邻施工过程的流水步距不尽相等、专业工作队数等于施工过程数、各专业工作队能够在施工段上连续作业，但有的施工段之间可能有空闲时间。

5.【答案】A

【解析】K＝2，施工队数＝4/2+6/2+4/2＝7（个）。

6.【答案】D

【解析】非节奏流水施工工期计算，按照各施工过程流水节拍的累加数列错位相减取大差法确定流水步距，计算过程如下：首先确定各施工过程流水节拍的累加数列：2、5、9、12；4、6、9、14；3、5、7、11。累加数列错位相减，取大差法为流水步距：

$$\begin{array}{rrrrrr} & 2 & 5 & 9 & 12 & \\ & & 4 & 6 & 9 & 14 \\ \hline & 2 & 1 & 3 & 3 & -14 \end{array} \qquad \text{最大值为 3；}$$

$$\begin{array}{rrrrrr} & 4 & 6 & 9 & 14 & \\ - & & 3 & 5 & 7 & 11 \\ \hline & 4 & 3 & 4 & 7 & -11 \end{array} \qquad \text{最大值为 7；}$$

所以，工期＝（3+7）+（3+2+2+4）＝21（天）。

7.【答案】D

【解析】据表可知，各施工过程在各施工段上的流水节拍全相等，均为 2 天，故该流水施工属于固定节拍流水。施工过程Ⅲ的第一施工段在施工过程Ⅱ的第一施工段完工后 1 天开始，施工过程间存在间歇时间。故选 D。

8.【答案】C

【解析】非节奏流水施工工期计算，按照各施工过程流水节拍的累加数列错位相减取大差法确定流水步距分别为：3、5。计算过程如下：

$$\begin{array}{rrrrr} & 3 & 6 & 10 & \\ - & & 5 & 7 & 8 \\ \hline & 3 & 1 & 3 & -8 \end{array} \qquad \text{最大值为 3；}$$

$$\begin{array}{rrrrr} & 5 & 7 & 8 & \\ - & & 4 & 5 & 10 \\ \hline & 5 & 3 & 3 & -10 \end{array} \qquad \text{最大值为 5；}$$

工期＝（3+5）+（4+1+5）＝18（天）。

9.【答案】C

【解析】流水节拍的最大公约数为 2，专业工作队数为：4÷2+2÷2+4÷2＝5，总工期＝(4+5−1)×2＝16（天）。

10. 【答案】D

【解析】(1) 求各施工过程流水节拍的累加数列：

钢筋绑扎：4、9、15；混凝土浇筑：2、5、7。

(2) 错位相减求得差数列：

$$\begin{array}{cccc} 4 & 9 & 15 & \\ - & 2 & 5 & 7 \\ \hline 4 & 7 & 10 & -7 \end{array}$$

(3) 差数列的最大值为：10，即为流水步距。

11. 【答案】D

【解析】固定节拍流水施工工期 $T=(m+n-1)\times t+\sum G+\sum Z=(3+4-1)\times 2+1=13$（天）。

（二）多选题

1. 【答案】BCD

【解析】非节奏流水施工的特点：(1)各施工过程在各施工段的流水节拍不全相等；(2)相邻施工过程的流水步距不尽相等；(3)专业工作队数等于施工过程数；(4)各专业工作队能够在施工段上连续作业，但有的施工段之间可能有空闲时间。

2. 【答案】ABC

【解析】固定节拍流水施工是一种最理想的流水施工方式，其特点如下：(1)所有施工过程在各个施工段上的流水节拍均相等；(2)相邻施工过程的流水步距相等，且等于流水节拍；(3)专业工作队数等于施工过程数，即每一个施工过程成立一个专业工作队，由该队完成相应施工过程所有施工段上的任务；(4)各个专业工作队在各施工段上能够连续作业，施工段之间没有空闲时间。

3. 【答案】ABCE

【解析】本题考查的是流水施工的基本组织方式。成倍节拍流水施工特点：(1)同一施工过程在其各个施工段上的流水节拍均相等，不同施工过程的流水节拍不等，但其值为倍数关系；(2)相邻施工过程的流水步距相等，且等于流水节拍的最大公约数（K）；(3)专业工作队数大于施工过程数，即有的施工过程只成立一个专业工作队，而对于流水节拍大的施工过程，可按其倍数增加相应专业工作队数目；(4)各个专业工作队在施工段上能够连续作业，施工段之间没有空闲时间。

4. 【答案】ABD

【解析】本题考查的是流水施工的基本组织方式。成倍节拍流水施工特点：(1)同一施工过程在其各个施工段上的流水节拍均相等，不同施工过程的流水节拍不等，但其值为倍数关系；(2)相邻施工过程的流水步距相等，且等于流水节拍的最大公约数（K）；(3)专业工作队数大于施工过程数，即有的施工过程只成立一个专业工作队，而对于流水节拍大的施工过程，可按其倍数增加相应专业工作队数目；(4)各个专业工作队在施工段上能够连续作业，施工段之间没有空闲时间。

5. 【答案】BCDE

【解析】固定节拍流水施工是一种最理想的流水施工方式，其特点如下：所有施工过程在各个施工段上的流水节拍均相等；相邻施工过程的流水步距相等，且等于流水节拍；专业工作队数等于施工过程数，即每一个施工过程成立一个专业工作队，由该队完成相应施工过程所有施工段上的任务；各个专业工作队在各施工段上能够连续作业，施工段之间没有空闲时间。

第五节　工程网络计划技术

一、主要知识点及考核要点

参见表 3-6。

表 3-6　　主要知识点及考核要点

序号	知识点	考核要点
1	网络图绘制	关键工作、关键线路概念；工作参数、节点参数；绘制规则（双代号、单代号）
2	网络计划时间参数计算	时间参数计算；关键线路、关键工作、关键节点的判定及特征
3	双代号时标网络计划	关键线路判定；总时差、自由时差计算
4	网络计划优化	工期优化、费用优化、资源优化概念、特征
5	网络计划执行中的控制	前锋线法、列表比较法；网络计划调整

二、真题回顾

Ⅰ　网络图绘制

（一）单选题

1. 某工程双代号网络计划如下图所示，其中关键线路有（　　）条。（2013 年）

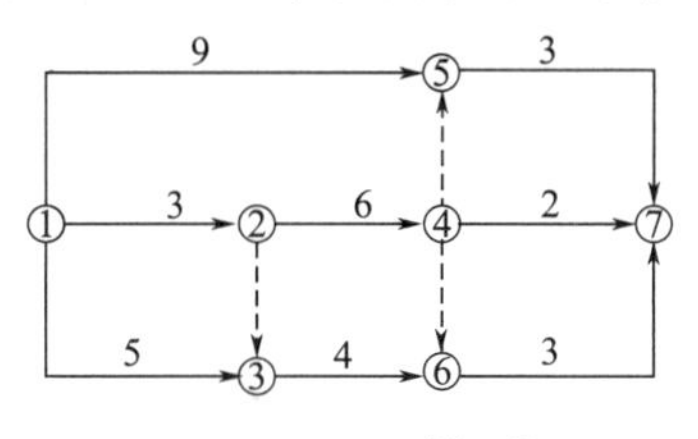

A. 1　　B. 2

C. 3　　D. 4

2. 某工程双代号网络计划如下图所示，其中关键线路有（　　）条。（2014 年）

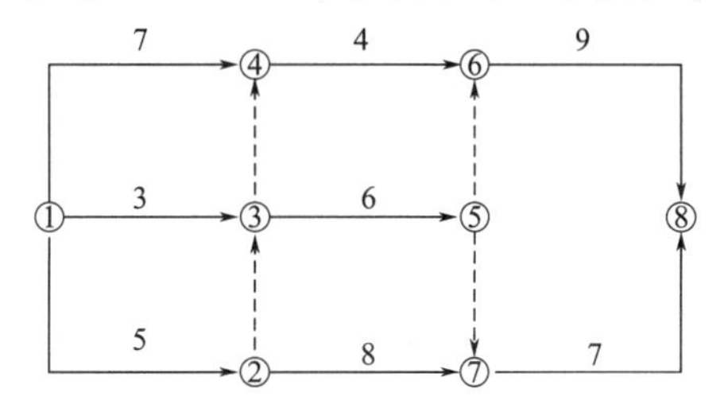

A. 2　　B. 3

C. 4　　D. 5

3. 某工程双代号网络计划如下图所示，其中关键线路有（　　）条。(2016 年)

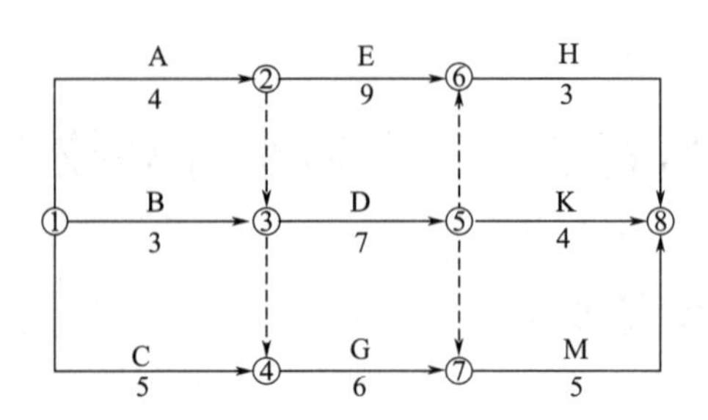

A. 1　　B. 2

C. 3　　D. 4

4. 某工程双代号网络图如下图所示，存在的绘图错误是（　　）。(2017 年)

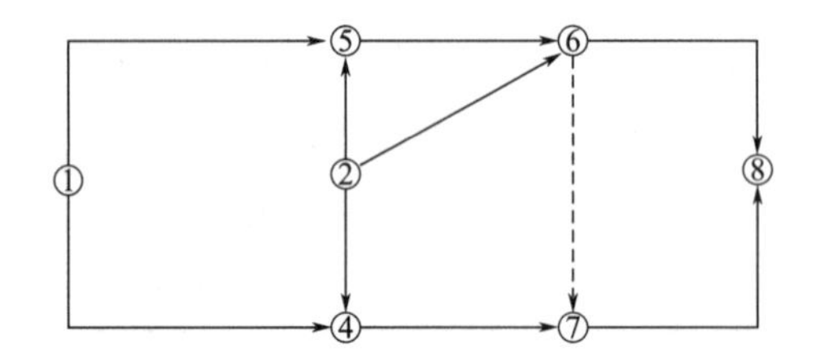

A. 多个起点节点　　B. 多个终点节点

C. 节点编号有误　　D. 存在循环回路

5. 下列图表为工作和紧前工作内容，用双代号网络图绘制，至少有（　　）虚箭线。(2021 年)

工作名称	A	B	C	D	E	F	G	H
紧前工作	—	—	—	A	ABC	B	DE	EF

A. 1 条　　B. 2 条

C. 4 条　　D. 6 条

6. 某两段施工过程，顺序都为基坑开挖→基础砌筑→土方回填，下列属于组织关系的是（　　）。(2022 年)

A. 基坑开挖 1→基础砌筑 1　　B. 基础砌筑 2→土方回填 2

C. 基坑开挖 1→土方回填 1　　D. 基坑开挖 1→基坑开挖 2

（二）多选题

某工作双代号网络计划如下图所示，存在的绘图错误有（　　）。(2018 年)

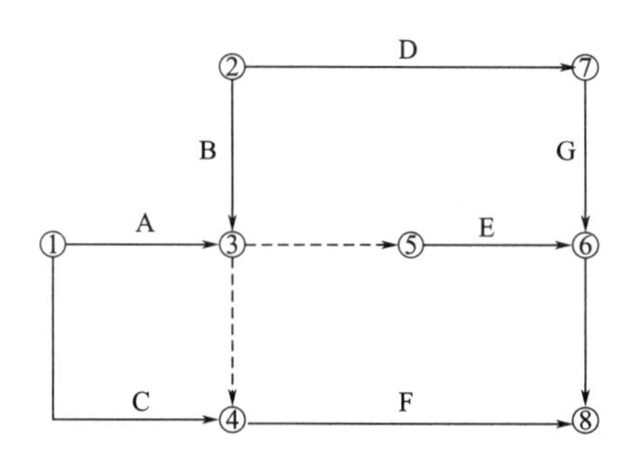

A. 多个起点节点　　B. 多个终点节点
C. 存在循环回路　　D. 节点编号有误
E. 有多余虚工作

Ⅱ　网络计划时间参数计算

（一）单选题

1. 某工程双代号网络计划中，工作 N 两端节点的最早时间和最迟时间如下图所示，则工作 N 自由时差为（　　）。（2013 年）

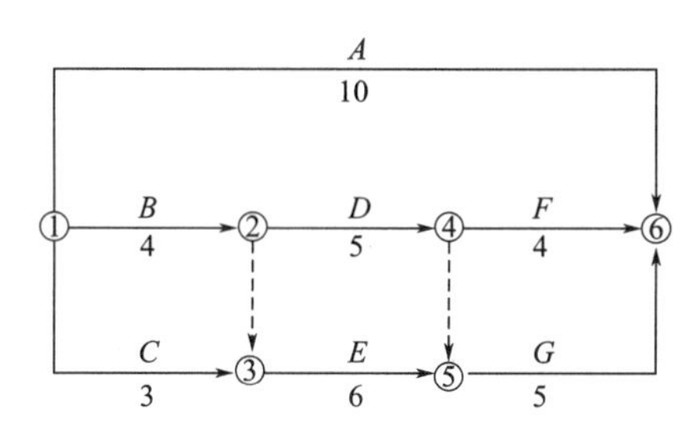

A. 0　　B. 1
C. 2　　D. 3

2. 某工程双代号网络计划如下图所示。当计划工期等于计算工期时，工作 D 的自由时差和总时差分别是（　　）（单位：周）。（2015 年）

A. 2 和 2　　B. 1 和 2
C. 0 和 2　　D. 0 和 1

3. 计划工期与计算工期相等的双代号网络计划中，某工作的开始节点和完成节点均为关键节点时，说明该工作（　　）。（2015 年）

A. 一定是关键工作　　B. 总时差为零
C. 总时差等于自由时差　　D. 自由时差为零

4. 单代号网络计划中，关键线路是指（　　）的线路。（2015 年）

A. 由关键工作组成　　B. 相邻两项工作之间时距均为零
C. 由关键节点组成　　D. 相邻两项工作之间时间间隔均为零

5. 单代号网络计划中，关键线路是指（　　）的线路。(2016 年)

A. 由关键工作组成　　B. 相邻两项工作之间时间间隔均为零

C. 由关键节点组成　　D. 相邻两项工作之间间歇时间均相等

6. 某工程网络计划中，工作 *D* 有两项紧后工作，最早开始时间分别为 17 和 20，工作 *D* 的最早开始时间为 12，持续时间为 3，则工作 *D* 的自由时差为（　　）。(2017 年)

A. 5　　B. 4

C. 3　　D. 2

7. 某工程网络计划中，工作 *M* 有两项紧后工作，最早开始时间分别为 12 和 13，工作 *M* 的最早开始时间为 8，持续时间为 3，则工作 *M* 的自由时差为（　　）。(2018 年)

A. 1　　B. 2

C. 3　　D. 4

8. 双代号网络计划中，关于关键节点说法正确的是（　　）。(2019 年)

A. 关键工作两端的节点必然是关键节点

B. 关键节点的最早时间与最迟时间必然相等

C. 关键节点组成的线路必然是关键线路

D. 两端为关键节点的工作必然是关键工作

9. 某工程网络计划执行过程中，工作 *M* 实际进度拖后的时间已超过其自由时差，但未超过总时差，则工作 *M* 实际进度拖后产生的影响是（　　）。(2020 年)

A. 既不影响后续工作的正常进行，也不影响总工期

B. 影响紧后工作中的最早开始时间，但不影响总工期

C. 影响紧后工作的最迟开始时间，同时影响总工期

D. 影响紧后工作的最迟开始时间，但不影响总工期

10. 已知某工作最早开始时间为 15，最早完成时间为 19，最迟完成时间为 22，紧后工作的最早开始时间为 20，则该工作最迟开始时间和自由时差为（　　）。(2021 年)

A. 18；1　　B. 18；3

C. 19；1　　D. 19；3

11. 某工程项目由 ABCDEFG 工作组成，逻辑关系和持续时间如下表。用单代号进行进度计划时间间隔最大的是（　　）。(2021 年)

工作名称	A	B	C	D	E	F	G
紧前工作	—	—	A	AB	B	CD	DE
持续时间	5	7	8	9	13	10	8

A. 1　　B. 2

C. 3　　D. 4

12. 某项目有 6 项工作，逻辑关系和持续时间如下表所示，则该项目关键线路条数及总工期分别是（　　）。(2022 年)

工作名称	K	L	M	P	Q	R
紧前工作	–	–	–	K	P	K、L、M
持续时间	6	6	5	4	3	8

A. 1 条、13 天　　B. 1 条、14 天

C. 2 条、13 天　　D. 2 条、14 天

13. 双代号时标网络计划中，某工作有 3 项紧后工作，这 3 项紧后工作的总时差分别为 3、5、2，该工作与 3 项紧后工作的时间间隔分别为 2、1、2，则该工作的总时差为（　　）。(2022 年)

A. 2　　B. 4

C. 5　　D. 6

（二）多选题

1. 工程网络计划中，关键工作是指（　　）的工作。(2013 年)

A. 自由时差最小

B. 总时差最小

C. 时间间隔为零

D. 最迟完成时间与最早完成时间的差值最小

E. 开始节点和完成节点均为关键节点

2. 在工程网络计划中，关键工作是指（　　）的工作。(2017 年)

A. 最迟完成时间与最早完成时间之差最小　B. 自由时差为零

C. 总时差最小　　D. 持续时间最长

E. 时标网络计划中没有波形线

Ⅲ　双代号时标网络计划

（一）单选题

1. 工程网络计划中，关键线路是指（　　）的线路。(2014 年)

A. 双代号网络计划中无虚箭线

B. 单代号网络计划中由关键工作组成

C. 双代号时标网络计划中无波形线

D. 双代号网络计划中由关键节点组成

2. 工程网络计划中，对关键线路描述正确的是（　　）。(2018 年)

A. 双代号网络计划中由关键节点组成

B. 单代号网络计划中时间间隔均为零

C. 双代号时标网络计划中无虚工作

D. 单代号网络计划中由关键工作组成

（二）多选题

某工程双代号时标网络计划如下图所示，由此可以推断出（　　）。(2016 年)

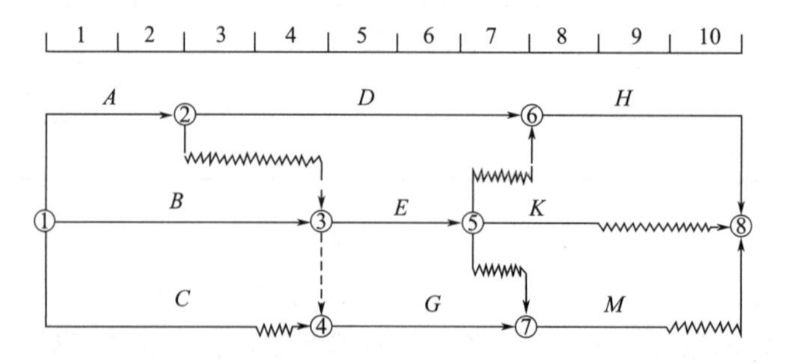

A. 工作 B 为关键工作　　B. 工作 C 的总时差为 2

C. 工作 E 的总时差为 0　　D. 工作 G 的自由时差为 0

E. 工作 K 的总时差与自由时差相等

Ⅳ 网络计划优化

(一) 单选题

1. 工程网络计划费用优化的目的是为了寻求（　　）。(2013 年)

A. 工程总成本最低时的最优工期安排

B. 工期固定条件下的工程费用均衡安排

C. 工程总成本固定条件下的最短工期安排

D. 工期最短条件下的最低工程总成本安排

2. 工程网络计划费用优化的基本思路是，在网络计划中，当有多条关键线路时，应通过不断缩短（　　）的关键工作持续时间来达到优化目的。(2016 年)

A. 直接费总和最大　　B. 组合间接费用率最小

C. 间接费综合最大　　D. 组合直接费用率最小

3. 工程网络计划资源优化的目的是通过改变（　　），使资源按照时间的分布符合优化目标。(2017 年)

A. 工作间逻辑关系　　B. 工作的持续时间

C. 工作的开始时间和完成时间　　D. 工作的资源强度

4. 工程网络计划中，应将（　　）关键工作作为压缩持续时间的对象。(2020 年)

A. 直接费用率最小的　　B. 持续时间最长的

C. 直接费用率最大的　　D. 资源强度最大的

5. 工程项目网络计划的费用优化是寻求工程总成本最低时的工期安排或按要求工期寻求最低成本的计划安排的过程，该优化过程通常假定工作的直接费与其持续时间之间的关系可被近似地认为是（　　）。(2021 年)

A. 一条平行于横坐标的直线　　B. 一条下降的直线

C. 一条上升的直线　　D. 一条上凸的曲线

(二) 多选题

1. 工程网络计划优化是指（　　）的过程。(2019 年)

A. 寻求工程总成本最低时工期安排

B. 使计算工期满足要求工期

C. 按要求工期寻求最低成本

D. 在工期保持不变的条件下使资源需求量最少

E. 在满足资源限制条件下使工期延长最少

2. 当工程项目网络计划的计算工期不能满足要求工期时，需压缩关键工作的持续时间，此时可选的关键工作有（　　）。(2021 年)

A. 持续时间长的工作

B. 紧后工作较多的工作

C. 对质量和安全影响不大的工作

D. 所需增加的费用最少的工作

E. 有充足备用资源的工作

V　网络计划执行中的控制

（一）单选题

为缩短工期而采取的进度计划调整方法中，不需要改变网络计划中工作间逻辑关系的是（　　）。(2018 年)

A. 将顺序进行的工作改为平行作业

B. 重新划分施工段组织流水施工

C. 采取措施压缩关键工作持续时间

D. 将顺序进行的工作改为搭接作业

（二）多选题

1. 某工程时标网络图如下图所示。计划执行到第 5 周检查实际进度，发现 D 工作需要 3 周完成，E 工作需 1 周完成，F 工作刚刚开始。由此可以判断出（　　）。(2015 年)

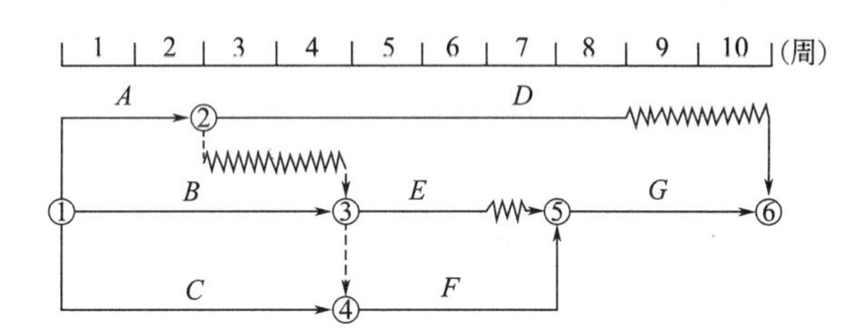

A. A、B、C 工作均已提前完成

B. D 工程按计划进行

C. E 工作提前 1 周

D. F 工作进度不影响总工期

E. 总工期需延长 1 周

2. 某工程双代号时标网络计划如下图所示，第 8 周末进行实际进度检查的结果如图中实际进度前锋线所示，则正确的结论有（　　）。(2017 年)

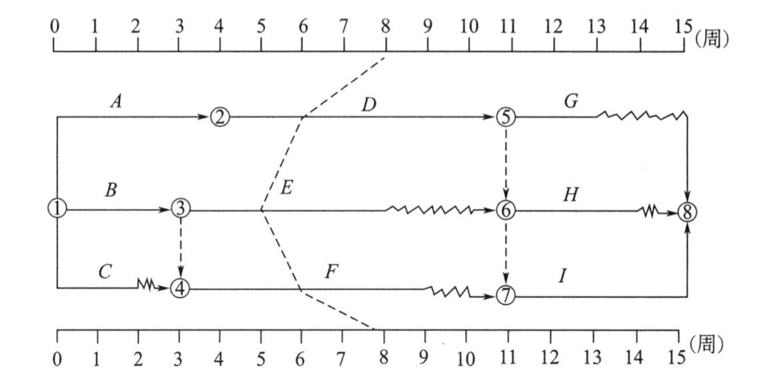

A. 工作 D 拖后 2 周，不影响工期　　B. 工作 E 拖后 3 周，不影响工期
C. 工作 F 拖后 2 周，不影响紧后工作　　D. 总工期预计会延长 2 周
E. 工作 H 的进度不会受影响

3. 某工程网络计划执行到第 8 周末检查进度情况见下表（　　）。（2018 年）

工作名称	检查计划时尚需作业周数	至计划最迟完成时尚余周数	原有总时差
H	3	2	1
K	1	2	0
M	4	4	2

A. 工作 H 影响总工期 1 周　　B. 工作 K 提前 1 周
C. 工作 K 尚有总时差为零　　D. 工作 M 按计划进行
E. 工作 H 尚有总时差 1 周

4. 实际进度延后影响总工期，需调整进度计划时，有效的调整方式是（　　）。（2022 年）

A. 加强管理，提高关键工作质量控制，减少返工
B. 不增加投入，将关键工作顺序作业改为搭接作业
C. 不增加投入，将关键工作平行作业改为顺序作为
D. 增加投入，缩短关键工作持续时间
E. 增加投入，缩短非关键工作持续时间

三、真题解析

Ⅰ　网络图绘制

（一）单选题

1. **【答案】** D

【解析】 关键线路有 4 条，分别为①→⑤→⑦，①→②→④→⑤→⑦，①→②→④→⑥→⑦，①→③→⑥→⑦。

2. **【答案】** B

【解析】 在关键线路法（CPM）中，线路上所有工作的持续时间总和称为该线路的总持续时间。总持续时间最长的线路称为关键线路，关键线路的长度就是网络计划的总工期。三条关键线路分别为：1→4→6→8、1→2→3→5→6→8、1→2→7→8，工期为 20 天。

3. **【答案】** C

【解析】 关键线路为 1→2→6→8、1→2→3→5→7→8、1→4→7→8，工期为 16 天。

4. **【答案】** A

【解析】 图中节点 1 和节点 2 均为起点节点。

5. **【答案】** C

【解析】 网络图绘制如下，虚箭线至少有 4 条。

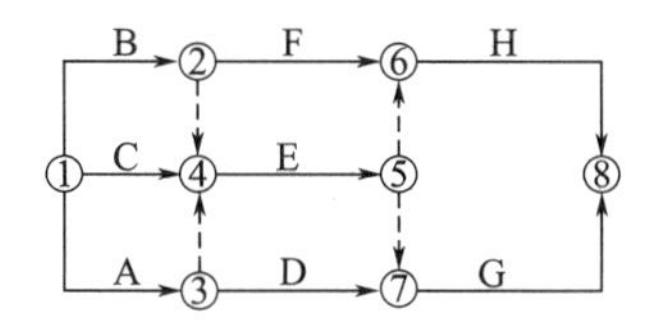

6.【答案】D

【解析】网络图中的逻辑关系包括工艺关系和组织关系两类。工艺关系是由工艺过程或工作程序决定的先后顺序，如“基坑开挖 1→基础砌筑 1→土方回填 1”属于工艺关系；组织关系则是由于组织安排需要或资源调配需要而规定的先后顺序，如“基坑开挖 1→基坑开挖 2→基坑开挖 3”属于组织关系。

（二）多选题

【答案】ADE

【解析】图中存在节点 1、2 两个起点节点，故 A 选项正确；节点 6、7 编号有误，故选项 D 正确；虚工作 3→5 是多余工作，故选项 E 正确。图中未出现循环回路和多个终点节点。

Ⅱ　网络计划时间参数计算

（一）单选题

1.【答案】B

【解析】工作 N 的自由时差 FF_N = 完成节点⑤的最早时间 $ET_⑤$ − 开始节点④的最早时间 $ET_④$ − 工作 N 的持续时间，即 $D_N = 7-2-4=1$。此类考题不用再考虑求最小值的情况，一般情况，这样做都是对的，除非出现工作 N 后只有虚工作的极特殊情况，此类情况出题时不会涉及。

2.【答案】D

【解析】计算可知：关键线路为 1→2→3→5→6，工作 D 最早开始时间 4，最迟开始时间 5，总时差 = 最迟开始时间 − 最早开始时间 = $5-4=1$。F 工作最早开始时间 9，D 工作最早完成时间 9，D 工作的自由时差 $9-9=0$。当然，也可以利用“延误变为关键工作”的方式确定总时差，工作 D 延误 1 周即变为关键工作，因此，其总时差为 1 周。又因工作 D 是工作 F 的唯一紧前工作，因此工作 D 自由时差为 0。

3.【答案】C

【解析】在计划工期等于计算工期时，关键节点的两个时间参数相等。若某工作的完成节点为关键节点，则该工作紧后工作的最早开始时间等于本工作的最迟完成时间，则其自由时差（紧后工作最早开始时间与本工作最早完成时间的差，此类情形可忽略最小值的问题）与总时差（本工作最迟完成时间与最早完成时间的差）相等。

4.【答案】D

【解析】单代号网络图中，相邻两项工作之间时间间隔均为零的线路是关键线路，一般从网络计划的终点节点开始，逆着箭线方向依次确定。

5.【答案】B

【解析】单代号网络图中，相邻两项工作之间时间间隔均为零的线路是关键线路，一般从网络计划的终点节点开始，逆着箭线方向依次确定。

6. 【答案】D

【解析】工作 D 的最早完成时间 = 12+3 = 15，自由时差 = min ｛17−15，20−15｝ = 2。

7. 【答案】A

【解析】根据双代号网络图自由时差公式，M 的自由时差 = min ｛紧后工作最早开始时间−本工作最早完成时间｝ = min ｛12−(8+3)，13−(8+3)｝= 1。

8. 【答案】A

【解析】关键工作两端的节点必为关键节点，但两端为关键节点的工作不一定是关键工作，A 正确、D 错误。关键节点的最迟时间与最早时间差值最小，当网络计划的计划工期等于计算工期时，关键节点的最早时间与最迟时间必然相等，B 错误。关键节点必然在关键线路上，但由关键节点组成的线路不一定是关键线路，C 错误。

9. 【答案】B

【解析】工作的自由时差是指在不影响其紧后工作最早开始时间的前提下，本工作可以利用的机动时间。本题中 M 的实际进度拖后的时间已超过自由时差，故影响紧后工作的最早开始时间；实际进度拖后时间未超过总时差，故不影响总工期。

10. 【答案】A

【解析】该工作的持续时间为：19−15 = 4；因此，最迟开始时间为：22−4 = 18，自由时差 = 20−19 = 1。

11. 【答案】D

【解析】相邻两项工作之间的时间间隔是指其紧后工作的最早开始时间与本工作最早完成时间的差值。如下图所示，各工作间时间间隔最大值为 4。

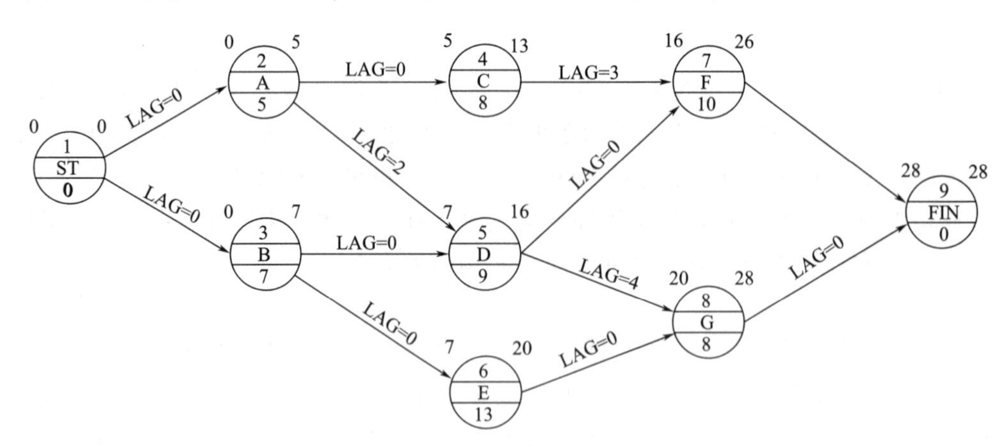

12. 【答案】D

【解析】该项目包含①②③④⑥和①③④⑥两条关键线路，总工期为 6+8 = 14（天）。

13. 【答案】B

【解析】双代号时标网络计划中的各项工作的总时差可以利用单代号网络计划的总时差公式（$TF_i = \min\{TF_j + LAG_{i,j}\}$）进行计算。本题中，工作总时差 = min{3+2,5+1,2+2} = min{5,6,4} = 4。

（二）多选题

1.【答案】BD

【解析】在网络计划中，总时差最小的工作为关键工作。工作的总时差等于该工作最迟完成时间与最早完成时间之差，或该工作最迟开始时间与最早开始时间之差。

2.【答案】AC

【解析】在网络计划中，总时差最小的工作为关键工作。工作的总时差等于该工作最迟完成时间与最早完成时间之差，或该工作最迟开始时间与最早开始时间之差。注意：选项 D、E 是判定关键线路的条件，而不能用于判断关键工作。

Ⅲ 双代号时标网络计划

（一）单选题

1.【答案】C

【解析】凡自始至终不出现波形线的线路即为关键线路。

2.【答案】B

【解析】双代号（而单代号不成立）网络计划中由关键工作（而非根据节点）组成的线路是关键线路（A 选项、D 选项错误）；双代号时标网络计划中无波形线（而非虚工作）的线路是关键线路（C 选项错误）；单代号网络计划中时间间隔均为零的线路是关键线路，故选 B。

（二）多选题

【答案】BDE

【解析】题中关键线路为 $A \to D \to H$，工作 B 为非关键工作（选项 A 错误）；根据总时差计算公式（双代号时标网络图可利用单代号网络图总时差和自由时差的计算公式计算）可得，工作 C 的总时差 = 2（选项 B 正确）；工作 E 的总时差 = 1（选项 C 错误）；工作 G 的自由时差 = 0（选项 D 正确）；工作 K 是以终点节点为完成节点的工作，自有时差 = 总时差 = 2（选项 E 正确）。

Ⅳ 网络计划优化

（一）单选题

1.【答案】A

【解析】费用优化又称工期成本优化，是指寻求工程总成本最低时的工期安排，或按要求工期寻求最低成本的计划安排的过程。

2.【答案】D

【解析】当有多条关键线路出现而需要同时压缩多个关键工作的持续时间时，应将它们的直接费用率之和（组合直接费用率）最小者作为压缩对象。

3.【答案】C

【解析】资源优化基本不会改变资源消耗量，其目的是通过改变工作的开始时间和完成时间，使资源按照时间的分布符合优化目标。

4.【答案】A

【解析】在压缩关键工作的持续时间以达到缩短工期的目的时，应将直接费用率最小的关键工作作为压缩对象。

5. 【答案】B

【解析】工作的直接费随着持续时间的缩短而增加，为简化起见，工作直接费与持续时间的关系被近似地认为是一条下降的直线。

（二）多选题

1. 【答案】ABCE

【解析】工期优化是指计算工期不满足要求工期时，通过压缩关键工作的持续时间以满足工期目标的过程，选项 B 正确。费用优化是寻求工程总成本最低时的工期安排，或按要求工期寻求最低成本的计划安排的过程，选项 A 和 C 正确。网络计划的资源优化分为“资源有限，工期最短”和“工期固定，资源均衡”。前者是通过调整计划安排，在满足资源限制条件下，使工期延长最少的过程；而后者是通过调整计划安排，在工期保持不变的条件下，使资源需用量尽可能均衡的过程，选项 E 正确。完成一项工程任务所需要的资源量基本上是不变的，不可能通过资源优化将其减少，选项 D 错误。

2. 【答案】CDE

【解析】选择应缩短持续时间的关键工作。选择压缩对象时宜在关键工作中考虑下列因素：(1)缩短持续时间对质量和安全影响不大的工作；(2)有充足备用资源的工作；(3)缩短持续时间所需增加的费用最少的工作。

V 网络计划执行中的控制

（一）单选题

【答案】C

【解析】压缩关键工作持续时间不改变网络计划中工作间逻辑关系，而其他各项措施均会改变工作间逻辑关系。

（二）多选题

1. 【答案】BE

【解析】由题意可知，工作 *D*、*E* 进度正常，*F* 延误 1 周开始，可判断工作 *C* 延误 1 周，选项 A、C 错误；工作 *F* 是关键工作，故工期延误 1 周，选项 D 错误；正确答案为 B、E。

2. 【答案】BCD

【解析】工作 *D* 为关键工作，拖后 2 周则影响工期 2 周，总工期因此延长 2 周，选项 A 错误；工作 *D* 延误 2 周，工作 *H* 晚开工 2 周且其总时差只有 1 周，因此 *H* 工作进度受影响，选项 E 错误；工作 *E* 拖后 3 周，其总时差为 3 周，因此不影响工期，选项 B 正确；工作 *F* 拖后 2 周，其自由时差为 2 周，因此不影响紧后工作，选项 C 正确；只有工作 *D* 延误影响工期 2 周，因此总工期预计延长 2 周，选项 D 正确。

3. 【答案】AB

【解析】见下表。

工作名称	检查计划时尚需作业周数	至计划最迟完成时尚余周数	原有总时差	尚有总时差	情况判断
H	3	2	1	−1	拖后 2 周，影响总工期 1 周
K	1	2	0	1	提前 1 周
M	4	4	2	0	拖后 2 周，不影响总工期

4. **【答案】** BD

【解析】 当工程项目实施中产生的进度偏差影响到总工期，且有关工作的逻辑关系允许改变时，可以改变关键线路和超过计划工期的非关键线路上的有关工作之间的逻辑关系，以达到缩短工期的目的。例如，将顺序进行的工作改为平行作业、搭接作业以及分段组织流水作业等，都可以有效地缩短工期。此外，还可以通过采取增加资源投入、提高劳动效率等方式缩短某些工作的持续时间，使进度加快。这些缩短持续时间的工作是位于关键线路和超过计划工期的非关键线路上的工作，且这些工作是可以被压缩的。

第六节　工程项目合同管理

一、主要知识点及考核要点

参见表 3-7。

表 3-7　　**主要知识点及考核要点**

序号	知识点	考核要点
1	工程勘察设计合同管理	合同文件解释顺序
2	工程施工合同管理	合同文件解释顺序；工程价款利息支付；竣工日期
3	材料设备采购合同管理	违约责任
4	工程总承包合同管理	合同文件解释顺序；合同履行

二、真题回顾

Ⅰ　工程勘察设计合同管理

单选题

1.《标准设计招标文件》中合同文件的组成：①投标函及投标函附录；②通用合同条款；③专用合同条款；④发包人要求；⑤设计方案；⑥设计费用清单；⑦中标通知书。当存在不一致或矛盾时，正确的优先解释顺序是（　　）。(2021 年)

A. ①⑦②③④⑥⑤　　B. ①⑦③②④⑤⑥

C. ⑦①④⑤⑥③②　　D. ⑦①③②④⑥⑤

2. 合同文件的解释顺序从高到低，正确的是（　　）。(2022 年)

A. 中标通知书，投标函及附录，专用合同条款

B. 投标函及附录，中标通知书，专用合同条款

C. 专用合同条款，中标通知书，投标函及附录

D. 中标通知书，专用合同条款，投标函及附录

Ⅱ 工程施工合同管理

单选题

1. 根据《标准施工招标文件》中的通用条款中，属于发包人义务的是（　　）。（2020 年）

A. 发出开工通知　　B. 编制施工组织总设计

C. 组织设计交底　　D. 施工期间照管工程

2. 某工程项目完工后，承包单位于 2019 年 8 月 8 日向业主方提交竣工验收报告。业主方为尽早投入使用，在未组织竣工验收的情况下，于 2019 年 9 月 11 日提前使用该工程，后经承包单位催促下，建设单位于 11 月 12 日组织验收，11 月 13 日参与工程竣工验收的各方签署了竣工验收合格意见，该工程的实际竣工时间为（　　）。（2020 年）

A. 8 月 8 日　　B. 9 月 11 日

C. 11 月 12 日　　D. 11 月 13 日

Ⅲ 材料设备采购合同管理

（一）单选题

某建设单位与供应商签订 350 万元的采购合同，供应商延迟 35 天交货，建设单位延迟支付合同价款 185 天，根据《材料采购招标合同》通用条款规定，建设单位实际支付供应商（　　）违约金。（2021 年）

A. 25.20 万元　　B. 35 万元

C. 42 万元　　D. 51.8 万元

（二）多选题

根据九部委联合发布的《标准材料采购招标文件》和《标准设备采购招标文件》，关于当事人义务的说法，正确的有（　　）。（2019 年）

A. 迟延交付违约金的总额不得超过合同价格的 5%

B. 支付迟延交货违约金不能免除卖方继续交付合同材料的义务

C. 采购合同订立时的卖方营业地为标的物交付地

D. 卖方在交货时，应将产品合格证随同产品交买方据以验收

E. 迟延付款违约金的总额不得超过合同价格的 10%

Ⅳ 工程总承包合同管理

（一）单选题

1. 根据《标准设计施工总承包招标文件》，合同文件包括下列内容：①发包人要求；②中标通知书；③承包人建议。仅就上述三项内容而言，合同文件优先解释顺序为（　　）。（2019 年）

A. ①②③　　B. ②①③

C. ③①②　　　　D. ③②①

2. 根据《标准设计施工总承包招标文件》，承包人对工程的照管和维护责任到（　　）为止。(2022 年)

A. 工程结算　　　　B. 履约证书签发

C. 工程接收证书签发　　　　D. 缺陷责任期满

（二）多选题

根据《标准设计施工总承包招标文件》，下列情形中，属于发包人违约的有（　　）。(2021 年)

A. 发包人拖延批准付款申请

B. 设计图纸不符合合同约定

C. 监理人无正当理由未在约定期限内发出复工通知

D. 恶劣气候原因造成停工

E. 在工程接收证书颁发前，未对工程照管和准许

三、真题解析

Ⅰ　工程勘察设计合同管理

单选题

1. **【答案】** D

【解析】 合同文件解释顺序：(1) 中标通知书；(2) 投标函及投标函附录；(3) 专用合同条款；(4) 通用合同条款；(5) 发包人要求；(6) 设计费用清单；(7) 设计方案；(8) 其他合同文件。

2. **【答案】** A

【解析】 合同协议书与下列文件一起构成合同文件：(1) 中标通知书；(2) 投标函及投标函附录；(3) 专用合同条款；(4) 通用合同条款等（不同合同文件内容略有出入，但整体顺序基本一致）。

Ⅱ　工程施工合同管理

单选题

1. **【答案】** C

【解析】 发包人在合同履行过程中的一般义务包括：委托监理人按合同约定的时间向承包人发出开工通知，选项 A 表述有误；应根据合同进度计划，组织设计单位向承包人进行设计交底，选项 C 正确；编制施工组织总设计和施工期间照管工程均属于承包人义务。

2. **【答案】** B

【解析】 当事人对建设工程实际竣工日期有争议的，按照以下情形分别处理：建设工程经竣工验收合格的，以竣工验收合格之日为竣工日期；承包人已经提交竣工验收报告，发包人拖延验收的，以承包人提交验收报告之日为竣工日期；建设工程未经竣工验收，发包人擅自使用的，以转移占有建设工程之日为竣工日期。

Ⅲ 材料设备采购合同管理

（一）单选题

【答案】 B

【解析】 建设单位应支付迟延付款违约金＝350×0.08%×（185−35）＝42（万元），但由于迟延付款违约金的总额不得超过合同价的10%，即350×10%＝35（万元），所以建设单位实际支付供应商违约金为35万元。

（二）多选题

【答案】 BDE

【解析】 迟延交付违约金和迟延付款违约金的最高限额均为合同价格的10%，A错误、E正确。卖方支付迟延交货违约金不能免除其继续交付合同材料的义务，B正确。交付地点应在合同指定地点，C错误。卖方在交货时，应将产品合格证随同产品交买方据以验收，D正确。

Ⅳ 工程总承包合同管理

（一）单选题

1. **【答案】** B

【解析】 合同协议书与下列文件一起构成合同文件：中标通知书；投标函及投标函附录；专用合同条款；通用合同条款；发包人要求；价格清单；承包人建议；其他合同文件。

2. **【答案】** C

【解析】 工程接收证书颁发前，承包人应负责照管和维护工程。工程接收证书颁发时尚有部分未竣工工程的，承包人还应负责该未竣工工程的照管和维护工作，直至竣工后移交给发包人为止。

（二）多选题

【答案】 AC

【解析】 在合同履行中发生下列情形的，属发包人违约：(1)发包人未能按合同约定支付价款，或拖延、拒绝批准付款申请和支付凭证，导致付款延误；(2)发包人原因造成停工；(3)监理人无正当理由没有在约定期限内发出复工指示，导致承包人无法复工；(4)发包人无法继续履行或明确表示不履行或实质上已停止履行合同；(5)发包人不履行合同约定其他义务。

第七节 工程项目信息管理

一、主要知识点及考核要点

参见表3-8。

表 3-8 主要知识点及考核要点

序号	知识点	考核要点
1	工程项目信息管理实施模式及策略	工程项目信息管理实施策略
2	基于互联网的工程项目信息平台	平台功能；集成平台；基本概念和拓展功能区分

二、真题回顾

Ⅰ 工程项目信息管理实施模式及策略

单选题

保证工程项目管理信息系统正常运行的基础是（　　）。(2019年)

A. 结构化数据　　B. 信息管理制度

C. 计算机网络环境　　D. 信息管理手册

三、真题解析

Ⅰ 工程项目信息管理实施模式及策略

单选题

【答案】 B

【解析】 信息管理制度是工程项目管理信息系统得以正常运行的基础。

第四章　工程经济

一、本章概览

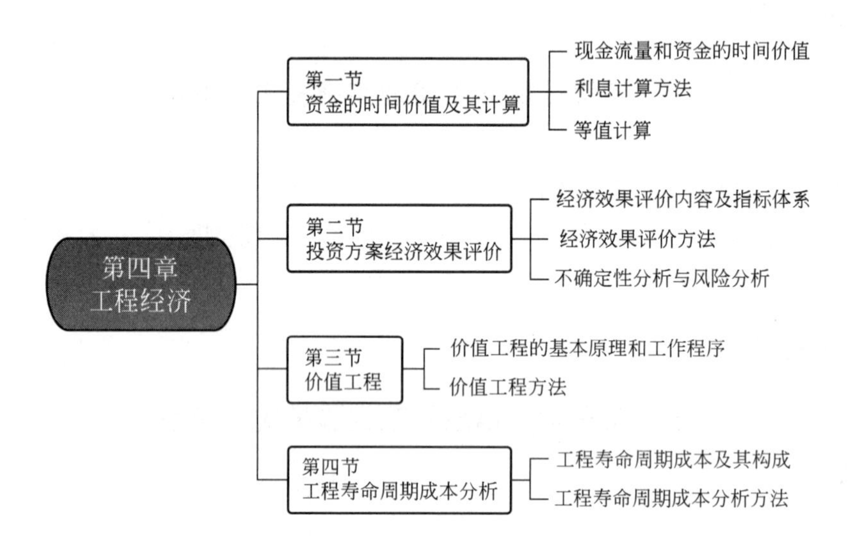

二、考情分析

参见表 4-1。

表 4-1　　本章考情分析

考试年度	2022 年				2021 年				2020 年			
题型 / 节	单选题		多选题		单选题		多选题		单选题		多选题	
	数量	分值	数量	分值	数量	分值	数量	分值	数量	分值	数量	分值
第一节	2	2	1	2	3	3	1	2	3	3	1	2
第二节	6	6	1	2	5	5	1	2	4	4	2	4
第三节	2	2	1	2	2	2	1	2	4	4	1	2
第四节	1	1			1	1			1	1		
本章小计	11	11	3	6	11	11	3	6	12	12	4	8
本章得分	17 分				17 分				20 分			

第一节　资金的时间价值及其计算

一、主要知识点及考核要点

参见表 4-2。

表 4-2　主要知识点及考核要点

序号	知识点	考核要点
1	现金流量和资金的时间价值	现金流量图；利息和利率；影响利率的因素
2	利息计算方法	单利和复利概念及其计算
3	等值计算	P、F、A 的相对位置、公式、计算；名义利率和有效利率

二、真题回顾

1　现金流量和资金的时间价值

（一）单选题

1. 影响利率的因素有多种，通常情况下，利率的最高界限是（　　）。（2013 年）

A. 社会最大利润率　　B. 社会平均利润率

C. 社会最大利税率　　D. 社会平均利税率

2. 关于利率及其影响因素的说法，正确的是（　　）。（2018 年）

A. 借出资本承担的风险越大，利率就越高

B. 社会借贷资本供过于求时，利率就上升

C. 社会平均利润率是利率的最低界限

D. 借出资本的借款期限越长，利率就越低

3. 现金流量图中表示现金流量三要素的是（　　）。（2020 年）

A. 利率、利息、净现值　　B. 时长、方向、作用点

C. 现值、终值、计算期　　D. 大小、方向、作用点

4. 某建设单位从银行获得一笔建设贷款，建设单位和银行分别绘制现金流量图时，该笔贷款表示为（　　）。（2021 年）

A. 建设单位现金流量图时间轴的上方箭线，银行现金流量图时间轴的上方箭线

B. 建设单位现金流量图时间轴的下方箭线，银行现金流量图时间轴的下方箭线

C. 建设单位现金流量图时间轴的上方箭线，银行现金流量图时间轴的下方箭线

D. 建设单位现金流量图时间轴的下方箭线，银行现金流量图时间轴的上方箭线

（二）多选题

1. 影响利率高低的主要因素有（　　）。（2020 年）

A. 借贷资本供求情况　　B. 借贷风险

C. 借贷期限　　D. 内部收益率

E. 行业基准收益率

2. 现金流量图的要素有（　　）。(2021 年)

A. 大小　　B. 方向

C. 来源　　D. 作用点

E. 时间价值

Ⅱ　利息计算方法

（一）单选题

1. 企业借款 1000 万元，期限为 2 年，年利率 8%，按年复利计息，到期一次性还本付息，则第 2 年应计的利息为（　　）万元。(2015 年)

A. 40　　B. 80

C. 83.2　　D. 86.4

2. 借款 1000 万元，期限为 4 年，年利率 6%，复利计息，年末结息。第四年末需要支付（　　）万元。(2019 年)

A. 1030　　B. 1060

C. 1240　　D. 1262

Ⅲ　等值计算

（一）单选题

1. 某工程建设期 2 年，建设单位在建设期第 1 年初和第 2 年初分别从银行借入资金 600 万元和 400 万元，年利率 8%，按年计息，建设单位在运营期第 3 年末偿还贷款 500 万元后，自运营期第 5 年末应偿还（　　）万元才能还清贷款本息。(2013 年)

A. 925.78　　B. 956.66

C. 1079.84　　D. 1163.04

2. 某企业年初从银行借款 600 万元，年利率 12%，按月计息并支付利息，则每月末应支付利息（　　）万元。(2013 年)

A. 5.69　　B. 6

C. 6.03　　D. 6.55

3. 某工程建设期 2 年，建设单位在建设期第 1 年初和第 2 年初分别从银行借入 700 万元和 500 万元，年利率 8%，按年计息。建设单位在运营期前 3 年每年末等额偿还贷款本息，则每年应偿还（　　）万元。(2014 年)

A. 452.16　　B. 487.37

C. 526.36　　D. 760.67

4. 某企业年初从银行贷款 800 万元，年名义利率 10%，按季度计算并支付利息，则每季度末应支付利息（　　）万元。(2014 年)

A. 19.29　　B. 20

C. 20.76　　D. 26.67

5. 在资金时间价值的作用下，下列现金流量图（单位：万元）中，有可能与第 2 期期末 800 万元现金流入等值的是（　　）。(2015 年)

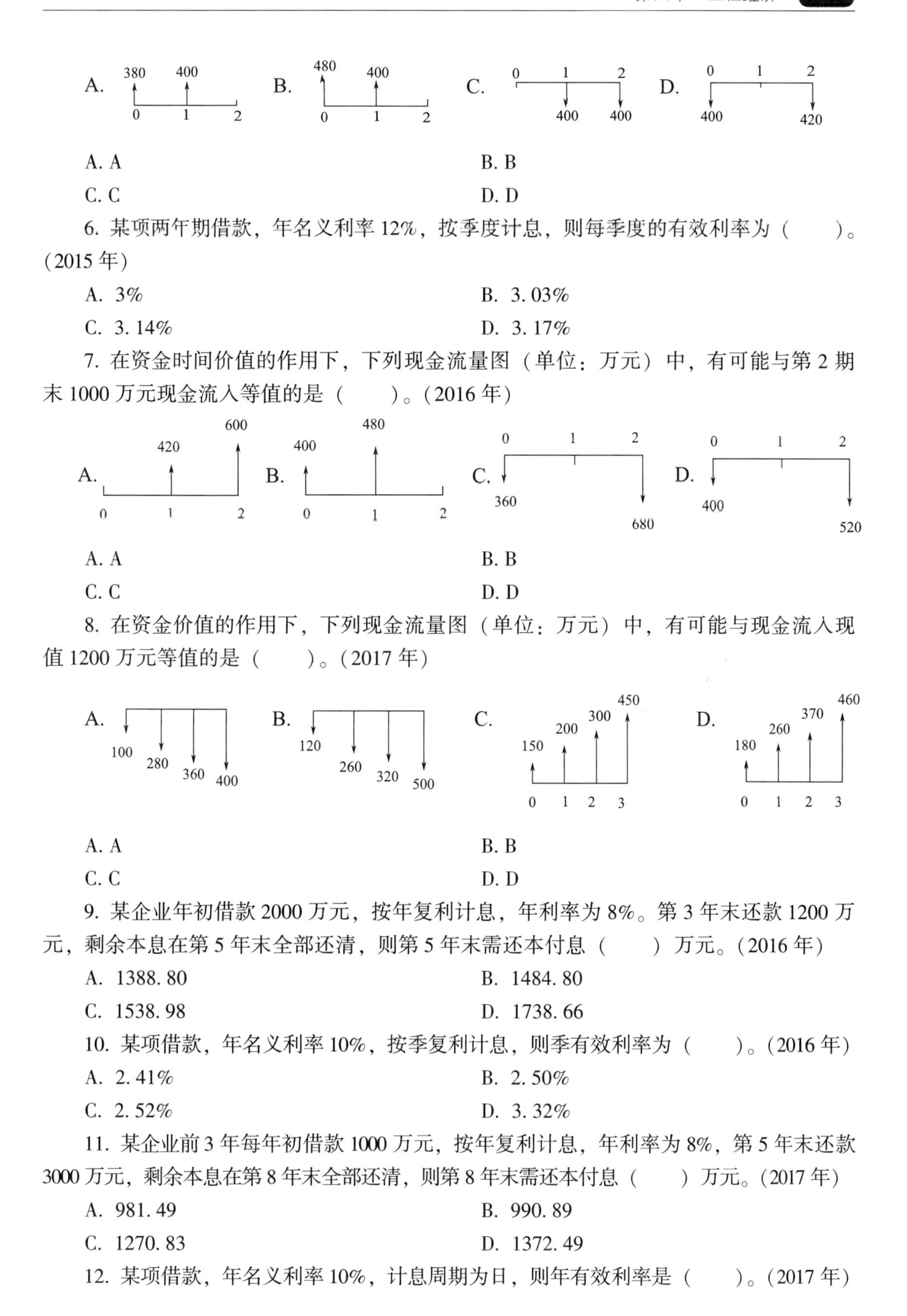

A. A　　B. B

C. C　　D. D

6. 某项两年期借款，年名义利率 12%，按季度计息，则每季度的有效利率为（　　）。(2015 年)

A. 3%　　B. 3.03%

C. 3.14%　　D. 3.17%

7. 在资金时间价值的作用下，下列现金流量图（单位：万元）中，有可能与第 2 期末 1000 万元现金流入等值的是（　　）。(2016 年)

A. A　　B. B

C. C　　D. D

8. 在资金价值的作用下，下列现金流量图（单位：万元）中，有可能与现金流入现值 1200 万元等值的是（　　）。(2017 年)

A. A　　B. B

C. C　　D. D

9. 某企业年初借款 2000 万元，按年复利计息，年利率为 8%。第 3 年末还款 1200 万元，剩余本息在第 5 年末全部还清，则第 5 年末需还本付息（　　）万元。(2016 年)

A. 1388.80　　B. 1484.80

C. 1538.98　　D. 1738.66

10. 某项借款，年名义利率 10%，按季复利计息，则季有效利率为（　　）。(2016 年)

A. 2.41%　　B. 2.50%

C. 2.52%　　D. 3.32%

11. 某企业前 3 年每年初借款 1000 万元，按年复利计息，年利率为 8%，第 5 年末还款 3000 万元，剩余本息在第 8 年末全部还清，则第 8 年末需还本付息（　　）万元。(2017 年)

A. 981.49　　B. 990.89

C. 1270.83　　D. 1372.49

12. 某项借款，年名义利率 10%，计息周期为日，则年有效利率是（　　）。(2017 年)

A. 8.33%　　B. 10.38%

C. 10.47%　　D. 10.52%

13. 企业从银行借入资金500万元，年利率6%，期限1年，按季复利计息，到期还本付息，该项借款的年有效利率是（　　）。(2018年)

A. 6%　　B. 6.09%

C. 6.121%　　D. 6.136%

14. 年利率6%，按季度计息，实际年利率是（　　）。(2019年)

A. 6.03%　　B. 6.05%

C. 6.14%　　D. 6.17%

15. 某公司年初借款1000万，年利率5%，按复利计息。若在10年内等额偿还本息，则每年年末应偿还（　　）万元。(2020年)

A. 129.50　　B. 140.69

C. 150　　D. 162.89

16. 假设年名义利率为5%，计息周期为季度，则年有效利率为（　　）。(2020年)

A. 5%　　B. 5.06%

C. 5.09%　　D. 5.12%

17. 如果每年年初存入银行100万元，年利率3%，按年复利计算，则第三年末的本利和为（　　）万元。(2021年)

A. 109.27　　B. 309.09

C. 318.36　　D. 327.62

18. 某企业向银行申请贷款，期限一年，四家银行利率、计息方式如下，不考虑其他因素，该企业采用哪家银行（　　）。(2021年)

银行	年利率	计息方式
甲	4.5%	每年计息一次
乙	4%	每6个月计息一次，年末付
丙	4.5%	每3个月计息一次，年末付
丁	4%	每个月计息一次，年末付

A. 甲　　B. 乙

C. 丙　　D. 丁

19. 某企业年初借款3000万元，年复利率为10%，接下来的8年每年末等额偿还，则每年年末应还（　　）万元。(2022年)

A. 374.89　　B. 447.09

C. 488.24　　D. 562.33

20. 某公司向银行贷款1000万元，年名义利率12%，按季度复利计息，1年后贷款本利和为（　　）万元。(2022年)

A. 1120　　B. 1124

C. 1125.51　　D. 1126.83

（二）多选题

1. 某人向银行申请住房按揭贷款 50 万元，期限 10 年，年利率为 4.8%，还款方式为按月等额本息还款，复利计息。关于该项贷款的说法，正确的有（　　）。（2019 年）

A. 宜采用偿债基金系数直接计算每月还款额

B. 借款年名义利率为 4.8%

C. 借款的还款期数为 120 期

D. 借款期累计支出利息比按月等额本金还款少

E. 该项借款的月利率为 0.4%

2. 影响资金等值的因素有（　　）。（2022 年）

A. 资金数额　　B. 发生时间

C. 借贷风险　　D. 期限长短

E. 供求情况

三、真题解析

I　现金流量和资金的时间价值

（一）单选题

1. 【答案】B

【解析】社会平均利润率是影响利率的主要因素之一，在通常情况下，平均利润率是利率的最高界限。因为利息是利润分配的结果，如果利率高于利润率，借款人投资后无利可图，也就不会借款了。

2. 【答案】A

【解析】高风险高收益，借出资本承担的风险越大，则要求的利率就越高。

3. 【答案】D

【解析】现金流量三要素：大小（资金数额）、方向（资金流入或流出）和作用点（资金流入或流出的时间点）。

4. 【答案】C

【解析】与时间轴相连的垂直箭线代表不同时点的现金流入或现金流出。在时间轴上方的箭线表示现金流入；在时间轴下方的箭线表示现金流出。

（二）多选题

1. 【答案】ABC

【解析】利率的高低主要由以下因素决定：社会平均利润率、借贷资本供求情况、借贷风险、通货膨胀、借贷期限。

2. 【答案】ABD

【解析】现金流量图是一种反映经济系统资金运动状态的图式，运用现金流量图可以形象、直观地表示现金流量的三要素：大小（资金数额）、方向（资金流入或流出）和作用点（资金流入或流出的时间点）。

Ⅱ 利息计算方法

（一）单选题

1. **【答案】** D

【解析】 第一年末的本利和：1000×1.08=1080（万元）；第二年应计利息：1080×8%=86.4（万元）。

2. **【答案】** B

【解析】 按年计息，年末结息即年末付息。故第四年末需要支付当年利息 1000×6%=60（万元）和本金 1000 万元，故第四年末需要支付 1060 万元。

Ⅲ 等值计算

（一）单选题

1. **【答案】** C

【解析】 此题先准确确定各现金流量发生的时间点（关键是确定其相对位置），然后直接计算：$F=600\times1.08^7+400\times1.08^6-500\times1.08^2=1079.84$（万元）。

2. **【答案】** B

【解析】 计息周期（月）利率：$i=r/m=12\%/12=1\%$。由于每月都支付利息，所以每月初的还本付息总额仍是 600 万元，每月末应支付的利息为 600×1%=6（万元）。

3. **【答案】** C

【解析】 先将两笔贷款分别折算到建设期末（运营期初）：$F=700\times(1+8\%)^2+500\times(1+8\%)=1356.48$（万元）。然后利用资金回收系数计算：$A=P(A/P,8\%,3)=1356.48\times\{[8\%\times(1+8\%)^3]/(1+8\%)^3-1\}=526.36$（万元）。

4. **【答案】** B

【解析】 计息周期（季）利率：$i=r/m=10\%/4=2.5\%$，每季度付息=800×2.5%=20（万元）。

5. **【答案】** A

【解析】 首先根据 800 万元为现金流入判定选项 C、D 错误；选项 A、B 箭线向上代表流入，其中选项 A 的 2 个现金流量代数和=380+400=780（万元），折算到第 2 期期末数值会增大，可能与 800 万元相等；选项 B 的 2 个现金流量代数和=480+400=880>800，折算现金后增大，不可能与 800 万元等值，故选 A。

6. **【答案】** A

【解析】 年利率 12%，按季度计息，则季度利率为 12%÷4=3%。

7. **【答案】** B

【解析】 首先根据 1000 万元为现金流入判定选项 C、D 错误；选项 A，$420(1+i)+600$ 肯定大于 1000 万元，选项 A 错误。

8. **【答案】** D

【解析】 首先根据 1200 万元为现金流入判定选项 A、B 错误；选项 C、D 箭线向上代表流入，其中选项 C 的四个现金流量代数和=150+200+300+450=1100（万元），折现后的限制必然小于1100 万元，不可能与现值 1200 万元相等；选项 D 的四个现金流量代数和

$=180+260+370+460=1270>1200$，折现后可能与 1200 万元等值。

9.【答案】C

【解析】根据题意，$F=2000\times(1+8\%)^5-1200\times(1+8\%)^2=1538.98$（万元）。

10.【答案】B

【解析】季度有效利率 $i=r/m=10\%/4=2.5\%$。

11.【答案】D

【解析】根据题意，$F=1000\times(F/A,8\%,3)\times(F/P,8\%,6)-3000\times(F/P,8\%,3)=1372.49$（万元）。

12.【答案】D

【解析】本题考查的是名义利率和有效利率。年有效利率$=(1+10\%/365)^{365}-1=10.52\%$。

13.【答案】D

【解析】季度利率 $i=6\%/4=1.5\%$，年有效利率$=(1+1.5\%)^4-1=6.136\%$。

14.【答案】C

【解析】计息周期利率（月利率）$=6\%\div4=1.5\%$，年有效利率$=(1+1.5\%)^4-1=6.14\%$。

15.【答案】A

【解析】每年应偿还 $A=1000\times(A/P,5\%,10)=1000\times5\%\times(1+5\%)^{10}/[(1+5\%)^{10}-1]=129.5$（万元）。

16.【答案】C

【解析】年有效利率$=(1+5\%/4)^4-1=5.09\%$。

17.【答案】C

【解析】第三年末的本利和为：$100\times(1+3\%)^3+100\times(1+3\%)^2+100\times(1+3\%)=318.36$（万元）。

18.【答案】B

【解析】年利率相同，年计息次数越多，实际利率越大，即实际利率丙>甲，丁>乙；先排除丙和丁。乙年利率$=(1+4\%/2)^2-1=4.04\%$；丁年利率$=(1+4\%/12)^{12}-1=4.07\%$，故选 B：实际利率最低的乙银行。

19.【答案】D

【解析】本题目可以利用投资回收系数直接计算：$A=P\times(A/P,10\%,8)=3000\times10\%\times(1+10\%)^8/[(1+10\%)^8-1]=562.33$（万元）。

20.【答案】C

【解析】本题考查名义利率与有效利率。年名义利率 $r=12\%$，计息周期有效利率 $i=r/m=12\%\div4=3\%$，一年后的本利和：$F=1000\times(1+3\%)^4=1125.51$（万元）。

（二）多选题

1.【答案】BCE

【解析】本题是考查贷款与偿付之间的等值计算，应用 P 求 A 的公式，即资金回收系数，而不是偿债基金系数，故 A 错误；等额本息还款前期偿还的本金数额相对较小，因此其利息总额大于等额本金还款的利息总额，故 D 错误，其余各项表述无误。

2. 【答案】AB

【解析】影响资金等值的因素有三个：资金多少、资金发生时间、利率（或折现率）大小。

第二节　投资方案经济效果评价

一、主要知识点及考核要点

参见表4-3。

表4-3　主要知识点及考核要点

序号	知识点	考核要点
1	经济效果评价内容及指标体系	静态指标与动态指标分类；各项指标（总投资收益率、资本金净利润率、投资回收期、利息备付率、偿债备付率、资产负债率、净现值、内部收益率等）概念和特点
2	经济效果评价方法	静态评价方法与动态评价方法名称；增量投资内部收益率基本步骤与规则
3	不确定性分析与风险分析	盈亏平衡分析的基本损益方程及变形、特征；敏感性程度排序、特征

二、真题回顾

Ⅰ　经济效果评价内容及指标体系

（一）单选题

1. 采用投资收益率指标评价投资方案经济效果的优点是（　　）。(2013年)

A. 指标的经济意义明确、直观　　B. 考虑了投资收益的时间因素

C. 容易选择正常生产年份　　D. 反映了资本的周转速度

2. 偿债备付率是指投资方案在借款偿还期内各年（　　）的比值。(2013年)

A. 息税前利润与当期应还本付息金额

B. 税后利润与上期应还本付息金额

C. 可用于还本付息的资金与上期应还本付息金额

D. 可用于还本付息的资金与当期应还本付息金额

3. 与净现值相比较，采用内部收益率法评价投资方案经济效果的优点是能够（　　）。(2013年)

A. 考虑资金的时间价值　　B. 反映项目投资中单位投资的盈利能力

C. 反映投资过程的收益程度　　D. 考虑项目在整个计算期内的经济状况

4. 采用投资收益率指标评价投资方案经济效果的缺点是（　　）。(2014年)

A. 考虑了投资收益的时间因素，因而使指标计算较复杂

B. 虽在一定程度上反映了投资效果的优劣，但仅适用于投资规模大的复杂工程

C. 只能考虑正常生产年份的投资收益，不能全面考虑整个计算期的投资收益

D. 正常生产年份的选择比较困难，因而使指标计算的主观随意性较大

5. 关于利息备付率的说法，正确的是（　　）。(2014 年)

A. 利息备付率越高，表明利息偿付的保障程度越高

B. 利息备付率越高，表明利息偿付的保障程度越低

C. 利息备付率大于零，表明利息偿付能力强

D. 利息备付率小于零，表明利息偿付能力强

6. 采用净现值指标评价投资方案经济效果的优点是（　　）。(2014 年)

A. 能够全面反映投资方案中单位投资的使用效果

B. 能够全面反映投资方案在整个计算期内的经济状况

C. 能够直接反映投资方案运营期各年的经营成果

D. 能够直接反映投资方案中的资本周转速度

7. 投资方案财务生存能力分析，是指分析和测算投资方案的（　　）。(2015 年)

A. 各期营业收入，判断营业收入能否承付成本费用

B. 市场竞争能力，判断项目能否持续发展

C. 各期现金流量，判断投资方案能否持续运行

D. 预期利润水平，判断能否吸引项目投资者

8. 某投资方案计算期现金流量如下表，该投资方案的静态投资回收期为（　　）年。(2015 年)

年份	0	1	2	3	4	5
净现金流量（万元）	-1000	-500	600	800	800	800

A. 2. 143　　B. 3. 125

C. 3. 143　　D. 4. 125

9. 投资方案资产负债表是指投资方案各期末（　　）的比率。(2015 年)

A. 长期负债与长期资产　　B. 长期负债与固定资产总额

C. 负债总额与资产总额　　D. 固定资产总额与负债总额

10. 下列投资方案经济效果评价指标中，能够在一定程度上反映资本周转速度的指标是（　　）。(2016 年)

A. 利息备付率　　B. 投资收益率

C. 偿债备付率　　D. 投资回收期

11. 下列影响因素中，用来确定基准收益率的基础因素是（　　）。(2016 年)

A. 资金成本和机会成本　　B. 机会成本和投资风险

C. 投资风险和通货膨胀　　D. 通货膨胀和资金成本

12. 用来评价投资方案的净现值率指标是指项目净现值与（　　）的比值。(2016 年)

A. 固定资产投资总额　　B. 建筑安装工程投资总额

C. 项目全部投资现值　　D. 建筑安装工程全部投资现值

13. 利用投资回收期指标评价投资方案经济效果不足的是（　　）。(2017 年)

A. 不能全面反映资本的周转速度

B. 不能全面考虑投资方案整个计算期内的现金流量

C. 不能反映投资回收之前的经济效果

D. 不能反映回收全部投资所需要的时间

14. 投资方案经济效果评价指标中，利息备付率是指投资方案在借款偿还期内的（　　）的比值。(2017 年)

A. 息税前利润与当期应付利息金额　　B. 息税前利润与当期应还本付息金额

C. 税前利润与当期应付利息金额　　D. 税前利润与当期应还本付息金额

15. 下列投资方案经济效果评价指标中，能够直接衡量项目未回收投资收益率的指标是（　　）。(2017 年)

A. 投资收益率　　B. 净现值率

C. 投资回收期　　D. 内部收益率

16. 下列投资方案经济效果评价指标中，属于动态评价指标的是（　　）。(2018 年)

A. 总投资收益率　　B. 内部收益率

C. 资产负债率　　D. 资金净利润率

17. 某项目建设期为 1 年，总投资 900 万元，其中流动资金 100 万元。建成投产后每年净收益为 150 万元。自建设开始年起该项目的静态投资回收期为（　　）年。(2018 年)

A. 5.3　　B. 6.0

C. 6.3　　D. 7.0

18. 某项目预计投产后第 5 年的息税前利润为 180 万元，应还借款本金为 40 万元，应付利息为 30 万元，应缴企业所得税为 37.5 万元，折旧和摊销为 20 万元，该项目当年偿债备付率为（　　）。(2018 年)

A. 2.32　　B. 2.86

C. 3.31　　D. 3.75

19. 将投资方案经济效果评价方法划分为静态评价方法和动态评价方法的依据是计算是否考虑了（　　）。(2019 年)

A. 通货膨胀　　B. 资金时间价值

C. 建设期利息　　D. 建设期长短

20. 某项目建设期为 2 年，第一年投资 500 万元，第二年投资 600 万元含流动资金 200 万元，第三年投产，投产后各年现金流量如下表，自建设开始年算起，该项目静态投资回收期为（　　）年。(2019 年)

年份	1	2	3	4	5	6
现金流入（万元）	500	700	700	700	700	700
现金流出（万元）	300	300	300	300	300	300

A. 2.65　　B. 3.15

C. 4.65　　D. 5.25

21. 采用投资回收期指标评价投资方案的优点（　　）。(2020 年)

A. 能够考虑整个计算期内的现金流量

B. 能够反映整个计算期的经济效果

C. 能够考虑投资方案的偿债能力

D. 能够反映资本的周转速度

22. 进行投资方案经济评价时，基准收益率的确定以（　　）为基础。(2020 年)

A. 行业平均收益率　　B. 社会平均折现率

C. 项目资金成本率　　D. 社会平均利润率

23. 在评价一个投资方案的经济效果时，利息备付率属于（　　）指标。(2021 年)

A. 抗风险能力　　B. 财务生存能力

C. 盈利能力　　D. 偿债能力

24. 投资项目的内部收益率是项目对（　　）的最大承担能力。(2021 年)

A. 贷款利率　　B. 资本金净利润率

C. 利息备付率　　D. 偿债备付率

25. 若项目动态投资回收期小于寿命周期，则下列说法正确的是（　　）。(2022 年)

A. 净现值率<0　　B. 净现值<0

C. 内部收益率>基准收益率　　D. 静态投资回收期>动态投资回收期

26. 在投资方案的经济效果评价中，利息备付率是指（　　）。(2022 年)

A. 息税前利润与当期应付利息金额之比

B. 息税前利润与当期应还本付息金额之比

C. 税前利润与当期应付利息金额之比

D. 税前利润与当期应还本付息金额之比

（二）多选题

1. 下列评价指标中，属于投资方案经济效果静态评价指标的有（　　）。(2013 年)

A. 内部收益率　　B. 利息备付率

C. 投资收益率　　D. 资产负债率

E. 净现值率

2. 采用净现值和内部收益率指标评价投资方案经济效果的共同特点有（　　）。(2014 年)

A. 均受外部参数的影响

B. 均考虑资金的时间价值

C. 均可对独立方案进行评价

D. 均能反映投资回收过程的收益程度

E. 均能全面考虑整个计算期内经济状况

3. 某投资方案的净现值与折现率之间的关系如下图所示，图中表明的正确结论有（　　）。(2015 年)

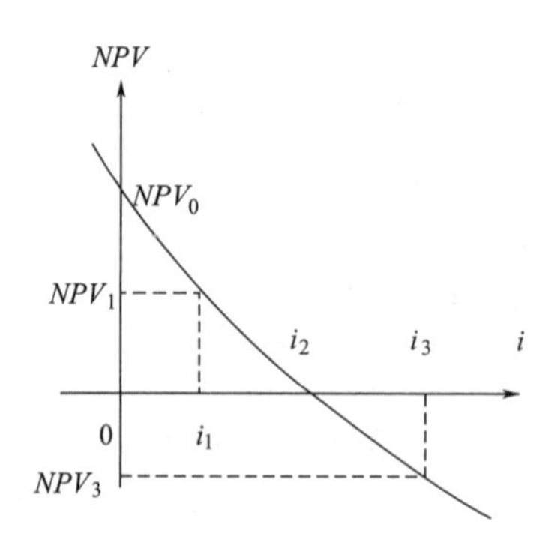

A. 投资方案的内部收益率为 i_2

B. 折现率 i 越大，投资方案的净现值越大

C. 基准收益率为 i_1 时，投资方案的净现值为 NPV_1

D. 投资方案的累计净现金流量为 NPV_0

E. 投资方案计算期内累计利润为正值

4. 投资方案经济效果评价指标中，既考虑了资金的时间价值，又考虑了项目在整个计算期内经济状况的指标有（　　）。(2016 年)

A. 净现值　　B. 投资回收期

C. 净年值　　D. 投资收益率

E. 内部收益率

5. 下列因素中，属于确定基准收益率基础因素的有（　　）。(2017 年)

A. 资金成本　　B. 投资风险

C. 周转速度　　D. 机会成本

E. 通货膨胀

6. 采用总投资收益率指标进行项目经济评价的不足有（　　）。(2018 年)

A. 不能用于同行业同类项目经济效果比较

B. 不能反映项目投资效果的优势

C. 没有考虑投资收益的时间因素

D. 正常生产年份的选择带有较大的不确定性

E. 指标的计算过于复杂和烦琐

7. 关于项目财务内部收益率的说法，正确的有（　　）。(2018 年)

A. 内部收益率不是初始投资在整修计算期内的盈利率

B. 计算内部收益率需要事先确定基准收益率

C. 内部收益率是使项目财务净现值为零的收益率

D. 内部收益率的评价准则是 $IRR \geqslant i_c$ 时方案可行

E. 内部收益率是项目初始投资在寿命期内的收益率

8. 关于投资方案基准收益率的说法，正确的有（　　）。(2019 年)

A. 所有投资项目均应使用国家发布的行业基准收益率

B. 基准收益率反映投资资金应获得的最低盈利水平

C. 确定基准收益率不应考虑通货膨胀的影响

D. 基准收益率是评价投资方案在经济上是否可行的依据

E. 基准收益率一般等于商业银行贷款基准利率

9. 下列投资方案指标中，属于静态评价指标的有（　　）。(2020 年)

A. 资产负债率　　B. 内部收益率

C. 偿债备付率　　D. 净现值率

E. 投资收益率

10. 对于非政府投资项目投资者自行确定基准收益率的基础有（　　）。(2021 年)

A. 资金成本　　B. 存款利率

C. 投资机会成本　　D. 通货膨胀

E. 投资风险

11. 投资方案经济效果评价的主要内容有（　　）。(2022 年)

A. 盈利能力分析　　B. 偿债能力分析

C. 营运能力分析　　D. 发展能力分析

E. 财务生存能力分析

Ⅱ　经济效果评价方法

（一）单选题

1. 采用增量投资内部收益率（ΔIRR）法比选计算期相同的两个可行互斥方案时，基准收益率为 i_c，则保留投资额大的方案的前提条件是（　　）。(2014 年)

A. $\Delta IRR>0$　　B. $\Delta IRR<0$

C. $\Delta IRR>i_c$　　D. $\Delta IRR<i_c$

2. 采用增量投资内部收益率（ΔIRR）法比选计算期不同的互斥方案时，对于已通过绝对效果检验的投资方案，确定优先方案的准则是（　　）。(2016 年)

A. ΔIRR 大于基准收益率时，选择初始投资额小的方案

B. ΔIRR 大于基准收益率时，选择初始投资额大的方案

C. 无论 ΔIRR 是否大于基准收益率，均选择初始投资额小的方案

D. 无论 ΔIRR 是否大于基准收益率，均选择初始投资额大的方案

3. 对于效益基本相同、但效益难以用货币直接计量的互斥投资方案，在进行比选时常用（　　）替代净现值。(2017 年)

A. 增量投资　　B. 费用现值

C. 年折算费用　　D. 净现值率

4. 利用净现值法进行互斥方案比选，甲和乙两个方案的计算期分别为 3 年、4 年，则在最小公倍数法下，甲方案的循环次数是（　　）次。(2019 年)

A. 3　　B. 4

C. 7　　D. 12

5. 两个工程项目投资方案互斥，但计算期不同，经济效果评价时可以采用的动态评价方法为（　　）。(2021 年)

A. 增量投资收益率法、增量投资回收期法、年折算费用法

B. 增量投资内部收益率法、净现值法、净年值法

C. 增量投资收益率法、净现值法、综合总费用法

D. 增量投资回收期法、净年值法、综合总费用法

6. 某项目有甲、乙、丙、丁四个互斥方案，根据下表所列数据，应选择的方案是（　　）。(2022 年)

方案	甲	乙	丙	丁
寿命期(年)	10	10	18	18
净现值(万元)	40	45	50	58
净年值	5.96	6.71	5.34	6.19

A. 甲　　B. 乙

C. 丙　　D. 丁

（二）多选题

1. 对于计算周期相同的互斥方案，可采用的经济效果动态评价方法有（　　）。(2013 年)

A. 增量投资收益率法　　B. 净现值法

C. 增量投资回收期法　　D. 净年值法

E. 增量投资内部收益率法

2. 下列评价方法中，属于互斥投资方案静态评价方法的有（　　）。(2014 年)

A. 年折算费用法　　B. 净现值率法

C. 增量投资回收期法　　D. 增量投资收益率法

E. 增量投资内部收益率法

3. 采用净现值法评价计算期不同的互斥方案时，确定共同计算期的方法有（　　）。(2016 年)

A. 最大公约数法　　B. 平均寿命期法

C. 最小公倍数法　　D. 研究期法

E. 无限计算期法

4. 下列评价方法中，用于互斥投资方案静态分析评价的有（　　）。(2017 年)

A. 增量投资内部收益率法　　B. 增量投资收益率法

C. 增量投资回收期法　　D. 净年值法

E. 年折算费用法

5. 进行投资项目互斥方案静态分析可采用的评价方法有（　　）。(2020 年)

A. 净年值　　B. 增量投资收益率

C. 综合总费用　　D. 增量投资内部收益率

E. 增量投资回收期

Ⅲ 不确定性分析与风险分析

（一）单选题

1. 采用盈亏平衡分析法进行投资方案不确定性分析的优点是能够（ ）。（2013 年）

A. 揭示产生项目风险的根源　　B. 度量项目风险的大小

C. 投资项目风险的降低途径　　D. 说明不确定因素的变动情况

2. 进行投资方案敏感性分析的目的是（ ）。（2014 年）

A. 分析不确定因素在未来发生变动的概率

B. 说明不确定因素在未来发生变动的范围

C. 度量不确定因素对投资效果的影响程度

D. 揭示不确定因素的变动对投资效果的影响

3. 某投资方案设计年生产能力为 50 万件，年固定成本为 300 万元，单位产品可变成本为 90 元/件，单位产品的营业税金及附加为 8 元/件。按设计生产能力满负荷生产时，用销售单价表示的盈亏平衡点是（ ）元/件。（2015 年）

A. 90　　B. 96

C. 98　　D. 104

4. 工程项目盈亏平衡分析的特点是（ ）。（2016 年）

A. 能够预测项目风险发生的概率，但不能确定项目风险的影响程度

B. 能够确定项目风险的影响范围，但不能量化项目风险的影响效果

C. 能够分析产生项目风险的根源，但不能提出应对项目风险的策略

D. 能够度量项目风险的大小，但不能揭示产生项目风险的根源

5. 关于投资方案不确定性分析与风险分析的说法，正确的是（ ）。（2017 年）

A. 敏感性分析只适用于财务评价

B. 风险分析只适用于国民经济评价

C. 盈亏平衡分析只适用于财务评价

D. 盈亏平衡分析只适用于国民经济评价

6. 以产量表示的项目盈亏平衡点与项目投资效果的关系是（ ）。（2018 年）

A. 盈亏平衡点越低，项目盈利能力越低

B. 盈亏平衡点越低，项目抗风险能力越强

C. 盈亏平衡点越高，项目风险越小

D. 盈亏平衡点越高，项目产品单位成本越高

7. 某项目设计生产能力为年产量 60 万件产品，单位产品价格为 200 元，单位产品可变成本 160 元，年固定成本 600 万元，产品销售税金及附加的合并税率为售价的 5%，该项目的盈亏平衡点的产量为（ ）万件。（2020 年）

A. 30　　B. 20

C. 15　　D. 10

8. 对某投资方案进行单因素敏感性分析时，在相同初始条件下，产品价格下降幅度超过 6.28%时，净现值由正变负；投资额增加幅度超过 9.76%时，净现值由正变负；经

营成本上升幅度超过 14. 35%时，净现值由正变负；按净现值对各个因素的敏感程度由大到小排列，正确顺序是（　　）。(2020 年)

A. 产品价格—投资额—经营成本　　B. 经营成本—投资额—产品价格

C. 投资额—经营成本—产品价格　　D. 投资额—产品价格—经营成本

9. 某房地产开发商估计新建住宅销售价 15 万元/m^2，综合开发可变成本 9000 元/m^2，固定成本 3600 万元，住宅综合销售税率为 12%。如果住宅综合销售税率按 25%计算，则该开发商的住宅开发量盈亏平衡点应提高（　　）m^2。(2021 年)

A. 6000　　B. 7429

C. 8571　　D. 16000

10. 下列风险等级属于必须要改变设计或采取补偿措施的是（　　）。(2021 年)

A. 风险很强（K 级）　　B. 风险强（M 级）

C. 风险较强（T 级）　　D. 风险适度（R 级）

11. 在下列（　　）情况下，为保证盈亏平衡，需要增加销售量。(2022 年)

A. 固定成本降低　　B. 销售单价提高

C. 单位可变成本降低　　D. 销售税金及附加增加

12. 下列三个因素：产品价格、经营成本、投资额变化分别为-5%、3%、4%，对应 *NPV* 分别变化 24%、10%、14%。按敏感性从高到低排序为（　　）。(2022 年)

A. 产品价格、经营成本、投资额

B. 产品价格、投资额、经营成本

C. 经营成本、投资额、产品价格

D. 投资额、经营成本、产品价格

13. 敏感性因素分析用于项目风险分析的作用是（　　）。(2022 年)

A. 初步识别风险因素

B. 确定风险因素发生概率的分布范围

C. 确定风险的综合等级

D. 多方案比选并提出应对方案

(二) 多选题

某投资方案单因素敏感性分析如下图所示，其中表明的正确结论是（　　）。(2015 年)

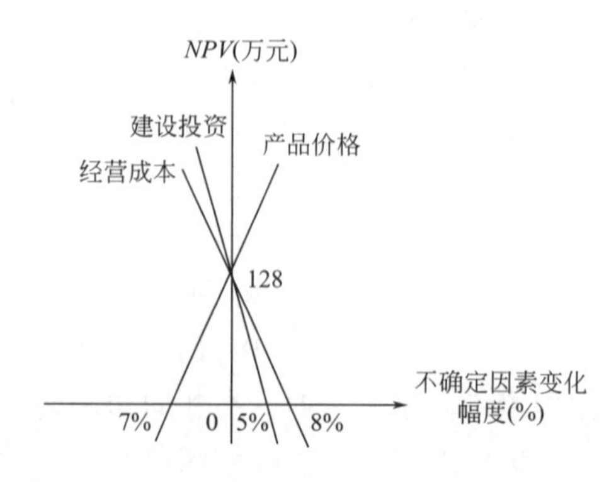

A. 净现值对建设投资波动最敏感

B. 投资方案的净现值为 128

C. 净现值对经营成本变动的敏感性高于对产品价格变动的敏感性

D. 为保证项目可行，投资方案不确定性因素变动幅度最大不超过 8%

E. 按净现值判断，产品价格变动临界点比初始方案价格下降 7%

三、真题解析

Ⅰ　经济效果评价内容及指标体系

（一）单选题

1. **【答案】** A

【解析】 投资收益率指标的经济意义明确、直观，计算简便，在一定程度上反映了投资效果的优劣，可适用于各种投资规模。但不足的是，没有考虑投资收益的时间因素，忽视了资金具有时间价值的重要性；指标计算的主观随意性太强。

2. **【答案】** D

【解析】 偿债备付率（DSCR）是指投资方案在借款偿还期内各年可用于还本付息的资金（EBITDA-T_{AX}）与当期应还本付息金额（PD）的比值，表示可用于还本付息的资金偿还借款本息的保障程度。

3. **【答案】** C

【解析】 净现值指标和内部收益率指标都考虑了资金的时间价值以及项目在整个计算期内的经济状况，净现值指标和内部收益率指标均可对独立方案进行评价且结论是一致的。净现值法不能得出投资过程的收益程度，采用内部收益率法能反映投资过程的收益程度且大小不受外部参数影响，完全取决于投资过程的现金流量。

4. **【答案】** D

【解析】 投资收益率指标的经济意义明确、直观，计算简便，在一定程度上反映了投资效果的优劣，可适用于各种投资规模。但不足的是，没有考虑投资收益的时间因素，忽视了资金具有时间价值的重要性；指标计算的主观随意性太强，换句话说，就是正常生产年份的选择比较困难，如何确定带有一定的不确定性和人为因素。

5. **【答案】** A

【解析】 利息备付率应分年计算；利息备付率越高，表明利息偿付的保障程度越高；利息备付率应大于 1，并结合债权人的要求确定。

6. **【答案】** B

【解析】 净现值指标考虑了资金的时间价值，并全面考虑了项目在整个计算期内的经济状况；经济意义明确直观，能够直接以金额表示项目的盈利水平；判断直观。

7. **【答案】** C

【解析】 财务生存能力分析，编制财务计算现金流量表，通过考察项目计算期内的投资、融资和经营活动所产生的各项现金流入和流出，计算净现金流量和累计盈余资金，分析项目是否有足够的净现金流量维持正常运营，以实现财务可持续性。

8. 【答案】B

【解析】先计算各年累计净现金流量如下表：

年份	0	1	2	3	4	5
净现金流量（万元）	-1000	-500	600	800	800	800
累计净现金流量（万元）	-1000	-1500	-900	-100	700	—

静态投资回收期=（累计净现金流量出现正值的年份-1）+（上一年累计净现金流量的绝对值/出现正值年份的净现金流量）=4-1+100/800=3.125（年）。

9. 【答案】C

【解析】资产负债率是指投资方案各期末负债总额与资产总额的比率。

10. 【答案】D

【解析】投资回收期指标容易理解，计算也比较简便；项目投资回收期在一定程度上显示了资本的周转速度。

11. 【答案】A

【解析】资金成本和机会成本是确定基准收益率的基础，投资风险和通货膨胀是确定基准收益率必须考虑的影响因素。

12. 【答案】C

【解析】净现值率是项目净现值与项目全部投资现值之比。

13. 【答案】B

【解析】投资回收期计算简便，一定程度上显示资本周转速度，周转速度越快，回收期越短，风险越小，盈利越多。但未全面考虑方案整个计算期内的现金流量，只考虑回收之前的效果，不能反映投资回收后的情况，无法衡量整个计算期的经济效果。

14. 【答案】A

【解析】利息备付率是指投资方案在借款偿还期内的息税前利润与当期应付利息的比值。

15. 【答案】D

【解析】内部收益率能够直接衡量项目未回收投资的收益率。

16. 【答案】B

【解析】内部收益率属于动态指标，其余各项均为静态指标。

17. 【答案】D

【解析】自建设开始年起计算的静态回收期=1+900/150=7（年），其中含建设期1年。

18. 【答案】A

【解析】偿债备付率=（EBITDA-T_{Ax}）/应还本付息金额=（180+20-37.5）/70=2.32。

19. 【答案】B

【解析】按是否考虑资金时间价值，经济效果评价方法又可分为静态评价方法和动态评价方法。

20. 【答案】D

【解析】首先计算各年累计现金流量，如下表：

年份	0	1	2	3	4	5	6
现金流入（万元）	0	500	700	700	700	700	700
现金流出（万元）	-1100	300	300	300	300	300	300
净现金流量（万元）	-1100	200	400	400	400	400	400
累计（万元）	-1100	-900	-500	-100	300	700	1100

由上表可知，该方案累计现金流量出现正值的年份为第 4 年（运营期），上一年度累计现金流量绝对值为 100 万元，当年现金流量为 400 万元，因此，静态投资回收期=（4-1）+100/400 =3.25（年）（运营期），自建设开始年算起，该项目静态投资回收期为 3.25+2=5.25（年）。

21. 【答案】D

【解析】投资回收期指标，优点：计算简便，一定程度上显示资本周转速度，周转速度越快，回收期越短，风险越小，盈利越多。缺点：未全面考虑方案整个计算期内的现金流量，只考虑回收之前的效果，不能反映投资回收后的情况，无法衡量整个计算期的经济效果。

22. 【答案】A

【解析】基准收益率的确定一般以行业的平均收益率为基础，同时综合考虑资金成本、投资风险、通货膨胀以及资金限制等影响因素。

23. 【答案】D

【解析】利息备付率属于偿债能力指标，利息备付率（ICR）也称已获利息倍数，是指投资方案在借款偿还期内的息税前利润（EBIT）与当期应付利息（PD）的比值。利息备付率从付息资金来源的充裕性角度反映投资方案偿付债务利息的保障程度。

24. 【答案】A

【解析】项目的内部收益率是项目到计算期末正好将未收回的资金全部收回来的折现率，也是项目对贷款利率的最大承担能力。

25. 【答案】C

【解析】若项目动态投资回收期等于寿命周期，则净现值为 0，内部收益率与基准收益率相等；本题中，项目动态投资回收期小于寿命周期，即项目寿命期内净现值大于 0，内部收率大于基准收益率。本题也可以用排除法：项目动态投资回收期小于寿命周期，则意味着寿命期内实现了投资回收，即净现值>0、净现值率>0，故 A、B 选项错误；动态投资回收期是用折现后的数值进行测算的结果，所以对于同一个方案，正常情况下，动态投资回收期>静态投资回收期，故 D 选项错误。

26. 【答案】A

【解析】利息备付率也称已获利息倍数，是指投资方案在借款偿还期内的息税前利润与当期应付利息的比值。

（二）多选题

1. 【答案】BCD

【解析】投资方案经济效果评价指标根据是否考虑资金的时间价值，可分为静态评价指标和动态评价指标。静态评价指标包括：投资收益率（总投资收益率、资本金净利润率）、静态投资回收期、资产负债率、利息备付率、偿债备付率。动态评价指标包括：内部收益率、动态投资回收期、净现值、净现值率、净年值。

2. 【答案】BCE

【解析】净现值指标和内部收益率指标都考虑了资金的时间价值以及项目在整个计算期内的经济状况，净现值指标和内部收益率指标均可对独立方案进行评价，且结论是一致的。净现值法不能得出投资过程的收益程度，采用内部收益率法能反映投资过程的收益程度，且大小不受外部参数影响，完全取决于投资过程的现金流量。

3. 【答案】AC

【解析】折现率 i 越大，投资方案的净现值越小，选项 B 错误；累计净现金流量与累计利润无法从该图中识别，选项 D、E 错误；其余各项描述准确。

4. 【答案】ACE

【解析】净现值指标考虑了资金的时间价值，并全面考虑了项目在整个计算期内的经济状况，而净年值指标与净现值指标等效；内部收益率指标考虑了资金的时间价值以及项目在整个计算期内的经济状况。

5. 【答案】AD

【解析】资金成本和机会成本是确定基准收益率的基础，投资风险和通货膨胀是确定基准收益率必须考虑的影响因素。

6. 【答案】CD

【解析】总投资收益率属于静态指标，没有考虑投资收益的时间因素，且正常生产年份的选择带有较大的不确定性，故选项 C、D 符合题意，其余各项表述有误。

7. 【答案】ACD

【解析】内部收益率不需要事先确定基准收益率，只需要知道其大致范围即可，故选项 B 错误；内部收益率是项目占用的尚未回收部分资金的收益率，不是项目初始投资的收益率，故选项 E 错误。其余选项表述正确。

8. 【答案】BD

【解析】对于政府投资项目，进行经济评价时使用的基准收益率是由国家组织测定并发布的行业基准收益率；非政府投资项目，可由投资者自行确定基准收益率，选项 A 错误。基准收益率也称基准折现率，是企业或行业或投资者以动态的观点所确定的、可接受的投资方案最低标准的收益水平，选项 B 正确，选项 E 错误。基准收益率的确定一般以行业的平均收益率为基础，同时综合考虑资金成本、投资风险、通货膨胀以及资金限制等影响因素，选项 C 错误。

9. 【答案】ACE

【解析】投资方案经济效果评价指标根据是否考虑资金的时间价值，可分为静态评价指标和动态评价指标。静态评价指标包括：投资收益率（总投资收益率、资本金净利润率）、静态投资回收期、资产负债率、利息备付率、偿债备付率。动态评价指标包括：内部收益率、动态投资回收期、净现值、净现值率、净年值。

10. 【答案】AC

【解析】资金成本和投资机会成本是确定基准收益率的基础。

11. 【答案】ABE

【解析】投资方案经济效果评价的内容主要包括：盈利能力分析、偿债能力分析、财务生存能力分析和抗风险能力分析。

Ⅱ　经济效果评价方法

（一）单选题

1. 【答案】C

【解析】按初始投资额由小到大依次计算相邻两个方案的增量投资内部收益率 ΔIRR，若 $\Delta IRR>i_c$，则说明初始投资额大的方案优于初始投资额小的方案，保留投资额大的方案。

2. 【答案】B

【解析】若 ΔIRR 大于基准收益率时，则初始投资额大的方案为优选方案；若 ΔIRR 小于基准收益率时，则初始投资额小的方案为优选方案。

3. 【答案】B

【解析】对于效益基本相同、但效益难以用货币直接计量的互斥投资方案，在进行比选时常用费用现值替代净现值进行比选，选择费用现值最低的方案。

4. 【答案】B

【解析】甲乙两方案计算期的最小公倍数为 12，所以甲方案循环 12÷3＝4（次）。

5. 【答案】B

【解析】计算期不同的互斥方案，可采用的动态评价方法有：增量投资内部收益率法、净现值法（不能直接用，应采用最小公倍数法、研究期法或无限计算期法）、净年值法。

6. 【答案】B

【解析】采用净现值指标进行方案比选时，必须慎重考虑互斥方案的寿命，如果互斥方案寿命不等，必须构造一个相同的分析期限才能进行方案比选。本题 4 个方案寿命期不同，所以要进行 4 个方案比选，不能采用净现值指标，而需要用净年值指标进行评价，等额年值大者为优，故 B 选项正确。

（二）多选题

1. 【答案】BDE

【解析】互斥方案评价的动态评价方法分为计算期相同和计算期不同的互斥方案经济效果评价。其中，计算期相同的动态评价方法有：净现值法、增量投资内部收益率法、净年值法。

2. 【答案】ACD

【解析】互斥方案静态分析常用增量投资收益率、增量投资回收期、年折算费用、综合总费用等评价方法进行相对经济效果的评价。

3. 【答案】CDE

【解析】确定共同计算期的方法有最小公倍数法、研究期法、无限计算期法。

4.【答案】BCE

【解析】互斥方案静态分析常用增量投资收益率、增量投资回收期、年折算费用、综合总费用等评价方法进行相对经济效果的评价。

5.【答案】BCE

【解析】互斥方案静态分析常用增量投资收益率、增量投资回收期、年折算费用、综合总费用等评价方法进行相对经济效果的评价。选项 A、D 属于动态评价方法。

Ⅲ 不确定性分析与风险分析

（一）单选题

1.【答案】B

【解析】盈亏平衡分析能够度量项目风险的大小，但并不能揭示产生项目风险的根源。

2.【答案】D

【解析】敏感性分析系指通过分析不确定性因素发生增减变化时，对财务或经济评价指标的影响，并计算敏感度系数和临界点，找出敏感因素，确定评价指标对该因素的敏感程度和项目对其变化的承受能力。

3.【答案】D

【解析】根据计算公式 $BEP(P)$ = 年固定成本/设计生产能力+单位产品可变成本+单位产品营业税金及附加，计算得知 $BEP(P)=3000000/500000+90+8=104$（元/件）。若此公式不能记住，可以用基本的损益方程进行推导。

4.【答案】D

【解析】盈亏平衡分析虽然能够度量项目风险的大小，但并不能揭示产生项目风险的根源。

5.【答案】C

【解析】盈亏平衡分析只适用于财务评价，敏感性分析和风险分析可以用于财务评价和国民经济评价。

6.【答案】B

【解析】盈亏平衡点越低，项目抗风险能力越强、盈利性越强。

7.【答案】B

【解析】$BEP(Q)=600/(200-160-200\times5\%)=20$（万件）。

8.【答案】A

【解析】临界点的绝对值越小越敏感，即离原点越近越敏感。由此可见，按敏感程度来排序，依次是产品价格、投资额、经营成本，最敏感的因素是产品价格。

9.【答案】B

【解析】$Q_1=3600/(1.5-0.9-1.5\times12\%)=8571.43$；

$Q_2=3600/(1.5-0.9-1.5\times25\%)=16000$；

$\Delta Q=16000-8571.43=7428.57\approx7429$。

10.【答案】B

【解析】K 级：风险很强，出现这类风险就要放弃项目；M 级：风险强，修正拟议中的方案，通过改变设计或采取补偿措施等；T 级：风险较强，设定某些指标的临界值，指标达到临界值，就要变更设计或对负面影响采取补偿措施。

11.【答案】D

【解析】盈亏平衡点的产销量与单位产品销售价格、单位产品可变成本、单位产品销售税金及附加有关，$BEP(Q)=F/(P-V-t)$，因此，当固定成本（F）提高或价格（P）降低或单位可变成本（V）提高或销售税金及附加（t）提高时，盈亏平衡点的产销售量增加，即 D 选项正确。

12.【答案】B

【解析】敏感性可以根据敏感度系数进行排序，敏感度系数是指项目评价指标变化率与不确定性因素变化率之比。敏感度系数的绝对值越大，表明评价指标对不确定因素越敏感；反之，则不敏感。本题中，评价指标对各个不确定因素的敏感度系数分别为：产品价格：24%/-5%=-4.8，取绝对值为：4.8；经营成本：10%/3%=3.33，取绝对值为：3.3；投资额：14%/4%=3.5，取绝对值为：3.5。据此可以判断，评价指标对各不确定因素的敏感性从高到低排序为：产品价格、投资额、经营成本。

13.【答案】A

【解析】风险分析包括风险识别和估计、风险评价、风险应对等阶段。其中，敏感性分析是初步识别风险因素的重要手段。

（二）多选题

【答案】ABE

【解析】按净现值对各个因素的敏感程度的排序原则，临界点、原点距离越近越敏感，所以敏感程度依次是：建设投资、产品价格、经营成本，最敏感的因素是建设投资，选项 C 错误；为保证项目可行，投资方案不确定性因素变动幅度最大不超过 5%，选项 D 错误。其余各项描述无误。

第三节　价值工程

一、主要知识点及考核要点

参见表 4-4。

表 4-4　　主要知识点及考核要点

序号	知识点	考核要点
1	价值工程的基本原理和工作程序	价值工程特点、工作程序
2	价值工程方法	对象选择方法、子功能量化方法、功能打分方法、方案创造方法、方案综合评价方法；功能分类；价值 V 分析（=1、<1、>1）；改进范围

二、真题回顾

Ⅰ 价值工程的基本原理和工作程序

（一）单选题

1. 价值工程的核心是对产品进行（　　）分析。（2013 年）

A. 功能　　B. 成本

C. 价值　　D. 结构

2. 价值工程的目标是（　　）。（2014 年）

A. 以最低的寿命周期成本，使产品具备其所必须具备的功能

B. 以最低的生产成本，使产品具备其所必须具备的功能

C. 以最低的寿命周期成本，获得最佳经济效果

D. 以最低的生产成本，获得最佳经济效果

3. 应用价值工程时，应选择（　　）的零部件作为改进对象。（2015 年）

A. 结构复杂　　B. 价值较低

C. 功能较弱　　D. 成本较高

4. 通过应用价值工程优化设计，使某房屋建筑主体结构工程达到了缩小结构构件几何尺寸、增加使用面积、降低单方造价的效果。该提高价值的途径是（　　）。（2015 年）

A. 功能不变的情况下降低成本

B. 成本略有提高的同时大幅提高功能

C. 成本不变的条件下提高功能

D. 提高功能的同时降低成本

5. 工程建设实施过程中，应用价值工程的重点应在（　　）阶段。（2016 年）

A. 勘察　　B. 设计

C. 招标　　D. 施工

6. 价值工程的核心是对产品进行（　　）分析。（2018 年）

A. 成本　　B. 价值

C. 功能　　D. 寿命

7. 价值工程应用中，对产品进行分析的核心是（　　）。（2019 年）

A. 产品的结构分析　　B. 产品的材料分析

C. 产品的性能分析　　D. 产品的功能分析

8. 应用 ABC 分析法选择价值工程对象时，划分 A 类、B 类、C 类零部件的依据是（　　）。（2019 年）

A. 零部件数量及成本占产品零部件总数及总成本的比重

B. 零部件价值及成本占产品价值及总成本的比重

C. 零部件的功能重要性及成本占产品总成本的比重

D. 零部件的材质及成本占产品总成本的比重

9. 某部件有 5 个部件组成产品的某项功能，由其中三个部件共同实现，三个部件共有 4 个功能，关于该功能成本的说法正确的是（　　）。(2019 年)

A. 该项功能成本为产品总成本的 60%

B. 该项功能成本占全部功能成本比超过 50%

C. 该项功能成本为 3 个部件相应成本之和

D. 该项功能为承担该功能的 3 个部件成本之和

10. 价值工程的核心是对产品进行（　　）分析。(2020 年)

A. 成本　　B. 结构

C. 价值　　D. 功能

11. 在价值工程的工作程序中，下列属于分析阶段的工作是（　　）。(2020 年)

A. 对象的选择和功能分析　　B. 功能定义和功能整理

C. 功能整理和方案评价　　D. 方案创造和成果评价

12. 选定对象应用价值工程的最终目标是（　　）。(2021 年)

A. 提高功能　　B. 降低成本

C. 提高价值　　D. 降低能耗

(二) 多选题

1. 下列关于价值工程的说法，正确的是（　　）。(2014 年)

A. 价值工程的核心是对产品进行功能分析

B. 价值工程的应用重点是在产品生产阶段

C. 价值工程将产品的价值、功能和成本作为一个整体考虑

D. 价值工程需要将产品的功能定量化

E. 价值工程可用来寻求产品价值的提高途径

2. 下列价值工程活动中，属于功能分析阶段工作内容的是（　　）。(2021 年)

A. 功能定义　　B. 方案评价

C. 功能改进　　D. 功能计量

E. 功能整理

3. 价值工程的工作程序中，属于创新阶段的有（　　）。(2022 年)

A. 功能评价　　B. 方案评价

C. 提案编写　　D. 成果评价

E. 方案创造

Ⅱ　价值工程方法

(一) 单选题

1. 产品功能可从不同的角度进行分类，按功能的性质不同，产品的功能可分为（　　）。(2013 年)

A. 必要功能和不必要功能　　B. 基本功能和辅助功能

C. 使用功能和美学功能　　D. 过剩功能和不足功能

2. 采用 0-4 评分法确定产品各部件功能重要性系数时，各部件功能得分见下表，则

部件A的功能重要性系数是（ ）。(2013年)

部件	A	B	C	D	E
A	×	4	2	3	1
B		×	3	3	1
C			×	1	0
D				×	3
E					×

A. 0.1　　B. 0.15
C. 0.225　　D. 0.25

3. 应用价值工程进行功能评价时，效果评价对象的价值指数 $V_1<1$，则正确的价值是（ ）。(2013年)

A. 降低评价对象的现实成本　　B. 剔除评价对象的过剩功能
C. 降低评价对象的功能水平　　D. 不将评价对象作为改进对象

4. 价值工程应用中，功能整理的主要任务是（ ）。(2014年)

A. 划分功能类别　　B. 解剖分析产品功能
C. 建立功能系统图　　D. 进行产品功能计量

5. 价值工程应用中，采用0-4评分法确定的产品各部件功能得分见下表，则部件Ⅱ的功能重要性系数是（ ）。(2014年)

部件	Ⅰ	Ⅱ	Ⅲ	Ⅳ	Ⅴ
Ⅰ	×	2	4	3	1
Ⅱ		×	3	4	2
Ⅲ			×	1	3
Ⅳ				×	2
Ⅴ					×

A. 0.125　　B. 0.15
C. 0.25　　D. 0.275

6. 价值工程应用中，如果评价对象的价值系数 $V<1$，则正确的策略是（ ）。(2014年)

A. 剔除不必要功能或降低现实成本　　B. 剔除过剩功能及降低现实成本
C. 不作为价值工程改进对象　　D. 提高现实成本或降低功能水平

7. 采用ABC分析法确定价值工程对象，是指将（ ）的零部件或工序作为研究对象。(2015年)

A. 功能评分值高　　B. 成本比重大
C. 价值系数低　　D. 生产工艺复杂

8. 某产品甲、乙、丙、丁4个部件的功能重要性系数分别为0.25、0.30、0.38、0.07，现实成本分别为200元、220元、350元、30元。按照价值工程原理，应优先改进的部件是（　　）。(2015年)

A. 甲　　B. 乙

C. 丙　　D. 丁

9. 价值工程活动中，功能整理的主要任务是（　　）。(2016年)

A. 建立功能系统图　　B. 分析产品功能特性

C. 编制功能关联表　　D. 确定产品工程名称

10. 某工程有甲、乙、丙、丁四个设计方案，各方案的功能系数和单方造价见下表，按价值系数应优选设计方案（　　）。(2016年)

设计方案	甲	乙	丙	丁
功能系数	0.26	0.25	0.20	0.29
单方造价（元/m^2）	3200	2960	2680	3140

A. 甲　　B. 乙

C. 丙　　D. 丁

11. 下列价值工程对象选择方法中，以功能重要程度作为选择标准的是（　　）。(2017年)

A. 因素分析法　　B. 强制确定法

C. 重点选择法　　D. 百分比分析法

12. 按照价值工程活动的工作程序，通过功能分析与整理明确必要功能后的下一步工作是（　　）。(2017年)

A. 功能评价　　B. 功能定义

C. 方案评价　　D. 方案创造

13. 价值工程活动中，方案评价阶段的工作顺序是（　　）(2017年)

A. 综合评价—经济评价和社会评价—技术评价

B. 综合评价—技术评价和经济评价—社会评价

C. 技术评价—经济评价和社会评价—综合评价

D. 经济评价—技术评价和社会评价—综合评价

14. 针对某种产品采用ABC分析法选择价值工程研究对象时，应将（　　）的零部件作为价值工程主要研究对象。(2018年)

A. 成本和数量占比较高　　B. 成本占比高而数量占比小

C. 成本和数量占比均低　　D. 成本占比小而数量占比高

15. 价值工程应用对象的功能评价值是指（　　）。(2018年)

A. 可靠地实现用户要求功能的最低成本

B. 价值工程应用对象的功能与现实成本之比

C. 可靠地实现用户要求功能的最高成本

D. 价值工程应用对象的功能重要性系数

16. 某既有产品功能现实成本和重要性系数见下表。若保持产品总成本不变按成本降低幅度考虑，应优先选择的改进对象是（　　）。（2018 年）

功能区	功能实现成本	功能重要性系数
F_1	150	0. 30
F_2	180	0. 45
F_3	70	0. 15
F_4	100	0. 10
总计	500	1. 00

A. F_1　　B. F_2

C. F_3　　D. F_4

17. 价值工程应用中，对产品进行分析的核心是（　　）。（2019 年）

A. 产品的结构分析　　B. 产品的材料分析

C. 产品的性能分析　　D. 产品的功能分析

18. 下列分析方法中，可用来选择价值工程研究对象的是（　　）。（2020 年）

A. 价值指数法和对比分析法　　B. 百分比法和挣值分析法

C. 对比分析法和挣值分析法　　D. ABC 分析法和因素分析法

19. 在工程实践中，决定价值工程成败的关键是（　　）。（2020 年）

A. 方案创造　　B. 功能选择

C. 功能定义　　D. 对象选择

20. 某产品四种零部件的功能指数和成本指数如下表。该产品的优先改进对象是（　　）。（2021 年）

零部件	功能系数	成本系数
甲	0. 23	0. 23
乙	0. 24	0. 27
丙	0. 27	0. 26
丁	0. 26	0. 24
合计	1. 00	1. 00

A. 甲　　B. 乙

C. 丙　　D. 丁

21. 能同时用于选择评价对象、确定功能评价和方案评价的方法是（　　）。（2022 年）

A. 因素分析法　　B. ABC 分析法

C. 强制确定法　　D. 多比例评分法

22. 功能价值 $V<1$ 的原因是（　　）。（2022 年）

A. 分配的成本较低

B. 成本偏高，导致存在过剩功能

C. 功能重要，但成本较低

D. 成本偏低，存在不必要功能

（二）多选题

1. 价值工程研究对象的功能量化方法有（　　）。（2013 年）

A. 类比类推法　　B. 流程图法

C. 理论计算法　　D. 技术测定法

E. 统计分析法

2. 价值工程应用中，对提出的新方案进行综合评价的定量方法有（　　）。（2015 年）

A. 头脑风暴法　　B. 直接评分法

C. 加权评分法　　D. 优缺点列举法

E. 专家检查法

3. 价值工程活动中，用来确定产品功能评价值的方法有（　　）。（2016 年）

A. 环比评分法　　B. 替代评分法

C. 强制评分法　　D. 逻辑评分法

E. 循环评分法

4. 价值工程活动中，按功能的重要程度不同，产品的功能可分为（　　）。（2017 年）

A. 基本功能　　B. 必要功能

C. 辅助功能　　D. 过剩功能

E. 不足功能

5. 在应用价值工程中，对所提出的替代方案进行定量综合评价可采用的方法有（　　）。（2018 年）

A. 优缺点列举法　　B. 德尔菲法

C. 加权评分法　　D. 强制评分法

E. 连环替代法

6. 价值工程应用中，研究对象的功能价值系数小于 1 时，可能的原因有（　　）。（2019 年）

A. 研究对象的功能现实成本小于功能评价值

B. 研究对象的功能比较重要，但分配的成本偏小

C. 研究对象可能存在过剩功能

D. 研究对象实现功能的条件或方法不佳

E. 研究对象的功能现实成本偏低

7. 价值工程应用中，方案创造可采用的方法有（　　）。（2020 年）

A. 头脑风暴法　　B. 专家意见法

C. 强制评分法　　D. 哥顿法

E. 功能成本法

8. 下列价值工程活动中，属于功能分析阶段工作内容的是（　　）。（2021 年）

A. 功能定义　　B. 方案评价
C. 功能改进　　D. 功能计量
E. 功能整理

三、真题解析

Ⅰ　价值工程的基本原理和工作程序

（一）单选题

1. **【答案】** A

【解析】 价值工程的核心是对产品进行功能分析。价值工程中的功能是指对象能够满足某种要求的一种属性，具体讲，功能就是效用。

2. **【答案】** A

【解析】 价值工程的目标是以最低的寿命周期成本，使产品具备其所必须具备的功能。

3. **【答案】** B

【解析】 价值工程的主要应用可以概括为两大方面，一是应用于方案评价，既可在多方案中选择价值较高的方案，也可选择价值较低的对象作为改进对象；二是寻求提高对产品或对象价值的途径。

4. **【答案】** D

【解析】 缩小结构构件尺寸可以降低成本，增加使用面积可以提高功能。在提高产品功能的同时，又降低产品成本，这是提高价值最为理想的途径。

5. **【答案】** B

【解析】 对于大型复杂的产品，应用价值工程的重点是在产品的研究、设计阶段，产品的设计图纸一旦完成并投入生产后，产品的价值就已经基本确定，这时再进行价值工程分析就变得更加复杂。

6. **【答案】** C

【解析】 价值工程的核心是对产品进行功能分析。

7. **【答案】** D

【解析】 价值工程的核心是对产品进行功能分析。

8. **【答案】** A

【解析】 ABC 分析法抓住成本比重大的零部件或工序作为研究对象。

9. **【答案】** D

【解析】 当一个零部件只具有一个功能时，该零部件的成本就是其本身的功能成本；当一项功能要由多个零部件共同实现时，该功能的成本就等于这些零部件的功能成本之和；当一个零部件具有多项功能或与多项功能有关时，就需要将零部件成本根据具体情况分摊给各项有关功能。

10. **【答案】** D

【解析】 价值工程的核心是对产品进行功能分析。

11. 【答案】B

【解析】价值工程分析阶段的工作包括：收集整理资料、功能定义、功能整理、功能评价。

12. 【答案】C

【解析】价值工程的目标是以最低的寿命周期成本，使产品具备其所必须具备的功能。简而言之，就是以提高对象的价值为目标。

（二）多选题

1. 【答案】ACDE

【解析】价值工程的应用重点是在产品研究设计阶段，选项 B 错误，其余各项表述无误。

2. 【答案】ADE

【解析】功能分析包括功能定义、功能整理和功能计量。

3. 【答案】BCE

【解析】在价值工程的工作程序中，创新阶段的工作包括：方案创造、方案评价、提案编写。

Ⅱ　价值工程方法

（一）单选题

1. 【答案】C

【解析】按照功能的性质不同，功能可分为使用功能和美学功能；按功能的重要程度，功能一般可分为基本功能和辅助功能两类；按用户的需求，功能可分为必要功能和不必要功能；按功能的量化标准，功能可分为过剩功能和不足功能。

2. 【答案】D

【解析】A 的得分之和为 10，又因为 5 个部件采用 0-4 评分法评分总和必为 40，因此 A 功能重要性系数为 10/40=0.25。此类考题，无需将得分表全部填满，只需将所要求评价的部件所在行得分填满即可。

3. 【答案】A

【解析】评价对象的价值指数 V_I=评价对象的功能指数 F_I/评价对象的成本指数 C_I。$V_I<1$，说明评价对象的成本比重大于其功能比重，表明相对于系统内的其他对象而言所占的成本偏高，从而会导致该对象的功能过剩。应将评价对象列为改进对象，改善方向主要是降低成本。

4. 【答案】C

【解析】功能整理的主要任务就是建立功能系统图。因此，功能整理的过程也就是绘制功能系统图的过程。

5. 【答案】D

【解析】根据对角线对应位置得分之和为 4 的规律，确定Ⅱ部件所在行的得分，依次为：2、3、4、2，E 部件的得分之和为 11。又因为 5 个部件采用 0-4 评分法评分总和必为 40，因此，可以计算Ⅱ部件的功能重要性系数为：11÷40=0.275。

6. 【答案】B

【解析】$V<1$，即功能现实成本大于功能评价值，表明评价对象的现实成本偏高，而功能要求不高。这时，一种可能是由于存在着过剩的功能，另一种可能是功能虽无过剩，但实现功能的条件或方法不佳，以致使实现功能的成本大于功能的现实需要。这两种情况都应列入功能改进的范围，并且以剔除过剩功能及降低现实成本为改进方向，使成本与功能比例趋于合理。

7. 【答案】B

【解析】占总成本70%~80%而占零部件总数10%~20%的零部件划分为A类部件，A类零部件是价值工程的主要研究对象。

8. 【答案】C

【解析】各产品成本系数分别为：200/800 = 0.25、220/800 = 0.275、350/800 = 0.4375、30/800 = 0.0375，价值系数分别为：0.25/0.25 = 1、0.30/0.275 = 1.0909、0.38/0.4375 = 0.8686、0.07/0.0375 = 1.8667，丙部件价值系数最小应优先改进。

9. 【答案】A

【解析】功能整理的主要任务就是建立功能系统图。因此，功能整理过程也就是绘制功能系统图的过程。

10. 【答案】D

【解析】总造价：3200+2960+2680+3140 = 111980（元/m^2）。成本系数：甲 = 3200/11980 = 0.27；乙 = 2960/11980 = 0.25；丙 = 2680/11980 = 0.22；丁 = 3140/11980 = 0.26。价值指数：甲 = 0.26/0.27 = 0.96；乙 = 0.25/0.25 = 1；丙 = 0.20/0.22 = 0.91；丁 = 0.29/0.26 = 1.12。价值系数最高的是丁，故选D。

11. 【答案】B

【解析】在价值工程对象选择方法中，强制确定法以功能重要程度作为选择标准。

12. 【答案】A

【解析】在价值工程活动的工作程序，通过功能分析与整理明确必要功能后的下一步工作是进行功能评价。

13. 【答案】C

【解析】对方案进行评价时，无论是概略评价还是详细评价，一般先进行技术评价，再分别进行经济评价和社会评价，最后进行综合评价。

14. 【答案】B

【解析】ABC分析法抓住成本比重大的零部件作为价值工程主要研究对象。

15. 【答案】A

【解析】功能评价值（F）是指可靠地实现用户要求功能的最低成本。

16. 【答案】D

【解析】分别计算四个功能区的功能系数：0.3、0.36、0.14、0.2；价值系数：1、1.25、1.07、0.5，价值系数最低的 F_4 为优先改进的对象。

17. 【答案】D

【解析】价值工程的核心是对产品进行功能分析。

18.【答案】D

【解析】价值工程对象选择的方法有：因素分析法、ABC 分析法、强制确定法、百分比分析法、价值指数法。

19.【答案】A

【解析】从价值工程实践来看，方案创造是决定价值工程成败的关键。

20.【答案】B

【解析】$V_{甲}=0.23/0.23=1$；$V_{乙}=0.24/0.27=0.89$；$V_{丙}=0.27/0.26=1.04$；$V_{丁}=0.26/0.24=1.08$。故选价值最小的乙为改进对象。

21.【答案】C

【解析】强制确定法是以功能重要程度作为选择价值工程对象的一种分析方法，可以用于价值工程对象的选择，具体做法是：先求出分析对象的成本系数、功能系数，然后得出价值系数，以揭示出分析对象的功能与成本之间是否相符。如果不相符，价值低的则被选为价值工程的研究对象。这种方法在功能评价和方案评价中也有应用。

22.【答案】B

【解析】$V=F/C$，当 $V<1$ 时，即 F 小、C 大，评价对象的成本（比重）大于其功能（比重），表明相对于系统内的其他对象而言，目前所占的成本偏高，从而会导致该对象的功能过剩。应将评价对象列为改进对象，改善方向主要是降低成本。

（二）多选题

1.【答案】ACDE

【解析】功能计量分为对整体功能的量化和对各级子功能的量化，各级子功能的量化方法有很多，如理论计算法、技术测定法、统计分析法、类比类推法、德尔菲法等，可根据具体情况灵活选用。

2.【答案】BC

【解析】常用的方案评价的定量方法有直接评分法、加权评分法、比较价值评分法、环比评分法、强制评分法、几何平均值评分法等。

3.【答案】ACD

【解析】确定功能重要性系数的关键是对功能进行打分，常用的打分方法有强制评分法（0—1 评分法或 0—4 评分法）、逻辑评分法、环比评分法等。

4.【答案】AC

【解析】按功能的重要程度，产品的功能一般可分为基本功能和辅助功能两类。

5.【答案】CD

【解析】应用价值工程进行方案评价的定量方法有直接评分法、加权评分法、比较价值评分法、环比评分法、强制评分法、几何平均值评分法等。故选 C、D。

6.【答案】CD

【解析】功能的价值系数 $V<1$，即功能现实成本大于功能评价值，表明评价对象的现实成本偏高，而功能要求不高。这时，一种可能是由于存在着过剩的功能，另一种可能是功能虽无过剩，但实现功能的条件或方法不佳，以致使实现功能的成本大于功能的现实需要。这两种情况都应列入功能改进的范围，并且以剔除过剩功能及降低现实成本为

改进方向，使成本与功能比例趋于合理。

7.【答案】ABD

【解析】可用于方案创造的方法包括：头脑风暴法、哥顿法、专家意见法、专家检查法。

8.【答案】ADE

【解析】功能分析包括功能定义、功能整理和功能计量。

第四节 工程寿命周期成本分析

一、主要知识点及考核要点

参见表 4-5。

表 4-5 主要知识点及考核要点

序号	知识点	考核要点
1	工程寿命周期成本及其构成	寿命周期成本构成
2	工程寿命周期成本分析方法	费用估算方法；权衡分析；寿命周期成本分析法局限性

二、真题回顾

Ⅰ 工程寿命周期成本及其构成

（一）单选题

1. 关于工程寿命周期社会成本的说法，正确的是（　　）。(2015 年)

A. 社会成本是指社会因素对工程建设和使用产生的不利影响

B. 工程建设引起大规模移民是一种社会成本

C. 社会成本主要发生在工程项目运营期

D. 社会成本指在项目财务评价中考虑

2. 因大型工程建设引起大规模移民可能增加的不安定因素，在工程寿命周期成本分析中应计算为（　　）成本。(2018 年)

A. 经济　　B. 社会

C. 环境　　D. 人为

Ⅱ 工程寿命周期成本分析方法

（一）单选题

1. 工程寿命周期成本分析中，为了权衡设置费与维修费之间关系，则采用的手段是（　　）。(2013 年)

A. 进行充分研发，降低制造费用

B. 购置备用件，提高可修复性

C. 提高材料周转速度，降低生产成本

D. 聘请操作人员，减少维修费用

2. 建设工程寿命周期成本分析在很大程度上依赖于权衡分析，下列分析方法中，可用于权衡分析的是（　　）。(2014 年)

A. 计划评审技术（PERT）　　B. 挣值分析法（EVM）

C. 工作结构分解法（WBS）　　D. 关键线路法（CPM）

3. 工程寿命周期成本分析中，可用于对从系统开发至设置完成所用时间与设置费用之间进行权衡分析的方法是（　　）。(2016 年)

A. 层次分析法　　B. 关键线路法

C. 计划评审技术　　D. 挣值分析法

4. 工程寿命周期成本分析评价中，可用来估算费用的方法是（　　）。(2017 年)

A. 构成比率法　　B. 因素分析法

C. 挣值分析法　　D. 参数估算法

5. 进行工程寿命中期成本分析时，应将（　　）列入维持费。(2018 年)

A. 研发费　　B. 设计费

C. 试运转费　　D. 运行费

6. 对于已确定的日供水量的城市供水项目，进行工程成本评价应采用（　　）。(2019 年)

A. 费用效率法　　B. 固定费用法

C. 固定效率法　　D. 权衡分析法

7. 采用权衡分析法分析设置费中各项费用的关系，可采用的措施有（　　）。(2020 年)

A. 采用节能设计，降低运行费用　　B. 改善设计材质，降低维修频度

C. 利用整体结构，减少安装费用　　D. 采用计划预修，减少停机损失

8. 下列各项费用中，属于费用效率（*CE*）法中设置费（*IC*）的是（　　）。(2021 年)

A. 试运转费　　B. 维修用设备费

C. 运行动能费　　D. 项目报废费

9. 采用费用效率（*CE*）法分析寿命周期成本时，包含的费用有（　　）。(2022 年)

A. 设置费和维持费　　B. 制造费和安装费

C. 制造费和维修费　　D. 研发费和试运转费

（二）多选题

1. 工程寿命周期成本的常用估算方法有（　　）。(2013 年)

A. 头脑风暴法　　B. 类比估算法

C. 百分比分析法　　D. 参数估算法

E. 费用模型估算法

2. 工程寿命周期成本分析中，估算费用可采用的方法为（　　）。(2014 年)

A. 动态比率法　　B. 费用模型估算法

C. 参数估算法　　D. 连环置换法

E. 类比估算法

三、真题解析

Ⅰ 工程寿命周期成本及其构成

(一) 单选题

1. **【答案】** B

【解析】 工程寿命周期社会成本是指工程产品在从项目构思、产品建成投入使用直至报废不堪再用全过程中对社会的不利影响。如果一个工程项目的建设会增加社会的运行成本，如由于工程建设引起大规模的移民，可能增加社会的不安定因素，这种影响计为社会成本。

2. **【答案】** B

【解析】 工程建设引起的移民而增加的不安定因素属于社会成本。

Ⅱ 工程寿命周期成本分析方法

(一) 单选题

1. **【答案】** B

【解析】 选项 A 属于设置费中各项费用之间的权衡分析；选项 C 属于系统效率和寿命周期成本的权衡分析；选项 D 属于维持费中各项费用之间的权衡分析。而选项 B 属于设置费与维持费的权衡分析，符合题意。

2. **【答案】** A

【解析】 从开发到系统设置完成这段时间与设置费之间的权衡分析，可以运用计划评审技术（PERT）。

3. **【答案】** C

【解析】 工程寿命周期成本分析中，对从系统开发至设置完成所用时间与设置费用之间进行权衡分析时，可以运用计划评审技术。

4. **【答案】** D

【解析】 工程寿命周期成本分析评价中，可用于进行费用估算的方法有费用模型估算法、参数估算法、类比估算法和费用项目分别估算法。

5. **【答案】** D

【解析】 运行费属于维持费，其余各项均属于设置费。

6. **【答案】** C

【解析】 固定效率法是将效率值固定下来，然后选取能达到这个效率而费用最低的方案。本题中，在已经确定了供水量（效率）的前提下，可通过费用的比选，选择费用最低的方案，即固定效率法。

7. **【答案】** C

【解析】 设置费中各项费用之间的权衡分析是指进行分析的两部分费用均属于设置费。采用“整体结构”和减少“安装费”均属于设置费，故选 C。

8. **【答案】** A

【解析】 设置费 IC：研究开发费、设计费、制造费、安装费、试运转费。

9. 【答案】A

【解析】采用费用效率（CE）法分析寿命周期成本时，费用（工程寿命周期成本 LCC）包括设置费（IC）和维持费两部分（SC）。即：

$$费用效率=\frac{工程系统效率(SE)}{工程寿命周期成本(LCC)}=\frac{工程系统效率(SE)}{设置费(IC)+维持费(SC)}$$

（二）多选题

1. 【答案】BDE

【解析】对于寿命周期成本的估算，必须尽可能地在系统开发的初期进行。估算寿命周期成本时，可先粗分为设置费和维持费，如何进一步估算则要根据估算时所处的阶段，以及设计内容的明确程度来决定。常用的估算方法有费用模型估算法、参数估算法、类比估算法和费用项目分别估算法。

2. 【答案】BCE

【解析】费用估算的方法有很多，常用的有：费用模型估算法、参数估算法、类比估算法、费用项目分别估算法。

第五章　工程项目投融资

一、本章概览

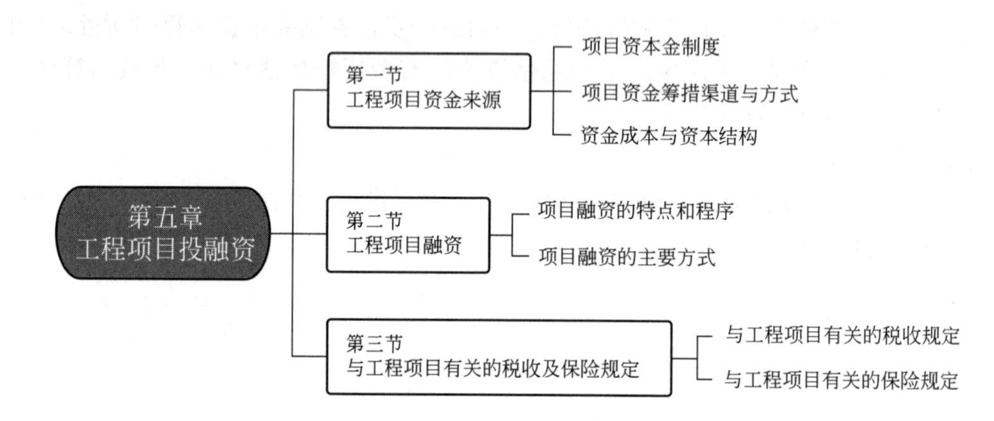

二、考情分析

参见表5-1。

表5-1　　本章考情分析

考试年度	2022年				2021年				2020年			
题型 节	单选题		多选题		单选题		多选题		单选题		多选题	
	数量	分值	数量	分值	数量	分值	数量	分值	数量	分值	数量	分值
第一节	5	5	1	2	4	4	1	2	5	5	2	4
第二节	3	3	1	2	3	3	1	2	4	4		
第三节	3	3	1	2	3	3	1	2	3	3		
本章小计	11	11	3	6	10	10	3	6	12	12	2	4
本章得分	17分				16分				16分			

第一节　工程项目资金来源

一、主要知识点及考核要点

参见表5-2。

表 5-2 主要知识点及考核要点

序号	知识点	考核要点
1	项目资本金制度	资本金特征、出资形式、比例
2	项目资金筹措渠道与方式	资本金筹措方式；债务融资特点、债券优缺点
3	资金成本与资本结构	资金成本作用；资金成本计算

二、真题回顾

I 项目资本金制度

（一）单选题

1. 关于项目资本金的说法，正确的是（　　）。（2014 年）

A. 项目资本金是债务性资金　　B. 项目法人要承担项目资本金的利息

C. 投资者可转让项目资本金　　D. 投资者可抽回项目资本金

2. 固定资产投资项目实行资本金制度，以工业产权、非专利技术作价出资的比例不得超过投资项目资本金总额的（　　）。（2015 年）

A. 20%　　B. 25%

C. 30%　　D. 35%

3. 关于项目资本金性质或特征的说法，正确的是（　　）。（2016 年）

A. 项目资本金是债务性资金　　B. 项目法人不承担项目资本金的利息

C. 投资者不可转让其出资　　D. 投资者可以任何方式抽回其出资

4. 根据《国务院关于调整和完善固定资产投资项目资本金制度的通知》，对于保障性住房和普通商品住房项目，项目资本金占项目总投资的最低比例是（　　）。（2017 年）

A. 20%　　B. 25%

C. 30%　　D. 35%

5. 根据《外商投资产业指导目录》，必须由中方控股的项目是（　　）。（2017 年）

A. 综合建筑项目　　B. 核电站

C. 超大型公共建设项目　　D. 农业深加工项目

6. 根据制度相关规定，下列固定资产投资项目中，项目资本金比例最高的是（　　）。（2018 年）

A. 钢铁、电解铝项目　　B. 普通商品住房项目

C. 城市轨道交通项目　　D. 玉米深加工项目

7. 根据《国务院关于调整和完美固定资产投资项目资本金制度的通知》，投资项目资本金最低比例要求为 40%的是（　　）。（2019 年）

A. 钢铁、电解铝项目　　B. 铁路、公路项目

C. 玉米深加工项目　　D. 普通商品住房项目

8. 根据固定资产投资项目资本金制度，作为计算资本金基数的总投资，是指投资项目的（　　）之和。（2020 年）

A. 建筑工程费用和安装工程费用　　B. 固定资产投资和铺底流动资金

C. 建安工程费用和设备工器具购置费用　　D. 建安工程费用和工程建设其他费用

9. 根据《国务院关于调整和完善固定资产投资项目资本金制度的通知》，对于产能过剩行业中的水泥项目，项目资本金占项目总投资的最低比例为（　　）。(2020 年)

A. 40%　　B. 35%

C. 30%　　D. 25%

10. 根据《国务院关于调整和完善固定资产投资项目资本金制度的通知》，下列各类项目中，不实行资本金制度的固定资产投资项目是（　　）。(2021 年)

A. 外商投资项目　　B. 国有企业房地产开发项目

C. 国有企业技术改造项目　　D. 公益性投资项目

11. 下列项目中，资本金占项目总投资比例最大的是（　　）。(2022 年)

A. 城市轨道交通　　B. 保障房

C. 普通商品房　　D. 机场项目

（二）多选题

1. 项目资本金可以用货币出资，也可以用（　　）作价出资。(2013 年)

A. 实物　　B. 工业产权

C. 专利技术　　D. 企业商誉

E. 土地所有权

2. 根据固定资产投资项目资本金制度相关规定，除用货币出资外，投资者还可以用（　　）作价出资。(2018 年)

A. 实物　　B. 工业产权

C. 专利技术　　D. 非专利技术

E. 无形资产

Ⅱ　项目资金筹措渠道与方式

（一）单选题

1. 关于优先股的说法，正确的是（　　）。(2013 年)

A. 优先股有还本期限　　B. 优先股股息不固定

C. 优先股股东没有公司的控制权　　D. 优先股股利税前扣除

2. 新设项目法人的项目资本金，可通过（　　）方式筹措。(2013 年)

A. 企业产权转让　　B. 在证券市场上公开发行股票

C. 商业银行贷款　　D. 在证券市场上公开发行债券

3. 与发行股票相比，发行债券融资的优点是（　　）。(2013 年)

A. 企业财务负担小　　B. 企业经营灵活性高

C. 便于调整资本结构　　D. 无需第三方担保

4. 下列资金筹措渠道与方式中，新设项目法人可用来筹措项目资本金的是（　　）。(2015 年)

A. 发行债券　　B. 信贷融资

C. 融资租赁　　D. 合资合作

5. 在公司融资和项目融资中，所占比重最大的债务融资方式是（　　）。(2015 年)

A. 发行股票　　B. 信贷融资

C. 发行债券　　D. 融资租赁

6. 既有法人作为项目法人的，下列项目资本金来源中，属于既有法人外部资金来源的是（　　）。(2016 年)

A. 企业增资扩股　　B. 企业银行存款

C. 企业资产变现　　D. 企业产权转让

7. 与发行债券相比，发行优先股的特点是（　　）。(2017 年)

A. 融资成本较高　　B. 股东拥有公司控制权

C. 股息不固定　　D. 股利可在税前扣除

8. 新设法人筹措项目资本金的方式是（　　）。(2018 年)

A. 公开募集　　B. 增资扩股

C. 产权转让　　D. 银行贷款

9. 企业通过发行债券进行筹资的特点是（　　）。(2018 年)

A. 增强企业经营灵活性　　B. 产生财务杠杆正效应

C. 降低企业总资金成本　　D. 企业筹资成本较低

10. 既有法人可用于项目资本金的外部资金是（　　）。(2019 年)

A. 企业在银行的存款　　B. 企业产权转让

C. 企业生产经营收入　　D. 国家预算内投资

11. 企业通过发行债券进行筹资的优点是（　　）。(2019 年)

A. 降低企业总资金成本　　B. 发挥财务杠杆作用

C. 提升企业经营灵活性　　D. 减少企业业务风险

12. 福费廷（FORFEIT）作为一种专门的代理融资技术，其本质是以（　　）方式进行融资。(2020 年)

A. 债券　　B. 租赁

C. 信贷　　D. 股权

13. 下列资金筹措的方式中，可用来筹措项目资本金的是（　　）。(2021 年)

A. 私募　　B. 借贷

C. 发行债券　　D. 融资租赁

14. 下列关于债券方式筹集资金的说法中，正确的是（　　）。(2022 年)

A. 降低总成本

B. 无法保障股东控制权

C. 可能发生财务杠杆负效应

D. 筹资成本较高

（二）多选题

1. 债务融资的优点有（　　）。(2013 年)

A. 融资速度快　　B. 融资成本较低

C. 融资风险较小　　D. 还本付息压力小

E. 企业控制权增大

2. 既有法人筹措新建项目资本金时，属于其外部资金来源的有（　　）。(2014 年)

A. 企业增资扩股　　B. 资本市场发行股票

C. 企业现金　　D. 企业资产变现

E. 企业产权转让

3. 既有法人作为项目法人筹措项目资金时，属于既有法人外部资金来源的有（　　）。(2017 年)

A. 企业增资扩股　　B. 企业资金变现

C. 企业产权转让　　D. 企业发行债券

E. 企业发行优先股股票

4. 关于融资租赁方式及其特点的说法，正确的有（　　）。(2020 年)

A. 由承租人选定所需设备　　B. 由出租人购置所需设备

C. 由出租人计提固定资产折旧　　D. 租赁期满后出租人收回设备所有权

E. 租金包括租赁设备的成本、利息及手续费

5. 既有法人筹措项目资本金的内部资金来源有（　　）。(2020 年)

A. 企业资产变现　　B. 企业产权转让

C. 企业发行债务　　D. 企业增资扩股

E. 企业发行股票

6. 下列各项费用中，构成融资租赁租金的有（　　）。(2021 年)

A. 租赁资产的成本　　B. 承租人的使用成本

C. 出租人购买租赁资产的贷款利息　　D. 出租人的利润

E. 承租人承办租赁业务的费用

7. 对于新设法人，项目资本金筹措的方式主要有（　　）。(2022 年)

A. 合资合作　　B. 公开募集

C. 融资租赁　　D. 私募

E. 政策性贷款

Ⅲ　资金成本与资本结构

(一) 单选题

1. 资金筹集成本的主要特点是（　　）。(2013 年)

A. 在资金使用过程中多次发生　　B. 与资金使用时间的长短有关

C. 可作为筹资金额的一项扣除　　D. 与资金筹集的次数无关

2. 某公司发行面值为 2000 万元的 8 年期债券，票面利率为 12%，发行费用率为 4%，发行价格 2300 万元，公司所得税税率为 25%，则该债券成本率为（　　）。(2013 年)

A. 7.5%　　B. 8.15%

C. 10.25%　　D. 13.36%

3. 项目公司资本结构是否合理，一般是通过分析（　　）的变化进行衡量。(2013 年)

A. 利率　　B. 风险报酬率

C. 股票筹资　　D. 每股收益

4. 某企业从银行借款 1000 万元，年利息 120 万元，手续费等筹资费用 30 万元，企业所得税率 25%，该项借款的资金成本率为（　　）。（2014 年）

A. 9.00%　　B. 9.28%

C. 11.25%　　D. 12.00%

5. 项目资金结构中，如果项目资本金所占比重过小，则对项目的可能影响是（　　）。（2014 年）

A. 财务杠杆作用下滑　　B. 负债融资成本提高

C. 负债融资难度降低　　D. 市场风险承受力增强

6. 项目资金结构应有合理安排，如果项目资本金所占比例过大，会导致（　　）。（2015 年）

A. 财务杠杆作用下滑　　B. 信贷融资风险加大

C. 负债融资难度增加　　D. 市场风险承受力降低

7. 某公司发行票面额为 3000 万元的优先股股票，筹资费率为 3%，股息年利率为 15%，则其资金成本率为（　　）。（2015 年）

A. 10.31%　　B. 12.37%

C. 14.12%　　D. 15.46%

8. 在比较筹资方式、选择筹资方案中，作为项目公司资本结构决策依据的资金成本是（　　）。（2016 年）

A. 个别资金成本　　B. 筹资资金成本

C. 综合资金成本　　D. 边际资金成本

9. 关于资金成本性质的说法，正确的是（　　）。（2016 年）

A. 资金成本是指资金所有者的利息收入

B. 资金成本是指资金使用人的筹资费用和使用费用

C. 资金成本一般只表现为时间的函数

D. 资金成本表现为资金占用和利息额的函数

10. 选择债务融资时，需要考虑债务偿还顺序，正确的债务偿还方式是（　　）。（2016 年）

A. 以债券形式融资的，应在一定年限内尽量提前还款

B. 对于固定利率的银行贷款，应尽量提前还款

C. 对于有外债的项目，应后偿还硬货币债务

D. 在多种债务中，应后偿还利率较低的债务

11. 项目公司为了扩大项目规模往往需要追加筹集资金，用来比较选择追加筹资方案的重要依据是（　　）。（2017 年）

A. 个别资金成本　　B. 综合资金成本

C. 组合资金成本　　D. 边际资金成本

12. 某公司为项目发行总面额为 2000 万元的十年期债券，票面利率为 12%，发行费

用率为6%，发行价格为2300万元，公司所得税为25%，则该债券的成本率为（　　）。（2017年）

A. 7.83%　　B. 8.33%

C. 9.57%　　D. 11.10%

13. 为新建项目筹集债务资金时，对利率结构起决定性作用的因素是（　　）。（2017年）

A. 进入市场的利率走向　　B. 借款人对于融资风险的态度

C. 项目现金流量的特征　　D. 资金筹集难易程度

14. 项目债务融资规模一定时，增加短期债务资本比重产生的影响是（　　）。（2018年）

A. 提高总的融资成本　　B. 增强项目公司的财务流动性

C. 提升项目的财务稳定性　　D. 增加项目公司的财务风险

15. 下列资金成本中，可用来比较各种融资方式优劣的是（　　）资金成本。（2019年）

A. 综合成本　　B. 边际成本

C. 个别成本　　D. 债务成本

16. 一般来说，每股收益的影响因素有（　　）。（2019年）

A. 受资本结构的影响，也受销售水平的影响

B. 受资本结构的影响，不受销售水平的影响

C. 不受资本结构的影响，受销售水平的影响

D. 不受资本结构的影响，也不受销售水平的影响

17. 不同的资金形式有不同的作用，可作为追加筹资决策依据的资金成本是（　　）。（2020年）

A. 边际资金成本　　B. 个别资金成本

C. 综合资金成本　　D. 加权资金成本

18. 投资项目的资本结构是否合理，可通过分析（　　）来衡量。（2020年）

A. 负债融资成本　　B. 权益资金成本

C. 每股收益变化　　D. 权益融资比例

19. 4000万5年债券，利率5%，筹资费4%，所得税25%，资金成本率为（　　）。（2021年）

A. 3.16%　　B. 3.91%

C. 5.21%　　D. 6.25%

20. 在确定项目债务资本结构比例时，重要的是在（　　）之间取得平衡。（2021年）

A. 债务期限和融资成本　　B. 融资成本和融资风险

C. 融资风险和债务额度　　D. 债务额度和债务期限

21. 某项目期初贷款1000万元，期限5年，贷款利率9%，所得税25%，筹集费费率2%，则该项目资金成本率为（　　）。（2022年）

A. 6.89%　　B. 9.00%

C. 11.76%　　D. 11.0%

22. 无差别点是指使不同资本结构的每股收益相等时的（　　）。（2022 年）

A. 息税前利润　　B. 税前净利润

C. 税后净利润　　D. 税前利润

23. 利用每股收益的变化进行资本结构衡量时，最优的是（　　）。（2022 年）

A. 每股收益的无差别点对应的资本结构

B. 价值最大的资本结构

C. 每股收益增加的资本结构

D. 利润最大的资本结构

（二）多选题

1. 对于采用新设法人进行筹资的项目，在确定项目资本金结构时，应通过协商确定投资各方的（　　）。（2016 年）

A. 出资比例　　B. 出资形式

C. 出资顺序　　D. 出资性质

E. 出资时间

2. 下列费用中，属于资金筹集成本的有（　　）。（2019 年）

A. 股票发行手续费　　B. 建设投资贷款利息

C. 债券发行公证费　　D. 股东所得红利

E. 债券发行广告费

三、真题解析

Ⅰ　项目资本金制度

（一）单选题

1. **【答案】**C

【解析】对项目来说，项目资本金是非债务性资金，项目法人不承担这部分资金的任何利息和债务。投资者可按其出资的比例依法享有所有者权益，也可转让其出资，但不得以任何方式抽回。

2. **【答案】**A

【解析】以工业产权、非专利技术作价出资的比例不得超过投资项目资本金总额的 20%。

3. **【答案】**B

【解析】对项目来说，项目资本金是非债务性资金，项目法人不承担这部分资金的任何利息和债务。投资者可按其出资的比例依法享有所有者权益，也可转让其出资，但不得以任何方式抽回。

4. **【答案】**A

【解析】保障性住房和普通商品住房项目，项目资本金占项目总投资的最低比例是 20%。

5. **【答案】**B

【解析】电网、核电站、铁路干线路网必须由中方控股；民用机场必须由中方相对控股。本题目部分选项根据最新教材略作修改。

6. 【答案】A

【解析】钢铁、电解铝项目资本金不低于40%，其余各项均为20%。

7. 【答案】A

【解析】钢铁、电解铝项目的资本金最低比例要求为40%。

8. 【答案】B

【解析】作为计算资本金基数的总投资，是指投资项目的固定资产投资与铺底流动资金之和，具体核定时以经批准的动态概算为依据。

9. 【答案】B

【解析】水泥项目的资本金占项目总投资的最低比例为35%。

10. 【答案】D

【解析】《国务院关于调整和完善固定资产投资项目资本金制度的通知》规定，各种经营性固定资产投资项目，包括国有单位的基本建设、技术改造、房地产开发项目和集体投资项目，试行资本金制度，投资项目必须首先落实资本金才能进行建设。个体和私营企业的经营性投资项目参照规定执行。公益性投资项目不实行资本金制度。

11. 【答案】D

【解析】机场项目的资本金占项目总投资最低比例为25%，其余各项均为20%。

（二）多选题

1. 【答案】AB

【解析】项目资本金可以用货币出资，也可以用实物、工业产权、非专利技术、土地使用权作价出资。

2. 【答案】ABD

【解析】项目资本金可以用货币出资，也可以用实物、工业产权、非专利技术、土地使用权作价出资。

Ⅱ 项目资金筹措渠道与方式

（一）单选题

1. 【答案】C

【解析】优先股是指与普通股股东相比具有一定的优先权，主要指优先分得股利和剩余财产。优先股股息固定，与债券特征相似，但优先股没有还本期限，这又与普通股相同。优先股股东不参与公司的经营管理，没有公司的控制权，不会分散普通股东的控制权。由于优先股股息固定，当公司发行优先股而获得丰厚的利润时，普通股股东会享受到更多的利益，产生财务杠杆的效应。但优先股融资成本较高，且股利不能像债权利息一样在税前扣除。

2. 【答案】B

【解析】由初期设立的项目法人进行的资本金筹措形式主要有：(1)在资本市场募集股本资金，包括私募与公开募集；(2)合资合作。

3.【答案】C

【解析】债券融资是一种直接融资，面向广大社会公众和机构投资者，发行债券融资大多需要有第三方担保。债券筹资的优点是筹资成本较低、保障股东控制权、发挥财务杠杆作用、便于调整资本结构。

4.【答案】D

【解析】由初期设立的项目法人进行的资本金筹措形式主要有：私募、公开募集和合资合作。

5.【答案】B

【解析】信贷方式融资是项目负债融资的重要组成部分，是公司融资和项目融资中最基本和最简单，也是比重最大的债务融资形式。

6.【答案】A

【解析】外部资金来源包括既有法人通过在资本市场发行股票和企业增资扩股，以及一些准资本金手段，如发行优先股获得外部投资人的权益资金投入，同时也包括接受国家预算内资金为来源的融资方式。

7.【答案】A

【解析】优先股股息固定，但没有还本期限。优先股股东不参与公司的经营管理，没有公司的控制权。但优先股融资成本较高，且股利不能像债权利息一样在税前扣除，融资成本较高。

8.【答案】A

【解析】新设法人筹措项目资本金的方式有公开募集、私募和合资合作。

9.【答案】D

【解析】债券筹资的筹资成本较低，降低企业经营灵活性，可能使企业总资金成本升高。债券筹资可能产生财务杠杆正效应，也可能产生负效应。

10.【答案】D

【解析】外部资金来源包括既有法人通过在资本市场发行股票和企业增资扩股，以及一些准资本金手段，如发行优先股来获取外部投资人的权益资金投入，同时也包括接受国家预算内资金为来源的融资方式。

11.【答案】B

【解析】债券筹资的优点：筹资成本较低、保障股东控制权、发挥财务杠杆作用、便丁调整资本结构。

12.【答案】C

【解析】项目建设需要进口设备的，可以使用设备出口国的出口信贷。按照获得贷款资金的借款人，出口信贷分为买方信贷、卖方信贷和福费廷（FORFEIT）等。福费廷是专门的代理融资技术，属于信贷方式融资。

13.【答案】A

【解析】在资本市场募集股本资金可以采取两种基本方式，即私募与公开募集。其他各选项均属于债务资金的筹措。

14.【答案】C

【解析】债券筹资的优点:(1)筹资成本较低;(2)保障股东控制权;(3)发挥财务杠杆作用;(4)便于调整资本结构。缺点:(1)可能产生财务杠杆负效应;(2)可能使企业总资金成本增大;(3)经营灵活性降低。

(二) 多选题

1. 【答案】AB

【解析】债务融资的优点是速度快、成本较低,缺点是融资风险较大,有还本付息的压力。

2. 【答案】AB

【解析】外部资金来源包括既有法人通过在资本市场发行股票和企业增资扩股,以及一些准资本金手段,如发行优先股获取外部投资人的权益资金投入,同时也包括接受国家预算内资金为来源的融资方式。

3. 【答案】AE

【解析】外部资金来源包括既有法人通过在资本市场发行股票和企业增资扩股,以及一些准资本金手段,如发行优先股获取外部投资人的权益资金投入,同时也包括接受国家预算内资金为来源的融资方式。

4. 【答案】ABE

【解析】采取融资租赁方式,通常由承租人选定需要的设备,由出租人购置后给承租人使用,承租人向出租人支付租金,承租人租赁取得的设备按照固定资产计提折旧,租赁期满,设备一般要由承租人所有。融资租赁的租金包括三大部分:租赁资产的成本、租赁资产的利息、租赁手续费。

5. 【答案】AB

【解析】既有法人项目资本金筹措,内部资金来源主要包括以下几个方面:企业的现金、未来生产经营中获得的可用于项目的资金、企业资产变现、企业产权转让。

6. 【答案】AD

【解析】融资租赁的租金包括三大部分:①租赁资产的成本:大体由资产的购买价、运杂费、运输途中的保险费等项目构成;②租赁资产的利息:承租人所实际承担的购买租赁设备的贷款利息;③租赁手续费:包括出租人(不是承租人,选项E错误)承办租赁业务的费用以及出租人向承租人提供租赁服务所赚取的利润。

7. 【答案】ABD

【解析】由初期设立的项目法人进行的资本金筹措形式主要有:(1)在资本市场募集股本资金,包括私募与公开募集;(2)合资合作。

Ⅲ 资金成本与资本结构

(一) 单选题

1. 【答案】C

【解析】资金成本一般包括资金筹集成本和资金使用成本。资金筹集成本是在筹措时一次支付的,在使用资金过程中不再发生,因此可作为筹资金额的一项扣除,而资金使用成本是在资金使用过程中多次、定期发生的。

2. 【答案】B

【解析】债券的成本主要指债券利息和筹资费用。债券成本率 K_B =(债券面值×票面利率)×(1-公司所得税税率)/[债券的发行价格×(1-债券筹资费费率)]=(2000×12%)×(1-25%)/[2300×(1-4%)]=8.15%。

3. 【答案】D

【解析】资本结构是否合理，一般是通过分析每股收益的变化来进行衡量的。凡是能够提高每股收益的资本结构就是合理的，反之则是不合理的。

4. 【答案】B

【解析】K=120×(1-25%)/(1000-30)=9.28%。

5. 【答案】B

【解析】如果项目资本金占的比重太少，会导致负债融资的难度提升和融资成本的提高。

6. 【答案】A

【解析】贷款的风险越低，贷款的利率可以越低，如果权益资金过大，风险可能会过于集中，财务杠杆作用下滑。但如果项目资本金占的比重太少，会导致负债融资的难度提升和融资成本的提高。

7. 【答案】D

【解析】优先股资金成本=15%/(1-3%)=15.46%。

8. 【答案】C

【解析】个别资金成本主要是比较各种筹资方式资金成本的高低，是确定筹资方式的重要依据；综合资金成本是项目公司资金结构决策的依据；边际资金成本是追加筹资决策的重要依据。

9. 【答案】B

【解析】资金成本是资金使用人为筹资和使用资金而发生的费用，包括筹资成本和使用成本，一般表现为资金占用额的函数。

10. 【答案】D

【解析】一些债券形式要求至少一定年限内借款人不能提前还款，故A选项错误。采用固定利率的银行贷款，因为银行安排固定利率的成本原因，如果提前还款，借款人可能会被要求承担一定的罚款或分担银行的成本，故B选项错误。对于有外债的项目，由于有汇率风险，通常应先偿还硬货币的债务，后偿还软货币的债务，故C选项错误。

11. 【答案】D

【解析】个别资金成本主要用于比较各种筹资方式资金成本的高低，是确定筹资方式的重要依据；综合资金成本是项目公司资本结构决策的依据；边际资金成本是追加筹资决策的重要依据。

12. 【答案】B

【解析】债券成本率=2000×12%×(1-25%)/[2300×(1-6%)]=8.33%。

13. 【答案】C

【解析】项目现金流量的特征对利率结构起决定性作用。

14. 【答案】D

【解析】短期债务资本比重增加会降低总的融资成本，但会使公司财务流动性不足，增加项目公司的财务风险。

15. 【答案】C

【解析】个别资金成本主要用于比较各种筹资方式成本的高低，是确定筹资方式的重要依据。

16. 【答案】A

【解析】一般来说，每股收益一方面受资本结构的影响，同样也受销售水平的影响。

17. 【答案】A

【解析】个别资金成本主要用于比较各种筹资方式资金成本的高低，是确定筹资方式的重要依据。综合资金成本是项目公司资本结构决策的依据。边际资金成本是追加筹资决策的重要依据。

18. 【答案】C

【解析】资本结构是否合理，一般是通过分析每股收益的变化来进行衡量的。

19. 【答案】B

【解析】$K_b = i_b \times (1-T)/(1-f) = 5\% \times (1-25\%)/(1-4\%) = 3.91\%$。

20. 【答案】B

【解析】在确定项目债务资本结构比例时，需要在融资成本和融资风险之间取得平衡，既要降低融资成本，又要控制融资风险。

21. 【答案】A

【解析】贷款利息可以在税前扣除，要考虑所得税率的影响。资金成本率 $K = 9\% \times (1-25\%)/(1-2\%) = 6.89\%$。

22. 【答案】A

【解析】无差别点即每股收益的无差别点，是指每股收益不受融资方式影响的销售水平（S），而息税前利润（$EBIT$）与销售水平直接相关（$EBIT = S - VC - F$），可直接用于无差别点的计算，参见下图。

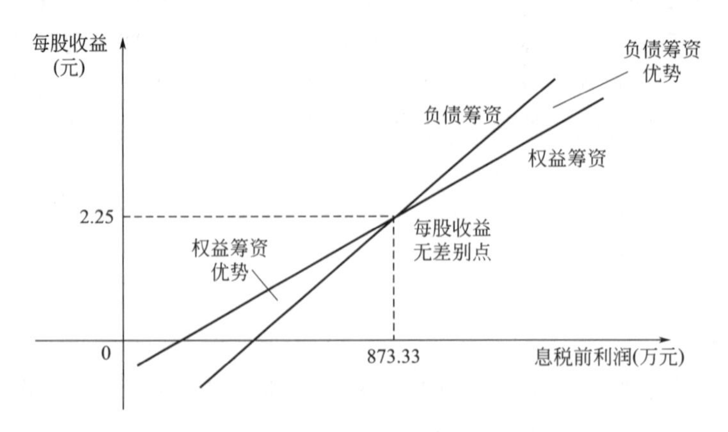

每股收益无差别分析

23. 【答案】C

【解析】资本结构是否合理，一般是通过分析每股收益的变化来进行衡量的。凡是能够提高每股收益的资本结构就是合理的，反之则是不合理的。

（二）多选题

1. 【答案】ABE

【解析】采用新设法人筹资方式的项目，应根据投资各方在资本、技术、人力和市场开发等方面的优势，通过协商确定各方的出资比例、出资形式和出资时间。

2. 【答案】ACE

【解析】资金筹集成本是指在资金筹集过程中所支付的各项费用，如发行股票或债券支付的印刷费、发行手续费、律师费、资信评估费、公证费、担保费、广告费等。资金筹集成本一般属于一次性费用，筹资次数越多，资金筹集成本也就越大。

第二节　工程项目融资

一、主要知识点及考核要点

参见表 5-3。

表 5-3　主要知识点及考核要点

序号	知识点	考核要点
1	项目融资的特点和程序	项目融资特点；程序（融资决策、融资结构设计等阶段内容）
2	项目融资的主要方式	各种项目融资方式特点、比较

二、真题回顾

Ⅰ　项目融资的特点和程序

（一）单选题

1. 与传统的贷款融资方式不同，项目融资主要是以（　　）来安排融资。(2014 年)

A. 项目资产和预期收益　　B. 项目投资者的资信水平

C. 项目第三方担保　　D. 项目管理的能力和水平

2. 项目融资过程中，投资决策后首先应进行的工作是（　　）。(2014 年)

A. 融资谈判　　B. 融资决策分析

C. 融资执行　　D. 融资结构设计

3. 与传统贷款方式相比，项目融资的特点是（　　）。(2015 年)

A. 贷款人有资金的实权　　B. 风险种类多

C. 对投资人资信要求高　　D. 融资成本低

4. 根据项目融资程度，评价项目风险因素应在（　　）阶段进行。(2015 年)

A. 投资决策分析　　B. 融资评判

C. 融资决策分析　　D. 融资结构设计

5. 与传统融资方式相比较，项目融资的特点是（　　）。(2016 年)

A. 融资涉及面较小　　B. 前期工作量较少

C. 融资成本较低　　D. 融资时间较长

6. 下列项目融资工作中，属于融资结构设计阶段工作内容的是（　　）。(2016 年)

A. 进行融资谈判　　B. 评价项目风险因素

C. 选择项目融资方式　　D. 组织贷款银团

7. 下列项目融资工作中，属于融资决策分析阶段的是（　　）。(2017 年)

A. 评价项目风险因素　　B. 进行项目可行性研究

C. 分析项目融资结构　　D. 选择项目融资方式

8. 项目融资属于“非公司负债型融资”，其含义是指（　　）。(2018 年)

A. 项目借款不会影响项目投资人（借款人）的利润和收益水平

B. 项目借款可以不在项目投资人（借款人）的资产负债表中体现

C. 项目投资人（借款人）在短期内不需要偿还借款

D. 项目借款的法律责任应当由借款人法人代表承担，而不是项目公司承担

9. 在项目融资程序中，需要在融资结构设计阶段进行的工作是（　　）。(2018 年)

A. 起草融资法律文件　　B. 评价项目风险因素

C. 控制与管理项目风险　　D. 选择项目融资方式

10. 为了减少项目投资风险，在工程建设方面可要求工程承包公司提供（　　）的合同。(2019 年)

A. 固定价格、可调工期　　B. 固定价格、固定工期

C. 可调价格、固定工期　　D. 可调价格、可调工期

11. 按照项目融资程序，需要在融资决策分析阶段进行的工作是（　　）。(2019 年)

A. 任命项目融资顾问　　B. 确定项目投资结构

C. 评价项目融资结构　　D. 分析项目风险因素

12. 按照项目融资程序，选择项目融资方式是在（　　）阶段进行的工作。(2020 年)

A. 投资决策分析　　B. 融资结构设计

C. 融资方案执行　　D. 融资决策分析

13. 根据项目融资程序，分析项目所在行业状况、技术水平和市场情况，应在（　　）阶段完成。(2021 年)

A. 投资决策分析　　B. 融资结构设计

C. 融资决策分析　　D. 融资谈判

（二）多选题

1. 与传统贷款方式相比，项目融资的特点有（　　）。(2017 年)

A. 信用结构多样化　　B. 融资成本较高

C. 可以利用税务优势　　D. 风险种类少

E. 属于公司负债性融资

2. 与传统的贷款方式相比，项目融资的优点有（　　）。(2018 年)

A. 融资成本较低　　B. 信用结构多样化
C. 投资风险小　　D. 可利用税务优势
E. 属于资产负债表外融资
3. 与传统贷款方式相比，项目融资模式的特点有（　　）。(2022 年)
A. 以项目投资人的资信为基础安排融资
B. 贷款人可以对项目投资人进行完全追索
C. 帮助投资人将贷款安排成非公司负债型融资
D. 信用结构安排灵活多样
E. 组织融资所需时间较长

Ⅱ　项目融资的主要方式

(一) 单选题

1. PFI 融资费方式的主要特点（　　）。(2013 年)
A. 适用于公益性项目　　B. 适用于私营企业出资的项目
C. 项目的控制权由私营企业掌握　　D. 项目的设计风险由政府承担
2. 关于 BT 项目经营权和所有权归属的说法，正确的是（　　）。(2014 年)
A. 特许期经营权属于投资者，所有权属于政府
B. 经营权属于政府，所有权属于投资者
C. 经营权和所有权均属于投资者
D. 经营权和所有权均属于政府
3. 采用 ABS 融资方式进行项目融资的物质基础是（　　）。(2014 年)
A. 债券发行机构的注册资金　　B. 项目原始权益人的全部资产
C. 债券承销机构的担保资产　　D. 具有可靠未来现金流量的项目资产
4. 采用 PFI 融资方式，政府部门与私营部门签署的合同类型是（　　）。(2014 年)
A. 服务合同　　B. 特许经营合同
C. 承包合同　　D. 融资租赁合同
5. 与 BOT 融资方式相比，TOT 融资方式的特点是（　　）。(2015 年)
A. 信用保证结构简单　　B. 项目产权结构易于确定
C. 不需要设立具有特许权的专门机构　　D. 项目招标程序大为简化
6. 从投资者角度看，既能回避建设过程风险，又能尽快取得收益的项目融资方式是（　　）方式。(2016 年)
A. BT　　B. BOO
C. BOOT　　D. TOT
7. 关于项目融资 ABS 方式特点的说法，正确的是（　　）。(2016 年)
A. 项目经营权与决策权属于特殊目的机构（SPV）
B. 债券存续期内资产所有权归特殊目的的机构（SPV）
C. 项目资金主要来自项目发起人的自有资金和银行贷款
D. 复杂的项目融资过程增加了融资成本

8. 下列项目融资方式中，通过已建成项目为其他新项目进行融资的是（　　）。（2017 年）

A. TOT　　B. BT

C. BOT　　D. PFI

9. PFI 融资方式与 BOT 融资方式的相同点是（　　）。（2017 年）

A. 适用领域　　B. 融资本质

C. 承担风险　　D. 合同类型

10. 为确保政府财政承受能力，每一年全部 PPP 项目需要从预算中安排的支出占一般公共预算支出的比例应当不超过（　　）。（2017 年）

A. 20%　　B. 15%

C. 10%　　D. 12%

11. 采用 TOT 方式进行项目融资需要设立 SPC（或 SPV），SPC（或 SPV）的性质是（　　）。（2018 年）

A. 借款银团设立的项目监督机构

B. 项目发起人聘请的项目建设顾问机构

C. 政府设立或参与设立的具有特许权的机构

D. 社会资本投资人组建的特许经营机构

12. 用 PFI 融资方式的特点是（　　）。（2018 年）

A. 可能降低公共项目投资效率

B. 私营企业与政府签署特许经营合同

C. 特许经营期满后将项目移交政府

D. 私营企业参与项目设计并承担风险

13. PPP 项目财政承受能力论证中，确定年度折现率时应考虑财政补贴支出年份，并应参照（　　）。（2018 年）

A. 行业基准收益率　　B. 同期国债利率

C. 同期地方政府债券收益率　　D. 同期当地社会平均利润率

14. 下列项目融资方式中，需要利用信用增级手段使项目资产获得预期信用等级，进而在资本市场上发行债券募集资金的是（　　）方式。（2019 年）

A. BOT　　B. PPP

C. ABS　　D. TOT

15. 地方政府每一年度全部 PPP 项目预算支出占一般公共预算支出比例应当不超过（　　）。（2019 年）

A. 5%　　B. 10%

C. 15%　　D. 20%

16. 下列项目融资方式中，需要通过转让已建成项目的产权和经营权来进行拟建项目融资的是（　　）。（2020 年）

A. TOT　　B. BOT

C. ABS　　D. PPP

17. 下列项目融资方式中，需要通过证券市场发行债券进行项目融资的是（　　）。（2020 年）

A. BOT　　B. ABS

C. TOT　　D. PFI

18. 为判断能否采用 PPP 模式代替传统的政府投资运营方式提供公共服务项目，应采用的评价方法是（　　）。（2020 年）

A. 项目经济评价　　B. 财政承受能力评价

C. 物有所值评价　　D. 项目财务评价

19. PPP 项目物有所值的定性评价，六项基本评价指标权重为（　　）。（2021 年）

A. 60%　　B. 70%

C. 80%　　D. 90%

20. 论证 PPP 项目财务承受能力，支出测算完成后，紧接着进行的工作是（　　）。（2021 年）

A. 责任识别　　B. 财政承受能力评估

C. 信息披露　　D. 投资风险预测

21. 利用已建好的项目为新项目进行融资的项目融资模式是（　　）。（2022 年）

A. BOT　　B. TOT

C. ABS　　D. PPP

22. PPP 项目物有所值定性评价的基本指标包括（　　）。（2022 年）

A. 行业示范性　　B. 可融资性

C. 监管完备性　　D. 全生命周期成本测算准确性

23. 对于 PPP 项目的运营补贴，采用政府付费模式时（　　）。（2022 年）

A. 政府承担全部补贴支出　　B. 根据可行性缺口补贴支出

C. 政府不承担支出　　D. 政府承担部分支出

（二）多选题

1. 对 PPP 项目进行物有所值（VFM）定性评价的基本指标有（　　）。（2017 年）

A. 运营收入增长潜力　　B. 潜在竞争程度

C. 项目建设规模　　D. 政府机构能力

E. 风险识别与分配

2. 与 BOT 融资方式相比，ABS 融资方式的优点有（　　）。（2019 年）

A. 便于引入先进技术　　B. 融资成本低

C. 适用范围广　　D. 融资风险与项目未来收入无关

E. 风险分散度高

3. 与 BOT 融资方式相比，TOT 融资方式优点（　　）。（2021 年）

A. 通过已建成项目与其他项目融资建设

B. 不影响东道国对国内基础设施的控制权

C. 投资者对移交项目拥有自主处置权

D. 投资者可规避建设超支、停建风险

E. 投资者的收益具有较高确定性

三、真题解析

Ⅰ 项目融资的特点和程序

（一）单选题

1. **【答案】** A

【解析】 与其他融资过程相比，项目融资主要以项目的资产、预期收益、预期现金流等来安排融资，而不是以项目的投资者或发起人的资信为依据。

2. **【答案】** B

【解析】 项目融资大致可分为五个阶段：投资决策分析、融资决策分析、融资结构设计、融资谈判和融资执行。

3. **【答案】** B

【解析】 与传统的贷款方式相比，项目融资有其自身的特点，在融资出发点、资金使用的关注点等方面均有所不同。项目融资主要具有项目导向、有限追索、风险分担、非公司负债型融资、信用结构多样化、融资成本高、可利用税务优势的特点。

4. **【答案】** D

【解析】 融资结构设计阶段的内容：评价项目风险因素、评价项目的融资结构和资金结构、修正项目融资结构。

5. **【答案】** D

【解析】 项目融资涉及面广，结构复杂，故 A 选项错误。项目融资需要大量的前期工作，故 B 选项错误。与传统的融资方式比较，项目融资的一个主要问题是相对筹资成本较高，组织融资所需要的时间较长，故 C 选项错误。

6. **【答案】** B

【解析】 融资结构设计阶段的工作内容包括：评价项目风险因素、评价项目的融资结构和资金结构。

7. **【答案】** D

【解析】 选择项目融资方式即决定是否采用项目融资，属于融资决策分析阶段。

8. **【答案】** B

【解析】 “非公司负债型融资”是指项目借款不表现在项目投资人（借款人）的资产负债表中。

9. **【答案】** B

【解析】 评价项目风险因素属于融资结构设计阶段内容。

10. **【答案】** B

【解析】 在工程建设方面，为了减少风险，可以要求工程承包公司提供固定价格、固定工期的合同，或“交钥匙”工程合同，可以要求项目设计者提供工程技术保证等。

11. **【答案】** A

【解析】 在项目融资程序中，融资决策分析阶段的工作主要包括：选择项目的融资方式—决定是否采用项目融资；任命项目融资顾问—明确融资任务和具体目标要求。

12.【答案】D

【解析】选择项目融资方式是在融资决策分析阶段进行的工作。

13.【答案】A

【解析】在进行项目投资决策之前，投资者需要对一个项目进行相当周密的投资决策分析，这些分析包括宏观经济形势的趋势判断，项目的行业、技术和市场分析，以及项目的可行性研究等标准内容。

（二）多选题

1.【答案】ABC

【解析】与传统的贷款方式相比，项目融资有其自身的特点：项目导向、有限追索、风险分担、非公司负债型融资、信用结构多样化、融资成本高、可利用税务优势的特点。

2.【答案】BDE

【解析】与传统贷款方式比，项目融资属于资产负债表外融资（选项 E 正确），信用结构多样化（选项 B 正确），可以利用税务优势（选项 D 正确），融资成本高（选项 A 错误），投资风险大（选项 C 错误）。

3.【答案】CDE

【解析】项目融资主要具有项目导向、有限追索、风险分担、非公司负债型融资、信用结构多样化、融资成本高、时间长、可利用税务优势的特点。

Ⅱ　项目融资的主要方式

（一）单选题

1.【答案】C

【解析】PFI 项目的控制权必须是由私营企业来掌握，公共部门只是一个合伙人的角色，故选项 C 正确。

2.【答案】D

【解析】BT 项目中，投资者仅获得项目的建设权，而项目的经营权则属于政府，BT 融资形式适用于各类基础设施项目，特别是出于安全考虑的必须由政府直接运营的项目。对银行和承包商而言，BT 项目的风险可能比基本的 BOT 项目大。

3.【答案】D

【解析】在进行 ABS 融资时，一般应选择未来现金流量稳定、可靠、风险较小的项目资产。

4.【答案】A

【解析】BOT 项目的合同类型是特许经营合同，而 PFI 项目中签署的是服务合同。

5.【答案】A

【解析】相对于 BOT 方式，采用 TOT 方式投资者购买的是正在运营的资产和对资产的经营权，资产收益具有确定性，也不需要太复杂的信用保证结构。

6.【答案】D

【解析】从投资者角度看，TOT 方式既可回避建设中的超支、停建或者建成后不能正常运营、现金流量不足以偿还债务等风险，又能尽快取得收益。

7. 【答案】B

【解析】在 ABS 融资方式中，项目的所有权在债券存续期内由原始权益人转至 SPV，而经营权与决策权仍属于原始权益人，故 A 选项错误。BOT 与 ABS 融资方式的资金来源主要都是民间资本，可以是国内资金，也可以是外资，如项目发起人自有资金、银行贷款等。但 ABS 方式强调通过证券市场发行债券这一方式筹集资金，故 C 选项错误。ABS 只涉及原始人权益、SPV、证券承销商和投资者无须政府的许可、授权、担保等，过程简单，降低了融资成本，故 D 选项错误。

8. 【答案】A

【解析】TOT 项目是通过已建成项目为其他新项目进行融资，BOT 是为筹建中的项目进行融资。

9. 【答案】B

【解析】PFI 与 BOT 在本质上没有太大区别，区别主要表现在适用领域、合同类型、承担风险等细节方面。

10. 【答案】C

【解析】为确保政府财政承受能力，每一年全部 PPP 项目需要从预算中安排的支出占一般公共预算支出的比例应当不超过 10%。

11. 【答案】C

【解析】SPC（或 SPV）通常是由政府设立或政府参与设立的具有特许权的机构。

12. 【答案】D

【解析】PFI 融资方式中，私营企业参与项目设计并承担风险，PFI 合同属于服务合同，经营期满如果私营企业未达到政策受益，可以继续保持运营权。

13. 【答案】C

【解析】确定年度折现率时应考虑财政补贴支出年份，并应参照同期地方政府债券收益率合理确定。

14. 【答案】C

【解析】利用信用增级手段使该项目资产获得预期的信用等级。为此，就要调整项目资产现有的财务结构，使项目融资债券达到投资级水平，达到 SPV 关于承包 ABS 债券的条件要求。SPV 通过提供专业化的信用担保进行信用升级，之后委托资信评估机构进行信用评级，确定 ABS 债券的资信等级。

15. 【答案】B

【解析】每一年度全部 PPP 项目需要从预算中安排的支出责任，占一般公共预算支出比例应当不超过 10%。

16. 【答案】A

【解析】TOT 是通过转让已建成项目的产权和经营权来融资的，而 BOT 是政府给予投资者特许经营权的许诺后，由投资者融资新建项目，即 TOT 是通过已建成项目为其他新项目进行融资，BOT 则是为筹建中的项目进行融资。

17.【答案】B

【解析】ABS 方式强调通过证券市场发行债券这一方式筹集资金，这是 ABS 方式与其他项目融资方式一个较大的区别。

18.【答案】C

【解析】物有所值评价是判断是否采用 PPP 模式代替政府传统投资运营方式提供公共服务项目的一种评价方法。

19.【答案】C

【解析】六项基本评价指标权重为 80%，其中任一指标权重一般不超过 20%；补充评价指标权重为 20%，其中任一指标权重一般不超过 10%。

20.【答案】B

【解析】PPP 项目财务承受能力论证工作的顺序为：责任识别、支出测算、能力评估（包括财政支出能力评估、行业和领域均衡性评估）、信息披露。

21.【答案】B

【解析】TOT（移交-运营-移交）是从 BOT 方式演变而来的一种新型项目融资方式，是通过已建成项目为其他新项目进行融资。

22.【答案】B

【解析】PPP 项目物有所值定性评价基本指标包括六项：全生命周期整合程度、风险识别与分配、绩效导向与鼓励创新、潜在竞争程度、政府机构能力、可融资性，补充评价指标主要是六项基本评价指标未涵盖的其他影响因素，包括：项目规模大小、预期使用寿命长短、主要固定资产种类、全生命周期成本测算准确性、运营收入增长潜力、行业示范性等。

23.【答案】A

【解析】不同付费模式下，政府承担的运营补贴支出责任不同。政府付费模式下，政府承担全部直接付费责任；可行性缺口补助模式下，政府承担部分直接付费责任。

（二）多选题

1.【答案】BDE

【解析】对 PPP 项目进行物有所值（VFM）定性评价的基本指标有：全生命周期整合程度、风险识别与分配、绩效导向与鼓励创新、潜在竞争程度、政府机构能力、可融资性。

2.【答案】BCE

【解析】在 ABS 融资方式中，虽在债券存续期内资产的所有权归 SPV 所有，但是资产的运营与决策权仍然归属原始权益人，SPV 不参与运营，不必担心外商或私有机构控制，因此应用更加广泛。ABS 项目的风险由众多投资者承担，而且债券可以在二级市场转让，变更能力强，风险分散度高。ABS 则只涉及原始权益人、SPV、证券承销商和投资者，无须政府的许可、授权、担保等，采用民间的非政府途径，过程简单，降低了融资成本。

3.【答案】ABDE

【解析】TOT 是通过转让已建成项目的产权和经营权来融资的；TOT 由于避开了建造

过程中所包含的大量风险和矛盾（如建设成本超支、延期、停建、无法正常运营等），并且不会威胁国内基础设施的控制权与国家安全；TOT方式既可回避建设中的超支、停建或者建成后不能正常运营、现金流量不足以偿还债务等风险；采用TOT，投资者购买的是正在运营的资产和对资产的经营权，资产收益具有确定性，也不需要太复杂的信用保证结构。

第三节 与工程项目有关的税收及保险规定

一、主要知识点及考核要点

参见表5-4。

表5-4 主要知识点及考核要点

序号	知识点	考核要点
1	与工程项目有关的税收规定	增值税计税规则；所得税计税依据、税率；土地增值税扣除项、税率；契税计税依据
2	与工程项目有关的保险规定	建筑工程一切险物质损失、除外责任；工伤保险投保人、被保险人、费率；建筑意外伤害保险期限、费率

二、真题回顾

Ⅰ 与工程项目有关的税收规定

（一）单选题

1. 对于需要国家重点扶持的高新技术企业，减按（ ）的税率征收企业所得税。（2013年）

A. 12% B. 15%

C. 20% D. 25%

2. 教育费附加的计税依据是实际缴纳的（ ）税额之和。（2013年）

A. 增值税、消费税 B. 消费税、所得税

C. 增值税、城市维护建设税 D. 消费税、所得税、城市维护建设税

3. 在计算企业所得税应纳税所得额时，可列为免税收入的是（ ）。（2014年）

A. 接受捐赠收入 B. 特许权使用费收入

C. 提供劳务收入 D. 国债利息收入

4. 土地增值税实行的税率是（ ）。（2015年）

A. 差别比例税率 B. 三级超率累进税率

C. 固定比例税率 D. 四级超率累进税率

5. 企业所得税应实行25%的比例税率。但对于符合条件的小型微利企业，减按（ ）的税率征收企业所得税。（2017年）

A. 5% B. 10%

C. 15% D. 20%

6. 我国城镇土地使用税采用的税率是（ ）（2017 年）

A. 定额税率 B. 超率累进税率

C. 幅度税率 D. 差别比例税率

7. 对小规模纳税人而言，增值税应纳税额的计算式是（ ）。（2018 年）

A. 销售额×征收率 B. 销项税额-进项税额

C. 销售额/(1-征收率)×征收率 D. 销售额×(1-征收率)×征收率

8. 计算企业应纳税所得额时，可以作为免税收入从企业收入总额中扣除的是（ ）。（2018 年）

A. 特许权使用费收入 B. 国债利息收入

C. 财政拨款 D. 接受捐赠收入

9. 对于国家需要重点扶持的高新技术企业，减按（ ）的税率征收企业所得税。（2019 年）

A. 10% B. 12%

C. 15% D. 20%

10. 下列税种中，采用超率累进税率进行计税的是（ ）。（2019 年）

A. 增值税 B. 企业所得税

C. 契税 D. 土地增值税

11. 下列税率中，采用差别比例税率的是（ ）。（2020 年）

A. 土地增值税 B. 城镇土地使用税

C. 建筑业增值税 D. 城市维护建设税

12. 企业发生公益性捐赠支出的，能够在计算企业所得税应纳税所得额中扣除年度利润总额（ ）以内部分。（2020 年）

A. 10% B. 12%

C. 15% D. 20%

13. 一般纳税人采用简易计税方法，建筑业增值税征收率为（ ）。（2021 年）

A. 3% B. 6%

C. 9% D. 10%

14. 下列收入中，属于企业所得税免税收入的是（ ）。（2021 年）

A. 转让财产收入 B. 接受捐赠收入

C. 国债利息收入 D. 提供劳务收入

15. 某项目处于市区，城市维护建设税征收税率为（ ）。（2021 年）

A. 1% B. 3%

C. 5% D. 7%

16. 企业发生年度亏损，可以用下一年度的税前利润弥补，下一年度所得不足弥补的，可延续弥补的年限是（ ）。（2022 年）

A. 2 年 B. 3 年

C. 4 年　　D. 5 年

17. 对于建筑行业小规模纳税人，按照简易计算办法计算增值税应纳税额时，应采用（　　）。(2022 年)

A. 增值税税前造价×9%　　B. 增值税税后造价×9%

C. 增值税税前造价×3%　　D. 增值税税后造价×3%

18. 地方教育附加的计税依据是（　　）。(2022 年)

A. 增值税和消费税　　B. 增值税和所得税

C. 所得税和营业税　　D. 增值税和城市维护建设税

（二）多选题

1. 教育费附加是一纳税人实际缴纳的（　　）税额之和作为计税依据。(2015 年)

A. 所得税　　B. 增值税

C. 消费税　　D. 房产税

E. 契税

2. 按现行规定，属于契税征收对象的行为有（　　）。(2016 年)

A. 房屋建造　　B. 房屋买卖

C. 房屋出租　　D. 房屋赠予

E. 房屋交换

Ⅱ　与工程项目有关的保险规定

（一）单选题

1. 某工程投保建筑工程一切险，在工程建设期间发生的下列情况中，应由保险人承担保险责任的是（　　）。(2013 年)

A. 设计错误引起的损失　　B. 施工机械装置失灵造成损坏

C. 工程档案文件损毁　　D. 地面下降下沉造成的损失

2. 投保施工人员意外伤害险，施工单位与保险公司双方应根据各类风险因素商定保险费率，实行（　　）。(2013 年)

A. 差别费率和最低费率　　B. 浮动费率和标准费率

C. 标准费率和最低费率　　D. 差别费率和浮动费率

3. 投保安装工程一切险时，安装施工用机器设备的保险金额应按（　　）计算。(2014 年)

A. 实际价值　　B. 损失价值

C. 重置价值　　D. 账面价值

4. 根据《工伤保险条例》，工伤保险费的缴纳和管理方式是（　　）。(2014 年)

A. 由企业按职工工资总额的一定比例缴纳，存入社会保障基金财政专户

B. 由企业按职工工资总额的一定比例缴纳，存入企业保险基金专户

C. 由企业按当地社会平均工资的一定比例缴纳，存入社会保障基金财政专户

D. 由企业按当地社会平均工资的一定比例缴纳，存入企业保险基金专户

5. 建筑工程一切险种，安装工程项目的保险金额不应超过总保险金额的（ ）。（2015年）

A. 10%　　B. 20%

C. 30%　　D. 50%

6. 根据《关于工伤保险费率问题的通知》，建筑业的工伤保险的基准费率应控制在用人单位职工工资总额的（ ）。（2015年）

A. 0.5%　　B. 1.1%

C. 1.5%　　D. 1.3%

7. 建筑工程一切险中，安装工程项目的保险金额是该项目的（ ）。（2016年）

A. 概算造价　　B. 结算造价

C. 重置价值　　D. 实际价值

8. 对建筑工程一切险而言，保险人对（ ）造成的物质损失不承担赔偿责任。（2016年）

A. 自然灾害　　B. 意外事故

C. 突发事件　　D. 自然磨损

9. 一般情况下，安装工程一切险承担的风险主要是（ ）。（2016年）

A. 自然灾害损失　　B. 人为事故损失

C. 社会动乱损失　　D. 设计错误损失

10. 根据《关于工伤保险费率问题的通知》，建筑业用人单位缴纳工伤保险费最高可上浮到本行业基准率的（ ）。（2017年）

A. 120%　　B. 150%

C. 180%　　D. 200%

11. 关于中华人民共和国境内用人单位投保工伤保险的说法，正确的是（ ）。（2018年）

A. 需为本单位全部职工缴纳工伤保险费

B. 只需为与本单位订有书面劳动合同的职工投保

C. 只需为本单位的长期用工缴纳工伤保险费

D. 可以只为本单位危险作业岗位人员投保

12. 可作为建筑工程一切险保险项目的是（ ）。（2019年）

A. 施工用设备　　B. 公共运输车辆

C. 技术资料　　D. 有价证券

13. 对投保建筑工程一切险的工程，保险人不应承担赔偿责任的是（ ）。（2020年）

A. 因暴雨造成的物质损失　　B. 发生火灾引起的场地清理费用

C. 工程设计错误引起的损失　　D. 因地面下沉引起的物质损失

（二）多选题

1. 建筑工程一切险中物质损失的除外责任有（ ）。（2014年）

A. 台风引起水灾的损失　　B. 设计错误引起损失

C. 原材料缺陷引起损失　　D. 现场火灾造成损失

E. 维修保养发生的费用

2. 下列施工人员意外伤害保险期限的说法，正确的是（ ）。(2015 年)

A. 保险期限应在施工合同规定的工程竣工之日 24 时止

B. 工程提前竣工的，保险责任自行终止

C. 工程因故延长工期的，保险期限自动延长

D. 保险期限自开工之日起最长不超过三年

E. 保险期内工程停工的，保险人应当承担保险责任

3. 投保建筑工程一切险时，不能作为保险项目的有（ ）。(2018 年)

A. 现场临时建筑

B. 现场的技术资料、账簿

C. 现场使用的施工机械

D. 领有公共运输执照的车辆

E. 现场在建的分部工程

4. 关于建筑意外伤害保险的说法，正确的有（ ）。(2019 年)

A. 建筑意外伤害保险以工程项目为投保单位

B. 建筑意外伤害保险应实行记名制投保方式

C. 建筑意外伤害保险实行固定费率

D. 建筑意外伤害保险不只局限于施工现场作业人员

E. 建筑意外伤害保险期间自开工之日起最长不超过五年

5. 对于投保建筑工程一切险的工程项目，下列情形中，保险人不承担赔偿责任的有（ ）。(2021 年)

A. 因台风使工地范围内建筑物损毁

B. 工程停工引起的任何损失

C. 因暴雨引起地面下陷，造成施工吊车损毁

D. 因恐怖袭击引起的任何损失

E. 工程设计错误引起的损失

6. 与建筑工程一切险相比，安装工程一切险的特点是（ ）。(2022 年)

A. 保险费率一般高于建筑工程一切险

B. 主要风险为人为事故损失

C. 对设计错误引起的直接损失应赔偿

D. 保险公司开始就承担着全部货价的风险

E. 由于电气设备超负荷运营造成的损失，保险公司可以拒绝赔付

三、真题解析

Ⅰ 与工程项目有关的税收规定

（一）单选题

1. **【答案】** B

【解析】 企业所得税实行 25% 的比例税率。对于非居民企业取得的应税所得额，适用税率为 20%。符合条件的小型微利企业，减按 20% 的税率征收企业所得税。国家需要重

点扶持的高新技术企业，减按 15%的税率征收企业所得税。

2. **【答案】** A

【解析】 本题根据最新教材对选项略作修改。教育费附加是为加快发展地方教育事业、扩大地方教育经费的资金来源而征收的一种附加税。教育费附加以纳税人实际缴纳的增值税和消费税税额之和作为计税依据。

3. **【答案】** D

【解析】 免税收入包括：国债利息收入；符合条件的居民企业之间的股息、红利等权益性投资收益；在中国境内设立机构、场所的非居民企业从居民企业取得与该机构、场所有实际联系的股息、红利等权益性投资收益；符合条件的非营利组织的收入。

4. **【答案】** D

【解析】 土地增值税采用的是四级超率累进税率。

5. **【答案】** D

【解析】 企业所得税实行 25%的比例税率。对于非居民企业取得的应税所得额，适用税率为 20%。符合条件的小型微利企业，减按 20%的税率征收企业所得税。国家需要重点扶持的高新技术企业，减按 15%的税率征收企业所得税。

6. **【答案】** A

【解析】 城镇土地使用税采用定额税率，按纳税人实际占用的土地面积计算。

7. **【答案】** A

【解析】 对小规模纳税人而言，增值税应纳税额 = 销售额×征收率。注：销售额为不含税销售额。

8. **【答案】** B

【解析】 国债利息收入、权益性投资收益属于免税收入。

9. **【答案】** C

【解析】 符合条件的小微企业，减按 20%征收企业所得税，国家重点扶持的高新技术企业，减按 15%征收企业所得税。

10. **【答案】** D

【解析】 土地增值税实行四级超率累进税率。

11. **【答案】** D

【解析】 城市维护建设税实行差别比例税率。

12. **【答案】** B

【解析】 企业发生的公益性捐赠支出，在年度利润总额 12%以内的部分，准予在计算应纳税所得额时扣除。

13. **【答案】** A

【解析】 当采用简易计税方法时，建筑业增值税征收率为 3%。

14. **【答案】** C

【解析】 企业的下列收入为免税收入：国债利息收入；符合条件的居民企业之间的股息红利等权益性投资收益；在中国境内设立机构、场所的非居民企业从居民企业取得与该机构、场所有实际联系的股息、红利等权益性投资收益；符合条件的非营利组织的收入。

15.【答案】D

【解析】城市维护建设税实行差别比例税率。按照纳税人所在地区的不同，设置了三档比例税率：(1)纳税人所在地区为市区的，税率为7%；(2)纳税人所在地区为县城、镇的，税率为5%；(3)纳税人所在地区不在市区、县城或镇的，税率为1%。

16.【答案】D

【解析】根据利润的分配顺序，企业发生的年度亏损，在连续5年内可以用税前利润进行弥补。

17.【答案】C

【解析】小规模纳税人发生应税销售行为，实行按照销售额和征收率计算应纳税额的简易办法，不得抵扣进项税额。应纳税额=销售额×征收率（3%）。其中销售额包含增值税进项税额，即增值税前。对于建筑行业的小规模纳税人，增值税=税前造价（包含增值税进项税额的含税价）×3%。

18.【答案】A

【解析】地方教育附加的计税依据是纳税人实际缴纳的增值税和消费税税额，征收标准为单位和个人实际缴纳的增值税和消费税税额的2%。

（二）多选题

1.【答案】BC

【解析】本题根据最新教材对选项略作微调。教育费附加以纳税人实际缴纳的增值税、消费税税额之和作为计税依据。

2.【答案】BDE

【解析】契税的纳税对象是在境内转移土地、房屋权属的行为。具体包括以下五种情况：(1)国有土地使用权出让（转让方不交土地增值税）。(2)国有土地使用权转让（转让方还应交土地增值税）。(3)房屋买卖（转让方符合条件的还需交土地增值税）。以下3种特殊情况也视同买卖房屋：①以房产抵债或实物交换房屋；②以房产做投资或做股权转让；③买房拆料或翻建新房。(4)房屋赠予，包括以获奖方式承受土地房屋权属。(5)房屋交换（单位之间进行房地产交换还应交土地增值税）。

Ⅱ 与工程项目有关的保险规定

（一）单选题

1.【答案】D

【解析】选项A、B、C都属于物质损失保险项目的除外责任情况，其中包括：选项A是设计错误引起的损失和费用；选项B是非外力引起的机械或电气装置的本身损失；选项C是档案、文件、账簿、票据、现金、各种有价证券、图表资料及包装物料的损失。只有选项D属于保险人承担的范围。

2.【答案】D

【解析】施工单位与保险公司双方根据各类风险因素商定施工人员意外伤害保险费率，实行差别费率和浮动费率。差别费率可与工程规模、类型、工程项目风险程度和施工现场环境等因素挂钩。浮动费率可与施工单位安全生产业绩、安全生产管理状况等因素挂钩。

3. **【答案】** C

【解析】 安装施工用机器设备的保险金额按重置价值计算。

4. **【答案】** A

【解析】 工伤保险费是由企业按照职工工资总额的一定比例缴纳，职工个人不缴纳工伤保险费。企业缴纳的工伤保险费按照国家规定的渠道列支，企业的开户银行按规定代为扣缴。

5. **【答案】** B

【解析】 安装工程项目，是指承包工程合同中未包含的机器设备安装项目，该项目的保险金额为其重置价值。所占保额不应超过总保险金额 20%。超过 20%的，按安装工程一切险费率计收保费；超过 50%，则另投保安装工程一切险。

6. **【答案】** D

【解析】 本题选项根据最新教材内容做了修改。建筑业属于第六类行业，基准费率控制在用人单位职工工资总额的 1.3%。

7. **【答案】** C

【解析】 安装工程项目的保险金额为其重置价值。

8. **【答案】** D

【解析】 自然磨损属于保险除外责任，保险人不承担赔偿责任。

9. **【答案】** B

【解析】 在一般情况下，建筑工程一切险承担的风险主要为自然灾害，而安装工程一切险承担的风险主要为人为事故损失。

10. **【答案】** B

【解析】 建筑业（第六类行业）用人单位缴纳工伤保险费最高可上浮到本行业基准率的 150%。

11. **【答案】** A

【解析】 企业要为本单位全部职工缴纳工伤保险费，无论是否签订书面合同，也不论劳动者是长期工、短期工。

12. **【答案】** A

【解析】 货币、票证、有价证券、文件、账簿、图表、技术资料，领有公共运输执照的车辆、船舶以及其他无法鉴定价值的财产，不能作为建筑工程一切险的保险项目。施工用设备可以作为建筑工程一切险保险项目。

13. **【答案】** C

【解析】 建筑工程一切险的责任范围主要是自然灾害和意外事故，选项 A、B、D 均属于赔偿责任。设计错误引起的损失属于除外责任，保险人不应承担赔偿责任。

（二）多选题

1. **【答案】** BCE

【解析】 台风引起水灾的损失和现场火灾造成损失应属于保险责任范围之内，其余各项属于除外责任，保险人不承担赔偿责任。

2. **【答案】** AB

【解析】 建筑意外伤害保险期限应从施工工程项目被批准正式开工，并且投保人已缴付保险费的次日（或约定起保日）零时起，至施工合同规定的工程竣工之日24时止。提前竣工的，保险责任自行终止。工程因故延长工期或停工的，须书面通知保险人并办理保险期间顺延手续，但保险期间自开工之日其最长不超过五年。工程停工期间，保险人不承担保险责任。

3. **【答案】** BD

【解析】 现场的技术资料账簿（选项B）、领有公共运输执照的车辆的损失（选项D）不能作为建筑工程一切险的保险项目，其余各项均属于可保项目。

4. **【答案】** ADE

【解析】 建筑意外伤害保险以工程项目为投保单位，选项A正确；建筑意外伤害保险实行不记名的投保方式，选项B错误；施工单位和保险公司双方根据各类风险因素商定施工人员意外伤害保险费率，实行差别费率和浮动费率，选项C错误；施工人员意外伤害保险的范围应当覆盖工程项目，包括施工单位施工现场从事施工作业和管理的人员受到的意外伤害，以及施工现场由于施工直接给其他人员造成的意外伤害，选项D正确；建筑意外伤害保险期间自开工之日起最长不超过五年，工程停工期间保险人不承担保险责任，选项E正确。

5. **【答案】** BDE

【解析】 保险人对以下情况不承担赔偿责任：设计错误引起的损失和费用；战争、类似战争行为、敌对行为、武装冲突、恐怖活动、谋反、政变引起的任何损失、费用和责任政府命令或任何公共当局的没收征用、销毁或毁坏；罢工暴动、民众骚乱引起的任何损失、费用和责任；工程部分停工或全部停工引起的任何损失、费用和责任。

6. **【答案】** ABD

【解析】 一般情况下，建筑工程一切险承担的风险主要为自然灾害，而安装工程一切险承担的风险主要为人为事故损失。安装工程一切险的风险较大，保险费率也要高于建筑工程一切险。建筑工程保险的标的从开工以后逐步增加，保险额也逐步提高，而安装工程一切险的保险标的一开始就存放于工地，保险公司一开始就承担着全部货价的风险。对于设计错误引起的保险财产本身的损失，属于除外责任范围，不予赔偿。由于超负荷等电气原因造成电气设备或电气用具本身的损失，安装工程一切险不予负责，只对由电气原因造成的其他保险财产的损失予以赔偿。

第六章　工程建设全过程造价管理

一、本章概览

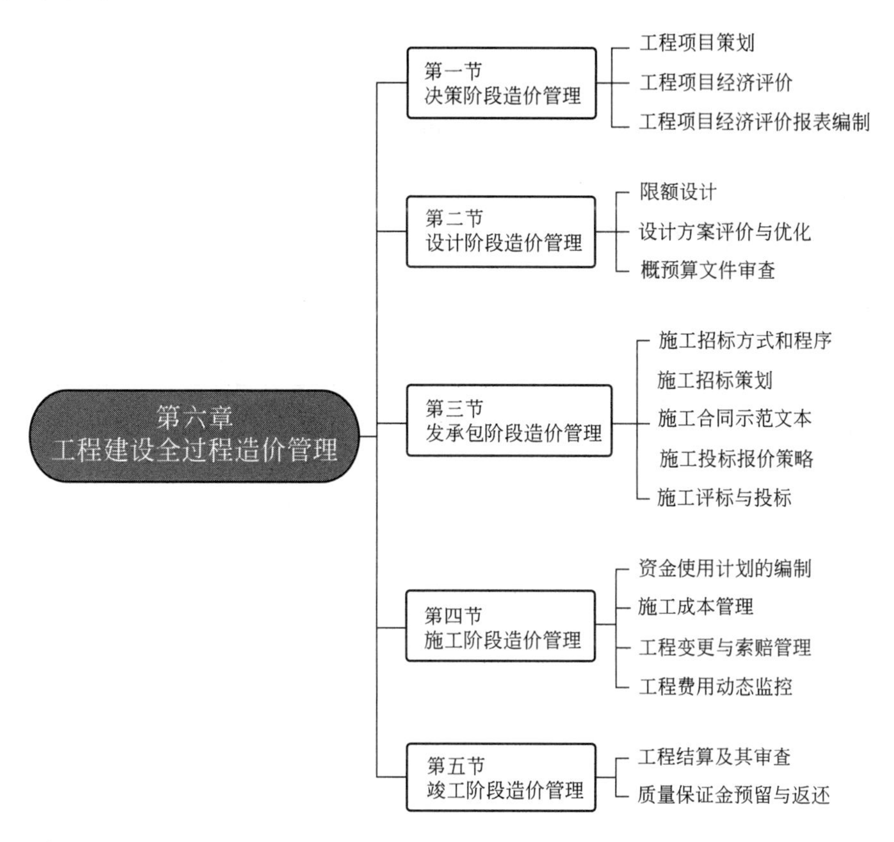

二、考情分析

参见表6-1。

表6-1　　本章考情分析

考试年度	2022年				2021年				2020年			
题型 节	单选题		多选题		单选题		多选题		单选题		多选题	
	数量	分值	数量	分值	数量	分值	数量	分值	数量	分值	数量	分值
第一节	2	2	2	4	3	3	2	4	3	3	1	2
第二节			2	4	2	2			2	2	1	2
第三节	5	5	1	2	3	3	2	4	4	4	1	2

续表

考试年度	2022 年				2021 年				2020 年			
题型	单选题		多选题		单选题		多选题		单选题		多选题	
节	数量	分值	数量	分值	数量	分值	数量	分值	数量	分值	数量	分值
第四节	4	4			4	4	1	2	2	2	1	2
第五节	1	1			1	1			1	1		
本章小计	12	12	5	10	13	13	5	10	12	12	4	8
本章得分	22 分				23 分				20 分			

第一节　决策阶段造价管理

一、主要知识点及考核要点

参见表 6-2。

表 6-2　主要知识点及考核要点

序号	知识点	考核要点
1	工程项目策划	构思策划与实施策划；多方案比选
2	工程项目经济评价	财务分析与经济分析区别；评价原则、财务评价参数、经济分析指标
3	工程项目经济评价报表编制	投资现金流量表、财务计划现金流量表；总成本费用、修理费、利息、经营成本

二、真题回顾

Ⅰ　工程项目策划

（一）单选题

1. 工程项目策划的首要任务是根据建设意图进行工程项目的（　　）。(2014 年)

A. 定义和定位　　B. 功能分析

C. 方案比选　　D. 经济评价

2. 工程项目构思策划需要完成的工作内容是（　　）。(2015 年)

A. 论证项目目标及其相互关系　　B. 比选项目融资方案

C. 描述项目系统的总体功能　　D. 确定项目实施组织

3. 工程项目策划中，需要通过项目定位策划确定工程项目的（　　）。(2016 年)

A. 系统框架　　B. 系统组成

C. 规格和档次　　D. 用途和性质

4. 下列策划内容中，属于工程项目实施策划的是（　　）。(2016 年)

A. 项目规划策划　　B. 项目功能策划

C. 项目定义策划　　D. 项目目标策划

5. 针对政府投资的非经营性项目是否采用代建制的策划，属于工程项目的（　　）策划。（2018 年）

A. 目标　　B. 构思

C. 组织　　D. 控制

6. 属于项目实施过程策划内容的是（　　）。（2019 年）

A. 工程项目的定义　　B. 工程项目系统构成

C. 项目合同结构策划　　D. 总体融资方案策划

7. 对工程进行多方案比选时，比选内容应包括（　　）。（2020 年）

A. 工艺方案与经济效益比选

B. 技术方案与经济效益比选

C. 技术方案与融资效益比选

D. 工艺方案与融资效益比选

8. 下列工程项目策划的内容中，属于实施策划内容的是（　　）。（2021 年）

A. 项目系统构成策划　　B. 项目定位策划

C. 项目的定义　　D. 工程项目融资策划

9. 工程项目策划的首要任务是（　　）。（2022 年）

A. 项目的用途和规模

B. 项目的性质和用途

C. 项目的定义和定位

D. 项目的目标和组织

（二）多选题

1. 下列工程项目策划内容中，属于工程项目构思策划的有（　　）。（2014 年）

A. 工程项目组织系统　　B. 工程项目系统构成

C. 工程项目发包模式　　D. 工程项目建设规模

E. 工程项目融资方案

2. 下列工程项目策划内容中，属于工程项目实施策划的有（　　）。（2015 年）

A. 工程项目合同结构　　B. 工程项目建设水准

C. 工程项目目标设定　　D. 工程项目系统构成

E. 工程项目借贷方案

3. 下列工程项目策划内容中，属于工程项目实施策划的有（　　）。（2017 年）

A. 工程项目组织策划　　B. 工程项目定位策划

C. 工程项目目标策划　　D. 工程项目融资策划

E. 工程项目功能策划

4. 工程项目多方案比选的内容有（　　）。（2018 年）

A. 选址方案　　B. 规模方案

C. 污染防治措施方案　　D. 投产后经营方案

E. 工艺方案

Ⅱ 工程项目经济评价

（一）单选题

1. 在工程项目财务分析和经济分析中，下列关于工程项目投入和产出物价值计量的说法，正确的是（　　）。(2013 年)

A. 经济分析采用影子价格计量，财务分析采用预测的市场交易价格计量

B. 经济分析采用预测的市场交易价格计量，财务分析采用影子价格计量

C. 经济分析和财务分析均采用预测的市场交易价格计量

D. 经济分析和财务分析均采用影子价格计量

2. 经营性项目的财务分析可分为融资前分析和融资后分析，下列关于融资前分析的说法，正确的是（　　）。(2013 年)

A. 以静态分析为主，动态分析为辅　　B. 只进行静态分析

C. 以动态分析为主，静态分析为辅　　D. 只进行动态分析

3. 工程项目经济评价中，财务分析依据的基础数据是根据（　　）确定的。(2014 年)

A. 完全市场竞争下的价格体系　　B. 影子价格和影子工资

C. 最优资源配置下的价格体系　　D. 现行价格体系

4. 下列财务评价指标中，可用来判断项目盈利能力的是（　　）。(2014 年)

A. 资产负债率　　B. 流动比率

C. 总投资收益率　　D. 速动比率

5. 与工程项目财务分析不同，工程项目经济分析的主要标准和参数是（　　）。(2015 年)

A. 净利润和财务净现值　　B. 净收益和经济净现值

C. 净利润和社会折现率　　D. 市场利率和经济净现值

6. 经营性项目财务分析可分为融资前分析和融资后分析，关于融资前分析和融资后分析的说法中，正确的是（　　）。(2015 年)

A. 融资前分析应以静态分析为主，动态分析为辅

B. 融资后分析只进行动态分析，不考虑静态分析

C. 融资前分析应以动态分析为主，静态分析为辅

D. 融资后分析只进行静态分析，不考虑动态分析

7. 进行工程项目经济评价，应遵循（　　）权衡的基本原则。(2015 年)

A. 费用与收益　　B. 收益与风险

C. 静态与动态　　D. 效率与公平

8. 进行工程项目财务评价时，可用于判断项目偿债能力的指标是（　　）。(2016 年)

A. 基准收益率　　B. 财务内容收益率

C. 资产负债率　　D. 项目资本金净利润率

9. 工程项目经济评价包括财务分析和经济分析，其中财务分析采用的标准和参数是（　　）。(2017 年)

A. 市场利率和净收益
B. 社会折现率和净收益
C. 市场利率和净利润
D. 社会折现率和净利润

10. 对有营业收入的非经营性项目进行财务分析时，应以营业收入抵补下列哪些支出：①生产经营耗费；②偿还借款利息；③缴纳流转税；④计提折旧和偿还借款本金；(　　)。(2017 年)

A. ①②③④
B. ①③②④
C. ③①②④
D. ①③④②

11. 工程项目经济分析中，属于社会与环境分析指标的是（　　）。(2018 年)

A. 就业结构
B. 收益分配效果
C. 财政收入
D. 三次产业结构

12. 对非经营性项目进行财务分析时，主要考察的内容是（　　）。(2020 年)

A. 项目静态盈利能力
B. 项目偿债能力
C. 项目抗风险能力
D. 项目财务生存能力

13. 下列工程项目经济评价中，用于项目经济分析的是（　　）。(2019 年)

A. 社会折现率
B. 财务净现值
C. 净利润
D. 市场利率

14. 下列工程项目经济评价标准或参数中，用于项目财务分析的是（　　）。(2021 年)

A. 市场利率
B. 社会折现率
C. 经济净现值
D. 净收益

(二) 多选题

1. 工程项目经济评价应遵循的基本原则有（　　）。(2020 年)

A. 以财务效率为主
B. 效益与费用计算口径对应一致
C. 收益与风险权衡
D. 以定量分析为主
E. 以静态分析为主

2. 关于工程项目经济评价中财务分析和经济分析区别的说法，正确的有（　　）。(2021 年)

A. 财务分析是从企业或投资人角度，经济分析是从国家或地区角度

B. 财务分析的对象是项目本身的财务收益和成本，经济分析的对象是由项目给企业带来的收入增值

C. 财务分析是用预测的市场价格去计量项目投入和产出物的价值，经济分析是用影子价格计量项目投入和产出物的价值

D. 财务分析主要采用企业成本和效益的分析方法，经济分析主要采用费用和效益等分析方法

E. 财务分析的主要参数用财务净现值等，经济分析的主要参数用经济净现值等

3. 下列财务评价指标中，适用于评价项目偿债能力的指标有（　　）。(2021 年)

A. 流动比率
B. 资本金净利润率
C. 资产负债率
D. 财务内部收益率
E. 总投资收益率

4. 工程项目经济分析的主要标准和参数是（　　）。(2022 年)

A. 市场利率　　B. 净收益

C. 财务净现值　　D. 净利润

E. 社会折现率

5. 工程项目经济评价中，以下项目应进行经济费用效益分析的有（　　）。（2022 年）

A. 资源开发项目　　B. 外部效果不显著的项目

C. 内部收益率低的项目　　D. 具有垄断特征的项目

E. 采用新技术新工艺的项目

Ⅲ　工程项目经济评价报表编制

（一）单选题

1. 下列财务费用中，在投资方案效果分析中通常只考虑（　　）。(2013 年)

A. 汇兑损失　　B. 汇兑收益

C. 相关手续费　　D. 利息支出

2. 下列现金流量表中，用来反映投资方案在整个计算期内现金流入和流出的是（　　）。(2016 年)

A. 投资各方现金流量表　　B. 资本金现金流量表

C. 投资现金流量表　　D. 财务计划现金流量表

3. 下列投资方案现金流量表中，用来计算累计盈余资金、分析投资方案财务生存能力的是（　　）。(2018 年)

A. 投资现金流量表　　B. 资本金现金流量表

C. 投资各方现金流量表　　D. 财务计划现金流量表

4. 投资方案现金流量表中，可用来考察投资方案融资前的盈利能力，为比较各投资方案建立共同基础的是（　　）。(2020 年)

A. 资本金现金流量表　　B. 投资各方现金流量表

C. 财务计划现金流量表　　D. 投资现金流量表

5. 在投资方案经济效果评价中，下列费用属于经营成本的是（　　）。(2021 年)

A. 固定资产折旧费　　B. 利息支出

C. 无形资产摊销费　　D. 职工福利

6. 以下属于技术方案投资现金流量表中现金流出的是（　　）。(2022 年)

A. 流动资金　　B. 借款本金偿还

C. 借款利息支付　　D. 提取折旧

（二）多选题

投资方案现金流量表中，经营成本的组成项有（　　）。(2019 年)

A. 折旧费　　B. 摊销费

C. 修理费　　D. 利息支出

E. 外购原材料、燃料及动力费

三、真题解析

Ⅰ　工程项目策划

（一）单选题

1.【答案】A

【解析】工程项目策划的首要任务是根据建设意图进行工程项目的定义和定位，全面构想一个待建项目系统。

2.【答案】C

【解析】工程项目构思策划主要内容有：工程项目的定义、工程项目的定位、工程项目的系统构成。描述项目系统的总体功能属于工程项目的系统构成的内容。

3.【答案】C

【解析】工程项目的定位是根据市场需求，综合考虑投资能力和最有利的投资方案，决定工程项目的规格和档次。在工程项目定义和定位明确的前提下，需要提出工程项目系统框架，进行工程项目功能分析，确定工程项目系统组成。

4.【答案】D

【解析】工程项目实施策划包括工程组织策划、工程项目融资策划、工程项目目标策划和工程项目实施过程策划。

5.【答案】C

【解析】针对政府投资的非经营性项目是否采用代建制的策划，属于工程项目的组织策划。

6.【答案】C

【解析】工程项目实施过程策划是对工程项目实施的任务分解和组织工作策划，包括设计、施工、采购任务的招标投标，合同结构、项目管理机构设置、工作程序、制度及运行机制，项目管理组织协调，管理信息收集、加工处理和应用等。

7.【答案】B

【解析】工程项目多方案比选，无论哪一类方案比选，均包括技术方案比选和经济效益比选两个方面。

8.【答案】D

【解析】工程项目实施策划包括：(1)工程项目组织策划；(2)工程项目融资策划；(3)工程项目目标策划；(4)工程项目实施过程策划。

9.【答案】C

【解析】工程项目策划的首要任务是根据建设意图进行工程项目的定义和定位，全面构想一个待建项目系统。

（二）多选题

1.【答案】BD

【解析】项目构思策划的主要内容包括：(1)工程项目的定义，即描述工程项目的性质、用途和基本内容。(2)工程项目的定位，即描述工程项目的建设规模、建设水准，工程项目在社会经济发展中的地位、作用和影响力，并进行工程项目定位依据及必要性和可能性分析。(3)工程项目的系统构成，描述系统的总体功能，系统内部各单项工程、单位工程的构成，各自作用和相互联系等。

2. **【答案】** ACE

【解析】 工程项目实施策划包括：组织策划、融资策划、目标策划、实施过程策划。工程项目实施过程策划是对工程项目实施的任务分解和组织工作策划，包括设计、施工、采购任务的招标投标，合同结构，项目管理机构设置、工作程序、制度及运行机制，项目管理组织协调，管理信息收集、加工处理和应用等。选项 BD 属于构思策划的内容。

3. **【答案】** ACD

【解析】 工程项目实施策划包括：组织策划、融资策划、目标策划、实施过程策划。工程项目实施过程策划是对工程项目实施的任务分解和组织工作策划，包括设计、施工、采购任务的招标投标，合同结构，项目管理机构设置、工作程序、制度及运行机制，项目管理组织协调，管理信息收集、加工处理和应用等。选项 BE 属于构思策划的内容。

4. **【答案】** ABCE

【解析】 工程项目多方案比选包括工艺方案比选、规模方案比选、选址方案比选、污染防治措施方案比选等，不包括投产后经营方案比选。

Ⅱ 工程项目经济评价

（一）单选题

1. **【答案】** A

【解析】 在财务分析与经济分析两种分析中衡量费用和效益的价格尺度不同。项目财务分析关注的是项目的实际货币效果，它根据预测的市场交易价格去计量项目投入和产出物的价值。项目经济分析关注的是对国民经济的贡献，采用体现资源合理有效配置的影子价格去计量项目投入和产出物的价值。

2. **【答案】** C

【解析】 经营性项目的财务分析可分为融资前分析和融资后分析，一般宜先进行融资前分析，在融资前分析结论满足要求的情况下，初步设定融资方案，再进行融资后分析。融资前分析应以动态分析（考虑资金的时间价值）为主，静态分析（不考虑资金的时间价值）为辅。

3. **【答案】** D

【解析】 财务分析是在国家现行财税制度和价格体系的前提下，从项目的角度出发，计算项目范围内的财务效益和费用，分析项目的盈利能力和清偿能力，评价项目在财务上的可行性。

4. **【答案】** C

【解析】 判断项目盈利能力的参数主要包括财务内部收益率（FIRR）、总投资收益率、项目资本金净利润率等指标的基准值或参考值。

5. **【答案】** B

【解析】 本题考查的是工程项目经济评价。经济分析的主要标准和参数是净收益、经济净现值、社会折现率。财务分析的主要标准和参数是净利润、财务净现值、市场利率等。

6. 【答案】C

【解析】财务分析可分为融资前分析和融资后分析，一般宜先进行融资前分析，在融资前分析结论满足要求的情况下，初步设定融资方案，再进行融资后分析。在项目建议书阶段，可只进行融资前分析。融资前分析应以动态分析（考虑资金的时间价值）为主，静态分析（不考虑资金的时间价值）为辅。

7. 【答案】B

【解析】工程项目经济评价遵循的原则是有无对比原则、效益与费用计算口径相一致的原则、收益与风险权衡的原则、定量分析与定性分析相结合的原则，以及动态和静态分析相结合的原则。

8. 【答案】C

【解析】判断项目偿债能力的指标主要包括利息备付率、偿债备付率、资产负债率、流动比率、速动比率等指标的基准值或参考值。

9. 【答案】C

【解析】财务分析的主要标准和参数是净利润、财务净现值、市场利率等。

10. 【答案】B

【解析】对有营业收入的非经营性项目进行财务分析时，营业收入抵补各类支出顺序为：生产经营耗费、缴纳流转税、偿还借款利息、计提折旧和偿还借款本金。

11. 【答案】B

【解析】社会与环境指标包括就业效果、收益分配效果、资源合理利用和环境影响效果指标。

12. 【答案】D

【解析】对于非经营性项目，财务分析应主要分析项目的财务生存能力。

13. 【答案】A

【解析】项目经济分析的主要标准和参数是净收益、经济净现值、社会折现率等。

14. 【答案】A

【解析】项目财务分析的主要标准和参数是净利润、财务净现值、市场利率等。

（二）多选题

1. 【答案】BCD

【解析】工程项目经济评价应遵循的基本原则：(1)“有无对比”的原则；(2)效益与费用计算口径对应一致的原则；(3)收益与风险权衡的原则；(4)定量分析与定性分析相结合，以定量分析为主的原则；(5)动态分析与静态分析相结合，以动态分析为主的原则。

2. 【答案】ACDE

【解析】项目财务分析的对象是企业或投资人的财务收益和成本，而项目经济分析的对象是由项目带来的国民收入增值情况。

3. 【答案】AC

【解析】判断项目偿债能力的参数主要包括利息备付率、偿债备付率、资产负债率、流动比率、速动比率等指标的基准值或参考值。

4.【答案】BE

【解析】项目财务分析的主要标准和参数是净利润、财务净现值、市场利率等，而项目经济分析的主要标准和参数是净收益、经济净现值、社会折现率等。

5.【答案】AD

【解析】下列类型项目应进行经济费用效益分析：(1)具有垄断特征的项目；(2)产出具有公共产品特征的项目；(3)外部效果显著的项目；(4)资源开发项目；(5)涉及国家经济安全的项目；(6)受过度行政干预的项目。

Ⅲ 工程项目经济评价报表编制

（一）单选题

1.【答案】D

【解析】按照会计法规，企业为筹集所需资金而发生的费用称为借款费用，又称财务费用，包括利息支出（减利息收入）、汇兑损失（减汇兑收益）以及相关的手续费等。在投资方案的经济效果分析中，通常只考虑利息支出。

2.【答案】C

【解析】投资现金流量表以投资方案建设所需的总投资作为计算基础，反映投资方案在整个计算期（包括建设期和生产运营期）内现金的流入和流出。

3.【答案】D

【解析】财务计划现金流量表可以用来计算累计盈余资金、分析投资方案财务生存能力。

4.【答案】D

【解析】通过投资现金流量表可计算投资方案的财务内部收益率、财务净现值和静态投资回收期等经济效果评价指标，并可考察投资方案融资前的盈利能力，为各个方案进行比较，建立共同的基础。

5.【答案】D

【解析】经营成本=外购原材料、燃料及动力费+工资及福利费+修理费+其他费用。

6.【答案】A

【解析】借款本金偿还、借款利息支付属于资本金现金流量表的现金流出，提取折旧不属于现金流量活动，不产生现金流量。

（二）多选题

【答案】CE

【解析】经营成本=总成本费用−折旧费−摊销费−利息支出，或经营成本=外购原材料、燃料及动力费+工资及福利费+修理费+其他费用。

第二节 设计阶段造价管理

一、主要知识点及考核要点

参见表6-3。

表 6-3　主要知识点及考核要点

序号	知识点	考核要点
1	限额设计	限额设计特点、内容、实施程序
2	设计方案评价与优化	综合费用法、全寿命期费用法、价值工程法
3	概预算文件审查	设计概算审查内容；施工图预算审查内容、方法

二、真题回顾

Ⅰ　限额设计

（一）单选题

1. 限额设计需要在投资额度不变的情况下，实现（　　）的目标。（2016 年）

A. 设计方案和施工组织最优化

B. 总体布局和施工方案最优化

C. 建设规模和投资效益最大化

D. 使用功能和建设规模最大化

2. 造价控制目标分解的合理步骤是（　　）。（2019 年）

A. 投资限额—各专业设计限额—各专业设计人员目标

B. 投资限额—各专业设计人员目标—各专业设计限额

C. 各专业设计限额—各专业设计人员目标—设计概算

D. 各专业设计人员目标—各专业设计限额—设计概算

3. 关于限额设计目标及分解办法，说法正确的是（　　）。（2021 年）

A. 限额设计目标只包括造价目标

B. 限额设计的造价总目标是初步设计确定的设计概算定额

C. 在初步设计前将决策阶段确定的投资额分解到各专业设计造价限额

D. 各专业造价限额在任何情况下均不得修改、突破

（二）多选题

关于建设工程限额设计的说法，正确的有（　　）。（2018 年）

A. 限额设计应遵循全寿命期费用最低原则

B. 限额设计的重要依据是批准的投资总额

C. 限额设计时工程使用功能不能减少

D. 限额设计应追求技术经济合理的最佳整体目标

E. 限额设计可分为限额初步设计和限额施工图设计

Ⅱ　设计方案评价与优化

（一）单选题

1. 限额设计方式中，采用综合费用法评价设计方案的不足是没有考虑（　　）。（2014 年）

A. 投资方案全寿命期费用　　B. 建设周期对投资效益的影响

C. 投资方案投产后的使用费　　D. 资金的时间价值

2. 工程设计中运用价值工程的目标是（　　）。(2014 年)

A. 降低建设工程全寿命期成本　　B. 提高建设工程价值

C. 增强建设工程功能　　D. 降低建设工程造价

3. 应用价值工程评价设计方案的首要步骤是进行（　　）。(2016 年)

A. 功能分析　　B. 功能评价

C. 成本分析　　D. 价值分析

4. 采用全寿命期费用法进行设计方案评价时，宜选用的费用指标是（　　）。(2018 年)

A. 正常生产年份总成本费用　　B. 项目累计净现金流量

C. 年度等值费用　　D. 运营期费用现值

5. 应用价值工程法对设计方案运行评价时，包括下列工作内容：①功能评价；②功能分析；③计算价值系数。仅就此三项工作而言，正确的顺序是（　　）。(2018 年)

A. ①→②→③　　B. ②→①→③

C. ③→②→①　　D. ②→③→①

6. 进行建设工程限额设计时，评价和优化设计方案采用的方法是（　　）。(2020 年)

A. 技术经济分析法　　B. 工期成本分析法

C. 全寿命周期成本分析法　　D. 价值指数分析法

(二) 多选题

1. 关于设计方案评价中综合费用法的说法，正确的有（　　）。(2022 年)

A. 综合费用法常用多因素评价方法

B. 基本出发点在于将建设投资和使用费综合起来考虑

C. 综合费用法是一种动态价值指标评价方法

D. 既考虑费用，也考虑功能和质量

E. 只适用于功能和建设条件相同或基本相同的方案

2. 采用单指标法评价设计方案时，可采用的评价方法有（　　）。(2020 年)

A. 重点抽查法　　B. 综合费用法

C. 价值工程法　　D. 分类整理法

E. 全寿命期费用法

Ⅲ　概预算文件审查

(一) 单选题

1. 审查施工图预算，应首先从审查（　　）开始。(2013 年)

A. 定额使用　　B. 工程量

C. 设备材料价格　　D. 人工、机械使用价格

2. 审查工程设计概算时，总概算投资超过批准投资估算（　　）以上的，需重新上报审批。(2014 年)

A. 5%　　B. 8%

C. 10%　　D. 15%

3. 采用分组计算审查法审查施工图预算的特点是（　　）。(2015 年)

A. 可加快审查进度，但审查精度较差

B. 审查质量高，但审查时间较长

C. 应用范围广，但审查工作量大

D. 审查效果好，但应用范围有局限性

4. 施工图预算审查方法中，审查速度快，但审查精度较差的是（　　）(2017 年)

A. 标准预算审查法　　B. 对比审查法

C. 分组计算审查法　　D. 全面审查法

5. 审查建设工程设计概算的编制范围时，应审查的内容是（　　）。(2018 年)

A. 各项费用是否符合现行市场价格

B. 是否存在擅自提高费用标准的情况

C. 是否符合国家对于环境治理的要求

D. 是否存在多列或遗漏的取费项目

6. 审查工程设计概算编制深度时，应审查的具体内容是（　　）。(2020 年)

A. 总概算投资是否超过批准投资估算的 10%

B. 是否具有完整的三级设计概算文件

C. 概算所采用的编制方法是否符合相关规定

D. 概算中的设备规格、数量、配置是否符合设计要求

7. 预算审查方法中，应用范围相对较小的方法是（　　）。(2019 年)

A. 全面审查法　　B. 重点抽查法

C. 分解对比审查法　　D. 标准预算审查法

8. 下列施工图预算审查方法中，审查质量高，但审查工作量大、时间相对较长的是（　　）。(2021 年)

A. 对比审查法　　B. 全面审查法

C. 分组计算审查法　　D. 标准预算审查法

(二) 多选题

1. 施工图预算的审查内容有（　　）。(2016 年)

A. 工程量计算的确定性　　B. 定额的准确性

C. 施工图纸的准确性　　D. 材料价格确定的合理性

E. 相关费用确定的准确性

2. 以下各项中，可以用于建设投资概算审查的方法有（　　）。(2022 年)

A. 分类整理法　　B. 查询核实法

C. 层次分析法　　D. 对比分析法

E. 联合会审法

三、真题解析

Ⅰ 限额设计

（一）单选题

1. 【答案】D

【解析】限额设计需要在投资额度不变的情况下，实现使用功能和建设规模的最大化。

2. 【答案】A

【解析】限额设计的目标分解，首先将上一阶段确定的投资额分解到建筑、结构、电气、给水排水和暖通等设计部门的各个专业；其次，将投资限额再分解到各个单项工程、单位工程、分部工程及分项工程；最后，将各细化的目标明确到相应设计人员，制定明确的限额设计方案。

3. 【答案】C

【解析】限额设计目标包括造价目标、质量目标、进度目标、安全目标及环保目标；限额设计的造价总目标是批准的投资总额；当考虑建设工程全寿命周期成本时，按限额要求设计的方案未必具有最佳经济性，此时可考虑突破原有限额，重新选择设计方案。

（二）多选题

【答案】BCDE

【解析】批准的投资总额是进行限额设计的重要依据（选项 B 正确），限额设计中，使用功能不能减少（选项 C 正确），技术标准不能减低，规模不能削减。限额设计需要在投资额度不变的情况下（不一定追求费用最低，选项 A 错误），实现使用功能和建设规模的最大化。在分析论证限额设计目标时，应统筹兼顾，全面考虑，追求技术经济合理的最佳整体目标（选项 D 正确），限额设计可分为限额初步设计和限额施工图设计两个阶段（选项 E 正确）。

Ⅱ 设计方案评价与优化

（一）单选题

1. 【答案】D

【解析】综合费用法是一种静态价值指标评价方法，没有考虑资金的时间价值，只适用于建设周期较短的工程。

2. 【答案】B

【解析】工程设计人员要以提高价值为目标，以功能分析为核心，以经济效益为出发点，从而真正实现对设计方案的优化。

3. 【答案】A

【解析】在工程设计阶段，应用价值工程法对设计方案进行评价的步骤如下：功能分析；功能评价；计算功能评价系数（F）；计算成本系数（C）；求出价值系数（V），并对方案进行评价。

4. 【答案】C

【解析】由于技术方案的寿命期不同，因此，在应用全寿命期费用评价法计算费用时，不能用净现值法，而用年度等值法。

5.【答案】B

【解析】应用价值工程法对设计方案运行评价时，包括下列工作内容：功能分析、功能评价、计算功能评价系数、计算成本系数、计算价值系数。

6.【答案】A

【解析】设计阶段工程造价管理的主要方法是通过多方案技术经济分析，优化设计方案，选用适宜方法审查工程概预算；同时，通过推行限额设计和标准化设计，有效控制工程造价。

（二）多选题

1.【答案】BE

【解析】设计方案的评价方法主要有多指标法、单指标法以及多因素评分法。综合费用法属于单指标法。综合费用法基本出发点在于将建设投资和使用费结合起来考虑，同时考虑建设周期对投资效益的影响，以综合费用最小为最佳方案。综合费用法是一种静态价值指标评价方法，没有考虑资金的时间价值。综合费用法只考虑费用，未能反映功能、质量、安全、环保等方面的差异，因而只有在方案的功能、建设标准等条件相同或基本相同时才能采用。

2.【答案】BCE

【解析】单指标法有很多种类，各种方法的适用条件也不尽相同，较常用的有综合费用法、全寿命期费用法、价值工程法。

Ⅲ 概预算文件审查

（一）单选题

1.【答案】B

【解析】概预算文件的审查包括设计概算的审查和施工图预算的审查。施工图预算的审查重点为：工程量的计算；定额的使用；设备材料及人工、机械价格的确定；相关费用的选取和确定。其中，工程量计算是编制施工图预算的基础性工作之一，对施工图预算的审查，应首先从审查工程量开始。

2.【答案】C

【解析】概算所编制工程项目的建设规模和建设标准、配套工程等是否符合批准的可行性研究报告或立项批文。对总概算投资超过批准投资估算10%以上的，应进行技术经济论证，需重新上报进行审批。

3.【答案】A

【解析】分组计算审查法是指将相邻且有一定内在联系的项目编为一组，审查某个分量，并利用不同量之间的相互关系判断其他几个分项工程量的准确性。其优点是可加快工程量审查的速度；缺点是审查的精度较差。

4.【答案】C

【解析】分组计算审查法是指将相邻且有一定内在联系的项目编为一组，审查某个分量，并利用不同量之间的相互关系判断其他几个分项工程量的准确性。其优点是可加快工程量审查的速度；缺点是审查的精度较差。

5.【答案】D

【解析】审查建设工程设计概算的编制范围，包括各项费用应列的项目是否符合法律法规及工程建设标准，是否存在多列或遗漏的取费项目。

6.【答案】B

【解析】对设计概算编制深度的审查：①审查编制说明。②审查设计概算编制的完整性。对于一般大中型项目的设计概算，审查是否具有完整的编制说明和三级设计概算文件，是否达到规定的深度。③审查设计概算的编制范围。选项 A、C、D 均属于设计概算主要内容的审查。

7.【答案】D

【解析】标准预算审查法是指对于利用标准图纸或通用图纸施工的工程，先集中力量编制标准预算，然后以此为标准对施工图预算进行审查。其优点是审查时间较短，审查效果好；缺点是应用范围较小。

8.【答案】B

【解析】全面审查法，其优点是全面、细致，审查的质量高；缺点是工作量大，审查时间较长。

（二）多选题

1.【答案】ABDE

【解析】施工图预算的审查内容：工程量的计算；定额的使用；设备材料及人工、机械价格的确定；相关费用的选取和确定。

2.【答案】ABDE

【解析】设计概算审查方法有：对比分析法、主要问题复核法、查询核实法、分类整理法、联合会审法。

第三节 发承包阶段造价管理

一、主要知识点及考核要点

参见表 6-4。

表 6-4 主要知识点及考核要点

序号	知识点	考核要点
1	施工招标方式和程序	无
2	施工招标策划	标段划分；合同计价方式比较；合同类型选择
3	施工合同示范文本	合同价格；实际竣工日期、缺陷责任期、保修期；时间；DAAB
4	施工投标报价策略	报高价、低价（区分）；不平衡报价法
5	施工评标与投标	重大偏差；详细评审方法；履约担保

二、真题回顾

Ⅰ　施工招标策划

（一）单选题

1. 下列不同计价方式的合同中，施工承包单位承担风险相对较大的是（　　）。（2013 年）

A. 成本加固定酬金合同　　B. 成本加浮动酬金合同

C. 单价合同　　D. 总价合同

2. 对于大型复杂工程项目，施工标段划分较多时，对建设单位的影响是（　　）。（2014 年）

A. 有利于工地现场的布置与协调

B. 有利于得到较为合理的报价

C. 不利于选择有专长的承包单位

D. 不利于设计图纸的分期供应

3. 对施工承包单位而言，承担风险大的合同计价方式是（　　）方式。（2014 年）

A. 总价　　B. 单价

C. 成本加百分比酬金　　D. 成本加固定酬金

4. 根据《建设项目工程总承包合同（示范文本）》GF—2020—0216，合同约定由承包人向发包人提交履约保函时，发包人应向承包人提交（　　）保函。（2014 年）

A. 履约　　B. 预付款

C. 支付　　D. 变更

5. 下列合同计价方式中，建设单位最容易控制造价的是（　　）。（2015 年）

A. 成本加浮动酬金合同　　B. 单价合同

C. 成本加百分比酬金合同　　D. 总价合同

6. 实际工程量与统计工程量可能有较大出入时，建设单位应采用的合同计价方式是（　　）。（2015 年）

A. 单价合同　　B. 成本加固定酬金合同

C. 总价合同　　D. 成本加浮动酬金合同

7. 下列不同计价方式的合同中，建设单位最难控制工程造价的是（　　）。（2017 年）

A. 成本加百分比酬金合同　　B. 单价合同

C. 目标成本加奖罚合同　　D. 总价合同

8. 下列不同计价方式的合同中，施工承包单位风险大，建设单位容易运行造价控制的是（　　）。（2018 年）

A. 单价合同　　B. 成本加浮动酬金合同

C. 总价合同　　D. 成本加百分比酬金合同

9. 下列合同计价方式中，建设单位容易控制造价，施工单位承担风险大的方式有（　　）。（2020 年）

A. 总价合同　　B. 目标成本加奖罚合同

C. 单价合同　　D. 成本加固定酬金合同

10. 在不同计价方式的合同中，施工承包单位承担造价控制风险最小的合同是（　　）。(2019 年)

A. 成本加浮动酬金合同　　B. 单价合同

C. 成本加固定酬金合同　　D. 总价合同

（二）多选题

1. 下列工程项目中，不宜采用固定总价合同的有（　　）。(2013 年)

A. 建设规模大且技术复杂的工程项目

B. 施工图纸和工程量清单详细而明确的项目

C. 施工中有较大部分采用新技术，且施工单位缺乏经验的项目

D. 施工工期紧的紧急工程项目

E. 承包风险不大，各项费用易于准确估算的项目

2. 关于施工标段划分的说法，正确的有（　　）。(2016 年)

A. 标段划分多，业主协调工作量小

B. 承包单位管理能力强，标段划分宜多

C. 业主管理能力有限，标段划分宜少

D. 标段划分少，会减少投标者数量

E. 标段划分多，有利于施工现场布置

3. 施工合同有多种类型，下列工程中不宜采用总价合同的有（　　）。(2019 年)

A. 没有施工图纸的灾后紧急恢复工程

B. 设计深度不够，工程量清单不够明确的工程

C. 已完成施工图审查的单体住宅工程

D. 工程内容单一，施工图设计已完成的路面铺装工程

E. 采用较多新技术、新工艺的工程

Ⅱ　施工合同示范文本

（一）单选题

1. 根据《标准施工招标文件》，由发包人提供材料和工程设备时，由于发包人原因发生交货地点变更的，发包人应承担的责任是（　　）。(2013 年)

A. 由此增加的费用、工期延误

B. 工期延误，但不考虑费用和利润的增加

C. 由此增加的费用和合理利润，但不考虑工期延误

D. 由此增加的费用、工期延误，以及承包商合理利润

2. 根据《标准施工招标文件》，下列合同文件的内容不一致，或专业合同条款另有约定书，应以（　　）为准。(2015 年)

A. 投标函　　B. 中标通知书

C. 专用合同条款　　D. 通用合同条款

3. 根据《标准施工招标文件》，对于施工现场发掘的文物，发包人、监理人和承包人应按要求采取妥善保护措施，由此导致的费用增加应由（　　）承担。(2016 年)

A. 承包人　　B. 发包人

C. 承包人和发包人　　D. 发包人和监理人

4. 关于《标准施工招标文件》中通用合同条款的说法，正确的是（　　）。(2017 年)

A. 通用合同条款适用于设计和施工同属于一个承包商的施工招标

B. 通用合同条款同时适用于单价合同和总价合同

C. 通用合同条款只适用于单价合同

D. 通用合同条款只适用于总价合同

5. 根据《标准施工招标文件》，合同双方发生争议采用争议评审的，除专用合同条款另有约定外，争议评审组应在（　　）内做出书面评审意见。(2017 年)

A. 收到争议评审申请报告后 28 天　　B. 收到被申请人答辩报告后 28 天

C. 争议调查会结束后 14 天　　D. 收到合同双方报告后 14 天

6. 根据 FIDIC《土木工程施工合同条件》，给指定分包商的付款应从（　　）中开支。(2017 年)

A. 暂定金额　　B. 暂估价

C. 分包管理费　　D. 应分摊费用

7. 根据《标准施工招标文件》，施工合同文件包括下列内容：①已标价工程量清单；②技术标准和要求；③中标通知书，仅就上述三项内容而言，合同文件的优先解释顺序是（　　）。(2018 年)

A. ①→②→③　　B. ③→①→②

C. ②→①→③　　D. ③→②→①

8. 根据《标准施工招标文件》，合同价格是指（　　）。(2018 年)

A. 合同协议书中写明的合同总金额

B. 合同协议书中写明的不含暂估价的合同总金额

C. 合同协议书中写明的不含暂列金额的合同总金额

D. 承包人完成全部承包工作后的工程结算价格

9. 根据《标准施工招标文件》，合同价的准确数据只有在（　　）后才能确定。(2019 年)

A. 后续工程不再发生工程变更　　B. 承包人完成缺陷责任期工作

C. 工程审计全部完成　　D. 竣工结算价款支付完成

10. 发包人最迟应当在监理人收到进度款申请单的（　　）天内，将进度应付款支付给承包人。(2019 年)

A. 14　　B. 21

C. 28　　D. 35

11. 根据《标准施工招标文件》，发包人应进行工期延长、增加费用，并支付合理利润的情形是（　　）。(2020 年)

A. 施工过程中发现文物采取措施

B. 遇到不利物质条件采取措施

C. 发包人提供的测量基准点有误导致承包人测量放线工作返工

D. 发包人提供的设备不符合合同要求须进行更换

12. 下列投标报价策略中，（ ）属于恰当使用不平衡报价方法。(2020 年)

A. 适当降低早结算项目的报价

B. 适当提高晚结算项目的报价

C. 适当提高预计未来会增加工程量的项目单价

D. 适当提高工程内容说明不清楚的项目单价

13. 因不可抗力事件导致承包单位停工损失 5 万元，施工单位的设备损失 6 万元，已运至现场的材料损失 4 万元，第三者财产损失 3 万元，施工单位停工期间应监理要求照管现场清理和复原工作费用 8 万元，应由发包人承担的费用为（ ）万元。(2021 年)

A. 11 B. 15

C. 20 D. 26

14. 根据《标准设计施工总承包招标文件》，发包人最迟应在监理人收到进度付款申请单后（ ）天内，将进度应付款支付给承包人。(2021 年)

A. 7 B. 14

C. 28 D. 42

15. 根据 FIDIC《施工合同条件》提出的专用条件起草原则，不允许专用条件改变通用条件内容的是（ ）。(2021 年)

A. 合同争端的解决方式 B. 承包人对临时工程应承担的责任

C. （咨询）工程师的权限 D. 风险与回报分配的平衡

16. 根据《标准施工招标文件》，计日工应该包含在（ ）费用中。(2022 年)

A. 暂列金额 B. 暂估价

C. 预备费 D. 变更费用

17. 工程经竣工验收合格的，除专用合同条款另有约定外，实际竣工日期为（ ）。(2022 年)

A. 发包人验收合格之日 B. 承包人提交竣工验收申请之日

C. 履约证书签发之日 D. 政府质量监督机构出具认可意见之日

（二）多选题

1. 根据《标准施工招标文件》中的合同条款，签约合同价包含的内容有（ ）。(2015 年)

A. 变更价款 B. 暂列金额

C. 索赔费用 D. 结算价款

E. 暂估价

2. 根据 FIDIC《施工合同条件》的规定，关于争端避免/裁决委员会（DAAB）及其裁决的说法，正确的有（ ）。(2015 年)

A. DAAB 须由 3 人组成

B. 合同双方共同确定 DAAB 主席

C. DAAB 成员的酬金由合同双方各支付一半

D. 合同当事人有权不接受 DAAB 的裁决

E. 合同双方对 DAAB 的约定排除了合同仲裁的可能性

3. 根据《标准施工招标文件》中的合同条款，需要由承包人承担的有（　　）。（2017 年）

A. 承包人协助监理人使用施工控制网所发生的费用

B. 承包人车辆外出行驶所发生的场外公共道路通行费用

C. 发包人提供的测量基准点有误导致承包人测量放线返工所发生的费用

D. 监理人剥离检查已覆盖合格隐蔽工程所发生的费用

E. 承包人修建临时设施需要临时占地所发生的费用

4. 根据 FIDIC《土木工程施工合同条件》，关于争端避免/裁决委员会 DAAB 及其解决争端的说法，正确的有（　　）。（2018 年）

A. DAAB 由 1 人或 3 人组成

B. DAAB 在收到书面报告后 84 天内裁决争端且不需说明理由

C. 合同一方对 DAAB 裁决不满时，应在收到裁决后 14 天内发出表示不满的通知

D. 合同双方在未通过友好协商或仲裁改变 DAAB 裁决之前应当执行 DAAB 裁决

E. 合同双方没有发出表示不满 DAAB 裁决的通知的，DAAB 裁决对双方有约束力

5. 下列导致承包人工期延长和费用增加的情形中，根据《标准施工招标文件》中的通用合同条款，发包人应延长工期和（或）增加费用，但不支付承包人利润的有（　　）。（2021 年）

A. 发包人提供图纸延误

B. 施工中遇到了难以预料的不利物质条件

C. 在施工场地发现文物

D. 发包人提供的基准资料错误

E. 发包人引起的暂停施工

Ⅲ　施工投标报价策略

（一）单选题

招标人在施工招标文件中规定了暂定金额的分项内容和暂定总价款时，投标人可采用的报价策略是（　　）。（2016 年）

A. 适当提高暂定金额分项内容的单价

B. 适当减少暂定金额中的分项工程量

C. 适当降低暂定金额分项内容的单价

D. 适当增加暂定金额中的分项工程量

（二）多选题

施工投标采用不平衡报价法时，可以适当提高报价的项目有（　　）。（2017 年）

A. 工程内容说明不清楚的项目

B. 暂定项目中必定要施工的不分标项目

C. 单价与包干混合制合同中采用包干报价的项目

D. 综合单价分析表中的材料费项目

E. 预计开工后工程量会减少的项目

Ⅳ 施工评标与投标

（一）单选题

1. 根据《标准施工招标文件》，对投标文件进行初步评审时，属于投标文件形式审查的是（ ）。(2020 年)

A. 提交的投标保证金形式是否符合投标须知的规定

B. 投标人是否完全接受招标文件中的合同条款

C. 投标承诺的工期是否满足投标人须知中的要求

D. 投标函是否经法定代表人或其委托代理人签字并加盖单位公章

2. 发包人应在（ ）将履约担保退还给承包商。(2022 年)

A. 竣工验收合格 14 天内

B. 工程接收证书颁发后 28 天内

C. 颁发工程接收证书 28 天内

D. 收到履约保证书 14 天内

3. 根据《标准施工招标文件》，在评标时，两家投标单位经评审的投标价格相等时，应优先考虑（ ）。(2022 年)

A. 技术标准高的 B. 资质等级高的

C. 投标报价低的 D. 有优惠条件的

（二）多选题

下列投标文件偏差中，属于重大投标偏差的是（ ）。(2021 年)

A. 投标文件载明的货物包装方式不符合要求

B. 报价中存在个别漏项

C. 投标总价金额与依据单价计算结果不一致

D. 投标文件载明的招标项目完成期限超过招标文件规定的期限

E. 提供的担保存在瑕疵

三、真题解析

Ⅰ 施工招标策划

（一）单选题

1. **【答案】** D

【解析】 施工合同中，计价方式可分为总价方式、单价方式和成本加酬金方式。其中，采用总价合同形式，施工承包单位承担风险相对较大。

2. **【答案】** B

【解析】 划分标段较多，即考虑采用平行承包的招标方式，分别选择各专业承包单位并签订施工合同。采用这种承包方式，建设单位一般可得到较为满意的报价，有利于控制工程造价。

3. 【答案】A

【解析】施工合同中，计价方式可分为总价方式、单价方式和成本加酬金方式。其中，采用总价合同形式，施工承包单位承担风险相对较大。

4. 【答案】C

【解析】合同约定由承包人向发包人提交履约保函时，发包人应向承包人提交支付保函，支付保函的格式、内容和提交时间在专用条款中约定。

5. 【答案】D

【解析】本题考查的是施工招标策划。在不同的计价方式中，建设单位最容易控制造价的是总价合同，其次是单价合同，最难的是成本加酬金合同。

6. 【答案】A

【解析】如果已完成工程项目的施工图设计，施工图纸和工程量清单详细而明确，则可选择总价合同；如果实际工程量与预计工程量可能有较大出入时，应优先选择单价合同；如果只完成工程项目的初步设计，工程量清单不够明确时，则可选择单价合同或成本加酬金合同。

7. 【答案】A

【解析】建设单位最难控制工程造价的合同形式是成本加百分比酬金，即施工单位支付的成本越高，得到的酬金也等比例提高，建设单位造价控制最难。

8. 【答案】C

【解析】施工合同中，计价方式可分为总价方式、单价方式和成本加酬金方式。其中，采用总价合同形式，施工承包单位承担风险相对较大。

9. 【答案】A

【解析】施工合同中，计价方式可分为总价方式、单价方式和成本加酬金方式。其中，采用总价合同形式，施工承包单位承担风险相对较大。

10. 【答案】C

【解析】施工合同中，计价方式可分为总价方式、单价方式和成本加酬金方式。其中，采用总价合同形式时，施工承包单位承担风险相对较大；采用成本加固定酬金合同时，承包单位基本没有风险。

（二）多选题

1. 【答案】ACD

【解析】建设规模大且技术复杂的工程项目，承包风险较大，各项费用不易准确估算，因而不宜采用固定总价合同。施工中有较大部分采用新技术、新工艺，施工承包单位对此缺乏经验时，为了避免投标单位盲目地提高承包价款或由于对施工难度估计不足而导致承包亏损，不宜采用固定总价合同。施工工期的紧迫程度，要求尽快开工且工期较紧时，选择成本加酬金合同较为适宜，也不宜采用总价合同。

2. 【答案】CD

【解析】从现场布置的角度看，承包单位越少越好，应考虑少划分标段。对于工程规模大、专业复杂的工程项目，建设单位的管理能力有限时，应考虑采用施工总承包的招标方式选择施工队伍。对于工艺成熟的一般性项目，涉及专业不多时，可考虑采用平行承包的招标方式，分别选择各专业承包单位并签订公共合同。标段划分多，业主协调工程量大。

3.【答案】ABE

【解析】没有施工图纸的灾后紧急恢复工程，宜采用成本加酬金合同，不宜采用总价合同。设计深度不够、工程量清单不够明确的工程，可选用单价合同或者成本加酬金合同，不宜采用总价合同。采用较多新技术、新工艺的工程，宜选用成本加酬金合同，不宜选用总价合同。

Ⅱ　施工合同示范文本

（一）单选题

1.【答案】D

【解析】由发包人提供材料和工程设备时，发包人提供的材料和工程设备的规格、数量或质量不符合合同要求，或由于发包人原因发生交货日期延误及交货地点变更等情况的，发包人应承担由此增加的费用和（或）工程延误，并向承包人支付合理利润。

2.【答案】B

【解析】本题考查的是施工合同示范文本中合同解释顺序。合同文件优先顺序：合同协议书、中标通知书、投标函及投标函附录、专用合同条款、通用合同条款、技术标准和要求、图纸、已标价的工程量清单、其他合同文件。中标通知书为四个选项中最为靠前，故选B。

3.【答案】B

【解析】在施工场地发现文物、古迹的，承包人应采取有效合理的保护措施，防止任何人员移动或损坏上述物品，并立即报告。发包人、监理人和承包人应按文物行政部门要求采取妥善保护措施，由此导致费用增加和（或）工期延误由发包人承担。

4.【答案】B

【解析】通用合同条款同时适用于单价合同和总价合同，而《标准施工招标文件》适用于设计和施工不是由同一承包商承担的施工招标。

5.【答案】C

【解析】合同双方发生争议采用争议评审的，除专用合同条款另有约定外，争议评审组应在争议调查会结束后14天内做出书面评审意见。

6.【答案】A

【解析】为保护承包商利益，给指定分包商的付款应从暂定金额中开支。

7.【答案】D

【解析】根据《标准施工招标文件》，合同文件优先顺序：合同协议书、中标通知书、投标文件、专用条款、通用条款、技术标准和要求、图纸、已标价工程量清单。

8.【答案】D

【解析】根据《标准施工招标文件》，合同价格是指承包人完成全部承包工作后的工程结算价格。

9.【答案】B

【解析】合同价格是指承包人按合同约定完成包括缺陷责任期内的全部承包工作后，发包人应付给承包人的金额，包括在履行合同过程中按合同约定进行的变更、价款调整、通过索赔应予补偿的金额。

10.【答案】C

【解析】发包人最迟应在监理人收到进度付款申请单后28天内，将进度应付款支付给承包人。

11.【答案】C

【解析】发包人提供基准资料错误导致承包人测量放线工作的返工或造成工程损失的，发包人应当承担由此增加的费用和（或）工期延误，并向承包人支付合理利润，C选项正确。其余各选项所描述情形发生的费用和（或）工期延误由发包人负责，但发包人一般无须支付利润。

12.【答案】C

【解析】经过工程量核算，预计今后工程量会增加的项目，适当提高单价，这样在最终结算时可多盈利，故选项C正确。其余各项描述恰好相反，不属于恰当利用不平衡报价法。

13.【答案】B

【解析】由发包人承担的费用：已运至现场的材料损失4万元，第三者财产损失3万元，施工单位停工期间应监理要求照管现场工作费用8万元。4+3+8=15（万元）。

14.【答案】C

【解析】发包人应在监理人收到进度付款申请单后28天内，将进度应付款支付给承包人。

15.【答案】D

【解析】专用条件不允许改变通用条件中风险与回报分配的平衡。

16.【答案】A

【解析】暂列金额是指已标价工程量清单中所列的一笔款项，用于在签订协议书时尚未确定或不可预见变更的施工及其所需材料、工程设备、服务等的金额，包括以计日工方式支付的金额。

17.【答案】B

【解析】除专用合同条款另有约定外，经验收合格的工程实际竣工日期，以提交竣工验收申请报告的日期为准。

（二）多选题

1.【答案】BE

【解析】签约合同价是指签订合同时合同协议书中写明的，包括暂列金额、暂估价的合同总金额。

2.【答案】BCD

【解析】DAAB由1人或3人组成，选项A错误；DAAB的裁决作出后，在未通过友好解决或仲裁改变该裁决之前，双方应当执行该裁决，选项E错误。其余各项描述无误。

3. 【答案】AB

【解析】监理人使用施工控制网的，发包人不用另行支付费用，由承包人承担；承包人车辆外出行驶所发生的场外公共道路通行费用，由承包人承担。其余各项应由发包人承担。

4. 【答案】ADE

【解析】DAAB 在收到书面报告后 84 天内裁决争端并说明理由（选项 B 错误），合同一方对 DAAB 裁决不满时，应在收到裁决后 28 天内发出表示不满的通知（选项 C 错误）。其余选项表述无误。

5. 【答案】BC

【解析】承包人遇到不利物质条件时，发包人承担承包人因采取合理措施而增加的费用和（或）工期延误。在施工场地发现文物，由此导致的费用增加和（或）工期延误由发包人承担。发包人提供图纸延误、发包人提供的基准资料错误、发包人引起的暂停施工，承包人可以提出利润索赔。

Ⅲ 施工投标报价策略

（一）单选题

【答案】A

【解析】招标单位规定了暂定金额的分项内容和暂定总价款，并规定所有投标单位都必须在总报价中加入这笔固定金额，但由于分项工程量不太准确，允许将来按投标单位所报单价和实际完成的工程量付款。这种情况下，由于暂定总价款是固定的，对各投标单位的总报价水平竞争力没有任何影响，因此，投标时应适当提高暂定金额的单价。

（二）多选题

【答案】BC

【解析】对于暂定项目，如果工程不分标，肯定要施工的单价报高些，不一定施工的应报低些。单价与包干混合制合同中，包干部分报高价，单价项目适当降低报价。

Ⅳ 施工评标与投标

（一）单选题

1. 【答案】D

【解析】投标文件的形式审查包括：提交的营业执照、资质证书、安全生产许可证是否与投标单位的名称一致；投标函是否经法定代表人或其委托代理人签字并加盖单位公章；投标文件的格式是否符合招标文件的要求；联合体投标人是否提交了联合体协议书；联合体的成员组成与资格预审的成员组成有无变化；联合体协议书的内容是否与招标文件要求一致；报价的唯一性等。

2. 【答案】B

【解析】中标后的承包商应保证其履约担保在建设单位颁发工程接收证书前一直有效。建设单位应在工程接收证书颁发后 28 天内将履约担保退还给承包商。

3. 【答案】C

【解析】评标委员会按照经评审的投标价由低到高的顺序推荐中标候选人，或根据招标单位授权直接确定中标单位。经评审的投标价相等时，投标报价低的优先；投标报价也相等的，由招标单位自行确定。

（二）多选题

【答案】 ADE

【解析】 下列情况属于重大偏差：

（1）没有按照招标文件要求提供投标担保或者所提供的投标担保有瑕疵；

（2）投标文件没有投标单位授权代表签字和加盖公章；

（3）投标文件载明的招标项目完成期限超过招标文件规定的期限；

（4）明显不符合技术规格、技术标准的要求；

（5）投标文件载明的货物包装方式、检验标准和方法等不符合招标文件的要求；

（6）投标文件附有招标单位不能接受的条件；

（7）不符合招标文件中规定的其他实质性要求。

第四节　施工阶段造价管理

一、主要知识点及考核要点

参见表 6-5。

表 6-5　　主要知识点及考核要点

序号	知识点	考核要点
1	资金使用计划的编制	按项目组成、进度编制资金使用计划
2	施工成本管理	成本计划、控制、分析的方法；成本核算对象；折旧计算；比较法、因素分析法；分部分项工程成本分析的内容及资料来源；成本考核指标
3	工程变更与索赔管理	变更内容、程序；索赔产生原因
4	工程费用动态监控	费用偏差计算（挣值分析法）；偏差分析方法

二、真题回顾

Ⅰ　资金使用计划的编制

（一）单选题

1. 按工程进度绘制的资金使用计划 S 曲线必然包括在“香蕉图”内，该“香蕉图”是由工程网络计划中全部工程分别按（　　）绘制的两条 S 曲线组成。(2013 年)

A. 最早开始时间（ES）开始和最早完成时间（EF）完成

B. 最早开始时间（ES）开始和最迟开始时间（LS）完成

C. 最迟开始时间（LS）开始和最早完成时间（EF）完成

D. 最迟开始时间（LS）开始和最迟完成时间（LF）完成

2. 按工程进度编制施工阶段资金使用计划，首先要进行的工作是（　　）。(2019 年)

A. 计算单位时间的资金支出目标

B. 编制工程施工进度计划

C. 编制资金使用时间进度计划的 S 曲线

D. 计算规定时间内的累计资金支出额

3. 在工程资金使用的“香蕉图”中，实际投资支出线越靠近下方曲线的，越有利于（　　）。(2022 年)

A. 风险防控能力

B. 降低工程造价

C. 保证按期竣工

D. 降低贷款利息

(二) 多选题

1. 按工程项目组成编制施工阶段资金使用计划时，建筑安装工程费中可直接分解到各个工程分项的费用有（　　）。(2014 年)

A. 企业管理费

B. 临时设施费

C. 材料费

D. 施工机具使用费

E. 职工养老保险费

2. 按工程项目组成编制施工阶段资金使用计划时，不能分解到各个工程分项的费用有（　　）。(2015 年)

A. 人工费

B. 保险费

C. 二次搬运费

D. 临时设施费

E. 施工机具使用费

Ⅱ　施工成本管理

(一) 单选题

1. 下列施工成本管理方法中，可用于施工成本分析的是（　　）。(2015 年)

A. 技术进步法

B. 因素分析法

C. 定率估算法

D. 挣值分析法

2. 采用目标利润法编制成本计划时，目标成本的计算方法是从（　　）中扣除目标利润。(2016 年)

A. 概算价格

B. 预算价格

C. 合同价格

D. 结算价格

3. 按工期-成本同步分析法，造成工程项目实施中出现虚盈现象的原因是（　　）。(2016 年)

A. 实际成本开支小于计划，实际施工进度落后计划

B. 实际成本开支等于计划，实际施工进度落后计划

C. 实际成本开支大于计划，实际施工进度等于计划

D. 实际成本开支小于计划，实际施工进度等于计划

4. 下列施工成本考核指标中，属于施工企业对项目成本考核的是（　　）。(2017 年)

A. 项目施工成本降低率

B. 目标总成本降低率

C. 施工责任目标成本实际降低率

D. 施工计划成本实际降低率

5. 下列施工成本管理方法中，能预测在建工程尚需成本数额，为后续工程施工成本和进度控制指明方向的方法是（　　）。(2018 年)

A. 工期-成本同步分析法　　B. 价值工程法

C. 挣值分析法　　D. 因素分析法

6. 施工承包单位采用目标利润法编制工程成本计划时，项目实施中所能支出的最大限额为合同标价扣除（　　）后的余额。(2021 年)

A. 预期利润、税金　　B. 税金、应上缴的管理费

C. 预期利润、税金、全部管理费　　D. 预期利润、税金、应上缴的管理费

7. 成本控制中，可用于分析项目虚盈或虚亏的方法是（　　）。(2022 年)

A. 成本分析表法　　B. 工期-成本同步分析法

C. 挣值分析法　　D. 价值工程法

（二）多选题

1. 关于分部分项工程成本分析资料来源的说法，正确的有（　　）。(2013 年)

A. 预算成本以施工图和定额为依据确定

B. 预算成本的各种信息是成本核算的依据

C. 计划成本通过目标成本与预算成本的比较确定

D. 实际成本来自实际工程量、实耗人工和实耗材料

E. 目标成本是分解到分部分项工程上的计划成本

2. 进行施工成本对比分析时，可采用的对比方式有（　　）。(2014 年)

A. 本期实际值与目标值对比

B. 本期实际值与上期目标值对比

C. 本期实际值与上期实际值对比

D. 本期目标值与上期实际值对比

E. 本期实际值与行业先进水平对比

3. 施工成本管理中，企业对项目经理部可控责任成本进行考核的指标有（　　）。(2016 年)

A. 直接成本降低率　　B. 预算总成本降低率

C. 责任目标总成本降低率　　D. 施工责任目标成本实际降低率

E. 施工计划成本实际降低率

4. 施工成本分析的基本方法有（　　）。(2019 年)

A. 经验判断法　　B. 专家意见法

C. 比较法　　D. 因素分析法

E. 比率法

Ⅲ　工程变更与索赔管理

（一）单选题

1. 根据《标准施工招标文件》，由施工承包单位提出的索赔按程序得到了处理，且施工单位接受索赔处理结果的，建设单位应在作出索赔处理答复后（　　）天内完成赔付。

(2013 年)

A. 14　　B. 21

C. 28　　D. 42

2. 下列可导致承包商索赔的原因中，属于业主方违约的是（　　）。(2014 年)

A. 业主指令增加工程量　　B. 业主要求提高设计标准

C. 监理人不按时组织验收　　D. 材料价格大幅度上涨

3. 工程施工过程中，对于施工承包单位要求的工程变更，施工承包单位提出的程序是（　　）。(2019 年)

A. 向建设单位提出书面变更请求，阐明变更理由

B. 向设计单位提出书面变更建议，并附变更图纸

C. 向监理人提出书面变更通知，并附变更详情

D. 向监理人提出书面变更建议，阐明变更依据

4. 根据《标准施工招标文件》，施工承包单位认为有权得到追加付款和延长工期的，应在规定时间内首先向监理人递交的文件是（　　）。(2021 年)

A. 索赔意向通知书　　B. 索赔工作联系单

C. 索赔通知书　　D. 索赔报告

（二）多选题

1. 根据《标准施工招标文件》，工程变更的情形有（　　）。(2018 年)

A. 改变合同中某项工作的质量

B. 改变合同工程原定的位置

C. 改变合同中已批准的施工顺序

D. 为完成工程需要追加的额外工作

E. 取消某项工作改由建设单位自行完成

2. 按索赔目的不同，工程索赔可分为（　　）。(2020 年)

A. 合同时明示的索赔　　B. 合同中默示的索赔

C. 工期索赔　　D. 费用索赔

E. 工程变更索赔

3. 建设单位索赔的方式有（　　）。(2022 年)

A. 冲账　　B. 缩短工期

C. 扣拨工程款　　D. 提升保证金额度

E. 扣质量保证金

Ⅳ　工程费用动态监控

（一）单选题

1. 在工程费用监控过程中，明确费用控制人员的任务和职责分工，改善费用控制工作流程等措施，属于费用偏差纠正的（　　）。(2013 年)

A. 合同措施　　B. 技术措施

C. 经济措施　　D. 组织措施

2. 某工程施工至2014年7月底，已完工程计划费用（*BCWP*）为600万元，已完工程实际费用（*ACWP*）为800万元，拟完工程计划费用（*BCWS*）为700万元，则该工程此时的偏差情况是（　　）。（2014年）

A. 费用节约，进度提前　　B. 费用超支，进度拖后

C. 费用节约，进度拖后　　D. 费用超支，进度提前

3. 某工程施工至某月底，经统计分析得：已完工程计划费用1800万元，已完工程实际费用2200万元，拟完工程计划费用1900万元，则该工程此时的进度偏差是（　　）万元。（2016年）

A. -100　　B. -200

C. -300　　D. -400

4. 某工程施工至2016年12月底，已完工程计划费用2000万元，拟完工程计划费用2500万元，已完工程实际费用1800万元，则此时该工程的费用绩效指数*CPI*为（　　）。（2017年）

A. 0. 8　　B. 0. 9

C. 1. 11　　D. 1. 25

5. 下列偏差分析方法中，既可分析费用偏差，又可分析进度偏差的是（　　）。（2017年）

A. 时标网络图和曲线法　　B. 曲线法和控制图法

C. 排列图法和时标网络图法　　D. 控制图法和表格法

6. 某工程施工至月底时的情况为：已完工程量120m，实际单价8000元/m，计划工程量100m，计划单价7500元/m。则该工程在当月底的费用偏差为（　　）。（2018年）

A. 超支6万元　　B. 节约6万元

C. 超支15万元　　D. 节约15万元

7. 采用挣值分析法，动态监控工程进度和费用时，若在某一时点计算得到费用绩效指数大于1，进度绩效指数小于1，则表明该工程当前的实际状态是（　　）。（2020年）

A. 费用节约，进度提前　　B. 费用超支，进度拖后

C. 费用节约，进度拖后　　D. 费用超支，进度超前

8. 某工程建设至2020年10月底，经统计可得，已完工程计划费用为2000万元，已完工程实际费用为2300万元，拟完工程计划费用为1800万元。则该工程此时的费用绩效指数为（　　）。（2021年）

A. 0. 87　　B. 0. 9

C. 1. 11　　D. 1. 15

9. 下列引起工程费用偏差的情形中，属于施工单位原因的是（　　）。（2021年）

A. 设计标准变更　　B. 增加工程内容

C. 施工进度安排不当　　D. 建设手续不健全

10. 某拟建项目预算费用2000万元，已完工程预算费用2100万元，已完工程实际费用2050万元，以下说法正确的是（　　）。（2022年）

A. 费用超支，进度滞后　　B. 费用超支，进度提前

C. 费用节支，进度超前　　　　D. 费用节支，进度滞后

（二）多选题

1. 某工程施工至某月底，经偏差分析得到费用偏差（*CV*）<0，进度偏差（*SV*）<0，则表明（　　）。（2013 年）

A. 已完工程实际费用节约

B. 已完工程实际费用>已完工程计划费用

C. 拟完工程计划费用>已完工程实际费用

D. 已完工程实际进度超前

E. 拟完工程计划费用>已完工程计划费用

2. 已完成工程计划费用 1200 万元，已完工程实际费用 1500 万元，拟完工程计划费用 1300 万元，关于偏差正确的是（　　）。（2019 年）

A. 进度提前 300 万元　　　　B. 进度拖后 100 万元

C. 费用节约 100 万元　　　　D. 工程盈利 300 万元

E. 费用超过 300 万元

3. 进行工程费用动态监控时，可采用的偏差分析方法有（　　）。（2020 年）

A. 横道图法　　　　B. 时标网络图法

C. 表格法　　　　D. 曲线法

E. 分层法

4. 下列引起工程费用偏差的情形中，属于建设单位的原因有（　　）。（2021 年）

A. 材料涨价　　　　B. 投资规划不当

C. 施工组织不合理　　　　D. 增加工程内容

E. 施工质量事故

三、真题解析

Ⅰ　资金使用计划的编制

（一）单选题

1. **【答案】** B

【解析】 每一条 S 曲线都对应某一特定的工程进度计划。由于在工程网络进度计划的非关键线路中存在许多有时差的工作，因此 S 曲线必然包括在全部工作均按最早开始时间（ES）开始和全部工作均按最迟开始时间（LS）开始的曲线所组成的“香蕉图”内。

2. **【答案】** B

【解析】 按工程进度编制施工阶段资金使用计划的工作顺序为：编制工程施工进度计划、计算单位时间的资金支出目标、计算规定时间内的累计资金支出额、绘制资金使用时间进度计划的 S 曲线。

3. **【答案】** D

【解析】“香蕉图”中下方曲线是全部工作均按最迟开始时间（LS）开始的曲线，如下图所示，此种情况对节约建设单位的建设资金贷款利息是有利的，但同时也降低了工

程按期竣工的保证率。当实际投资支出线越靠近下方曲线时，即各项工作尽量晚开工、晚投入、晚贷款，有利于降低建设资金贷款利息，但同时工程按期竣工的保证率也相应降低。

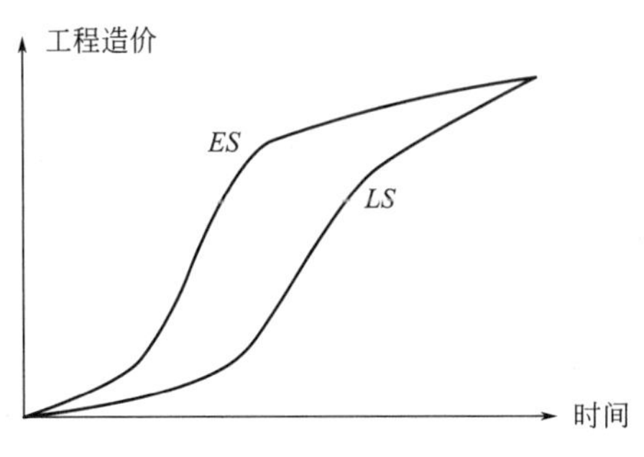

工程造价“香蕉图”

（二）多选题

1.【答案】CD

【解析】建筑安装工程费用中的人工费、材料费、施工机械使用费等直接费，可直接分解到各工程分项，而间接费、利润、税金则不宜直接进行分解。

2.【答案】BD

【解析】建筑安装工程费用中的人工费、材料费、施工机具使用费等直接费，可直接分解到各工程分项，而企业管理费、利润、规费、税金则不宜直接进行分解。措施项目费应分析具体情况，将其中与各工程分项有关的费用（如二次搬运费、检验试验费等）分离出来，按一定比例分解到相应的工程分项；其他与单位工程、分部工程有关的费用（如临时设施费、保险费等），则不能分解到各工程分项。

Ⅱ　施工成本管理

（一）单选题

1.【答案】B

【解析】成本分析的基本方法包括：比较法、因素分析法、差额计算法、比率法。技术进步法和定率估算法是成本计划的方法，挣值分析法是成本控制的方法。

2.【答案】C

【解析】目标利润法是指根据工程项目的合同价格扣除目标利润后得到目标成本的方法。在采用正确的投标策略和方法以最理想的合同价中标后，从标价中扣除预期利润、税金、应上缴的管理费等之后的余额即为工程项目实施中所能支出的最大限额。

3.【答案】A

【解析】工期-成本同步分析法是指成本控制与进度控制之间有着必然的同步关系。如果成本与进度不对应，说明工程项目进展中出现虚盈或虚亏的不正常现象。虚盈是由于进度落后而导致实际成本开支小于计划值，选项 A 所述符合虚盈。

4.【答案】A

【解析】企业对项目成本考核的指标包括项目施工成本降低额和项目施工成本降低率。

5. 【答案】C

【解析】挣值分析法能通过计算后续工程的计划成本余额，预测在建工程尚需成本数额，为后续工程施工成本和进度控制指明方向。

6. 【答案】D

【解析】目标利润法是指根据工程项目的合同价格扣除目标利润后得到目标成本的方法。在采用正确的投标策略和方法以最理想的合同价中标后，从标价中扣除预期利润、税金、应上缴的管理费等之后的余额即为工程项目实施中所能支出的最大限额。

7. 【答案】B

【解析】成本控制与进度控制之间有着必然的同步关系，因为成本是伴随工程进展而发生的。如果成本与进度不对应，说明工程项目进展中出现虚盈或虚亏的不正常现象，可以用工期-成本同步分析法进行分析。

（二）多选题

1. 【答案】ADE

【解析】分部分项工程成本分析的资料来源是：预算成本是以施工图和定额为依据编制的施工图预算成本，目标成本为分解到该分部分项工程上的计划成本，实际成本来自施工任务单的实际工程量、实耗人工和限额领料单的实耗材料。

2. 【答案】ACE

【解析】比较法的应用，通常有下列形式：①将本期实际指标与目标指标对比；②本期实际指标与上期实际指标对比；③本期实际指标与本行业平均水平、先进水平对比。

3. 【答案】CDE

【解析】项目经理部可控责任成本考核指标包括：项目经理责任目标总成本降低额和降低率；施工责任目标成本实际降低额和降低率；施工计划成本实际降低额和降低率。

4. 【答案】CDE

【解析】施工成本分析的基本方法有：比较法、因素分析法（连环置换法）、差额计算法、比率法等。

Ⅲ 工程变更与索赔管理

（一）单选题

1. 【答案】C

【解析】施工承包单位接受索赔处理结果的，建设单位应在作出索赔处理结果答复后28天内完成赔付，施工承包单位不接受索赔处理结果的，按合同中争议解决条款的约定处理。

2. 【答案】C

【解析】业主方（包括建设单位和监理人）违约包括：在工程实施过程中，由于建设单位或监理人没有尽到合同义务，导致索赔事件发生。本题中，监理人不按时组织验收（选项C）属于业主方违约；而选项A、B属于合同变更；选项D属于工程环境变化。

3. 【答案】D

【解析】施工承包单位收到监理人按合同约定发出的图纸和文件，经检查认为其中存在属于变更范围的情形，可向监理人提出书面变更建议。变更建议应阐明要求变更的依据，并附必要的图纸和说明。

4. **【答案】** A

【解析】 施工承包单位应在知道或应当知道索赔事件发生后 28 天内，向监理人递交索赔意向通知书，并说明发生索赔事件的事由。

（二）多选题

1. **【答案】** ABCD

【解析】 取消合同中任何一项工作，但被取消的工作不能转由建设单位或其他单位实施者，属于变更，因此选项 E 表述有误，其余选项表述准确。

2. **【答案】** CD

【解析】 按索赔的目的分类，工程索赔可分为工期索赔和费用索赔。

3. **【答案】** ACE

【解析】 索赔是双向的，既包括施工承包单位向建设单位的索赔，也包括建设单位向施工承包单位的索赔。但在工程实践中，建设单位索赔数量较小，而且可通过冲账、扣拨工程款、扣质量保证金等实现对施工承包单位的索赔。

Ⅳ 工程费用动态监控

（一）单选题

1. **【答案】** D

【解析】 费用偏差的纠正措施通常包括四个方面：组织措施、经济措施、技术措施、合同措施。其中组织措施是从费用控制的组织管理方面采取的措施，包括：落实费用控制的组织机构和人员，明确各级费用控制人员的任务、职责分工，改善费用控制工作流程等。

2. **【答案】** B

【解析】 费用偏差（CV）=已完工程计划费用（$BCWP$）-已完工程实际费用（$ACWP$）=600-800=-200<0，说明工程费用超支。进度偏差（SV）=已完工程计划费用（$BCWP$）-拟完工程计划费用（$BCWS$）=600-700=-100<0，说明工程进度拖后。

3. **【答案】** A

【解析】 进度偏差（SV）=已完工程计划费用（$BCWP$）-拟完工程计划费用（$BCWS$）=1800-1900=-100（万元）。

4. **【答案】** C

【解析】 费用绩效指数=已完工程计划费用/已完工程实际费用=2000/1800=1.11。

5. **【答案】** A

【解析】 各选项中，排列图和控制图是质量控制的方法，与题意不符。时标网络图和曲线法既可分析费用偏差，又可分析进度偏差。

6. **【答案】** A

【解析】 该项目费用偏差=120×（7500-8000）=-6（万元），故选 A。

7. **【答案】** C

【解析】费用绩效指数大于 1，表示实际费用节约；进度绩效指数小于 1，表示实际进度拖后。

8. 【答案】A

【解析】费用绩效指标 = 2000/2300 = 0.87。

9. 【答案】C

【解析】施工单位原因包括施工组织设计不合理、质量事故、进度安排不当、施工技术措施不当、与外单位关系协调不当等。

10. 【答案】C

【解析】费用偏差（CV）= 已完工程计划费用（$BCWP$）-已完工程实际费用（$ACWP$）= 2100-2050 = 50（万元）；$CV>0$，费用节支；

进度偏差（SV）= 已完工程计划费用（$BCWP$）-拟完工程计划费用（$BCWS$）= 2100-2000 = 100（万元）；$SV>0$，进度超前。

（二）多选题

1. 【答案】BE

【解析】$CV<0$，说明工程费用超支，已完工程实际费用>已完工程计划费用；$SV<0$，说明工程进度拖后，拟完工程计划费用>已完工程计划费用。

2. 【答案】BE

【解析】费用偏差 = 已完工程计划费用（1200 万元）-已完工程实际费用（1500 万元）= -300（万元），选项 E 正确；进度偏差 = 已完成工程计划费用（1200 万元）-拟完工程计划费用（1300 万元）= -100（万元），选项 B 正确。

3. 【答案】ABCD

【解析】常用偏差分析方法有横道图法、时标网络图法、表格法和曲线法。

4. 【答案】BD

【解析】建设单位原因包括增加工程内容、投资规划不当、组织不落实、建设手续不健全、未按时付款、协调出现问题等。

第五节　竣工阶段造价管理

一、主要知识点及考核要点

参见表 6-6。

表 6-6　主要知识点及考核要点

序号	知识点	考核要点
1	工程结算及其审查	竣工结算审查内容（施工单位与建设单位区分）、审查时限
2	质量保证金预留与返还	保证金预留比例、计算额度

二、真题回顾

Ⅰ　工程结算及其审查

（一）单选题

1. 根据《建设工程价款结算暂行办法》，对于施工承包单位递交的金额为6000万元的工程竣工结算报告，建设单位的审查时限是（　　）天。（2015年）

A. 30　　B. 45

C. 60　　D. 90

2. 工程竣工结算审查时，对变更签证凭据审查的主要内容是其真实性、合法性和（　　）。（2019年）

A. 严密性　　B. 包容性

C. 可行性　　D. 有效性

（二）多选题

1. 施工承包单位内部审查工程竣工结算的主要内容有（　　）。（2013年）

A. 工程竣工结算的完备性　　B. 工程量计算的准确性

C. 取费标准执行的严格性　　D. 工程结算资料递交程序的合法性

E. 取费依据的时效性

2. 关于工程竣工结算的说法，正确的有（　　）。（2017年）

A. 工程竣工结算分为单位工程竣工结算和单项工程竣工结算

B. 工程竣工结算均有总承包单位编制

C. 建设单位审查工程竣工结算的递交程序和资料的完整性

D. 施工承包单位要审查工程竣工结算的项目内容与合同约定内容的一致性

E. 建设单位要审查实际施工工期对工程造价的影响程度

Ⅱ　质量保证金预留与返还

单选题

1. 某工程合同约定以银行保函替代预留工程质量保证金，合同签约价为800万元。工程价款结算总额为780万元，依据《建设工程质量保证金管理办法》，该保函金额最大为（　　）万元。（2019年）

A. 15.6　　B. 16.0

C. 23.4　　D. 24.0

2. 根据《建设工程质量保证金管理办法》，由于发包人原因导致工程未能按规定期限竣工验收，该工程在承包人提交竣工验收报告后（　　）天后，自动进入缺陷责任期。（2020年）

A. 30　　B. 45

C. 60　　D. 90

3. 根据《建设工程质量保证金管理办法》，保证金总预留比例不得高于工程价款结算总额的（　　）。（2021年）

A. 2%　　B. 3%

C. 4%　　D. 5%

4. 从进度款中预留质量保证金时，应考虑的因素有（　　）。(2022 年)

A. 预付款支付与扣回　　B. 保修期限

C. 缺陷责任期　　D. 合同约定质保金和比例

三、真题解析

Ⅰ　工程结算及其审查

（一）单选题

1. **【答案】** C

【解析】 竣工结算金额 500 万元以下的，审查时限为 20 天；结算金额 500 万元以上、2000 万元以下的，审查时限为 30 天；结算金额 2000 万元以上、5000 万元以下的，审查时限为 45 天；结算金额 5000 万元以上的，审查时限是 60 天。

2. **【答案】** D

【解析】 在施工承包单位内部审查的内容中，包括审查变更签证凭据的真实性、合法性、有效性。

（二）多选题

1. **【答案】** BCE

【解析】 施工承包单位内部审查工程竣工结算的主要内容包括：①审查结算的项目范围、内容和合同约定的项目范围、内容的一致性；②审查工程量计算的准确性、工程量计算规则与计价规范或定额的一致性；③审查执行合同约定或现行的计价原则、方法的严格性；④审查变更签证凭据的真实性、合法性、有效性，核准变更工程费用；⑤审查索赔是否依据合同约定的索赔处理原则、程序和计算方法以及索赔费用的真实性、合法性、准确性；⑥审查取费标准执行的严格性，并审查取费依据的时效性、相符性。

2. **【答案】** CDE

【解析】 工程竣工结算分为单位工程竣工结算、单项工程竣工结算和工程项目竣工总结算，选项 A 错误；单位工程竣工结算由施工承包单位编制，建设单位审查；单项工程竣工结算、工程项目竣工总结算由总承包单位编制，建设单位审查，选项 B 错误。其余各项描述无误。

Ⅱ　质量保证金预留与返还

单选题

1. **【答案】** C

【解析】 保函金额不得高于工程价款结算总额的 3%。780×3%＝23.4（万元）。

2. **【答案】** D

【解析】 由发包人导致无法竣工验收的，在承包人提交竣工验收报告 90 天后，自动进入缺陷责任期。

3. **【答案】** B

【解析】 合同约定由承包人以银行保函替代预留保证金的，保函金额不得高于工程价款结算总额的 3%。

4. **【答案】** D

【解析】 在工程进度付款中，按工程承包合同约定预留工程质量保证金，直至预留的工程质量保证金总额达到工程承包合同约定的金额或比例为止。工程质量保证金的计算额度不包括预付款的支付、扣回及价格调整的金额。

丛书主编　柯　洪

全国一级造价工程师职业资格考试十年真题·九套模拟

建设工程造价管理

下册　九套模拟

主编　杨　强

中国建筑工业出版社
中国城市出版社

目　录

上册　十年真题

下册　九套模拟

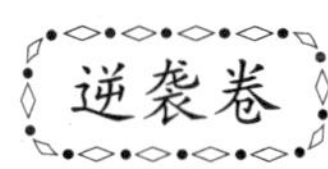

模拟题一

一、单项选择题（共60题，每题1分。每题的备选项中，只有一个最符合题意）

1. 从投资者角度分析，工程造价是指建设一项工程预期或实际开支的（　　）。

A. 全部建筑安装工程费用

B. 固定资产投资与流动资产投资之和

C. 全部固定资产投资费用

D. 建设工程总投资费用

2. 下列关于造价工程师的说法中，正确的是（　　）。

A. 造价工程师职业资格证书全国范围内有效

B. 取得造价工程师职业资格证书且从事工程造价相关工作者，可以造价工程师名义执业

C. 造价工程师执业时应持有职业资格证书和执业印章

D. 执业印章由注册造价工程师按照统一规定自行制作

3. 英国拥有一套完整的建设工程标准合同体系，其中适用于房屋建筑工程的是（　　）合同体系。

A. FIDIC　　B. JCT

C. ACA　　D. AIA

4. 建筑施工企业在编制（　　）时，应当根据建筑工程特点制定相应的安全技术措施，并对施工现场安全负责。

A. 施工组织设计　　B. 专项施工方案

C. 专项安全施工组织设计　　D. 项目管理实施规划

5. 根据《建设工程质量管理条例》，下列关于建设单位的质量责任和义务的说法，正确的是（　　）。

A. 建设单位报审的施工图设计文件未经审查批准的，不得使用

B. 建设单位不得委托本工程的设计单位进行监理

C. 建设单位使用未经验收合格的工程应有施工单位签署的工程保修书

D. 建设单位在工程竣工验收后，应委托施工单位向有关部门移交项目档案

6. 招标人对已发出的招标文件进行必要澄清或修改的，应当在招标文件要求提交投标文件截止日期时间至少（　　）日前以书面形式发出。

A. 10　　B. 15

C. 20　　D. 30

7. 根据《招标投标法实施条例》，国有资金占控股或者主导地位的依法必须进行招标的项目，可以邀请招标的情形是（　　）。

A. 需要向原中标人采购工程、货物或服务的

B. 受自然环境限制的

C. 需要采用专利技术的

D. 采购人依法能够自行建设的

8. 根据《民法典》合同编，下列各项中属于书面形式合同的是（　　）。

A. 默示形式合同　　B. 推定形式合同

C. 电子邮件　　D. 电话联系

9. 根据《民法典》合同编，对格式条款有两种以上解释的，下列说法正确的是（　　）。

A. 该格式条款无效，由双方重新协商

B. 该格式条款效力待定，由仲裁机构裁定

C. 应当作出利于提供格式条款一方的解释

D. 应当作出不利于提供格式条款一方的解释

10. 根据《民法典》合同编，合同价款或者报酬约定不明确，且通过补充协议等方式仍不能确定的，应按照（　　）的市场价格履行。

A. 接受货币方所在地　　B. 合同订立地

C. 给付货币方所在地　　D. 订立合同时履行地

11. 对于一般工业项目的办公楼而言，下列工程中属于分部工程的是（　　）。

A. 土方开挖与回填工程　　B. 通风与空调工程

C. 钢结构基础工程　　D. 门窗制作与安装工程

12. 工程项目有多种分类方法，以下各项中不属于按投资效益和市场需求划分的是（　　）。

A. 生产性项目　　B. 竞争性项目

C. 基础性项目　　D. 公益性项目

13. 以下工程设计的各项工作内容中，属于初步设计内容的是（　　）。

A. 工艺流程和建筑结构设计

B. 完整表现建筑物外形、内部空间分割

C. 编制技术方案和项目总概算

D. 确定非标准设备制造加工图

14. 建设单位在办理工程质量监督注册手续时，需提供（　　）。

A. 投标文件　　B. 专项施工方案

C. 施工组织设计　　D. 施工图设计文件

15. 以下关于项目管理承包（PMC）的说法，正确的是（　　）。

A. PMC 单位只对关键问题进行决策，绝大部分项目管理工作由业主负责

B. PMC 单位不承担 EPC 工作，只负责对 EPC 承包商进行管理

C. PMC 管理模式可以通过优化设计方案实现工程寿命周期成本的最低

D. PMC 单位在项目前期阶段的主要任务是代表业主进行协调和监督

16. 下列进度计划表中，用来明确各种设计文件交付日期，主要设备交付日期，施工

单位进场日期，水、电及道路畅通日期的是（　　）。

A. 工程项目总进度计划表　　B. 工程项目进度平衡表

C. 工程项目施工总进度表　　D. 单位工程总进度计划表

17. 根据《建设工程安全生产管理条例》，专项施工方案的专家论证会应由（　　）组织召开。

A. 建设单位　　B. 监理单位

C. 施工单位　　D. 分包单位

18. 以下各种方法中，可以用于质量控制的动态方法是（　　）。

A. 排列图　　B. 直方图

C. 控制图　　D. 鱼刺图

19. 可以直接表示流水施工各施工过程进展速度的流水施工表达方法是（　　）。

A. 横道图　　B. 垂直图

C. 网络图　　D. 控制图

20. 某工程流水施工计划如下图所示，则该流水施工的组织形式是（　　）。

施工过程	专业工作队编号	施工进度(周)								
		5	10	15	20	25	30	35	40	45
基础工程	Ⅰ	①	②	③	④					
结构安装	Ⅱ-1	K	①		③					
	Ⅱ-2		K	②		④				
室内装修	Ⅲ-1			K	①		③			
	Ⅲ-2				K	②		④		
室外工程	Ⅳ					K	①	②	③	④

A. 异步距异节奏流水施工

B. 固定节拍流水施工

C. 非节奏流水施工

D. 成倍节拍流水施工

21. 工程项目组织非节奏流水施工的特点是（　　）。

A. 相邻施工过程的流水步距相等

B. 各施工段上的流水节拍相等

C. 施工段之间没有空闲时间

D. 专业工作队数等于施工过程数

22. 在双代号网络图中，虚箭线表示工作之间的（　　）。

A. 工艺关系　　B. 总时差

C. 逻辑关系　　D. 自由时差

23. 某工程双代号时标网络计划如下图所示，其中工作 C 的总时差为（　　）周。

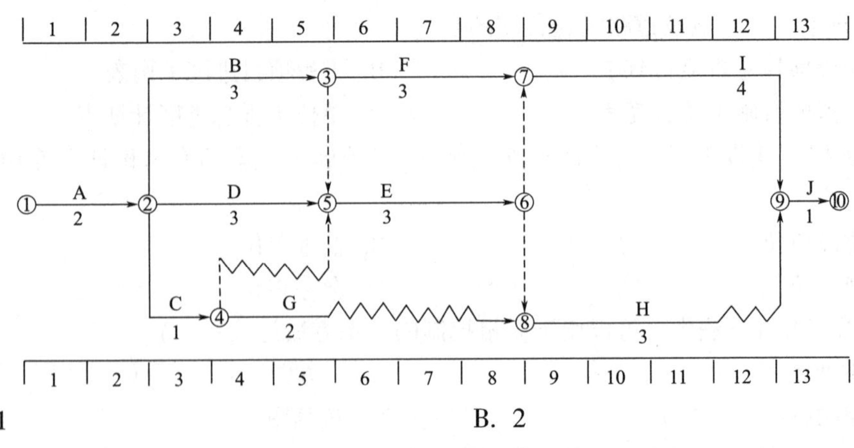

A. 1　　　　B. 2

C. 3　　　　D. 4

24. 工程网络计划费用优化的基本思路是，在网络计划中，当有多条关键线路时，应通过不断缩短（　　）的关键工作持续时间来达到优化目的。

A. 直接费总和最大　　　　B. 组合间接费用率最小

C. 间接费综合最大　　　　D. 组合直接费用率最小

25. 根据《标准设计施工总承包招标文件》，合同文件包括下列内容：①发包人要求；②中标通知书；③承包人建议。仅就上述三项内容而言，合同文件的优先解释顺序为（　　）。

A. ①②③　　　　B. ②①③

C. ③①②　　　　D. ③②①

26. 关于现金流量图绘制规则的说法，错误的是（　　）。

A. 横轴为时间轴，整个横轴表示经济系统寿命期

B. 横轴的起点表示时间序列第一期期末

C. 横轴上每一间隔代表一个计息周期

D. 与横轴相连的垂直箭线代表现金流量

27. 某企业年初借款 2000 万元，按年复利计息，年利率为 8%。第 3 年末还款 1200 万元，剩余本息在第 5 年末全部还清，则第 5 年末需还本付息（　　）万元。

A. 1388. 80　　　　B. 1484. 80

C. 1538. 98　　　　D. 1738. 66

28. 某企业年初贷款 3000 万元，连续 5 年末等额还本付息，年利率 10%，则以下描述正确的是（　　）。

A. 可以直接用偿债基金系数计算每年末的还款额

B. 可以直接用资金回收系数计算每年末的还款额

C. 利息总额小于等额本金还款方式

D. 若年利率不变，还款年度增加，则利息总额减少

29. 在利率周期名义利率一定时，利率周期内计息期数越多，则（　　）。

A. 计息周期有效利率越大

B. 利率周期有效利率越大

C. 利率周期有效利率越小

D. 利率周期有效利率与名义利率相差越小

30. 某企业从银行借款 500 万元，年利率 12%，按季度计算并支付利息，则每年利息为（　　）万元。

A. 60.00　　B. 63.41

C. 62.75　　D. 15.00

31. 在分析工程项目抗风险能力时，应分析工程项目在不同阶段可能遇到的不确定性因素和随机因素对其经济效果的影响，这些阶段包括工程项目的（　　）。

A. 策划期和建设期　　B. 运营期和拆除期

C. 建设期和运营期　　D. 建设期和达产期

32. 某投资方案计算期现金流量如下表，该投资方案的静态投资回收期为（　　）年。

年份	0	1	2	3	4	5
现金流量（万元）	-1000	-500	0	600	700	800

A. 5.125　　B. 4.250

C. 5.250　　D. 4.125

33. 下列关于内部收益率的说法中，正确的是（　　）。

A. 内部收益率能够反映投资过程的收益率

B. 内部收益率是初始投资在整个计算期内的盈利率

C. 内部收益率计算简单且不受外部指标影响

D. 任何项目的内部收益率都是唯一的

34. 采用增量投资内部收益率（ΔIRR）法比选计算期相同的互斥方案时，对于已通过绝对效果检验的投资方案，确定优选方案的准则是（　　）。

A. ΔIRR 大于基准收益率时，选择初始投资额小的方案

B. ΔIRR 大于基准收益率时，选择初始投资额大的方案

C. ΔIRR 大于基准收益率时，选择内部收益率小的方案

D. ΔIRR 大于基准收益率时，选择内部收益率大的方案

35. 在价值工程活动中，首先将产品的各种部件按成本由高到低排列，然后绘制成本累积分配图，最后将成本累积占总成本 70%～80%的部件作为价值工程主要研究对象的方法称为（　　）。

A. 因素分析法　　B. 强制确定法

C. ABC 分析法　　D. 百分比分析法

36. 某功能区包括四个功能，各功能现实成本和目标成本如下，则应首先改进的对象是（　　）。

功能区	甲	乙	丙	丁
现实成本（元）	800	700	750	1200
目标成本（元）	700	750	750	1050

A. 甲　　B. 乙

C. 丙　　D. 丁

37. 下列工程寿命周期成本中，属于社会成本的是（　　）。

A. 建筑产品使用过程中的电力消耗

B. 工程施工对原有植被可能造成的破坏

C. 产品使用阶段的人力资源消耗

D. 工程建设征地拆迁可能引发的不安定因素

38. 以下关于项目资本金的描述中，说法正确的是（　　）。

A. 项目资本金是投资者认缴的债务性资金

B. 投资者按资本金出资比例享有权益，资本金可以转让和抽回

C. 项目的资本金可以视为负债融资的信用基础

D. 项目资本金先于负债受偿，可以降低债权人的债权回收风险

39. 既有法人作为项目法人的，下列项目资本金来源中，属于既有法人外部资金来源的是（　　）。

A. 国家预算内投资　　B. 企业银行存款

C. 企业资产变现　　D. 企业产权转让

40. 以下关于政策性银行贷款描述中，说法正确的是（　　）。

A. 目前我国的政策性银行有中国进出口银行和国家开发银行

B. 政策性银行主要为实现国家中长期发展战略提供投融资服务

C. 政策性银行贷款主要支持竞争性较强的市场项目投资

D. 政策性银行贷款利率通常比商业银行贷款利率低

41. 可用于比较不同筹资方式资金成本高低，作为确定筹资方式重要依据的资金成本是（　　）。

A. 个别资金成本　　B. 平均资金成本

C. 综合资金成本　　D. 边际资金成本

42. 以下关于项目融资特点的描述中，正确的是（　　）。

A. 项目投资者承担项目风险

B. 项目融资成本较高

C. 用于支持贷款的信用结构固定

D. 贷款人可以追索项目以外的任何资产

43. 在项目融资程序中，融资决策分析之前要完成的工作是（　　）。

A. 融资结构设计　　B. 融资谈判

C. 融资执行　　D. 投资决策分析

44. 以下关于 TOT 融资方式的描述中，说法正确的是（　　）。

A. 融资谈判过程比较容易达成一致，但可能会威胁国内基础设施的控制权和国家安全

B. 需要建立具有特许权的专门机构（SPV），信用保证结构比较复杂

C. 通过已建成项目为其他新项目融资，资产收益具有确定性

D. 主要通过在证券市场发行债券进行融资

45. 以下关于 PFI 融资方式特点的描述中，说法正确的是（　　）。

A. 特许经营期满后，必须无偿交给政府管理运营

B. 主要通过证券市场发行债券的方式进行融资

C. 利用已建成项目为其他新项目进行融资

D. 项目结束时私营企业应将项目完好地、无债务地归还政府

46. 以下关于增值税的描述中，说法正确的是（　　）。

A. 纳税人兼营不同税率项目的，应分别核算销售额，未分别核算的从低适用税率

B. 当期销项税额小于进项税额不足抵扣的，不足部分可以结转下期继续抵扣

C. 当采用简易计税方法时，建筑行业增值税征收率为 9%

D. 转让土地使用权、销售不动产适用的增值税税率为 13%

47. 以下各项中，采用定额税率的是（　　）。

A. 所得税　　B. 增值税

C. 城镇土地使用税　　D. 契税

48. 对建筑工程一切险而言，保险人对（　　）造成的物质损失不承担赔偿责任。

A. 自然灾害　　B. 意外事故

C. 突发事件　　D. 自然磨损

49. 工程项目策划的首要任务是根据建设意图进行工程项目的（　　）。

A. 定义和定位　　B. 功能分析

C. 方案比选　　D. 经济评价

50. 在进行财务效益和费用的估算过程中，下列各项可以在融资前进行估算的是（　　）。

A. 流动资金　　B. 固定资产原值

C. 总成本费用　　D. 折旧与摊销

51. 下列财务费用中，在投资方案效果分析中通常只考虑（　　）。

A. 汇兑损失　　B. 汇兑收益

C. 相关手续费　　D. 利息支出

52. 限额设计需要在投资额度不变的情况下，实现（　　）的目标。

A. 设计方案和施工组织最优化　　B. 总体布局和施工方案最优化

C. 建设规模和投资效益最大化　　D. 使用功能和建设规模最大化

53. 应用价值工程评价设计方案的首要步骤是进行（　　）。

A. 功能分析　　B. 功能评价

C. 成本分析　　D. 价值分析

54. 如果实际工程量与预计工程量可能有较大出入时，应优先选择（　　）合同。

A. 总价　　B. 单价

C. 成本加百分比酬金　　D. 成本加浮动酬金

55. 根据《标准施工招标文件》，下列情况所造成的费用和工期延误等损失应由发包

人负责的是（ ）。

A. 已经监理人检查合格的隐蔽工程，监理人钻孔探测重新检验发现质量符合要求的

B. 监理人未按规定时间检验且承包人已覆盖的隐蔽工程，监理人经重新检验发现质量不符合要求的

C. 监理人对承包人私自覆盖工程进行揭开重验，发现质量合格的

D. 已经监理人检查合格的隐蔽工程，监理人钻孔探测重新检验发现质量不符合要求的

56. 在常用的国际工程施工合同示范文本中，AIA 是指（ ）。

A. 英国土木工程师学会
B. 美国建筑师学会
C. 国际咨询工程师联合会
D. 英国皇家测量师学会

57. 下列费用中，可直接分解到各工程分项的是（ ）。

A. 临时设施费和保险费
B. 二次搬运费和材料费
C. 企业管理费和规费
D. 检验试验费和临时设施费

58. 施工成本管理中不确定因素最多、最复杂、最基础的工作内容是（ ）。

A. 施工成本计划
B. 施工成本控制
C. 施工成本分析
D. 施工成本考核

59. 根据我国现行合同条件，关于工程索赔的说法中，正确的是（ ）。

A. 监理人未能及时发出指令不能视为发包人违约

B. 因政策法规的变化不能提出索赔

C. 机械停工按照机械台班单价计算索赔

D. 监理人指令承包商加速施工有可能会产生索赔

60. 利用曲线法对工程项目进行偏差分析时，已完工程实际费用曲线和已完工程计划费用曲线的竖向距离表示（ ）。

A. 局部进度偏差
B. 累计进度偏差
C. 局部费用偏差
D. 累计费用偏差

二、多项选择题（共 20 题，每题 2 分。每题的备选项中，有 2 个或 2 个以上符合题意，至少有 1 个错项。错选，本题不得分；少选，所选的每个选项得 0.5 分）

61. 工程计价的依据有多种不同类型，其中工程单价的计算依据有（ ）。

A. 材料价格
B. 投资估算指标
C. 机械台班费
D. 人工单价
E. 概算定额

62. 工程造价的宏观管理主体是指政府部门根据社会经济发展需求，利用（ ）等手段规范市场主体的价格行为、监控工程造价的系统活动。

A. 法律
B. 社会
C. 经济
D. 技术
E. 行政

63. 工程监理单位与被监理工程的（ ）有隶属关系或其他利害关系的，不得承担该项目的监理业务。

A. 施工单位　　B. 设计单位
C. 建设单位　　D. 建筑材料供应单位
E. 设备供应单位

64. 根据《招标投标法》，下列说法正确的有（　　）。
A. 投标人少于 3 个的，招标人应重新招标
B. 不宜招标的项目经批准可以采用邀请招标方式确定中标人
C. 招标人对已发出招标文件的澄清和修改，属于招标文件的组成部分
D. 联合体各方均应具备招标文件对投标人资格条件的规定
E. 评标过程中，设有标底的，应当参考标底

65. 以下关于合同形式的说法，正确的有（　　）。
A. 建设工程合同应当采用书面形式
B. 电子数据交换不能直接作为书面合同
C. 合同有书面和口头两种形式
D. 电话不是合同的书面形式
E. 书面形式限制了当事人对合同内容的协商

66. 工程项目决策阶段编制的项目建议书应包括的内容有（　　）。
A. 环境影响的初步评价
B. 社会评价和风险分析
C. 主要原材料供应方案
D. 资金筹措方案设想
E. 项目进度安排

67. 对业主而言，建设工程采用总分包模式的特点有（　　）。
A. 有利于缩短工期
B. 选择承包商的范围较大
C. 有利于降低项目合同总额
D. 有利于控制工程造价
E. 有利于控制工程质量

68. 下列流水施工参数中，用来表达流水施工在空间布置上开展状态的参数有（　　）。
A. 流水能力　　B. 施工过程
C. 流水强度　　D. 工作面
E. 施工段

69. 对于单代号网络计划的关键线路和关键工作，以下正确的说法是（　　）。
A. 关键线路只有一条
B. 关键工作的自由时差为零
C. 关键工作的机动时间最小
D. 关键线路上相邻两工作间的时间间隔为零
E. 关键线路上各工作持续时间之和最小

70. 根据《标准勘察招标文件》（2017 年版），勘察合同条款由（　　）组成。

A. 通用条款

B. 专用条款

C. 合同协议书

D. 履约保证金格式

E. 投标保证金格式

71. 下列投资方案经济效果评价指标中，属于静态评价指标的有（　　）。

A. 内部收益率

B. 利息备付率

C. 资本金净利润率

D. 资产负债率

E. 投资回收期

72. 有甲、乙、丙、丁四个计算期相同的互斥型方案，投资额依次增大，内部收益率依次为 9%、11%、13%、12%，基准收益率为 10%。采用增量投资内部收益率 ΔIRR 进行方案比选，正确的做法有（　　）。

A. 乙与甲比较，若 $\Delta IRR>10\%$，则选乙

B. 丙与甲比较，若 $\Delta IRR<10\%$，则选甲

C. 丙与乙比较，若 $\Delta IRR>10\%$，则选丙

D. 丁与丙比较，若 $\Delta IRR<10\%$，则选丙

E. 直接选丙，因其 IRR 超过其他方案的 IRR

73. 以下关于工程寿命周期成本的说法中，正确的有（　　）。

A. 寿命周期成本分析中必须考虑资金的时间价值

B. 如果以系统效率为输入，则寿命周期成本为输出

C. 寿命周期成本分析必须在项目早期进行，准确性难以保证

D. 为求出费用效率，在任何情况下都必须进行定量计算

E. 寿命周期成本评价法在很大程度上依赖于权衡分析的彻底程度

74. 资本金筹措过程中应遵循结构合理原则，具体包括合理安排（　　）。

A. 资金使用时间

B. 以需定筹

C. 长期资金和短期资金比例

D. 权益资金和债务资金比例

E. 各币种资金比例

75. 在 PPP 项目实施过程中，应由社会资本承担的风险主要有（　　）。

A. 财务风险

B. 法律风险

C. 最低需求风险

D. 不可抗力风险

E. 运营维护风险

76. 下列实物项目中，可投保建筑工程一切险的有（　　）。

A. 已完成尚未移交业主的工程

B. 业主采购并已运抵工地范围内的材料

C. 工地范围内施工用的推土机

D. 工地范围内施工用的规范、文件

E. 工程设计文件及有关批复文件

77. 工程项目多方案比选的内容有（　　）。

A. 选址方案

B. 规模方案
C. 污染防治措施方案
D. 投产后经营方案
E. 工艺方案
78. 根据《标准施工招标文件》中的合同条款，需要由承包人承担的有（　　）。
A. 承包人协助监理人使用施工控制网所发生的费用
B. 承包人车辆外出行驶所发生的场外公共道路通行费用
C. 发包人提供的测量基准点有误导致承包人测量放线返工所发生的费用
D. 监理人剥离检查已覆盖合格隐蔽工程所发生的费用
E. 承包人修建临时设施需要临时占地所发生的费用
79. 以下关于分部分项工程成本分析资料来源的描述中，正确的有（　　）。
A. 预算成本资料来自于分解到该分部分项工程上的计划成本
B. 目标成本资料来自于以施工图和定额为依据编制的施工图预算成本
C. 实际成本资料来自于实际工程量、实耗材料、实耗人工
D. 目标成本资料来自于分解到该分部分项工程上的计划成本
E. 预算成本资料来自于以施工图和定额为依据编制的施工图预算成本
80. 关于工程竣工结算的说法，正确的有（　　）。
A. 工程竣工结算分为单位工程竣工结算和单项工程竣工结算
B. 工程竣工结算均由总承包单位编制
C. 建设单位审查工程竣工结算的递交程序和资料的完整性
D. 施工承包单位要审查工程竣工结算的项目内容与合同约定内容的一致性
E. 建设单位要审查实际施工工期对工程造价的影响程度

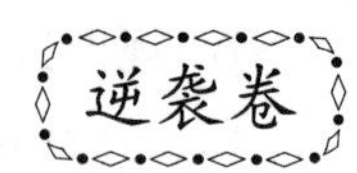

模拟题二

一、单项选择题（共60题，每题1分。每题的备选项中，只有一个最符合题意）

1. 建设项目的组合性决定了工程计价的逐步组合过程，该组合过程是（　　）。

A. 建设项目总造价→单项工程造价→单位工程造价→分部分项工程造价

B. 分部分项工程造价→单位工程造价→单项工程造价→建设项目总造价

C. 分部分项工程造价→单项工程造价→单位工程造价→建设项目总造价

D. 建设项目总造价→单位工程造价→分部分项工程造价→单项工程造价

2. 以下关于造价工程师执业的描述中，错误的是（　　）。

A. 造价工程师不可以同时受聘于两个单位执业

B. 造价工程师应主动接受有关主管部门的监督检查

C. 一级造价工程师的执业范围包括建设项目全过程的造价管理与咨询

D. 二级造价工程师的执业范围包括设计概算的编制和审核

3.（　　）等注册执业人员应当在设计文件上签字，对设计文件负责。

A. 注册造价工程师和监理工程师　　B. 注册建筑师和注册结构工程师

C. 注册建筑师和注册造价工程师　　D. 注册造价工程师和建造师

4. 以下关于一些国家和地区工程造价管理的说法中，正确的是（　　）。

A. 美国政府有统一发布的工程量规则

B. 美国没有统一的工程分项细目划分标准

C. 美国工程造价咨询业完全由行业协会管理

D. 工程造价咨询公司在英国被称为工程积算所

5. 根据《建设工程质量管理条例》，在正常使用条件下，设备安装工程的最低保修期限是（　　）。

A. 1年　　B. 2年

C. 3年　　D. 5年

6. 根据《招标投标法》，依法必须招标的项目，招标人应当自确定中标人之日起（　　）日内，向有关行政监督部门提交招标投标情况的书面报告。

A. 7　　B. 14

C. 15　　D. 30

7. 根据《招标投标法实施条例》，潜在投标人对招标文件有异议的，应当在投标截止时间（　　）日前提出。

A. 3　　B. 5

C. 10　　D. 15

8. 根据《政府采购法》，招标后没有供应商投标或没有合格标的，可以采用（　　）

方式采购。

A. 邀请招标　　B. 竞争性谈判

C. 单一来源采购　　D. 询价

9. 合同订立过程中，属于要约失效的情形是（　　）。

A. 承诺通知到达要约人

B. 受要约人依法撤销承诺

C. 要约人在承诺期限内未作出承诺

D. 受要约人对要约内容做出实质性质变更

10. 根据《民法典》合同编，执行政府定价或政府指导价的合同时，对于逾期交付标的物的处置方式是（　　）。

A. 遇价格上涨时，按照原价格执行；价格下降时，按照新价格执行

B. 遇价格上涨时，按照新价格执行；价格下降时，按照原价格执行

C. 无论价格上涨或下降，均按照新价格执行

D. 无论价格上涨或下降，均按照原价格执行

11. 对于世界银行贷款项目，在完成项目选定后的下一步工作是（　　）。

A. 项目准备　　B. 项目评估

C. 项目谈判　　D. 项目总结评价

12. 以下各项中，属于项目可行性研究报告基本内容的是（　　）。

A. 市场风险分析　　B. 项目进度安排

C. 环境影响的初步评价　　D. 资金筹措方案设想

13. 施工图审查机构对施工图审查的主要内容包括（　　）。

A. 监理规划编制的合理性　　B. 地基基础与主体结构的安全性

C. 施工组织设计的合理性　　D. 施工图设计文件的修改审批情况

14. 为了保护环境，在项目实施阶段应做到“三同时”。这里的“三同时”是指主体工程与环保措施施工工程要（　　）。

A. 同时施工、同时验收、同时投入运行　　B. 同时审批、同时设计、同时施工

C. 同时设计、同时施工、同时投入运行　　D. 同时施工、同时移交、同时使用

15. 以下关于全过程工程咨询的说法，正确的是（　　）。

A. 全过程工程咨询服务内容包括投资决策综合性咨询和工程建设全过程咨询

B. 全过程咨询涉及投资决策、工程建设、运营实施等各阶段

C. 投资决策综合性咨询可以实现工程建设过程的协同性

D. 工程建设全过程咨询的目的是避免可行性研究论证的碎片化

16. 以下关于工程代建制的说法，错误的是（　　）。

A. 工程代建单位的责任范围只在工程项目建设的实施阶段

B. 工程代建单位不负责建设资金筹措，但要负责贷款偿还

C. 工程代建模式适用于政府投资的公益性项目

D. 代建单位需提交工程概算投资10%左右的履约保函

17. 用来确定年度施工项目的投资额和年末形象进度，并阐明建设条件落实情况的是（　　）。

A. 投资计划年度分配表　　B. 年度建设资金平衡表

C. 年度计划项目表　　D. 工程项目进度平衡表

18. 下列控制措施中，属于工程项目目标被动控制措施的是（　　）。

A. 制定实施计划时，考虑影响目标实现和计划实施的不利因素

B. 说明和揭示影响目标实现和计划实施的潜在风险因素

C. 制定必要的备用方案，以应对可能出现的影响目标实现的情况

D. 跟踪目标实施情况，发现目标偏离时及时采取纠偏措施

19. 下列流水施工参数中，属于工艺参数的是（　　）。

A. 施工过程　　B. 施工段

C. 流水步距　　D. 流水节拍

20. 等节奏流水施工与非节奏流水施工的共同特点是（　　）。

A. 相邻施工过程的流水步距相等

B. 施工段之间可能有空闲时间

C. 专业工作队数等于施工过程数

D. 各施工过程在各施工段的流水节拍各自相等

21. 计划工期与计算工期相等的双代号网络计划中，若某工作的开始节点和完成节点均为关键节点，则该工作（　　）。

A. 一定是关键工作　　B. 总时差为零

C. 总时差等于自由时差　　D. 自由时差为零

22. 某双代号网络图如下所示，存在的绘制错误是（　　）。

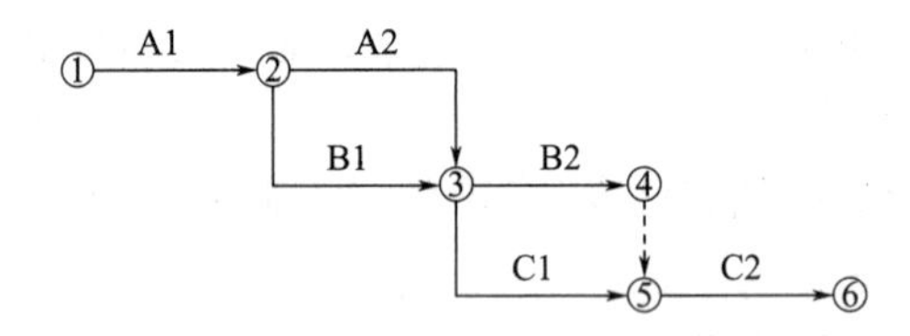

A. 节点编号错误　　B. 存在多余节点

C. 有多个终点节点　　D. 工作代号相同

23. 以下关于网络计划优化的描述中，说法正确的是（　　）。

A. 工期优化是指寻找工程总成本最低时的工期安排

B. 费用优化是通过压缩关键工作的持续时间以满足工期目标的要求

C. 资源优化主要目的是通过优化减少完成某项工作所需的资源数量

D. “工期固定，资源均衡”的资源优化，可以通过方差值最小法实现

24. 根据《标准设计招标文件》，发包人应提前（　　）向设计人发出开始设计通知。

A. 7 天　　B. 10 天

C. 14 天　　D. 28 天

25. 在现金流量图中，横轴上的每一间隔表示（　　）。

A. 利率周期　　B. 计息周期

C. 系统寿命周期　　D. 现金流量的大小

26. 某工程建设期2年，建设单位在建设期第1年初和第2年初分别从银行借入700万元和500万元，年利率8%，按年计息。建设单位在运营期前3年每年末等额偿还贷款本息，则每年应偿还（　　）万元。

A. 452.16　　B. 487.37

C. 526.36　　D. 760.67

27. 某项借款，年名义利率10%，按季复利计息，则季度有效利率为（　　）。

A. 2.41%　　B. 2.50%

C. 2.52%　　D. 3.32%

28. 投资方案财务生存能力分析，是指分析和测算投资方案的（　　）。

A. 各期营业收入，判断营业收入能否承付成本费用

B. 市场竞争能力，判断项目能否持续发展

C. 各期现金流量，判断投资方案能否持续运行

D. 预期利润水平，判断能否吸引项目投资者

29. 关于利息备付率的说法，正确的是（　　）。

A. 利息备付率越高，表明利息偿付的保障程度越高

B. 利息备付率越高，表明利息偿付的保障程度越低

C. 利息备付率大于零，表明利息偿付能力强

D. 利息备付率小于零，表明利息偿付能力强

30. 以下关于利用线性内插法计算方案内部收益率（*IRR*）的说法中，正确的是（　　）。

A. 对于非常规投资项目只能用线性内插法进行*IRR*的近似计算

B. 线性内插法计算的*IRR*结果比真实值偏小

C. 为保证精度，试用的两个折现率的差距不应小于5%

D. 线性内插法计算内部收益率仅适用于常规投资项目

31. 为考察项目单位投资的盈利能力，可以采用的动态指标是（　　）。

A. 投资收益率　　B. 净现值

C. 净年值　　D. 净现值率

32. 对于利用增量投资内部收益率法进行计算期相同方案比选的描述，说法正确的是（　　）。

A. 首先计算各方案内部收益率，并淘汰内部收益率大于基准收益率的方案

B. 对于内部收益率大于等于基准收益率的方案，按内部收益率从小到大依次排列

C. 选择内部收益率大于等于基准收益率且最大的方案为最优方案

D. 若两方案的增量投资内部收益率大于基准收益率，则选择初始投资额大的方案

33. 以下关于互斥方案比选的描述中，正确的是（　　）。

A. 内部投资收益率大的方案，其净现值一定小

B. 内部投资收益率大的方案，其净现值一定大

C. 利用增量投资内部收益率进行方案比选时，若ΔIRR大于基准收益率，则保留内部收益率大的方案

D. 在互斥方案净现值函数示意图中，两条曲线交点的横坐标为两方案增量投资内部收益率

34. 价值工程的表达式 $V=F/C$ 中，“C”是指产品的（　　）。

A. 日标成本　　B. 生产成本

C. 寿命周期成本　　D. 经营成本

35. 在选择价值工程对象时，首先求出分析对象的成本系数、功能系数，然后得出价值系数，当分析对象的功能与成本不相符时，将价值低的选为价值工程研究对象的方法是（　　）。

A. 重点选择法　　B. 因素分析法

C. 强制确定法　　D. 价值指数法

36. 某产品各功能区采用环比评分法得到的暂定重要性系数见下表，则 F_3 的功能重要性系数为（　　）。

功能区	F_1	F_2	F_3
暂定重要性系数	2.0	1.5	

A. 0.27　　B. 0.18

C. 0.33　　D. 0.22

37. 对生产性项目进行寿命周期成本评价时，可列入工程系统效率的是（　　）。

A. 研究开发费　　B. 备件库存资金

C. 生产阶段劳动力成本节省额　　D. 生产阶段材料成本降低额

38. 可用于对从系统开发至设置完成所用费用与设置费用之间进行权衡分析的方法是（　　）。

A. 层次分析法　　B. 关键线路法

C. 计划评审技术法　　D. 挣值分析法

39. 以下关于项目资本金的描述中，正确的是（　　）。

A. 项目资本金属于建设项目法人的债务，应按期偿付本息

B. 项目资本金是项目总投资中的固定资产投资部分

C. 项目资本金是项目总投资中由投资者认缴的出资额

D. 出资者根据项目资本金出资比例享有权益，出资不得转让

40. 根据《国务院关于加强固定资产投资项目资本金管理的通知》（国发〔2019〕26号），对于公路、铁路、城建、物流、生态环保、社会民生等领域的补短板基础设施项目，在投资回报机制明确、收益可靠的前提下，可适当降低项目最低资本金比例，但下调不得（　　）。

A. 超过 3 个百分点　　B. 低于 3 个百分点

C. 超过 5 个百分点　　D. 低于 5 个百分点

41. 既有法人未来生产经营获得的各项资金中，可以作为项目资本金进行投资的是（　　）。

A. 财务费用　　B. 折旧与摊销

C. 净利润总额　　D. 流动资金占用的增加

42. 以下各项中，属于世界银行贷款特点的是（　　）。

A. 世界银行贷款不限于会员国

B. 贷款期限较长，最长可达30年

C. 世界银行不对非会员国发放贷款

D. 贷款主要鼓励发达国家进行高科技研发

43. 以下各项资金成本中，可以作为追加筹资决策依据的是（　　）。

A. 个别资金成本　　B. 筹资资金成本

C. 综合资金成本　　D. 边际资金成本

44. 以下关于债务偿还顺序的描述中，正确的是（　　）。

A. 对采用固定利率的项目，应尽可能提前还款

B. 应先偿还利率低的债务，后偿还利率高的债务

C. 对于有外债的项目应先偿还硬货币债务

D. 对于有外债的项目应先偿还软货币债务

45. 以下各项中，属于项目融资优点的是（　　）。

A. 投资风险大、风险种类多

B. 融资成本较低、时间较短

C. 公司负债型融资、信用结构多样化

D. 可以利用税务优势

46. 下列项目融资工作中，属于融资谈判阶段工作内容的是（　　）。

A. 进行技术经济分析　　B. 评价项目风险因素

C. 选择项目融资方式　　D. 组织贷款银团

47. 以下关于PFI与BOT融资方式比较的说法中，正确的是（　　）。

A. PFI与BOT在本质上没有太大区别　　B. BOT比PFI的适用领域更广

C. PFI与BOT的合同类型相同　　D. 二者均需要设立SPV或SPC

48. 对小规模纳税人而言，增值税应纳税额的计算式是（　　）。

A. 销售额×征收率　　B. 销项税额-进项税额

C. 销售额/(1-征收率)×征收率　　D. 销售额×(1-征收率)×征收率

49. 下列各类项目的工程一切险费率采用单独年费率的是（　　）。

A. 安装工程　　B. 施工设备

C. 第三者责任　　D. 工地内现成的建筑

50. 工程项目策划中，需要通过项目定位策划确定工程项目的（　　）。

A. 系统框架　　B. 系统组成

C. 规格和档次　　D. 用途和性质

51. 下列财务评价指标中，可用来判断项目盈利能力的是（　　）。

A. 资产负债率　　B. 流动比率

C. 总投资收益率　　D. 速动比率

52. 以下各项中，需要在确定项目融资方案后进行估算的是（　　）。

A. 营业收入　　B. 流动资金

C. 总成本费用　　D. 建设投资

53. 以下关于限额设计的描述中，正确的是（　　）。

A. 限额设计目标推进包括限额初步设计和限额技术设计两个阶段

B. 在考虑工程全寿命期成本进行设计时，不能突破原有设计限额

C. 投资决策阶段是限额设计的关键

D. 限额施工图设计需要根据最终确定的可行性研究报告进行分析和设计

54. 下列合同计价方式中，建设单位最容易控制造价的是（　　）。

A. 成本加浮动酬金合同　　B. 单价合同

C. 成本加百分比酬金合同　　D. 总价合同

55. 根据《标准施工招标文件》，除专用合同另有约定外，经验收合格工程的实际竣工日期，以（　　）为准。

A. 竣工验收合格之日　　B. 提交竣工验收申请的日期

C. 转移占有之日　　D. 竣工验收结算之日

56. 根据 FIDIC《施工合同条件》，下列关于指定分包商的说法正确的是（　　）。

A. 指定分包商承包的工程是承包商承包工程的一部分

B. 给指定分包商的付款应从暂定金额中开支

C. 指定分包商与业主签订分包合同，由承包商管理

D. 在任何情况下，业主不得直接支付工程款给指定分包商

57. 按工程进度编制资金使用计划时，若所有工作都按最早开始时间开始，则（　　）。

A. 有利于节约建设资金贷款利息　　B. 不利于提高工程按期竣工的保证率

C. 有利于提高工程按期竣工保证率　　D. 有利于提高工程一次检验合格率

58. 按成本性态差异划分，施工成本可以分为（　　）。

A. 直接成本和间接成本　　B. 计划成本和实际成本

C. 固定成本和变动成本　　D. 工期成本和质量成本

59. 下列可导致承包商索赔的原因中，属于业主方违约的是（　　）。

A. 业主指令增加工程量　　B. 业主要求提高设计标准

C. 监理人不按时组织验收　　D. 材料价格大幅度上涨

60. 以下费用偏差的纠正措施中，属于技术措施的是（　　）。

A. 明确费用控制人员的任务与职责　　B. 检查费用目标分解是否合理

C. 针对偏差进行技术改正　　D. 认真审核索赔依据

二、多项选择题（共 20 题，每题 2 分。每题的备选项中，有 2 个或 2 个以上符合题意，至少有 1 个错项。错选，本题不得分；少选，所选的每个选项得 0.5 分）

61. 建设项目静态投资包括（　　）。

A. 基本预备费　　B. 设备和工器具购置费

C. 涨价预备　　D. 建设期贷款利息

E. 因工程量误差引起的造价增减

62. 根据造价工程师职业资格制度，下列工作内容中，属于一级造价工程师执业范围的有（　　）。

A. 批准工程投资估算

B. 审核工程设计概算

C. 审核工程投标报价

D. 进行工程审计中的造价鉴定

E. 调解工程造价纠纷

63. 根据《建筑法》，申请领取施工许可证应当具备的条件有（　　）。

A. 建设资金已全额到位

B. 已提交建筑工程用地申请

C. 已经确定建筑施工单位

D. 有保证工程质量和安全的具体措施

E. 已完成施工图技术交底和图纸会审

64. 根据《政府采购法实施条例》，以下各项中适宜采用竞争性谈判方式进行采购的有（　　）。

A. 具有特殊性，只能从限定范围的供应商处采购的

B. 招标后没有供货商投标的

C. 货物规格标准统一且价格变化幅度小的

D. 采用招标所需时间不能满足用户紧急需要的

E. 不能事先计算出价格总额的

65. 根据《民法典》合同编，以下关于要约与承诺的说法中，正确的有（　　）。

A. 要约人确定承诺期限的要约，不得撤销

B. 要约人依法撤销要约的，要约失效

C. 撤销承诺应征得要约人同意

D. 承诺生效时合同成立

E. 招标人发出招标公告属于要约

66. 根据《国务院关于投资体制改革的决定》，采用资本金注入方式的政府投资项目，政府需要从投资决策角度审批（　　）。

A. 项目建议书

B. 开工报告

C. 可行性研究报告

D. 资金申请报告

E. 初步设计

67. 以下关于工程总承包的描述中，正确的是（　　）。

A. 有利于缩短工期

B. 有利于提前确定工程造价

C. 有利于减轻建设单位合同管理负担

D. 有利于降低道德风险

E. 有利于降低工程总承包单位报价

68. 下列各种方法中，可用来表达流水施工的有（　　）。

A. 网络图

B. 横道图

C. 直方图

D. 控制图

E. 垂直图

69. 工程网络计划中，关键工作是指（　　）的工作。

A. 自由时差最小

B. 总时差最小

C. 时间间隔为零

D. 最迟完成时间与最早完成时间的差值最小

E. 开始节点和完成节点均为关键节点

70. 根据《最高人民法院关于审理建设工程施工合同纠纷案件适用法律问题的解释（一）》（法释〔2020〕25 号），以下说法正确的有（　　）。

A. 当事人对垫资和垫资利息有约定的，按约定利率执行

B. 当事人就欠付工程款利息计付标准未有约定的，承包人请求支付利息的，不予支持

C. 当事人就垫资利息计付标准未有约定的，承包人请求支付利息的，不予支持

D. 当事人就付款时间未有约定的，自竣工结算之日开始计算

E. 发包人收到竣工结算文件后，在约定时限内不予答复，视为认可竣工结算文件

71. 现有两个互斥方案，其净现值函数如下图所示，下列表述中正确的有（　　）。

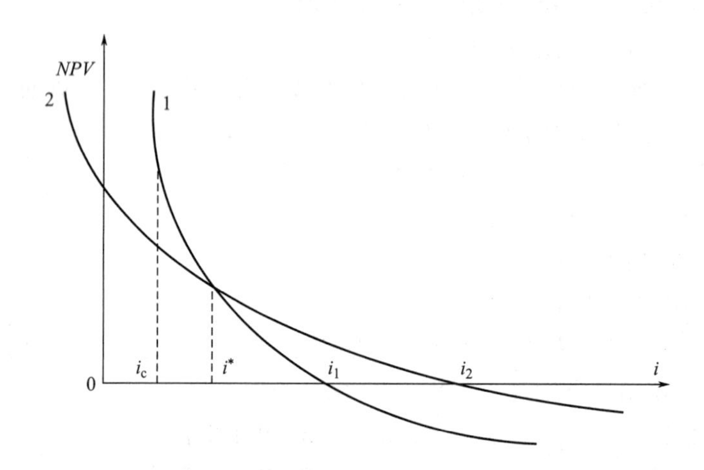

A. 投资方案 1 的内部收益率大于投资方案 2

B. 若基准收益率为 i_c，则方案 1 为优选方案

C. 若基准收益率为 i^*，则两投资方案的净现值相等

D. 两方案的增量投资内部收益率为 i^*

E. 根据上图可以判断，方案 1 的初始投资额大于方案 2

72. 以下关于投资回收期的描述，正确的有（　　）。

A. 投资回收期从项目建设开始年算起

B. 动态投资回收期比静态投资回收期短，更能客观反映项目资金经济效果

C. 投资回收期可以反映项目整个计算期内的现金流量

D. 若投资回收期小于确定的基准投资回收期，则项目经济上可以考虑接受

E. 投资回收期是反应项目回收初始投资并获取收益能力的指标，计算比较简便

73. 某产品目标总成本为 1000 元，各功能区现实成本及功能重要性系数见下表，则应降低成本的功能区有（　　）。

功能区	F_1	F_2	F_3	F_4	F_5
功能重要性系数	0. 36	0. 25	0. 03	0. 28	0. 08
现实成本（元）	340	240	40	300	100

A. F_1　　B. F_2
C. F_3　　D. F_4
E. F_5

74. 以下各种资金筹资方式的资金成本计算中，要考虑所得税影响的是（　　）。
A. 优先股　　B. 普通股
C. 保留盈余　　D. 长期贷款
E. 债券

75. 对 PPP 项目进行物有所值（*VFM*）定性评价的基本指标有（　　）。
A. 运营收入增长潜力　　B. 潜在竞争程度
C. 项目建设规模　　D. 政府机构能力
E. 风险识别与分配

76. 建筑工程一切险的保险人可采取的赔付方式有（　　）。
A. 重置　　B. 修复
C. 退还保险费　　D. 延长保险期限
E. 赔付修理费用

77. 以下各项标准和参数中，可以用于项目经济分析的有（　　）。
A. 净收益　　B. 净利润
C. 社会折现率　　D. 市场利率
E. 财务净现值

78. 根据 FIDIC《施工合同条件》的规定，关于争端避免/裁决委员会（DAAB）及其裁决的说法，正确的有（　　）。
A. DAAB 须由 3 人组成
B. 合同双方共同确定 DAAB 主席
C. DAAB 成员的酬金由合同双方各支付一半
D. 合同当事人有权不接受 DAAB 的裁决
E. 合同双方对 DAAB 的约定排除了合同仲裁的可能性

79. 分部分项工程成本分析中，“三算对比”主要是进行（　　）的对比。
A. 实际成本与投资估算　　B. 实际成本与预算成本
C. 实际成本与竣工决算　　D. 实际成本与目标成本
E. 施工预算与设计概算

80. 根据《标准施工招标文件》，以下属于工程变更情形的有（　　）。
A. 改变合同中某项工作的质量要求
B. 改变合同工程原定的位置
C. 改变合同中已批准的施工顺序
D. 为完成工程需要追加的额外工作
E. 取消某项工作改由建设单位自行完成

逆袭卷

模拟题三

一、单项选择题（共60题，每题1分。每题的备选项中，只有一个最符合题意）

1. 以下关于工程造价含义的表述中，正确的是（　　）。

A. 工程造价是工程项目在全寿命周期内预计或实际支出的建设费用

B. 工程造价与建设项目总投资的统计范围是相同的

C. 对投资者而言，工程造价是项目投资，是“购买”工程项目所需支付的费用

D. 工程造价是投资者作为市场供给主体“出售”项目时的价格

2. 下列工作中，属于工程发承包阶段造价管理工作内容的是（　　）。

A. 处理工程变更　　B. 审核工程概算

C. 进行工程计量　　D. 编制工程量清单

3. 注册造价工程师的执业凭证是（　　）。

A. 执业印章和执业资格证书　　B. 注册证书和执业印章

C. 职称证书和注册证书　　D. 执业资格证书和注册证书

4. 根据《建筑法》，下列关于建筑工程施工许可的相关描述中，正确的是（　　）。

A. 在建工程因故中止施工的，施工单位应当自中止施工之日起1个月内向发证机关报告，并按规定做好建设工程的维护管理工作

B. 建设单位应当自领取施工许可证之日起6个月内开工

C. 中止施工满3个月的工程恢复施工前，建设单位应当报发证机关核验施工许可证

D. 按照国务院相关规定批准开工报告的建筑工程，不再领取施工许可证

5. 根据《建设工程安全生产管理条例》，下列工程中需要编制专项施工方案并组织专家进行论证、审查的是（　　）。

A. 拆除爆破工程　　B. 起重吊装工程

C. 脚手架工程　　D. 高大模板工程

6. 根据《招标投标法》，以下关于开标和评标说法正确的是（　　）。

A. 开标应由投标人代表或公证机构主持

B. 一般招标项目的评标委员会成员可以由招标人直接确定

C. 特殊招标项目的评标委员会成员应采取随机抽取方式确定

D. 评标委员会可以要求投标人对投标文件中含义不明的内容作出必要澄清或说明

7. 根据《招标投标法实施条例》，投标人撤回已提交的投标文件，应当在（　　）前，书面通知招标人。

A. 投标截止时间　　B. 评标委员会开始评标

C. 评标委员会结束评标　　D. 招标人发出中标通知书

8. 根据《政府采购法》，政府采购的主要方式是（　　）。

A. 邀请招标　　B. 竞争性谈判
C. 单一来源采购　　D. 公开招标

9. 根据《民法典》合同编，下列关于要约与承诺的说法，正确的是（　　）。
A. 发出后的承诺通知不得撤回
B. 当事人订立合同，需要经过要约邀请、要约和承诺三个阶段
C. 超过承诺期限发出的承诺均视为新要约
D. 受要约人对要约内容作出实质性变更的，要约失效

10. 以下关于违约责任的说法，正确的是（　　）。
A. 违约责任以合同成立为前提
B. 违约责任是一种赔偿责任，可以由合同双方自由约定
C. 违约责任是一种民事赔偿责任，贯彻损益相当原则
D. 缔约过失责任属于违约责任的一种主要形式

11. 以下各项中，属于单位工程的是（　　）。
A. 智能建筑工程　　B. 钢结构基础工程
C. 工业管道工程　　D. 生产车间工程

12. 根据我国现行规定，以下各项中属于政府投资项目建设程序中可行性研究报告内容的是（　　）。
A. 市场风险分析　　B. 项目进度安排
C. 资金筹措与还贷设想　　D. 项目初步设计

13. 城镇市政基础设施工程的建设单位应在开工前向（　　）申请领取施工许可证。
A. 国务院建设主管部门
B. 工程所在地省级以上人民政府建设主管部门
C. 工程所在地市级以上人民政府建设主管部门
D. 工程所在地县级以上人民政府建设主管部门

14. 对业主而言，建设工程采用平行承包模式的特点有（　　）。
A. 业主选择承包商的范围小　　B. 工程招标任务量大
C. 合同结构简单　　D. 业主组织协调工作量小

15. 下列工程项目管理组织机构形式中，具有较大的机动性和灵活性，能够实现集权与分权的最优结合，但因有双重领导，容易产生扯皮现象的是（　　）。
A. 矩阵制　　B. 直线职能制
C. 直线制　　D. 职能制

16. 作为施工承包单位计划体系的重要内容，项目管理规划大纲应由（　　）编制。
A. 项目经理部在开工之前　　B. 项目经理部在投标之前
C. 企业管理层在开工之前　　D. 企业管理层在投标之前

17. 下列工程项目目标控制的措施中，属于技术措施的是（　　）。
A. 充实控制机构，加强相互沟通　　B. 对设计变更方案进行技术经济分析
C. 通过科学试验确定新材料的适用性　　D. 确定对目标控制有利的承发包模式

18. 划分施工段的目的是为了（　　）。

A. 提高工作效率　　B. 确定时间参数

C. 合理安排施工过程　　D. 组织流水施工

19. 下列流水施工参数中，属于空间参数的是（　　）。

A. 流水节奏　　B. 施工过程

C. 流水步距　　D. 施工段

20. 关于建设工程等步距异节奏流水施工特点的说法，正确的是（　　）。

A. 专业工作队数等于施工过程数

B. 流水步距等于流水节拍

C. 施工段之间可能存在空闲时间

D. 同一施工过程各个施工段的流水节拍相等

21. 在工程网络计划中，关键工作是指（　　）的工作。

A. 最迟完成时间与最早完成时间的差值最小

B. 双代号网络计划开始节点和完成节点均为关键节点

C. 双代号时标网络计划中无波形线

D. 单代号网络计划中时间间隔为零

22. 某双代号网络计划如下图所示，计划工期等于计算工期，工作 D 的自由时差和总时差分别是（　　）。

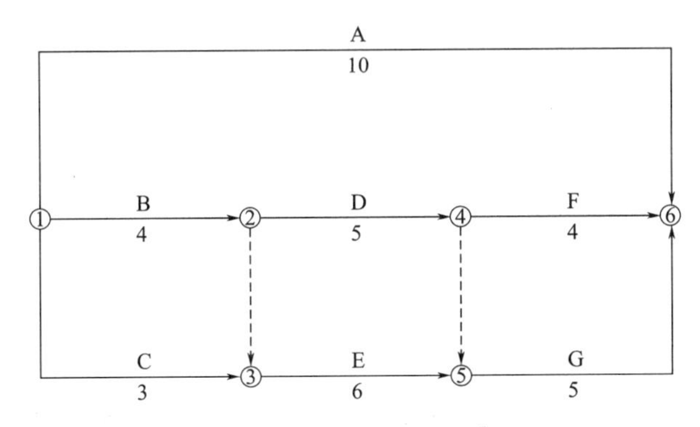

A. 2 和 2　　B. 1 和 2

C. 0 和 2　　D. 0 和 1

23. 根据《标准施工招标文件》，以下说法正确的是（　　）。

A. 专用条款可以对通用条款进行补充、细化和修改

B. 专用条款同时适用于单价合同和总价合同

C. 合同协议书是解释顺序最高的合同文件

D. 发包人应负责施工组织设计文件的编制

24. 某工程项目采购价值 3000 万元设备，设备供货方延迟交付 15 天，则应支付迟延交付违约金（　　）万元。

A. 24　　B. 36

C. 30　　D. 45

25. 在项目信息管理的各种实施模式中，实施费用最低、维护工作量最小，但针对性

和可靠性较差的是（ ）。

A. 自行开发　　B. 租用服务

C. 合作开发　　D. 直接购买

26. 影响利率的因素有多种，通常情况下利率的最高界限是（ ）。

A. 社会最大利润率　　B. 社会平均利润率

C. 社会平均风险系数　　D. 社会平均通货膨胀水平

27. 某企业第1~5年每年初等额投资，年收益率为10%，按复利计息，该企业若想在第5年末一次性回收投资本息1000万元，应在每年初投资（ ）万元。

A. 124.18　　B. 148.91

C. 163.80　　D. 181.82

28. 以下关于有效利率和名义利率说法正确的是（ ）。

A. 通常所说的利率周期利率为有效利率

B. 有效利率包括利率周期有效利率和计息周期有效利率

C. 利率周期有效利率等于计息周期有效利率乘以利率周期内的计息周期数

D. 当利率周期与计息周期一致时，就出现了有效利率和名义利率的概念

29. 按是否考虑资金的时间价值，投资方案经济效果评价方法分为（ ）。

A. 线性评价方法和非线性评价方法

B. 静态评价方法和动态评价方法

C. 确定性评价方法和不确定性评价方法

D. 定量评价方法和定性评价方法

30. 偿债备付率是指投资方案在借款偿还期内各年（ ）的比值。

A. 息税前利润与当期应还本付息金额

B. 税后利润与上期应还本付息金额

C. 可用于还本付息的资金与上期应还本付息金额

D. 可用于还本付息的资金与当期应还本付息金额

31. 与净现值相比较，采用内部收益率法评价投资方案经济效果的优点是能够（ ）。

A. 考虑资金的时间价值

B. 反映项目投资中单位投资的盈利能力

C. 反映投资过程收益程度且不受外部指标影响

D. 考虑项目在整个计算期内的经济状况

32. 项目净现值为2000万元，当某影响因素上升10%时，项目净现值变为1700万元，则净现值对该影响因素的敏感度系数为（ ）。

A. 1.5　　B. −1.5

C. −1.5%　　D. −30万元

33. 价值工程的目标是（ ）。

A. 提高对象的价值

B. 以最低的生产成本，使产品具备其所必须具备的功能

C. 以最低的寿命周期成本，获得最佳经济效果

D. 以最低的生产成本，获得最佳经济效果

34. 采用0-1法或0-4法选择价值工程对象时，如果分析对象的功能与成本不相符，应选择（　　）的作为价值工程研究对象。

A. 成本高　　　　B. 功能重要

C. 价值低　　　　D. 技术复杂

35. 已知部件A、B、C、D、E的重要程度依次增大，若采用0-1评分法确定各部件功能重要性系数，则部件B的功能重要性系数是（　　）。

A. 0.067　　　　B. 0.133

C. 0.333　　　　D. 0.267

36. 以下关于费用效率法的描述中，说法正确的是（　　）。

A. 费用效率是系统效率与设置费的比值

B. 费用效率是系统效率与维持费的比值

C. 系统效率可以通过对多个单项因素的定性分析确定

D. 可将费用效率看成是单位费用的输出值，越大越好

37. 以下各项中，属于设置费中各项费用之间权衡分析的是（　　）。

A. 采用计划预修，减少停机损失

B. 改善设计材质，降低维修频率

C. 购买专利使用权，降低制造和试验费用

D. 进行防止维修失误的设计改进

38. 关于项目资本金性质或特征的说法，正确的是（　　）。

A. 项目资本金是债务性资金

B. 项目法人不承担项目资本金的利息

C. 投资者不可转让其出资

D. 投资者可以既有约定方式抽回其出资

39. 新设项目法人资本金通常以（　　）的方式投入。

A. 增资扩股　　　　B. 注册资本

C. 产权转让　　　　D. 资产变现

40. 以下关于债券的描述中，正确的是（　　）。

A. 债券是一种直接融资，利率一般低于银行借款

B. 发行债券融资一般不需要第三方担保

C. 债券一般在资本市场公开发行，不可以私募方式发行

D. 债券成本较低，并可以降低企业的总资金成本

41. 下列项目融资方式中，需要利用信用增级手段使项目资产获得预期信用等级，进而在资本市场上发行债券募集资金的是（　　）方式。

A. BOT　　　　B. PPP

C. TOT　　　　D. ABS

42. 以下关于项目融资风险的描述中，正确的是（　　）。

A. 项目融资风险种类单一，但投资风险大

B. 一个成功的项目融资中，不能由任何一方单独承担全部风险
C. 由于项目参与方较多，很难通过严格的法律合同实现风险分担
D. 融资结构确定之后，项目各方可能承担的风险就基本确定并合理分配

43. 下列项目融资工作中，属于投资决策阶段工作内容的是（　　）。
A. 项目可行性研究　　B. 评价项目风险因素
C. 选择项目融资方式　　D. 发出融资建议书

44. 采用 ABS 融资方式进行项目融资的物质基础是（　　）。
A. 债券发行机构的注册资金　　B. 项目原始权益人的全部资产
C. 债券承销机构的担保资产　　D. 具有可靠未来现金流量的项目资产

45. 在进行 PPP 项目财政承受能力支出测算时，股权投资应根据（　　）合理确定。
A. 建设成本和运营成本　　B. 运营补贴和风险承担
C. 资本金要求和股权结构　　D. 利润水平和配套投入

46. 在计算企业所得税应纳税额时，下列各项属于不征税收入的是（　　）。
A. 国债利息收入　　B. 财政拨款
C. 股息红利收益　　D. 公益性捐赠支出

47. 某企业转让房地产收入 1000 万元，扣除项目金额为 400 万元，则应缴纳土地增值税（　　）万元。
A. 180　　B. 200
C. 240　　D. 300

48. 一般情况下，安装工程一切险承担的风险主要是（　　）。
A. 自然灾害损失　　B. 人为事故损失
C. 社会动乱损失　　D. 设计错误损失

49. 以下各项中，属于工程项目组织策划内容的是（　　）。
A. 建设规模策划　　B. 比选融资方案
C. 组建项目法人　　D. 项目管理机构设置

50. 某项目在某经营年度中，外购原材料、燃料和动力费为 1100 万元，工资及福利费为 500 万元，折旧摊销费 200 万元，修理费为 50 万元，其他费用为 40 万元，则该项目年度经营成本为（　　）万元。
A. 1890　　B. 1640
C. 1650　　D. 1690

51. 限额设计方式中，采用综合费用法评价设计方案的不足是没有考虑（　　）。
A. 投资方案全寿命期费用　　B. 建设周期对投资效益的影响
C. 投资方案投产后的使用费　　D. 资金的时间价值

52. 审查建设工程设计概算的编制范围时，应审查的内容是（　　）。
A. 各项费用是否符合现行市场价格　　B. 是否存在擅自提高费用标准的情况
C. 是否符合国家对于环境治理的要求　　D. 是否存在多列或遗漏的取费项目

53. 在施工图预算审查的各种方法中，需要具有较为丰富的相关工程数据库作为开展工作基础的方法是（　　）。

A. 全面审查法　　B. 标准预算审查法
C. 分组计算审查法　　D. 对比审查法

54. 根据《标准施工招标文件》，缺陷责任期自（　　）起计算。
A. 工程转移占有之日　　B. 竣工验收合格之日
C. 实际竣工日期　　D. 竣工验收结算之日

55. FIDIC《施工合同条件》中的争端解决方式，不包括（　　）。
A. 裁决　　B. 友好协商
C. 仲裁　　D. 诉讼

56. 对于投资额大、工期长、技术复杂、涉及专业面广，不确定因素多的工程项目，其投标文件评审一般采用（　　）。
A. 经评审的最低投标价法　　B. 议标法
C. 标底中标法　　D. 综合评估法

57. 按工程进度编制施工阶段资金使用计划时，首先进行的工作是（　　）。
A. 计算单位时间的资金支出目标
B. 编制工程施工进度计划
C. 绘制资金使用时间进度计划 S 曲线
D. 计算规定时间内累计资金支持额

58. 可以用来分析各种因素对成本的影响程度的方法是（　　）。
A. 比率法　　B. 连环置换法
C. 比较法　　D. 价值工程法

59. 根据相关规定，不可抗力发生后应由承包人承担的损失责任是（　　）。
A. 承包人的施工设备损坏　　B. 工程设备的损坏
C. 运至施工现场的材料　　D. 第三者财产损失

60. 以下各项引起偏差的原因中，属于建设单位原因的是（　　）。
A. 进度安排不合理　　B. 图纸提供不及时
C. 增加工程内容　　D. 利率及汇率变化

二、多项选择题（共 20 题，每题 2 分。每题的备选项中，有 2 个或 2 个以上符合题意，至少有 1 个错项。错选，本题不得分；少选，所选的每个选项得 0.5 分）

61. 以下各项措施中，属于工程造价控制技术措施的有（　　）。
A. 明确造价控制人员及其任务
B. 严格审查施工组织设计
C. 深入研究节约投资的可能性
D. 严格审查费用支出
E. 重视设计多方案选择

62. 根据《注册造价工程师管理办法》，下列属于一级造价工程师执业范围的有（　　）。
A. 建设项目可行性研究投资估算与审核
B. 项目评价造价分析
C. 竣工决算价款的审批

D. 建设项目全过程的工程造价咨询

E. 建设项目设计概算的审核

63. 根据《建设工程质量管理条例》，建设工程竣工验收应具备的条件有（　　）。

A. 有勘察、设计、施工、工程监理等单位分别签署的质量合格文件

B. 有完整的技术档案和施工管理资料

C. 有施工单位签署的工程保修书

D. 有工程款结清证明文件

E. 有工程使用的主要建筑材料的进场试验报告

64. 根据《招标投标法实施条例》，以下各种情况中可以不招标的是（　　）。

A. 需要采用不可替代的专利或者专有技术

B. 采购人依法能够自行建设、生产或者提供

C. 需要向原中标人采购工程、货物或者服务，否则将影响施工或功能配套要求

D. 受自然环境限制，只有少量潜在投标人可供选择

E. 采用公开招标方式的费用占项目合同金额的比例过大

65. 根据《民法典》合同编，应当先履行债务的当事人，有确切证据证明对方（　　）的，可以中止履行合同。

A. 经营状况严重恶化

B. 同时投资的项目过多

C. 丧失商业信誉

D. 转移财产以逃避债务

E. 抽逃资金以逃避债务

66. 工程建设全过程咨询是指由一家具有相应资质的咨询企业或联合体为建设单位提供（　　）等全过程咨询服务。

A. 招标代理

B. 勘察、设计、监理

C. 造价

D. 项目管理

E. 运营管理

67. 以下各项中，属于工程项目建设总进度计划内容的有（　　）。

A. 工程项目总进度计划

B. 投资计划年度分配表

C. 年度计划项目表

D. 工程项目进度平衡表

E. 竣工投产交付使用计划表

68. 下列关于施工段划分原则的描述中，正确的有（　　）。

A. 施工段数量应尽量多，以满足流水施工要求

B. 各个施工段上的劳动量应大致相等

C. 施工段界限应尽量避开结构界限

D. 对于多层建筑物，应既分施工段又分施工层

E. 施工段划分要考虑各段均有足够的工作面

69. 下列关于判别网络计划关键线路的说法中，正确的有（　　）。

A. 单代号网络计划中由关键工作组成的线路

B. 总持续时间最长的线路

C. 双代号网络计划中没有波形线的线路

D. 时标网络计划中没有波形线的线路

E. 双代号网络计划中由关键节点连成的线路

70. 前锋线比较法是将进度前锋线与检查日期线进行对比，反映的信息有（　　）。

A. 工作实际达到的位置在检查日期线的左侧，表示该工作实际进度拖后，拖后的时间为二者之差

B. 工作实际达到的位置与检查日期线重合，表明该工作实际进度与计划进度一致

C. 工作实际达到的位置在检查日期线的右侧，表示该工作实际进度超前，超前的时间为二者之差

D. 可根据该工作的自由时差，确定进度偏差对后续工作和总工期的影响程度

E. 可根据该工作的自由时差和总时差，确定进度偏差对后续工作和总工期的影响程度

71. 以下关于利息和利率说法正确的是（　　）。

A. 社会平均利润率是利率的最高界限

B. 贷款期限越长，利率也就越高

C. 利率是所得利息总额与借款本金的比值

D. 利息是衡量资金时间价值的绝对尺度

E. 利息可以理解为资金的一种沉没成本

72. 某投资方案单因素敏感性分析如下图所示，下列表述正确的结论有（　　）。

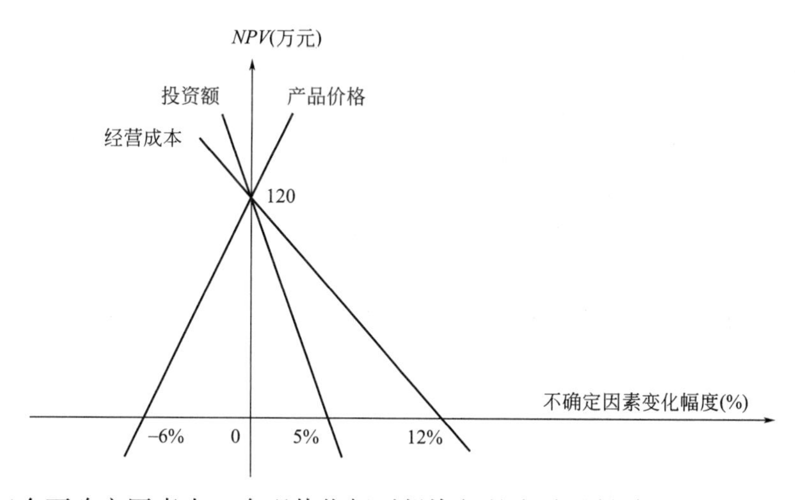

A. 在三个不确定因素中，净现值指标对投资额的变动最敏感

B. 净现值随经营成本的增加而增加

C. 该方案在基本条件下的净现值为 120 万元

D. 根据此图可以揭示三个不确定因素发生变动的概率

E. 净现值指标对产品价格的敏感度系数为−6%

73. 在价值工程活动中，用来确定产品功能评价值的方法有（　　）。

A. 环比评分法　　B. 替代评分法

C. 强制评分法　　D. 逻辑评分法

E. 循环评分法

74. 以下各项中，属于资金筹集成本的有（　　）。

A. 普通股股利　　B. 债券利息

C. 发行手续费　　D. 担保费

E. 优先股股息

75. PPP 项目全寿命周期过程的财政支出责任，主要包括（　　）。

A. 风险承担　　B. 配套投入

C. 运营补贴　　D. 能力评估

E. 支出测算

76. 《工伤保险条例》明确规定了认定工伤的情形，包括（　　）。

A. 患职业病的

B. 在工作时间和工作岗位，突发疾病死亡

C. 在抢险救灾等维护国家利益、公共利益活动中受伤的

D. 上下班途中，受到本人主要责任的交通事故伤害的

E. 因工外出期间，由于工作原因发生事故下落不明的

77. 以下各项经济分析指标中，属于社会与环境指标的有（　　）。

A. 三次产业结构指标　　B. 资源合理利用指标

C. 就业效果指标　　D. 收益分配效果指标

E. 财政收入

78. 根据《标准施工招标文件》，以下各项应由发包人负责的有（　　）。

A. 因遇到不利的物质条件，承包人采取合理措施而发生的费用

B. 因承包人修建临时设施而发生的临时占地费用

C. 承包人车辆外出行驶所需的场外公共道路通行费

D. 监理人使用施工控制网而发生的相关协助费

E. 发包人原因引起的暂停施工而发生的相关费用

79. 根据 FIDIC《施工合同条件》，关于争端裁决委员会 DAAB 及其解决争端的说法，正确的有（　　）。

A. DAAB 由 1 人或 3 人组成

B. DAAB 在收到书面报告后 84 天内裁决争端且不需说明理由

C. 合同一方对 DAAB 裁决不满时，应在收到裁决后 14 天内发出表示不满的通知

D. 合同双方在未通过友好协商或仲裁改变 DAAB 裁决之前应当执行 DAAB 裁决

E. 合同双方没有发出表示不满 DAAB 裁决的通知的，DAAB 裁决对双方有约束力

80. 施工成本管理中，企业对项目经理部可控责任成本进行考核的指标有（　　）。

A. 直接成本降低率　　B. 预算总成本降低率

C. 责任目标总成本降低率　　D. 施工责任目标成本实际降低率

E. 施工计划成本实际降低率

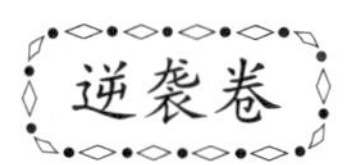

模拟题四

一、单项选择题（共60题，每题1分。每题的备选项中，只有一个最符合题意）

1. 尽管建设主管部门、建设单位、施工单位、设计单位等各方的地位、利益和角度有所不同，但必须建立完善的协调工作机制，以实现对建设工程造价的有效控制，这体现了（　　）造价管理的思想。

A. 全寿命期　　B. 全过程
C. 全要素　　D. 全方位

2. 根据造价工程师执业资格制度规定，以下属于二级造价工程师执业范围的是（　　）。

A. 编制施工图预算　　B. 编制项目投资估算
C. 审核工程量清单　　D. 审核工程结算价款

3. ENR共编制两种造价指数，二者的主要区别仅体现在计算总指数的（　　）要素不同。

A. 构件钢材　　B. 波特兰水泥
C. 木材　　D. 劳动力

4. 根据《建设工程安全生产管理条例》，建设工程安全作业环境及安全施工措施所需费用，应当在编制（　　）时确定。

A. 投资估算　　B. 工程概算
C. 施工图预算　　D. 施工组织设计

5. 根据《招标投标法》，下列关于招标投标的说法，正确的是（　　）。

A. 评标委员会成员为7人以上单数
B. 联合体中标的，由联合体牵头单位与招标人签订合同
C. 评标委员会中技术、经济等方面的专家不得少于成员总数的2/3
D. 投标人应在提交投标文件的同时提交履约保函

6. 根据《招标投标法实施条例》，投标保证金不得超过（　　）。

A. 招标项目估算价的2%　　B. 80万元
C. 投标报价的2%　　D. 投标报价的3%

7. 根据《政府采购法》，集中采购的范围由（　　）公布的集中采购目录确定。

A. 国务院价格主管部门　　B. 省级以上人民政府
C. 市级以上人民政府　　D. 县级以上人民政府

8. 当事人不用语言、文字，而是通过某种有目的的行为表达自己意思的合同形式是（　　）。

A. 默示　　B. 明示

C. 推定　　D. 要约

9. 根据《民法典》合同编，对格式条款的相关规定，以下说法正确的是（　　）。

A.《民法典》合同编规定的合同无效的情形，不适用于格式合同条款

B. 格式条款和非格式条款不一致的，应当采用非格式条款

C. 格式条款是为保护双方合法权益而由双方商定的

D. 格式条款明示的所有内容对合同双方均具有法律约束力

10. 合同当事人一方违约时，其承担违约责任的首选方式是（　　）。

A. 偿付违约金　　B. 适用定金条款

C. 继续履行　　D. 由对方选择适用违约金或定金条款

11. 根据《国务院关于投资体制改革的决定》，对于采用投资补助、转贷和贷款贴息方式的政府投资项目，政府需要审批（　　）。

A. 资金申请报告　　B. 可行性研究报告

C. 初步设计文件　　D. 工程总概算

12. 在项目后评价的各项工作内容中，以下各项不属于效益后评价的是（　　）。

A. 经济效益后评价　　B. 项目可持续性后评价

C. 过程后评价　　D. 环境效益后评价

13. 对于监理服务采购合同，单项合同估算价在（　　）万元人民币以上的，必须进行招标。

A. 400　　B. 300

C. 200　　D. 100

14. 对于政府投资的非经营性项目，代建单位的主要工作内容是（　　）。

A. 负责项目前期的项目管理　　B. 负责建设实施

C. 负责资金筹措与贷款偿还　　D. 承担经营性亏损或盈利的风险

15. 工程项目承包模式中，建设单位组织协调工作量小，但风险较大的是（　　）。

A. 总分包模式　　B. 合作体承包模式

C. 平等承包模式　　D. 联合体承包模式

16. 采用 CM 承包模式时，可以利用（　　）方法挖掘节约投资的潜力。

A. 联合体　　B. Partnering

C. 价值工程　　D. GMP

17. 需要精心建立管理程序和配备训练有素的协调人员的组织结构模式是（　　）。

A. 直线制　　B. 职能制

C. 平衡矩阵　　D. 直线职能制

18. 根据《建筑施工组织设计规范》GB/T 50502，按编制对象不同，施工组织设计的三个层次是指（　　）。

A. 施工总平面图、施工总进度计划和资源需求计划

B. 施工组织总设计、单位工程施工组织设计和施工方案

C. 施工总平面图、施工总进度计划和专项施工方案

D. 施工组织总设计、单位工程施工进度计划和施工作业计划

19. 下列方法中，可同时用来控制工程造价和工程进度的是（　　）。

A. S 曲线法和直方图法　　B. 直方图法和鱼刺图法

C. 鱼刺图法和香蕉曲线法　　D. 香蕉曲线法和 S 曲线法

20. 下列工程项目目标控制方法中，可用来找出工程质量主要影响因素的是（　　）。

A. 直方图法　　B. 鱼刺图法

C. 排列图法　　D. S 曲线法

21. 下列流水施工参数中，属于时间参数的是（　　）。

A. 流水节奏与流水工期　　B. 施工过程与施工段

C. 流水步距与流水节拍　　D. 流水强度与流水步距

22. 某工程划分为 3 个施工过程、4 个施工段组织固定节拍流水施工，流水节拍为 5 天，累计间歇时间为 2 天，累计提前插入时间为 4 天，该工程流水施工工期为（　　）天。

A. 29　　B. 30

C. 34　　D. 28

23. 单代号网络计划中，关键线路是指（　　）的线路。

A. 由关键工作组成　　B. 相邻两项工作之间时距均为零

C. 由关键节点组成　　D. 相邻两项工作之间时间间隔均为零

24. 计划工期与计算工期相等的双代号网络计划中，某工作的开始节点和完成节点均为关键节点时，说明该工作（　　）。

A. 一定是关键工作　　B. 总时差为零

C. 总时差与自由时差相等　　D. 自由时差为零

25. 根据《最高人民法院关于审理建设工程施工合同纠纷案件适用法律问题的解释（一）》（法释〔2020〕25 号），当事人对欠付工程款利息计付标准没有约定的，发包人欠付工程款承包人要求支付利息的，应（　　）。

A. 不予支持

B. 按照中国人民银行发布的同期同类存款利率计息

C. 按照中国人民银行发布的同期同类贷款利率计息

D. 双方协商确定计息利率

26. 要实现工程项目管理数智化，需要建立基于互联网、物联网的工程项目数智管控平台，该平台至少包含（　　）两个层级。

A. 动态和静态　　B. 企业和项目

C. 模拟和数字　　D. 战略和策略

27. 关于利率及其影响因素的说法，正确的是（　　）。

A. 借出资本承担的风险越大，利率就越高

B. 社会借贷资本供过于求时，利率就上升

C. 社会平均利润率是利率的最低界限

D. 借出资本的借款期限越长，利率就越低

28. 某企业连续 3 年每年初从银行借入资金 500 万元，年利率 8%，按年计息，第三年末一次性还本付息，则第三年末应还本付息（　　）万元。

A. 1893.30　　B. 1753.06

C. 1623.20　　D. 1620.00

29. 在投资方案经济评价的指标体系中，以下各项中均属于静态评价指标的是（　　）。

A. 资本金净利润率和净现值

B. 偿债备付率和总投资收益率

C. 投资回收期和资产负债率

D. 净现值率和内部收益率

30. 以下关于偿债备付率指标的描述中，说法正确的是（　　）。

A. 偿债备付率反映投资方案偿付债务利息的保障程度

B. 偿债备付率应小于1，并结合债权人要求确定

C. 偿债备付率应分年计算

D. 应还本付息总额中不包括短期借款利息

31. 对于寿命期不同的互斥方案比选，最简便的动态方法是（　　）。

A. 净现值　　B. 净年值

C. 增量投资内部收益率法　　D. 综合费用法

32. 某投资方案的净现值 *NPV* 为 200 万元，假定各不确定性因素变化+10%，重新计算得到该方案的 *NPV* 见下表，则最敏感因素为（　　）。

不确定性因素	甲	乙	丙	丁
NPV（万元）	120	160	250	270

A. 甲　　B. 乙

C. 丙　　D. 丁

33. 在投资方案的不确定性分析与风险分析中，只适用于财务评价的是（　　）。

A. 敏感性分析　　B. 风险分析

C. 盈亏平衡分析　　D. 净现值分析

34. 以下各项中，属于价值工程工作程序中分析阶段内容的是（　　）。

A. 对象选择　　B. 功能定义

C. 提案编写　　D. 成果评价

35. 通过比较各个对象之间的功能水平位次和成本位次，寻找价值较低的作为价值工程研究对象的方法是（　　）。

A. 强制确定法　　B. 百分比分析法

C. 价值指数法　　D. 因素分析法

36. 采用 0-4 评分法确定各部件功能重要性系数时，各部件功能得分见下表，则 C 的功能重要性系数是（　　）。

A. 0.100　　B. 0.150

C. 0.225　　D. 0.250

部件	A	B	C	D	E
A	×	4	2	3	1
B		×	3	3	1
C			×	1	0
D				×	3
E					×

37. 在确定价值工程对象的改进范围时，若出现多个功能区域的价值系数同样低的情况，则应选择（　　）作为重点改进对象。

A. F/C 低的功能区域　　B. F/C 高的功能区域

C. C-F 大的功能区域　　D. 复杂的功能区域

38. 在寿命周期成本分析中，对于不直接表现为量化成本的隐性成本，正确的处理方法是（　　）。

A. 不予计算和评价

B. 采用一定方法使其转化为可直接计量的成本

C. 将其作为可直接计量成本的风险看待

D. 将其按可直接计量成本的 1.5~2 倍计算

39. 投资者以货币方式认缴资本金时，其资金来源不包括（　　）。

A. 国家批准的专项建设资金　　B. 企业折旧资金

C. 企业法人的所有者权益　　D. 工业产权和非专利技术

40. 对于外商投资项目，其注册资本所占项目投资总额的比例根据不同投资规模设有不同的最低比例限制，其中的投资总额是指（　　）。

A. 项目固定资产总投资

B. 项目流动资产总投资

C. 项目固定资产投资与铺底流动资金之和

D. 项目建设投资、建设期贷款利息与流动资金之和

41. 以下关于优先股的描述中，说法正确的是（　　）。

A. 股息和还本期限均固定

B. 优先股股东在公司控制权方面具有优先权

C. 相对于普通股股东而言，优先股要优先受偿，是一种负债

D. 融资成本较低，但股利不能像债券利息一样在税前扣除

42. 某企业发行普通股正常市价为 20 元，估计年增长率为 10%，第一年预计发放股利 1 元，筹资费用率为股票市价的 12%，则新发行普通股的成本率为（　　）。

A. 11.36%　　B. 13.33%

C. 15.56%　　D. 15.68%

43. 与传统的贷款融资方式不同，项目融资主要是以（　　）来安排融资。

A. 项目资产和预期收益　　B. 项目投资者的资信水平

C. 项目第三方担保　　D. 项目管理的能力和水平

44. 项目融资过程中，设计和选择合适的融资结构前应完成的工作是（　　）。

A. 建立项目信用保证结构　　B. 决定项目资金结构

C. 确定项目投资结构　　D. 选择项目组织结构

45. 关于项目融资 ABS 方式特点的说法，正确的是（　　）。

A. 项目经营权与决策权属于特殊目的机构（SPV）

B. 债券存续期内资产所有权归特殊目的的机构（SPV）

C. 项目资金主要来自项目发起人的自有资金和银行贷款

D. 复杂的项目融资过程增加了融资成本

46. 在 PPP 项目实施过程中，下列风险因素一般应由政府承担的是（　　）。

A. 项目运营维护风险　　B. 最低需求风险

C. 项目设计建造风险　　D. 不可抗力风险

47. 企业发生的年度亏损，在连续（　　）年内可用税前利润弥补。

A. 2　　B. 3

C. 5　　D. 10

48. 下列关于土地增值税的说法中，正确的是（　　）。

A. 国有土地使用权出让，出让方应交土地增值税

B. 国有土地使用权转让，转让方应交土地增值税

C. 房屋买卖，双方均不交土地增值税

D. 单位之间交换房地产，双方均不交土地增值税

49. 在安装工程一切险中，试车考核期的保险责任一般（　　）。

A. 不少于 3 个月　　B. 不超过 3 个月

C. 不少于 1 个月　　D. 不超过 1 个月

50. 下列策划内容中，属于工程项目实施策划的是（　　）。

A. 项目规模策划　　B. 项目功能策划

C. 项目定义策划　　D. 项目目标策划

51. 经营性项目财务分析可分为融资前分析和融资后分析，以下说法正确是（　　）。

A. 融资前分析以静态分析为主，动态分析为辅

B. 融资后分析只进行动态分析，不考虑静态分析

C. 融资前分析以动态分析为主，静态分析为辅

D. 融资后分析只进行静态分析，不考虑动态分析

52. 设计方案评价与优化通常采用（　　）的方法。

A. 技术与经济相结合　　B. 静态与动态分析相结合

C. 定量与定性分析相结合　　D. 定量与定性分析相结合

53. 以下所列各种情形中，建设单位应采用单价合同计价的是（　　）。

A. 实际工程量与统计工程量可能有较大出入

B. 施工图设计已完成，图纸和工程量清单详细而明确

C. 采用新技术、新工艺，施工难度大且无施工经验和国家标准

D. 工期特别紧迫，要求尽快开工且无施工图纸

54. 根据《标准施工招标文件》，缺陷责任期最长不超过（　　）。

A. 6个月　　B. 1年

C. 2年　　D. 5年

55. 关于FIDIC《施工合同条件》争端解决的说法中，正确的是（　　）。

A. 诉讼或仲裁是争端解决的最终形式，但只能选择其一

B. DAAB成员的酬金由发包方承担

C. DAAB裁决具有强制性

D. 仲裁裁决具有法律效力，但仲裁机构没有强制执行权

56. 在初步评审过程中，对“投标文件的工程质量承诺和质量管理体系是否满足要求”的审查属于（　　）。

A. 投标文件的形式审查

B. 投标人的资格审查

C. 投标文件对招标文件的响应性审查

D. 施工组织设计的合理性审查

57. 采用目标利润法编制成本计划时，目标成本的计算方法是从（　　）中扣除目标利润。

A. 概算价格　　B. 预算价格

C. 合同价格　　D. 结算价格

58. 某工程计划外购商品混凝土 $3000m^3$，计划单价420元/m^3，实际采购 $3100m^3$，实际单价450元/m^3，则由于采购量增加而使外购商品混凝土成本增加（　　）万元。

A. 4.2　　B. 4.5

C. 9.0　　D. 9.3

59. 具有形象直观特征，但难以用于局部偏差分析的偏差分析方法是（　　）。

A. 横道图法　　B. 时标网络图法

C. 表格法　　D. 曲线法

60. 建设单位对竣工结算报告金额为1000万元和3000万元的竣工结算的审查时间分别为（　　）天。

A. 20；30　　B. 30；45

C. 20；45　　D. 30；45

二、多项选择题（共20题，每题2分。每题的备选项中，有2个或2个以上符合题意，至少有1个错项。错选，本题不得分；少选，所选的每个选项得0.5分）

61. 以下各项中，属于工程计价特征的有（　　）。

A. 计价的单件性　　B. 计价的多次性

C. 计价的分解性　　D. 计价依据的多样性

E. 计价方法的复杂性

62. 根据《工程造价咨询企业管理办法》，下列关于工程造价咨询企业的说法，正确的有（　　）。

A. 工程造价咨询企业资质有效期为 4 年
B. 工程造价咨询企业可鉴定工程造价经济纠纷
C. 工程造价咨询企业可编制工程项目经济评价报告
D. 工程造价咨询企业只能在一定行政区域内从事工程造价咨询活动
E. 工程造价咨询企业应在工程造价成果文件上加盖其执业印章

63. 根据《建设工程质量管理条例》，质量保修书中应当明确建设工程的（ ）。
A. 保修范围
B. 保修期限
C. 保修责任
D. 保修要求
E. 保修程序

64. 根据《招标投标法实施条例》，属于招标人与投标人串通的有（ ）。
A. 招标人明示投标人压低投标报价
B. 招标人授意投标人修改投标文件
C. 招标人向投标人公布招标控制价
D. 招标人向投标人透漏招标标底
E. 招标人组织投标人进行现场踏勘

65. 根据《民法典》合同编，以下关于合同效力的说法正确的有（ ）。
A. 无权代理人以被代理人名义订立的合同为无效合同
B. 当事人超越经营范围订立的合同依照法律规定确定是否有效
C. 法定代表人超越权限订立的合同为无效合同
D. 关于造成对方人身损害的免责条款无效
E. 合同生效的判断依据是承诺是否生效

66. 根据《房屋建筑和市政基础设施工程施工图设计文件审查管理办法》，施工图审查机构对施工图设计文件审查的内容有（ ）。
A. 是否按限额设计标准进行施工图设计
B. 是否符合工程建设强制性标准
C. 人防指挥工程防护安全性
D. 地基基础和主体结构的安全性
E. 消防安全性

67. 以下各种情况发生时，应对施工组织总设计进行及时修改或补充的是（ ）。
A. 工程设计修改
B. 主要施工方法有重大调整
C. 主要施工资源配置有重大调整
D. 工程量发生重大变化
E. 施工环境有重大改变

68. 可以用来确定流水节拍的方法有（ ）。
A. 定额计算法
B. 经验估算法
C. 因素分析法
D. ABC 法
E. 权重分析法

69. 某工作双代号网络计划如下图所示，存在的绘图错误有（ ）。
A. 多个起点节点
B. 多个终点节点

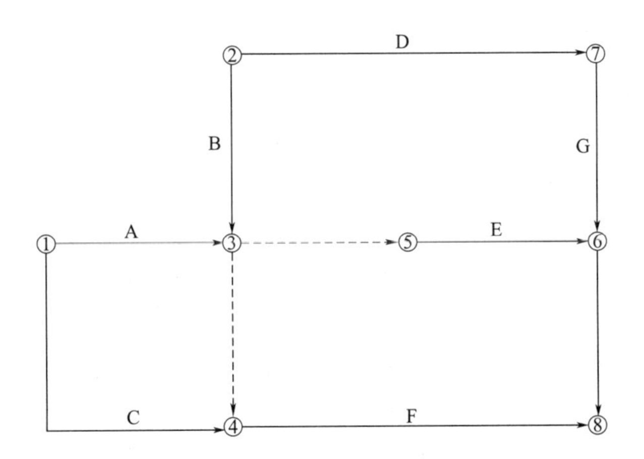

C. 存在循环回路　　　　　　　　　　D. 节点编号有误

E. 有多余虚工作

70. 工程网络计划工期优化过程中，在选择缩短持续时间的关键工作时应考虑的因素有（　　）。

A. 持续时间最长的工作

B. 缩短持续时间对质量和安全影响不大的工作

C. 缩短持续时间所需增加的费用最小的工作

D. 缩短持续时间对综合效益影响不大的工作

E. 有充足备用资源的工作

71. 某借款项目年利率为12%，按月复利计息，则关于该项借款利率的说法，正确的有（　　）。

A. 利率为连续复利　　　　　　　　B. 年有效利率为12%

C. 月有效利率为1%　　　　　　　　D. 年名义利率为12%

E. 季度有效利率大于3%

72. 下列关于利息备付率的说法中，正确的有（　　）。

A. 利息备付率属于静态评价指标

B. 利息备付率反映投资方案偿还借款本息的保障程度

C. 利息备付率应分年计算

D. 利息备付率是息税前利润与上一年度应付利息的比值

E. 利息备付率应大于2，并结合债权人要求确定

73. 价值工程活动中，对创新方案进行技术可行性评价的内容包括（　　）。

A. 方案能够满足所需的功能　　　　B. 方案的寿命及可靠性

C. 实施方案所需要的投入　　　　　D. 方案的可维修性及可操作性

E. 方案本身的技术可实现性

74. 采用新设法人筹资方式的项目，应根据投资各方的优势协商确定各方的（　　）。

A. 出资比例　　　　　　　　　　　B. 出资顺序

C. 出资形式
D. 出资时间
E. 出资性质

75. 与传统融资方式相比较，项目融资的特点有（　　）。

A. 信用结构多样化
B. 融资成本较高
C. 可以利用税务优势
D. 风险种类少
E. 属于公司负债型融资

76. 下列施工人员意外伤害保险期限的说法，正确的是（　　）。

A. 保险期限应在施工合同规定的工程竣工之日 24 时止
B. 工程提前竣工的，保险责任自行终止
C. 工程因故延长工期的，保险期限自动延长
D. 保险期限自开工之日起最长不超过 3 年
E. 保险期内工程停工的，保险人应当承担保险责任

77. 在投资方案现金流量表中，组成经营成本的项目包括（　　）。

A. 折旧费
B. 摊销费
C. 利息支出
D. 修理费
E. 外购原材料、燃料及动力费

78. 下列工程项目中，不宜采用固定总价合同的有（　　）。

A. 建设规模大且技术复杂的工程项目
B. 施工图纸和工程量清单详细而明确的项目
C. 施工中有较大部分采用新技术，且施工单位缺乏经验的项目
D. 施工工期紧的紧急工程项目
E. 承包风险不大，各项费用易于准确估算的项目

79. 在施工投标报价时，可以采用无利润报价的有（　　）。

A. 施工条件较差的工程，如条件艰苦、场地狭小的项目
B. 有可能在中标后将大部分工程分包给索价较低的分包商
C. 长时期无在建项目，如果再不中标就难以维持生存
D. 能够早日结算的前期措施费、基础工程
E. 预计开工后工程量会减少的项目

80. 某工程施工至某月底，经偏差分析得到费用偏差（CV）>0，进度偏差（SV）>0，则表明（　　）。

A. 已完工程实际费用节约
B. 已完工程实际费用<已完工程计划费用
C. 拟完工程计划费用>已完工程实际费用
D. 已完工程实际进度超前
E. 拟完工程计划费用>已完工程计划费用

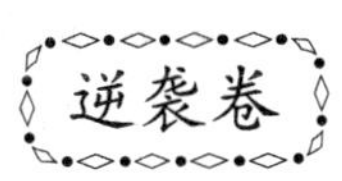

模拟题五

一、单项选择题（共60题，每题1分。每题的备选项中，只有一个最符合题意）

1. 工程项目的多次计价是一个（　　）的过程。

A. 逐步分解和组合，逐步汇总概算造价

B. 逐步分析和测算，逐步确定投资估算

C. 逐步确定和控制，逐步积累竣工结算价

D. 逐步深化和细化，逐步接近实际造价

2. 控制工程造价最有效的手段是（　　）。

A. 设计与施工总承包　　B. 依法进行工程招标

C. 技术与经济相结合　　D. 主动控制与被动控制相结合

3. AIA系列合同条件的核心是（　　）。

A. 通用条件　　B. 专用条件

C. 协议书　　D. 成本补偿

4. 根据《建筑法》，监理单位认为工程设计不符合工程质量标准的，应当（　　）。

A. 有权直接要求其改正　　B. 要求施工单位暂停施工

C. 报告建设单位要求设计单位改正　　D. 责令采取安全措施，并提出修改方案

5. 根据《建设工程安全生产管理条例》，依法批准开工报告的工程，建设单位将保证安全施工的措施报送建设行政主管部门或者其他有关部门备案的时间是（　　）。

A. 建设工程开工之日起30日内　　B. 申领施工许可证之时

C. 开工报告批准之日起15日内　　D. 开工报告批准之日起30日内

6. 某评标委员会中有招标人代表2人，其余为技术经济方面的专家，则技术经济专家至少有（　　）人。

A. 3　　B. 4

C. 5　　D. 7

7. 根据《招标投标法实施条例》，行政监督部门应在收到投诉，并决定受理投诉之日起（　　）内作出书面处理决定；需要检验、测验、鉴定、专家评审的，所需时间（　　）。

A. 15个工作日、不计算在内　　B. 15个工作日、计算在内

C. 30个工作日、不计算在内　　D. 30个工作日、计算在内

8. 根据《政府采购法》，某单位采用单一来源采购方式从原供应商处添购某种商品，若该商品原合同采购金额为500万元，则添购金额不能超过（　　）。

A. 25万元　　B. 40万元

C. 50万元　　D. 75万元

9. 根据我国合同法的规定，对格式条款的理解发生争议的，应当（　　）。

A. 按照相关法律条文予以解释

B. 按照通常理解予以解释

C. 按非格式条款提供方的理解予以解释

D. 作出不利于格式条款提供方的解释

10. 以下关于违约责任承担的描述中，正确的是（　　）。

A. 偿付违约金是一方违约时，其承担违约责任的首选方式

B. 当事人在合同中约定的违约金可以根据实际造成的损失申请增加或适当减少

C. 当事人既约定违约金又约定定金的，优先适用定金条款

D. 当事人双方都违反合同的，应由先违约方承担全部违约责任

11. 对于特别重大的政府投资项目，除要经过符合资质要求的咨询机构进行评估论证外，还要进行（　　）。

A. 专家评议　　B. 函询调查

C. 听证会　　D. 鉴定审查

12. 应用 BIM 技术可以根据施工组织设计在 3D 模型基础上加入（　　）形成 4D 模型模拟实际施工，从而通过确定合理的施工方案指导实际施工。

A. 施工方案　　B. 施工进度

C. 费用数据　　D. 可视化模型

13. 项目后评价的基本方法是（　　）。

A. 对比法　　B. 层次分析法

C. 指数分析法　　D. 因素分析法

14. 关于 CM 承包模式的说法，正确的是（　　）。

A. CM 单位负责分包工程的发包

B. CM 合同总价在签订 CM 合同时即确定

C. GMP 可大大减少 CM 单位的承包风险

D. CM 单位不赚取总包与分包之间的差价

15. 在施工组织总设计的编制过程中，编制施工总进度计划的前提是（　　）。

A. 总体施工准备　　B. 总体施工部署

C. 施工总平面布置　　D. 主要资源配置计划

16. 排列图的两个纵坐标分别表示影响质量的各种因素发生的（　　）。

A. 时间和数量　　B. 频数和累计频率

C. 时间和检测值　　D. 时间和累计数量

17. 下列工程项目目标控制方法中，可用来寻找某种质量问题产生原因的是（　　）。

A. 直方图法　　B. 鱼刺图法

C. 排列图法　　D. S 曲线法

18. 建设工程流水施工中，某专业工作队在单位时间内完成的工程量称为（　　）。

A. 流水步距　　B. 流水节拍

C. 流水强度　　D. 流水节奏

19. 对于采用新结构、新工艺、新方法和新材料等没有定额可循的工程项目，可以采用（　　）确定流水节拍。

A. 经验估算法　　B. 定额计算法

C. 因素分析法　　D. 强制确定法

20. 某工程划分为3个施工过程，4个施工段，组织加快的成倍节拍流水施工，流水节拍分别为8天、4天、4天，则该工程的流水作业工期为（　　）天。

A. 32　　B. 28

C. 36　　D. 24

21. 以下各项关于关键线路的判别条件中，正确的是（　　）。

A. 双代号网络计划中由关键节点组成的线路

B. 单代号网络计划中时间间隔均为零的线路

C. 双代号时标网络计划中无虚工作的线路

D. 单代号网络计划中由关键工作组成的线路

22. 时标网络计划宜按各项工作的（　　）时间编制。

A. 最早开始　　B. 最早完成

C. 最迟开始　　D. 最迟完成

23. 资源优化的目的是通过改变工作（　　），使资源的分布符合优化目标。

A. 所需的资源量　　B. 总时差和自由时差

C. 持续时间　　D. 开始时间和完成时间

24. 根据《最高人民法院关于审理建设工程施工合同纠纷案件适用法律问题的解释（一）》（法释〔2020〕25号），开工通知发出后，尚不具备开工条件的，应以（　　）为开工日期。

A. 开工通知中载明的日期

B. 开工条件具备之日

C. 施工单位实际进场日期

D. 开工报告、合同、施工许可证、竣工验收报告综合认定

25. 根据《标准设计施工总承包招标文件》，承包人应按监理人指示为他人在施工场地或附近实施与工程有关的其他各项工作提供可能的条件，因此而发生的费用，应（　　）。

A. 由发包人负责　　B. 由承包人负责

C. 由监理人商定或确定　　D. 计入变更内容

26. 某企业借款500万元，借款期限为2年，年利率为8%，单利计息，则借款期内第一年和第二年的利息差额为（　　）万元。

A. 0.0　　B. 1.6

C. 3.2　　D. 6.4

27. 某工程项目建设期为3年，建设期内每年初贷款800万元，年利率为10%，运营期前5年每年末等额偿还贷款本息，到第5年末全部还清，则每年末应偿还贷款本息（　　）万元。

A. 768.39　　B. 845.23

C. 635.03　　D. 698.54

28. 总投资收益率一般是指项目达到设计生产能力后（　　）与项目总投资的比值。

A. 正常生产年份（或运营期内年平均）利润总额

B. 正常生产年份（或运营期内年平均）净利润

C. 正常生产年份（或运营期内年平均）息税前利润

D. 运营期各年利润总和

29. 以下关于偿债指标的说法，正确的是（　　）。

A. 偿债指标考虑资金的时间价值，属于动态指标

B. 折旧、摊销可以用于还本付息

C. 资产负债率指标越低越好

D. 偿债备付率是从付息资金来源的充裕性角度反映投资方案偿付债务利息的保障程度

30. 某投资方欲投资 20000 万元，4 个可选投资项目所需投资分别为 5000 万元、6000 万元、8000 万元、12000 万元，投资方希望至少投资 2 个项目，则可供选择的组合方案共有（　　）个。

A. 5　　B. 6

C. 7　　D. 8

31. 在投资项目经济评价的不确定性分析中，敏感性分析的主要目的是（　　）。

A. 分析不确定因素的变化对项目评价指标的影响

B. 度量项目风险的大小

C. 判断项目承受风险的能力

D. 分析不确定因素发生变化的概率

32. 某项目设计能力 90 万件/年，预计单位产品售价为 150 元，单位产品可变成本为 130 元，固定成本为 500 万元，该产品销售税及附加合并税率为 5%。则用产销量表示的盈亏平衡点是（　　）万件。

A. 18.19　　B. 25.75

C. 37.03　　D. 40.00

33. 某产品的功能与成本关系如下图所示，功能水平 F_1、F_2、F_3、F_4 均能满足用户需求，从价值工程的角度，最适宜的功能水平应是（　　）。

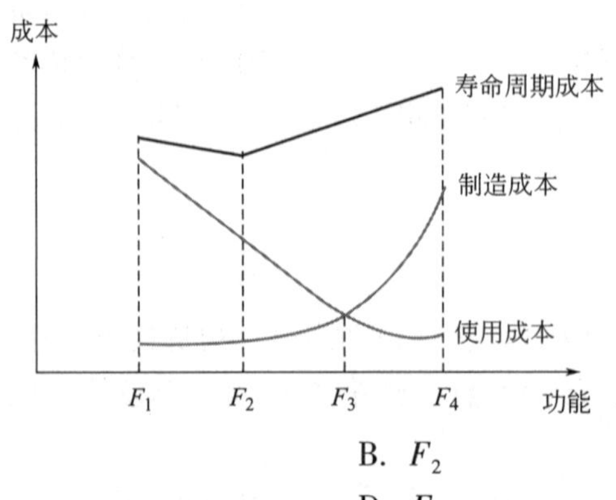

A. F_1　　B. F_2

C. F_3　　D. F_4

34. 以下各项中，属于不必要功能的是（　　）。

A. 美学功能　　B. 辅助功能

C. 重复功能　　D. 不足功能

35. 在价值工程活动中，某研究对象的价值指数为 V，对该研究对象可采取的策略是（　　）。

A. $V<1$ 时，增加现实成本　　B. $V>1$ 时，提高功能水平

C. $V<1$ 时，降低现实成本　　D. $V>1$ 时，降低现实成本

36. 在价值工程的方案创造阶段，可采用的方法是（　　）。

A. 哥顿法和专家检查法　　B. 专家检查法和蒙特卡洛模拟法

C. 蒙特卡洛模拟法和流程图法　　D. 流程图法和哥顿法

37. 以下关于工程寿命周期成本分析，说法正确的是（　　）。

A. 寿命周期成本分析必须考虑资金的时间价值

B. 费用效率是指工程系统效率与工程建造成本的比值

C. 如果以系统效率为输入，则寿命周期成本为输出

D. 相对于寿命周期成本，系统效率较容易量化处理

38. 以下各项中，可以作为项目资本金来源的是（　　）。

A. 专利技术　　B. 工业产权

C. 土地所有权　　D. 商业性银行贷款

39. 按国家统一会计制度，通过发行权益类金融工具等方式筹措的项目资本金，不得超过资本金总额的（　　）。

A. 20%　　B. 30%

C. 40%　　D. 50%

40. 以下各项中，属于债券筹资特点的是（　　）。

A. 债券融资大多需要第三方担保

B. 债券一般借助银行发行，属于间接融资

C. 债券资金成本一般高于同类银行借款利息

D. 通常情况下，可转换债券比一般债券利率更高

41. 某公司发行总面额 800 万元的 5 年期债券，发行价格为 1000 万元，票面利率为 9%，发行费率为 5%，公司所得税率为 25%，发行该债券的成本率为（　　）。

A. 5.68%　　B. 7.11%

C. 7.58%　　D. 9.47%

42. 在狭义的项目融资中，贷款银行对所融资项目关注的重点是（　　）。

A. 抵押人所提供的抵押物的价值

B. 项目公司的资信等级

C. 项目本身可用于还款的现金流量

D. 项目投资人的实力和信用等级

43. 在项目融资过程中，评价项目风险因素属于（　　）阶段的工作内容。

A. 投资决策分析　　B. 融资决策分析

C. 融资结构设计　　D. 融资谈判

44. 以下项目融资方式中，需要组建 SPC 或 SPV 的是（　　）。

A. BOT 和 TOT　　B. ABS 和 PFI

C. ABS 和 TOT　　D. PFI 和 BOT

45. 以下关于项目融资 ABS 方式特点的说法中，正确的是（　　）。

A. 强调通过证券市场发行债券这一方式进行资金筹集

B. 强调私人部门在融资过程中的主动性

C. 项目经营权和控制权在债券存续期内转移至 SPV

D. 相对于 BOT，ABS 方式融资风险分散度高、成本高

46. PPP 项目物有所值定性评价指标包括基本评价指标和补充评价指标，其中基本评价指标的权重为（　　）。

A. 50%　　B. 60%

C. 70%　　D. 80%

47. 在各类风险支出数额可以进行测算，但出现概率难以确定时，可以利用（　　）进行风险承担的测算。

A. 比例法　　B. 情景分析法

C. 概率法　　D. 因素分析法

48. 计算房地产开发企业应纳土地增值税时，可以从收入中据实扣除的是（　　）。

A. 开发间接费　　B. 管理费用

C. 财务费用　　D. 销售费用

49. 对于投保安装工程一切险的工程，保险人应对（　　）承担责任。

A. 因工艺不善引起生产设备损坏的损失　　B. 因冰雪造成工地临时设施损坏的损失

C. 因铸造缺陷更换铸件造成的损失　　D. 因超负荷烧坏电气用具本身的损失

50. 以下关于财务分析内容和指标的说法中，不正确的是（　　）。

A. 融资前分析以静态分析为主

B. 项目建议书阶段的财务分析，可以只进行融资前分析

C. 对于没有营业收入的项目，主要考察项目财务生存能力

D. 根据收入补偿费用的顺序，流转税应在偿还借款利息前缴纳

51. 在项目评价中，保证项目财务可持续的必要条件是（　　）。

A. 各年的筹资现金流量满足投资活动要求

B. 拥有较大的财务收益

C. 合理安排还本付息期

D. 各年累计盈余资金不出现负值

52. 在设计方案评价方法中，（　　）是多指标法与单指标法相结合的一种方法。对需要进行分析评价的设计方案设定若干个评价指标，按其重要程度分配权重，然后对各方案各项指标分别进行加权评分，并以总分最高的为最佳方案。

A. 综合费用法　　B. 多因素评分优选法

C. 价值工程方法　　D. 全寿命期费用法

53. 在设计概算审查过程中，对关键设备、设施以及图纸不全、难以核算的较大投资进行多方查询核对，逐项落实的概算审查方法是（　　）。

A. 对比分析法　　B. 主要问题复核法

C. 查询核实法　　D. 分类整理法

54. 根据《标准施工招标文件》，合同价格是指（　　）。

A. 合同协议书中写明的合同总金额

B. 合同协议书中写明的不含暂估价的合同总金额

C. 合同协议书中写明的不含暂列金额的合同总金额

D. 承包人完成全部承包工作后的工程结算价格

55. 在 FIDIC《施工合同条件》实施过程中，DAAB 对争端做出裁决后，如果合同一方对 DAAB 裁决不满，应在收到裁决后（　　）。

A. 28 天内向 DAAB 发出表示不满的通知

B. 28 天内向合同对方发出表示不满的通知

C. 84 天内向 DAAB 发出表示不满的通知

D. 84 天内向合同对方发出表示不满的通知

56. 以下关于履约担保的描述中，正确的是（　　）。

A. 履约担保一般采用银行保函和履约担保书的形式

B. 履约担保的金额一般为中标价的 2%

C. 中标单位不能按要求提交履约担保的，视为放弃中标，投标保证金应予退还

D. 建设单位应在工程接受证书颁发后 14 天内将履约担保退还承包商

57. 以下各项中，属于直接成本的是（　　）。

A. 措施费　　B. 管理人员工资

C. 固定资产折旧　　D. 检验试验费

58. 下列成本分析方法中，主要用来确定目标成本、实际成本和降低成本的比例关系，从而为寻求降低成本的途径指明方向的是（　　）。

A. 构成比率法　　B. 相关比率法

C. 因素分析法　　D. 差额计算法

59. 在工程项目成本管理中，由进度偏差引起的累计成本偏差可以用（　　）的差值度量。

A. 已完工程预算成本与拟完工程预算成本

B. 已完工程预算成本与已完工程实际成本

C. 已完工程实际成本与拟完工程预算成本

D. 已完工程实际成本与已完工程预算成本

60. 工程竣工总结算在最后一个单项工程竣工结算审查确认后（　　）天内汇总，送建设单位审查。

A. 15　　B. 30

C. 20　　D. 60

二、多项选择题（共 20 题，每题 2 分。每题的备选项中，有 2 个或 2 个以上符合题意，至少有 1 个错项。错选，本题不得分；少选，所选的每个选项得 0.5 分）

61. 全面造价管理是指有效地利用专业知识与技术对资源、成本、盈利、风险进行筹划和控制，包括（　　）。

A. 全寿命期造价管理　　B. 全过程造价管理

C. 全要素造价管理　　D. 全系统造价管理

E. 全方位造价管理

62. 根据《工程造价咨询企业管理办法》，工程造价咨询企业出具的工程造价成果文件应加盖有（　　）的执业印章。

A. 企业名称　　B. 资质等级

C. 资质证书编号　　D. 营业执照编号

E. 备案编号

63. 根据《建设工程质量管理条例》，以下各项工作中需要经过总监理工程师签字后才可以实施的有（　　）。

A. 建筑构件配件的安装　　B. 建筑材料的使用

C. 拨付工程款　　D. 竣工验收

E. 工序施工

64. 根据《招标投标法实施条例》，评标委员会应当否决其投标的情形包括（　　）。

A. 投标文件未经投标单位盖章和单位负责人签字

B. 投标联合体没有提交共同投标协议

C. 投标人不符合国家或招标文件规定的资格条件

D. 投标文件中有含义不明确的内容

E. 投标文件中有计算错误

65. 根据《民法典》合同编，以下属于债权债务终止情形的有（　　）。

A. 债务已经履行　　B. 债务人依法将标的物提存

C. 债权债务同归于一人　　D. 因不可抗力致使不能实现合同目的

E. 债权人免除债务

66. 建设工程施工联合体承包模式的特点有（　　）。

A. 业主的合同结构简单，组织协调工作量小

B. 采用快速路径法施工，有利于缩短工期

C. 建设单位组织协调工作量小，但风险较大

D. 施工合同风险大，要求各承包商有较高的综合管理水平

E. 能够集中联合体成员单位优势，增强抗风险能力

67. 施工进度计划是单位工程施工组织设计的主要组成部分，编制施工进度计划的主要内容有（　　）。

A. 划分工作项目　　B. 计算工程量

C. 确定项目进度安排　　D. 绘制施工进度计划图

E. 确定主要施工方案

68. 以下各种不同形式的流水施工组织形式中，工作队数等于施工过程数的有（　　）。

A. 全等节拍流水

B. 成倍节拍流水

C. 异步距异节奏流水

D. 非节奏流水

E. 异节奏流水

69. 某双代号网络计划如下图所示，图中存在的绘图错误有（　　）。

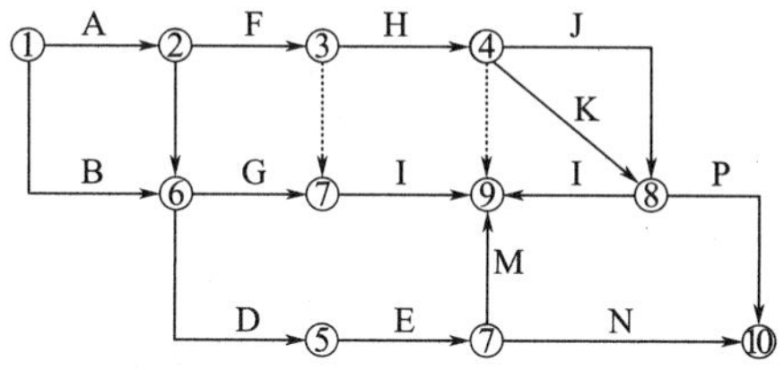

A. 多个终点节点

B. 节点编号重复

C. 两项工作有相同的节点编号

D. 循环回路

E. 多个起点节点

70. 根据九部委联合发布的《标准材料采购招标文件》和《标准设备采购招标文件》，关于当事人义务的说法，正确的有（　　）。

A. 迟延交付违约金总额不得超过合同价格的5%

B. 支付迟延交货违约金不能免除卖方继续交付合同材料的义务

C. 采购合同订立时的卖方营业地为标的物交付地

D. 卖方在交货时应将产品合格证随同产品交买方据以验收

E. 迟延付款违约金总额不得超过合同价格的10%

71. 以下关于利息和利率的说法中，正确的有（　　）。

A. 用于表示计算利息的时间单位称为利率周期

B. 利率是利息总额与本金之比

C. 利息是资金时间价值的一种重要表现形式

D. 利息是衡量资金时间价值的相对尺度

E. 利息是指占用资金所付的代价或放弃现期消费所得的补偿

72. 偿债备付率指标中“可用于还本付息的资金”包括（　　）。

A. 无形资产摊销费

B. 增值税

C. 计入总成本费用的应付利息

D. 固定资产大修理费

E. 固定资产折旧费

73. 下列关于价值工程的说法中，正确的有（　　）。

A. 价值工程的核心是对产品进行功能分析

B. 降低产品成本是提高产品价值的唯一途径

C. 价值工程活动应侧重于产品的研究、设计阶段

D. 功能整理的核心任务是剔除不必要功能

E. 功能评价的主要任务是确定功能的目标成本

74. 下列可以作价出资，作为固定资产投资项目资本金的有（　　）。

A. 企业商誉
B. 土地使用权
C. 非专利技术
D. 工业产权
E. 资源所有权

75. 与传统的贷款方式相比，项目融资的优点有（　　）。

A. 融资成本较低
B. 信用结构多样化
C. 投资风险小
D. 可利用税务优势
E. 属于资产负债表外融资

76. 以下各项中，属于不征税收入的是（　　）。

A. 股息
B. 红利
C. 财政拨款
D. 政府性基金
E. 税收滞纳金

77. 下列关于固定资产修理费的说法中，正确的有（　　）。

A. 修理费可以预提
B. 修理费可以摊销
C. 修理费可直接在成本中列支
D. 生产运营各年的修理费率必须一致
E. 修理费应计入总成本费用中的其他费用

78. 以下各种方法中，可用于进行设计方案评价的单指标法有（　　）。

A. 综合费用法
B. 全寿命期费用法
C. 价值工程法
D. 多因素评分优选法
E. 主要问题复核法

79. 施工投标采用不平衡报价法时，可以适当提高报价的项目有（　　）。

A. 综合单价分析表中的人工费项目
B. 综合单价分析表中的机械设备费项目
C. 综合单价分析表中的材料费项目
D. 单价与包干混合制合同中的单价项目
E. 预计开工后工程量会增加的项目

80. 以下关于费用偏差分析方法的说法中，正确的是（　　）。

A. 表格法具有灵活、适应性强等优点
B. 横道图法是偏差分析最常用的方法
C. 曲线法反映的偏差是局部偏差，很难用于累计偏差分析
D. 时标网络图简单、直观，可以用来反映累计偏差和局部偏差
E. 已完工程实际费用曲线与已完工程计划费用曲线的竖向距离表示累计费用偏差

黑白卷

模拟题六

一、单项选择题（共60题，每题1分。每题的备选项中，只有一个最符合题意）

1. 工程造价的影响因素较多，决定了工程计价依据的（　　）。

A. 多样性　　B. 多次性

C. 复杂性　　D. 组合性

2. 以下各项中，属于工程造价控制技术措施的是（　　）。

A. 明确造价控制人员及其任务　　B. 严格审核各项费用支出

C. 重视设计多方案选择　　D. 比较造价的计划值与实际值

3. 美国工程造价估算中的人工费由（　　）两部分组成。

A. 基本工资和附加工资　　B. 直接费和间接费

C. 直接工程费和措施费　　D. 人工费基价和价差

4. 在建设工程开工前，（　　）应当按照国家有关规定向工程所在地县级以上人民政府建设行政主管部门申领施工许可证。

A. 建设单位　　B. 施工单位

C. 监理单位　　D. 设计单位

5. 根据《建筑法》，建筑工程安全生产管理必须坚持安全第一、预防为主方针，建立健全安全生产的责任制度和（　　）制度。

A. 监督　　B. 追溯

C. 保证　　D. 群防群治

6. 根据《建设工程安全生产管理条例》，施工单位应当自施工起重机械和整体提升脚手架等自升式架设设施验收合格之日起（　　）内，向建设行政主管部门或其他有关部门（　　）。

A. 30日，备案　　B. 15日，备案

C. 15日，登记　　D. 30日，登记

7. 在针对危险性较大的起重吊装工程编制的专项施工方案实施过程中，应由（　　）进行现场监督。

A. 施工单位技术负责人　　B. 项目总监理工程师

C. 专职安全生产管理人员　　D. 项目经理

8. 根据《招标投标法实施条例》，以下关于中标的说法正确的是（　　）。

A. 排名第一的中标候选人放弃中标的，应由排名第二的中标候选人中标

B. 依法必须招标的项目，中标候选人公示期不得少于5日

C. 招标人收到异议之后，应及时答复并按原计划组织招标投标活动

D. 评标委员会成员对评标结果有不同意见的，应提交书面形式说明

9. 根据《招标投标法实施条例》，评标委员会应否决其投标的情形是（　　）。

A. 投标报价低于最高投标限价

B. 投标报价高于成本

C. 采用联合体投标并提交了共同投标协议

D. 投标人不符合招标文件规定的资质条件

10. 下列情形中，可构成缔约过失责任的是（　　）。

A. 因自然灾害，当事人无法执行签订合同的计划，造成对方的损失

B. 当事人双方串通牟利签订合同，造成第三方损失

C. 当事人因合同谈判破裂，泄露对方商业机密，造成对方损失

D. 合同签订后，当事人拒付合同规定的预付款，使合同无法履行，造成对方损失

11. 定金的数额超出主合同标的额（　　）的，超过部分不产生定金的效力。

A. 10%　　B. 20%

C. 15%　　D. 25%

12. 根据《国务院关于投资体制改革的决定》，企业不使用政府资金投资建设《政府核准的投资项目目录》中的项目时，企业仅需向政府提交（　　）。

A. 项目申请报告　　B. 项目可行性研究报告

C. 项目开工报告　　D. 项目初步设计文件

13. 应用 BIM 技术可以根据施工组织设计在 4D 模型基础上加入费用数据，形成 5D 模型，从而（　　）。

A. 通过合理的施工方案指导实际施工

B. 实现对工程造价的模拟计算

C. 构建工程项目的可视化模型

D. 实现对工程设计中的节能环保性能的分析

14. 对于技术复杂、各职能部门之间的技术界面比较繁杂的大型工程项目，宜采用的项目组织形式是（　　）组织形式。

A. 直线制　　B. 弱矩阵制

C. 中矩阵制　　D. 强矩阵制

15. 根据《建筑施工组织设计规范》GB/T 50502，单位工程施工组织设计应由（　　）审批。

A. 建设单位项目负责人　　B. 施工项目负责人

C. 施工单位技术负责人　　D. 施工项目技术负责人

16. 下列工程项目目标控制方法中，可用来掌握产品质量波动情况及质量特征的分布规律，以便对质量状况进行分析判断的是（　　）。

A. 直方图法　　B. 鱼刺图法

C. 控制图法　　D. S 曲线法

17. 建设工程流水施工中，相邻两个专业工作队相继开始施工的最小时间间隔称为（　　）。

A. 流水步距　　B. 流水节拍

C. 流水强度　　D. 流水节奏

18. 在组织流水施工过程中，根据流水节拍比例关系成立相应数量工作队组织施工的流水施工组织方法是（　　）。

A. 异步距异节奏流水施工　　B. 等节奏流水施工

C. 异节奏流水施工　　D. 成倍节拍流水施工

19. 以下关于网络图绘制的描述中，正确的是（　　）。

A. 单代号网络图中，不存在虚工作　　B. 双代号网络图中，不存在虚箭线

C. 单代号网络图中，不存在虚箭线　　D. 双代号网络图中，不存在虚工作

20. 某工程划分为 3 个施工过程，6 个施工段，组织加快的成倍节拍流水施工，流水节拍分别为 5 天、10 天、10 天，则该流水施工的流水步距为（　　）天。

A. 50　　B. 10

C. 5　　D. 25

21. 以下关于关键工作的描述中，正确的是（　　）。

A. 总时差为 0 的工作为关键工作

B. 在双代号网络图中，关键工作总时差最小

C. 在单代号网络图中，关键工作肯定不在非关键线路上

D. 在双代号网络图中，关键工作两端的节点不一定是关键节点

22. 某工程双代号网络计划中，工作 N 两端节点的最早时间和最迟时间如下图所示，则工作 N 总时差和自由时差分别为（　　）。

2 | 3　　7 | 9

④ —— N / 4 ——→ ⑤

A. 0、0　　B. 3、1

C. 2、2　　D. 3、3

23. 工程网络计划工期优化的目的是（　　）。

A. 计划工期满足合同工期　　B. 计算工期满足计划工期

C. 要求工期满足合同工期　　D. 计算工期满足要求工期

24. 根据《最高人民法院关于审理建设工程施工合同纠纷案件适用法律问题的解释（一）》（法释〔2020〕25 号），当事人签订的建设工程施工合同与招标文件、投标文件、中标通知书载明的工程范围和工程价款不一致的，一方当事人请求将招标文件、投标文件、中标通知书作为结算依据的，人民法院（　　）。

A. 不予支持　　B. 应予支持

C. 应根据双方提供的证据进行裁决　　D. 应根据施工方意愿进行裁决

25. 根据《标准设计施工总承包招标文件》，下列文件内容不一致的，应以（　　）规定为准。

A. 专用合同条款　　B. 通用合同条款

C. 中标通知书　　D. 发包人要求

26. 在工程经济分析中，通常采用（　　）计算资金的时间价值。

A. 连续复利　　B. 瞬时单利

C. 连续单利　　D. 间断复利

27. 某工程建设期 2 年，建设单位在建设期第 1 年初和第 2 年初分别从银行借入资金

800 万元和 600 万元，年利率 10%，按年计息。建设单位在运营期第 3 年末偿还贷款 1000 万元后，在运营期第 5 年末再偿还（　　）万元才能还清贷款本息。

A. 1060.79　　B. 1166.87

C. 1411.91　　D. 1283.55

28. 在等值计算过程中，可以用来表示等额支付系列偿债基金系数的符号是（　　）。

A. $(A/F, i, n)$　　B. $(A/P, i, n)$

C. $(P/A, i, n)$　　D. $(F/A, i, n)$

29. 某项目总投资为 2000 万元，其中债务资金为 500 万元，项目运营期内平均净利润为 200 万元，年平均息税为 20 万元，则该项目的总投资收益率为（　　）。

A. 10.0%　　B. 11.0%

C. 13.3%　　D. 14.7%

30. 以下关于净现值指标的描述中，说法正确的是（　　）。

A. 不依赖于外部指标，但计算比较复杂

B. 可以反映投资中单位投资的使用效率

C. 能够直接以金额表示项目的盈利水平

D. 能够说明项目运营期各年的经营成果

31. 在互斥方案比选时，利用经营成本的节约补偿增量投资所需年限与基准值进行比较的静态评价方法的是（　　）。

A. 增量投资回收期法　　B. 增量投资内部收益率法

C. 最小公倍数法　　D. 研究期法

32. 某投资方案设计年生产能力为 50 万件，年固定成本为 300 万元，单位产品可变成本为 90 元/件，单位产品的销售税金及附加为 8 元/件。按设计生产能力满负荷生产时，用销售单价表示的盈亏平衡点是（　　）元/件。

A. 90　　B. 96

C. 98　　D. 104

33. 以下关于价值工程的描述中，说法正确的是（　　）。

A. 提高价值最理想的途径是在成本不变的条件下，提高产品功能

B. 价值工程主要应用于方案评价和寻求提高产品或对象价值的途径

C. 价值工程活动侧重在产品决策和制造阶段

D. 凡是能够提供功能的事物，均可作为价值工程研究的对象

34. 按照价值工程活动的工作程序，通过功能分析与整理明确必要功能后的下一步工作是（　　）。

A. 功能评价　　B. 功能定义

C. 方案评价　　D. 方案创造

35. 在价值工程活动中，通过分析求得某评价对象的价值系数 $V>1$，对该评价对象可采取的策略是（　　）。

A. 降低成本或剔除不必要的功能　　B. 降低成本或提高功能水平

C. 提高成本或提高功能水平　　D. 提高成本或剔除不必要的功能

36. 在价值工程活动的方案创造阶段，为激发有价值的创新方案，主持人在开始时并不全部摊开要解决的问题，只是对与会者进行抽象介绍，要求大家提出各种设想，这种方案创造的方法称为（　　）。

A. 德尔菲法　　B. 哥顿法

C. 头脑风暴法　　D. 强制确定法

37. 在价值工程方案详细评价中，属于技术可行性评价的是（　　）。

A. 功能可靠性　　B. 企业经营的要求

C. 国民经济效益　　D. 项目总体价值

38. 在费用估算的各种方法中，实际上应用最广泛的是（　　）。

A. 费用模型估算法　　B. 参数估算法

C. 类比估算法　　D. 费用项目分别估算法

39. 以下关于寿命周期成本分析的说法中，描述正确的是（　　）。

A. 因减少劳动量而节省的劳务费计入 X 项

B. 提高质量所得的增收额列入 X 项

C. 增产所得的增收额列入 Y 项

D. 对寿命周期成本的估算，必须尽可能在系统开发初期进行

40. 在项目资金筹措应遵循的基本原则中，经济效益原则是指（　　）。

A. 力求以最低的综合资金成本实现最大投资效益

B. 合理安排权益资本与债务资本的比例

C. 合理安排长期资金与短期资金的比例

D. 注意把握筹资的时间和规模

41. 以下关于融资租赁的说法中，正确的是（　　）。

A. 融资租赁也称为金融租赁或财务租赁，是一种短期租赁

B. 相对长期借款筹资，融资租赁灵活性较低

C. 承租人租赁取得的设备按照固定资产计提折旧

D. 租赁期满，设备一般由出租人所有

42. 某公司发行普通股股票融资，社会无风险投资收益率为 8%，市场投资组合预期收益率为 15%，该公司股票的投资风险系数为 1.2。采用资本资产定合模型确定，发行该股票的成本率为（　　）。

A. 16.4%　　B. 18.0%

C. 23.0%　　D. 24.6%

43. 在融资的每股收益分析中，根据每股收益的无差别点，可以分析判断（　　）。

A. 企业长期资金的加权平均资金成本

B. 市场投资组合条件下股东的预期收益率

C. 不同销售水平下适用的资本结构

D. 债务资金比率的变化所带来的风险

44. 为了减少项目投资风险，在工程建设方面可以要求工程承包公司提供（　　）的合同。

A. 固定价格、可调工期　　B. 固定价格、固定工期

C. 可调价格、固定工期　　D. 可调价格、可调工期

45. 采用BOO方式代替BOT方式的主要目的是（　　）。

A. 增加特许经营期限，进而提高服务质量和服务价格

B. 鼓励项目公司从项目全寿命期角度合理建设经营设施

C. 项目公司可以抵押贷款，进而获得更优惠的贷款条件

D. 用已建成项目为其他新项目融资，降低融资风险

46. PPP项目实施方案中的合同体系中，最核心的法律文件是（　　）。

A. 交易条件　　B. 项目合同

C. 项目边界条件　　D. 交易结构

47. 对于需要国家重点扶持的高新技术企业，按（　　）的税率征收企业所得税。

A. 12%　　B. 15%

C. 20%　　D. 25%

48. 下列关于契税计税依据和税率的说法中，正确的是（　　）。

A. 房屋赠予，以房屋原值为计税依据

B. 房屋交换，以房屋的原值之和为计税依据

C. 国有土地使用权出让，以成交价格为计税依据

D. 契税实行四级超率累进税率

49. 根据《人力资源社会保障部 财政部关于调整工伤保险费率政策的通知》（人社部发〔2015〕71号），建筑安装及装饰行业的工伤保险基准费率为用人单位工资总额的（　　）。

A. 0.9%　　B. 1.1%

C. 1.3%　　D. 1.5%

50. 工程项目经济评价中，经济分析采用（　　）计量项目的投入与产出物的价值。

A. 完全市场竞争下的价格体系　　B. 体现资源合理有效配置的影子价格

C. 最优资源配置下的价格体系　　D. 现行市场价格体系

51. 以下各项中，属于资本金现金流量表中的现金流入的是（　　）。

A. 建设投资借款　　B. 回收流动资金

C. 折旧　　D. 借款本金偿还

52. 限额设计中，造价控制目标分解的合理步骤是（　　）。

A. 投资限额—各专业设计限额—各专业设计人员目标

B. 投资限额—各专业设计人员目标—各专业设计限额

C. 各专业设计限额—各专业设计人员目标—设计概算

D. 各专业设计人员目标—各专业设计限额—设计概算

53. 审查施工图预算，应首先从审查（　　）开始。

A. 定额使用　　B. 工程量

C. 设备材料价格　　D. 人工、机械使用价格

54. 以下关于合同计价方式选择的描述中，说法正确的是（　　）。

A. 对于工期紧迫、施工图设计不完备的应急工程，可以选用总价合同方式

B. 对同一个工程项目中不同的工程部分或不同阶段，可以采用不同的合同类型

C. 建设单位造价控制难度最大的合同方式是成本加浮动酬金合同

D. 采用单价合同计价形式时，施工单位承担的风险最大

55. 根据《标准施工招标文件》，承包人修建临时设施需要临时占地的，应（　　）。

A. 由发包人办理申请手续，费用由承包人承担

B. 由发包人办理申请手续并承担相应费用

C. 由承包人自行负责办理申请手续并承担相应费用

D. 由承包人负责办理申请手续，费用由发包人承担

56. 根据 FIDIC《施工合同条件》，下列各项关于 DAAB 的描述中正确的是（　　）。

A. DAAB 裁决具有强制性

B. 在仲裁过程中，可以将 DAAB 的决定作为一项证据

C. DAAB 成员由发包人确定并在 28 天内通知承包人

D. 业主有权终止 DAAB 成员的工作并通知承包人

57. 在工程量较大项目的“综合单价分析表”中，报价可以报低些的项目是（　　）。

A. 人工费　　　　B. 机械设备费

C. 材料费　　　　D. 人工费和机械设备费

58. 在工程项目综合成本分析中，年度成本分析的重点是（　　）。

A. 通过实际成本与预算成本的对比，分析当年成本降低水平

B. 通过实际成本与目标成本的对比，分析目标成本的落实情况

C. 针对下一年度施工进展情况规划切实可行的成本管理措施

D. 分析施工成本控制的有利条件和不利条件及其对施工的影响

59. 某工程拟完工程量 100m，实际工程量 110m，计划单价 60 元/m，实际单价 70 元/m。则进度偏差和费用偏差分别为（　　）。

A. 600；1100　　　　B. 600；-1100

C. -600；1100　　　　D. -600；-1100

60. 某工程合同约定以银行保函代替预留工程质量保证金，合同签约价为 800 万元，工程价款结算总额为 780 万元。根据《建设工程质量保证金管理办法》，该保函金额最大为（　　）万元。

A. 15.6　　　　B. 16.0

C. 23.4　　　　D. 24.0

二、多项选择题（共 20 题，每题 2 分。每题的备选项中，有 2 个或 2 个以上符合题意，至少有 1 个错项。错选，本题不得分；少选，所选的每个选项得 0.5 分）

61. 以下关于工程造价相关概念的描述中，正确的有（　　）。

A. 生产性建设项目总投资包括固定资产投资和流动资产投资

B. 动态投资是静态投资的主要组成部分，也是其计算基础

C. 固定资产投资是投资主体为达到预期收益的资金垫付行为

D. 静态投资更符合市场价格运行机制，更符合实际

E. 非生产性建设项目总投资等于其工程造价

62. 下列工程造价管理工作中，属于工程施工阶段造价管理工作内容的有（　　）。

A. 编制施工图预算　　B. 审核投资估算
C. 进行工程计量　　D. 处理工程变更
E. 编制工程量清单

63. 根据《建设工程安全生产管理条例》，下列安全生产责任中，属于建设单位安全责任的是（　　）。

A. 确定建设工程安全作业环境及安全施工措施所需费用并纳入工程概算
B. 对采用新结构的建设工程，提出保障施工作业人员安全的措施建议
C. 拆除工程施工前，将拟拆除建筑物的说明、拆除施工组织方案等资料报有关部门备案
D. 建立健全安全生产责任制度，制定安全生产规章制度和操作规程
E. 对达到一定规模的危险性较大的分部分项工程编制专项施工方案，并附具安全验算结果

64. 根据《招标投标法实施条例》，关于投标保证金的说法，正确的有（　　）。

A. 投标保证金有效期应当与投标有效期一致
B. 投标保证金不得超过招标项目估算价的2%
C. 采用两阶段招标的，投标应在第一阶段提交投标保证金
D. 招标人不得挪用投标保证金
E. 招标人最迟应在签订书面合同时同时退还投标保证金

65. 以下各项中，属于债权债务终止情形的有（　　）。

A. 债务已经履行　　B. 债务相互抵消
C. 债务人依法将标的物提存　　D. 债权人违约
E. 合同转让

66. 建设单位在办理工程质量监督注册手续时需提供的资料包括（　　）。

A. 监理单位工程项目机构组成　　B. 施工图设计文件审查报告和批准书
C. 施工单位项目负责人　　D. 地基基础与主体结构的安全性
E. 中标通知书和施工合同

67. 下列关于CM承包模式的说法，正确的有（　　）。

A. CM承包模式下采用快速路径法施工
B. CM单位直接与分包单位签订分包合同
C. CM合同采用成本加酬金的计价方式
D. CM单位与分包单位之间的合同价是保密的
E. CM单位不赚取总包与分包之间的差价

68. 以下各项中，属于有节奏流水施工的有（　　）。

A. 有间歇时间的固定节拍流水施工　　B. 非节奏流水施工
C. 异步距异节奏流水施工　　D. 成倍节拍流水施工
E. 有提前插入时间的固定节拍流水施工

69. 在工程网络计划中，当计划工期等于计算工期时，判定为关键工作的条件有（　　）。

A. 该工作总时差为零

B. 双代号时标网络计划中无波形线

C. 该工作处于关键线路之上

D. 该工作最早开始时间与最迟开始时间相等

E. 该工作的自由时差为零

70. 某工程项目的双代号时标网络计划，当计划执行到第 4 周末及第 10 周末时，检查得出实际进度前锋线如下图所示，检查结果表明（　　）。

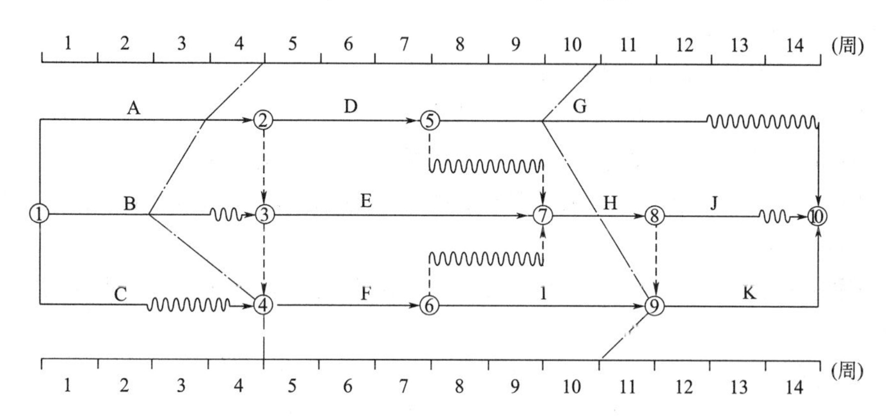

A. 第 4 周末检查时工作 B 拖后 1 周，但不影响总工期

B. 第 4 周末检查时工作 A 拖后 1 周，影响总工期 1 周

C. 第 10 周末检查时工作 G 拖后 1 周，但不影响总工期

D. 第 10 周末检查时工作 I 提前 1 周，可使总工期提前 1 周

E. 在第 5 周到第 10 周内，工作 F 和工作 I 的实际进度正常

71. 以下关于净现值（*NPV*）指标的描述中，说法正确的有（　　）。

A. 若方案 *NPV*≥0，说明方案满足基准收益率要求的盈利水平

B. 若方案 *NPV*<0，说明该方案在经济上是可行的

C. *NPV* 是反映投资方案计算期内获利能力的动态指标

D. 可以利用净现值法直接对各类互斥方案进行分析比选

E. 净现值的计算需先确定符合经济现实的基准收益率

72. 以下关于内部收益率指标的说法中，正确的有（　　）。

A. 若以内部收益率为折现率，则项目现金流入现值和等于其现金流出现值和

B. 是项目对贷款利率的最大承担能力

C. 不仅受项目初始投资规模影响，也受项目计算期各年净收益大小的影响

D. 对于非常规现金流量方案，可用线性内插法计算其近似的内部收益率

E. 能够直接衡量项目未回收投资的收益率

73. 在价值工程活动过程中，分析阶段的主要工作有（　　）。

A. 价值工程对象选择

B. 功能定义

C. 功能评价

D. 方案评价

E. 方案审批

74. 以下各项中，项目资本金占项目总投资最低比例为20%的有（　　）。

A. 铁路项目　　B. 水泥项目

C. 公路项目　　D. 城市轨道交通项目

E. 机场项目

75. 以下各项工作中，属于项目融资结构设计阶段内容的有（　　）。

A. 评价项目风险因素　　B. 选择项目融资方式

C. 项目可行性研究　　D. 评价项目资金结构

E. 修正项目融资结构

76. 以下关于增值税的相关描述中，正确的有（　　）。

A. 一般纳税人发生应税行为的适用简易计税方法计税

B. 当期销项税额大于当期进项税额时，差额部分可下期抵扣

C. 采用一般计税方法时，构成税前造价的各项费用均以不包含增值税可抵扣进项税额的价格计算

D. 采用简易计税方法时，构成税前造价的各项费用均以不包含增值税可抵扣进项税额的价格计算

E. 非固定业户应向应税行为发生地主管税务机关申报纳税

77. 下列工程项目策划内容中，属于工程项目实施策划的有（　　）。

A. 工程项目合同结构　　B. 工程项目建设水准

C. 工程项目目标设定　　D. 工程项目系统构成

E. 工程项目借贷方案

78. 以下关于限额设计的描述中，正确的有（　　）。

A. 限额设计的主要目的是寻求最大限度的投资节约

B. 限额设计通常包括限额初步设计和限额施工图设计两个阶段

C. 在考虑建设项目全寿命周期成本时，可以考虑突破原有限额

D. 限额设计中，使用功能不能减少，技术标准不能降低

E. 限额设计是设计阶段进行技术经济分析，实施工程造价控制的重要措施

79. 关于施工标段划分的说法，正确的有（　　）。

A. 标段划分多，业主协调工作量小

B. 承包单位管理能力强，标段划分宜多

C. 业主管理能力有限，标段划分宜少

D. 标段划分少，会减少投标者数量

E. 标段划分多，有利于施工现场布置

80. 按工程项目组成编制施工阶段资金使用计划时，不能直接分解到各个工程分项的费用有（　　）。

A. 人工费　　B. 保险费

C. 二次搬运费　　D. 临时设施费

E. 施工机具使用费

黑白卷

模拟题七

一、单项选择题（共60题，每题1分。每题的备选项中，只有一个最符合题意）

1. 建设工程最典型的工程造价形式是（　　），是由供需双方共同确认或确定的价格。

A. 发承包价格　　B. 初步设计概算

C. 工程竣工决算价格　　D. 施工图预算

2. 对于政府投资工程而言，经有关部门批准的（　　）将作为拟建工程项目造价的最高限额。

A. 投资估算　　B. 设计概算

C. 承包价格　　D. 工程结算

3. 一级造价工程师职业资格证书由（　　）颁发，该证书全国范围内有效。

A. 住房和城乡建设部

B. 交通运输部

C. 水利部

D. 省级人民政府人力资源社会保障主管部门

4. 根据我国《建筑法》，下列表述正确的是（　　）。

A. 经建设单位许可，分包单位可将其承包的工程再分包

B. 两个以上不同资质等级单位联合承包工程的，可以按资质高的单位考虑其承揽工程的范围

C. 施工现场的安全由建筑施工企业负责

D. 建筑施工企业应当为从事危险作业的职工办理意外伤害保险

5. 根据《招标投标法》，下列关于投标的描述中，正确的是（　　）。

A. 开标应由公证机构主持，在招标文件预先确定的地点公开进行

B. 开标时间为招标文件确定的提交投标文件截止时间的同一时间

C. 必须由投标人或其推选的代表检查投标文件的密封情况

D. 可以由投标人委托的公证机构对密封情况进行检查并公正

6. 某招标项目估算价1000万元，投标截止日期为8月30日，投标有效期为9月30日，则该项目投标保证金数额及其有效期应为（　　）。

A. 最高不超过80万元，有效期为9月30日

B. 最高不超过80万元，有效期为8月30日

C. 最高不超过20万元，有效期为8月30日

D. 最高不超过20万元，有效期为9月30日

7. 根据《政府采购法实施条例》，招标文件的提供期限自招标文件开始发出之日起不

得少于（　　）。

A. 5 日　　B. 7 日

C. 5 个工作日　　D. 15 日

8. 根据《民法典》合同编，以下关于合同成立与合同生效的描述中，正确的是（　　）。

A. 双方当事人依照有关法律对合同内容进行协商并达成一致意见时，合同生效

B. 承诺生效时合同生效

C. 依照法律法规规定，应当办理批准、登记手续的合同，待手续完成时合同成立

D. 通常情况下，合同依法成立之时就是合同生效之日，二者在时间上是同步的

9. 根据《民法典》合同编，执行政府指导价的合同，当事人一方逾期交付标的物，则（　　）。

A. 无论价格升降，均按新价格执行　　B. 遇价格上涨时，按新价格执行

C. 无论价格升降，均按原价格执行　　D. 遇价格上涨时，按原价格执行

10. 关于合同争议仲裁的说法，正确的是（　　）。

A. 仲裁是诉讼的前置程序

B. 仲裁裁决在当事人认可后具有法律约束力

C. 仲裁裁决的强制执行须向人民法院申请

D. 仲裁协议的效力须由人民法院裁定

11. 企业投资建设《政府核准的投资项目目录》以外的项目时，除国家另有规定外，由企业（　　）。

A. 向政府提交项目申请报告

B. 按照属地原则向地方政府投资主管部门备案

C. 向政府提交资金申请报告

D. 向政府提交项目建议书、可行性研究报告

12. 根据《关于实行建设项目法人责任制的暂行规定》，项目法人应在（　　）正式成立。

A. 项目建议书批准后　　B. 项目施工总设计文件审查通过后

C. 项目可行性研究报告被批准后　　D. 项目初步设计文件被批准后

13. 代理型 CM 合同由建设单位与分包单位直接签订，一般采用（　　）的合同形式。

A. 固定单价　　B. 可调总价

C. GMP 加酬金　　D. 简单的成本加酬金

14. 工程项目管理组织机构采用直线制形式的主要优点是（　　）。

A. 管理业务专门化，易提高工作质量　　B. 部门间横向联系强，管理效率高

C. 隶属关系明确，易实现统一指挥　　D. 集权与分权结合，管理机构灵活

15. 根据《建筑施工组织设计规范》GB/T 50502，施工组织设计的纲领性内容是（　　）。

A. 施工部署　　B. 施工现场平面图

C. 施工进度计划　　D. 施工资源配置计划

16. 在直方图绘制过程中，出现绝壁型直方图的主要原因是（　　）。

A. 组距确定不当　　B. 少量材料不合格

C. 工人操作不熟练　　D. 操作者主观因素

17. 建设工程流水施工中，某专业工作队在一个施工段上的施工时间称为（　　）。

A. 流水步距　　B. 流水节拍

C. 流水强度　　D. 施工过程

18. 某工程划分为 4 个施工过程，8 个施工段，组织加快的成倍节拍流水施工，流水节拍分别为 4 天、8 天、8 天、4 天，则该流水施工的流水工期为（　　）天。

A. 52　　B. 36

C. 56　　D. 40

19. 按照（　　）的特征，可以将流水施工分为有节奏流水施工和非节奏流水施工两大类。

A. 施工段　　B. 施工过程

C. 流水节拍　　D. 流水步距

20. 以下关于关键线路判定，说法正确的是（　　）。

A. 双代号网络图中，由关键工作组成的线路是关键线路

B. 双代号网络图中，由关键节点组成的线路是关键线路

C. 单代号网络图中，由关键工作组成的线路是关键线路

D. 单代号网络图中，由关键节点组成的线路是关键线路

21. 以下关于关键工作、关键节点、关键线路的描述中，正确的是（　　）。

A. 两端为关键节点的工作，肯定是关键工作

B. 在双代号网络图中，由关键节点组成的线路一定是关键线路

C. 关键节点必然处在关键线路上

D. 关键节点的最早时间和最迟时间相等

22. 某工程网络计划中，工作 D 有两项紧后工作，最早开始时间分别为 17 和 15，工作 D 的最早开始时间为 10，持续时间为 3，则工作 D 的自由时差为（　　）。

A. 5　　B. 4

C. 3　　D. 2

23. 根据《标准材料采购招标文件》(2017 年版)，卖方迟延交付价值为 80 万元的施工材料 15 天，应支付迟延交付违约金（　　）元。

A. 6400　　B. 9600

C. 8000　　D. 1200

24. 根据《标准施工招标文件》中的通用条款中，属于发包人义务的是（　　）。

A. 发出开工通知　　B. 编制施工组织总设计

C. 组织设计交底　　D. 施工期间照管工程

25. 某企业借款 1000 万元，期限 2 年，年利率 8%，按年复利计息，到期一次性还本付息，则第 1 年与第 2 年的利息差额为（　　）万元。

A. 1.6　　B. 0.0

C. 3.2　　D. 6.4

26. 某企业前3年每年初借款1000万元，按年复利计息，年利率为8%，第5年末还款3000万元，剩余本息在第8年末全部还清，则第8年末需还本息（　　）万元。

A. 981.49　　B. 990.89

C. 1270.83　　D. 1372.49

27. 采用投资收益率指标评价投资方案经济效果的缺点是（　　）。

A. 考虑了投资收益的时间因素，因而使指标计算较复杂

B. 虽在一定程度上反映了投资效果的优劣，但仅适用于投资规模大的复杂工程

C. 只能考虑正常生产年份的投资收益，不能全面考虑整个计算期的投资收益

D. 正常生产年份的选择比较困难，因而使指标计算的主观随意性较大

28. 为了限制对风险大、盈利低的项目进行投资，可以采用（　　）的办法进行投资方案的经济评价。

A. 提高基准收益率　　B. 降低基准收益率

C. 延长项目运营期　　D. 静态指标与动态指标相结合

29. 某项目有甲、乙、丙、丁4个可行方案，投资额和年经营成本见下表。若基准收益率为12%，采用增量投资收益率比选，最优方案为（　　）方案。

方案	甲	乙	丙	丁
投资额（万元）	800	900	1000	1200
年经营成本（万元）	100	120	70	60

A. 甲　　B. 乙

C. 丙　　D. 丁

30. 用产量或价格表示的盈亏平衡点越低，则表明（　　）。

A. 达到盈亏平衡点的收益越高　　B. 项目投产后盈利可能性越低

C. 项目抗风险能力越强　　D. 项目利润率越高

31. 以下关于项目敏感性分析的说法中，正确的是（　　）。

A. 敏感度系数与临界点含义相同，二者互为倒数

B. 临界点是指不确定因素变化使项目由可行变为不可行的临界数值

C. 敏感度系数是不确定因素发生变动的概率

D. 临界点的绝对值越大表明该因素的变动对评价指标的影响越显著

32. 以生产能力利用率表示的项目盈亏平衡点越低，表明项目建成投产后的（　　）越小。

A. 盈利可能性　　B. 适应市场能力

C. 抗风险能力　　D. 盈亏平衡总成本

33. 对于大型复杂的产品，应用价值工程的重点应在产品的（　　）阶段。

A. 研究设计　　B. 生产制造

C. 质量检验　　D. 使用维护

34. 价值工程活动中，功能整理的主要任务是（　　）。

A. 建立功能系统图　　B. 分析产品功能特性

C. 编制功能关联表　　D. 确定产品工程名称

35. 可靠地实现用户要求功能的最低成本是（　　）。

A. 对象的现实成本　　B. 对象的功能评价值

C. 对象的生产成本　　D. 对象的维护成本

36. 应用价值工程原理进行功能评价时，表明评价对象的功能与成本较匹配，暂不需要考虑改进的情形是价值系数（　　）。

A. 大于 0　　B. 等于 1

C. 大于 1　　D. 小于 1

37. 在进行寿命周期成本分析时，应用最广泛的费用估算方法是（　　）。

A. 费用模型估算法　　B. 参数估算法

C. 费用项目分别估算法　　D. 类比估算法

38. 工程寿命周期成本分析的局限性之一是假定工程对象有（　　）。

A. 固定的运行效率　　B. 确定的投资额

C. 确定寿命周期　　D. 固定的功能水平

39. 以工业产权、非专利技术作价出资的比例不得超过投资项目资本金总额的（　　）。

A. 20%　　B. 25%

C. 30%　　D. 35%

40. 以下关于资产变现和产权转让的描述中，正确的是（　　）。

A. 资产变现是企业资产控制权或产权结构发生变化，资产总额减少

B. 资产变现使非现金货币资产减少，现金货币资产增加，资产总额不变

C. 产权转让是企业资产控制权或产权结构发生变化，其控制的资产总额不变

D. 产权转让和资产变现均属于既有法人资本金筹措的外部资金来源

41. 下列各项中，属于债务融资特点的是（　　）。

A. 速度快，成本较高　　B. 成本较低，风险较小

C. 风险较大，有还本付息压力　　D. 速度快，融资风险小

42. 某企业账面反映的长期资金 4000 万元，其中优先股 1200 万元，应付长期债券 2800 万元。发行优先股的筹资费费率 3%，年股息率 9%；发行长期债券的票面利率 7%，筹资费费率 5%，企业所得税税率 25%。则该企业的加权平均资金成本率为（　　）。

A. 3.96%　　B. 6.11%

C. 6.65%　　D. 8.15%

43. 项目债务融资规模一定时，增加长期债务资本比重产生的影响是（　　）。

A. 提高总的融资成本　　B. 降低项目公司的财务流动性

C. 降低项目的财务稳定性　　D. 提高项目公司的财务风险

44. 以下关于项目融资有限追索的描述中，正确的是（　　）。

A. 贷款人对项目融资没有追索权

B. 贷款人可以在某个阶段或范围内对借款人实行追索
C. 有限追索的实质是项目本身的经济强度足以满足偿付全部贷款的能力
D. 无论发生何种情况，贷款人均不能追索抵押项目之外的任何资产
45. 关于BT项目经营权和所有权归属的说法，正确的是（　　）。
A. 特许期经营权属于投资者，所有权属于政府
B. 经营权属于政府，所有权属于投资者
C. 经营权和所有权均属于投资者
D. 经营权和所有权均属于政府
46. 对于核心边界条件和技术经济参数明确，符合国家法律法规和政府采购政策，且采购中不作更改的项目应采用的采购方式是（　　）。
A. 邀请招标　　B. 公开招标
C. 竞争性谈判　　D. 单一来源采购
47. 对于符合条件的小型微利企业，企业所得税减按（　　）的税率征收。
A. 12%　　B. 15%
C. 20%　　D. 25%
48. 以下各项中，可作为建筑工程一切险保险项目的是（　　）。
A. 公共运输车辆　　B. 施工用设备
C. 技术资料　　D. 有价证券
49. 根据《人力资源社会保障部 财政部关于调整工伤保险费率政策的通知》（人社部发〔2015〕71号），房屋建筑业作为第六类行业，工伤保险的基准费率为用人单位工资总额的（　　）。
A. 0.9%　　B. 1.1%
C. 1.3%　　D. 1.5%
50. 与工程项目财务分析不同，工程项目经济分析的主要标准和参数是（　　）。
A. 净利润和财务净现值　　B. 净收益和经济净现值
C. 净利润和社会折现率　　D. 市场利率和经济净现值
51. 对于有营业收入的非经营性项目，其收入在补偿人工、材料等生产经营耗费之后，优先用于（　　）。
A. 缴纳流转税　　B. 偿还借款利息
C. 计提折旧　　D. 缴纳所得税
52. 以投资方案为一独立系统进行设置，以投资方案建设所需的总投资为计算基础的现金流量表是（　　）。
A. 投资现金流量表　　B. 资本金现金流量表
C. 投资各方现金流量表　　D. 财务计划现金流量表
53. 以下各项中，属于总成本费用而不属于经营成本的是（　　）。
A. 折旧费　　B. 燃料动力费
C. 修理费　　D. 所得税
54. 应用价值工程法对设计方案进行评价包括下列工作内容：①功能评价；②功能分

析；③计算价值系数。仅就此三项工作而言，正确的顺序是（　　）。

A. ①→②→③　　B. ②→①→③

C. ③→②→①　　D. ②→③→①

55. 根据《标准施工招标文件》，合同价格的准确数据只有在（　　）后才能确定。

A. 后续工程不再发生变更　　B. 承包人完成缺陷责任期工作

C. 工程审计全部完成　　D. 竣工结算价款已支付完成

56. 根据《标准设计施工总承包招标文件》，下列说法正确的是（　　）。

A. 发包人采购的材料设备要求向承包人提前交货的，承包人可以拒绝

B. 监理人使用施工控制网的，发包人要支付合理费用

C. 发包人应对其提供的测量基准点、水准点的准确性、真实性负责

D. 异常恶劣天气条件导致工期延误的，应由承包人承担相应损失

57. 在施工方投标报价过程中，以下各项可选择报高价的是（　　）。

A. 投标对手多，竞争激烈的工程

B. 支付条件好的工程

C. 工期要求紧的工程

D. 可以利用附近工程的设备、劳务的工程

58. 通过计算后续未完成计划成本余额，预测尚需成本数额，为后续工程施工的成本、进度控制及寻求降低成本挖掘途径指明方向的成本控制方法是（　　）。

A. 挣值分析法　　B. 价值工程方法

C. 工期-成本同步分析法　　D. 成本分析表法

59. 工程施工过程中，对于施工承包单位要求的工程变更，承包单位提出的程序是（　　）。

A. 向建设单位提出书面申请，阐明变更理由

B. 向设计单位提出书面变更建议，并附变更图纸

C. 向监理人提出书面变更通知，并附变更详图

D. 向监理人提出书面变更建议，阐明变更依据

60. 某工程施工至2019年8月底，已完工程计划费用（*BCWP*）为600万元，已完工程实际费用（*ACWP*）为800万元，拟完工程计划费用（*BCWS*）为700万元，则该工程此时的偏差情况是（　　）。

A. 费用节约，进度提前　　B. 费用超支，进度拖后

C. 费用节约，进度拖后　　D. 费用超支，进度提前

二、多项选择题（共20题，每题2分。每题的备选项中，有2个或2个以上符合题意，至少有1个错项。错选，本题不得分；少选，所选的每个选项得0.5分）

61. 全面造价管理是指有效地利用专业知识与技术对（　　）进行筹划和控制。

A. 资源　　B. 盈利

C. 风险　　D. 成本

E. 进度

62. 根据《注册造价工程师管理办法》，以下各项中应由住房和城乡建设部会同交通

运输部、水利部统一制定的有（　　）。

A. 职业资格证书　　B. 注册证书

C. 注册证书编号规则　　D. 执业印章

E. 执业印章样式

63. 实施建筑工程监理前，建设单位应当将委托的（　　），书面通知被监理的建筑施工企业。

A. 监理单位　　B. 监理资质

C. 监理内容　　D. 监理权限

E. 监理时间

64. 根据《招标投标法实施条例》，下列关于招标投标的说法，正确的有（　　）。

A. 采购人依法装修自行建设、生产的项目，可以不进行招标

B. 招标费用占合同比例过大的项目，可以不进行招标

C. 招标人发售招标文件收取的费用应当限于补偿印刷、邮寄的成本支出

D. 潜在投标人对招标文件有异议的，应当在投标截止时间 10 日前提出

E. 招标人采用资格后审的，应当在开标时由评标委员会公布资格审查结果

65. 根据《民法典》合同编，合同当事人违约责任的特点有（　　）。

A. 违约责任以无效合同为前提

B. 违约责任主要是一种赔偿责任

C. 违约责任以违反合同义务为要件

D. 违约责任由当事人按法律规定的范围自行约定

E. 违约责任由当事人按损益相当原则确定

66. 根据《关于实行建设项目法人责任制的暂行规定》，建设项目董事会的职权有（　　）。

A. 审核初步设计文件　　B. 筹措项目建设资金

C. 上报年度投资计划　　D. 拟定生产经营计划

E. 提出项目开工报告

67. 下列项目目标控制方法中，可用于控制工程质量的有（　　）。

A. S 曲线法　　B. 控制图法

C. 排列图法　　D. 直方图法

E. 横道图法

68. 以下各项中，属于异步距异节奏流水施工的特点有（　　）。

A. 同一施工过程在各施工段上的流水节拍均相等

B. 相邻施工过程的流水步距不尽相等

C. 专业工作队数等于施工过程数

D. 施工段之间可能有空闲时间

E. 有的专业工作队不能连续工作

69. 某工程双代号网络计划中已标出的各个节点的最早时间和最迟时间，该计划表明（　　）。

A. 工作 1-2 的自由时差为 2

B. 工作 2-5 的总时差为 7

C. 工作 3-4 为关键工作

D. 工作 3-5 为关键工作

E. 工作 4-6 的总时差为零

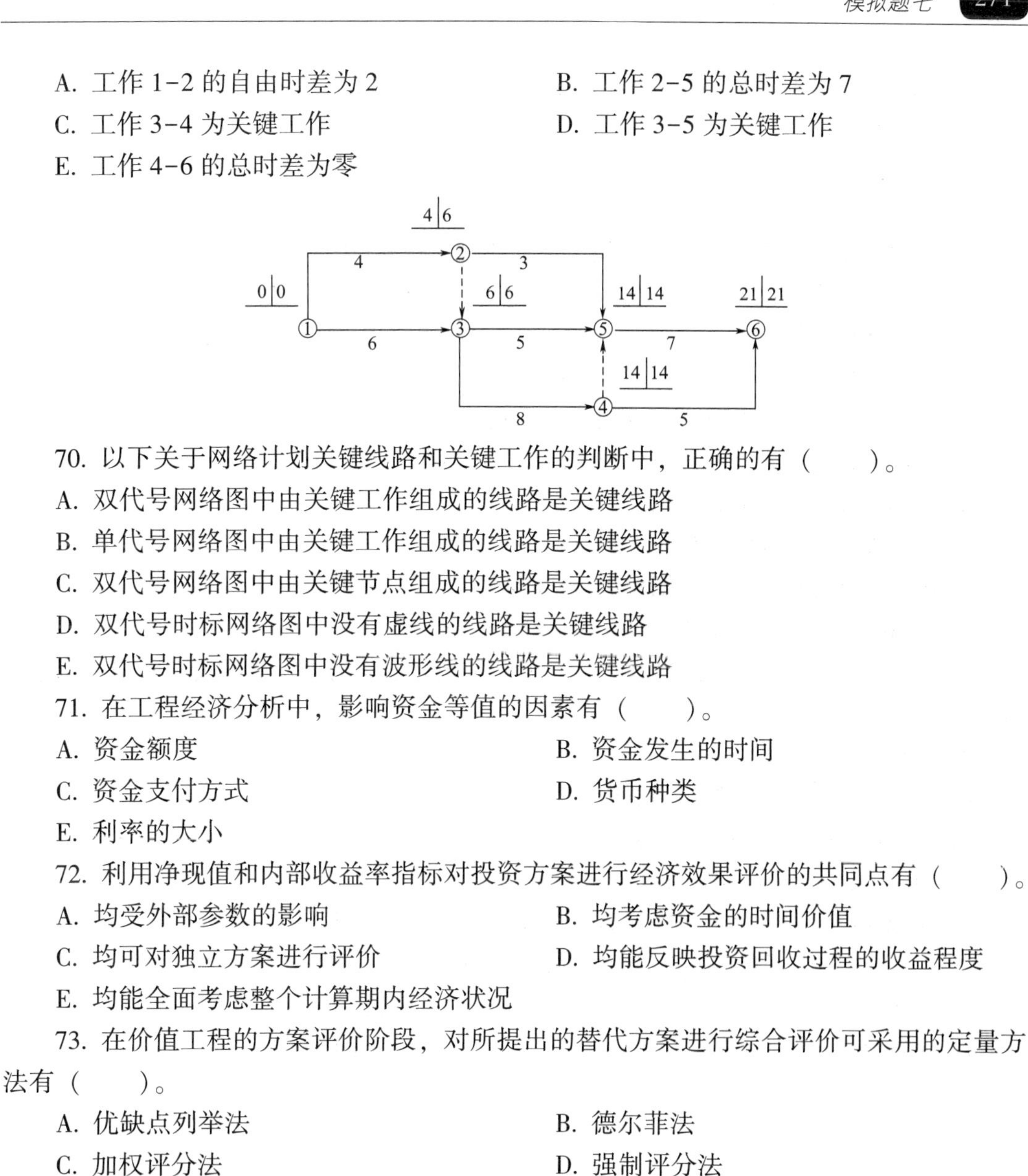

70. 以下关于网络计划关键线路和关键工作的判断中，正确的有（　　）。

A. 双代号网络图中由关键工作组成的线路是关键线路

B. 单代号网络图中由关键工作组成的线路是关键线路

C. 双代号网络图中由关键节点组成的线路是关键线路

D. 双代号时标网络图中没有虚线的线路是关键线路

E. 双代号时标网络图中没有波形线的线路是关键线路

71. 在工程经济分析中，影响资金等值的因素有（　　）。

A. 资金额度

B. 资金发生的时间

C. 资金支付方式

D. 货币种类

E. 利率的大小

72. 利用净现值和内部收益率指标对投资方案进行经济效果评价的共同点有（　　）。

A. 均受外部参数的影响

B. 均考虑资金的时间价值

C. 均可对独立方案进行评价

D. 均能反映投资回收过程的收益程度

E. 均能全面考虑整个计算期内经济状况

73. 在价值工程的方案评价阶段，对所提出的替代方案进行综合评价可采用的定量方法有（　　）。

A. 优缺点列举法

B. 德尔菲法

C. 加权评分法

D. 强制评分法

E. 几何平均值评分法

74. 以下各项中，属于既有法人项目资本金筹措内部来源的有（　　）。

A. 增资扩股

B. 财务费用

C. 折旧摊销

D. 资产变现

E. 产权转让

75. 下列关于项目融资方式的说明，正确的有（　　）。

A. TOT 方式，外商掌握待建项目的控制权

B. 在基础设施领域，BOT 比 ABS 应用更为广泛

C. 政府对于 TOT 的待建项目具有完全的控制权

D. ABS 项目的投资者所承担的风险比 BOT 项目的投资者所承担的风险大

E. PFI 的核心旨在增加公共服务产出的大众化

76. 计算土地增值税时，允许从房地产转让收入中扣除的项目有（　　）。

A. 取得土地使用权支付的金额　　B. 旧房及建筑物的评估价格

C. 与转让房地产有关的税金　　D. 房地产开发利润

E. 房地产开发成本

77. 下列工程项目策划内容中，属于工程项目构思策划的有（　　）。

A. 工程项目质量目标　　B. 工程项目建设规模

C. 工程项目融资方案　　D. 工程项目的系统构成

E. 工程项目设计招标投标

78. 关于建设工程限额设计的说法，正确的有（　　）。

A. 限额设计应追求技术经济合理的最佳整体目标

B. 限额设计的重要依据是批准的投资限额

C. 限额设计时工程使用功能不能减少

D. 限额设计应遵循全寿命期费用最低原则

E. 限额设计可分为限额初步设计和限额施工图设计

79. 根据《标准施工招标文件》，下列因不可抗力发生的费用或损失中，应由承包人承担的有（　　）。

A. 承包人的人员伤亡

B. 已运至施工现场的材料和工程设备损失

C. 因工程损害造成的第三方财产损失

D. 施工用机械设备的停工损失

E. 承包人应监理人要求在停工期间照管工程的人工费用

80. 下列各项中，属于成本分析的基本方法的是（　　）。

A. 差额计算法　　B. 技术进步法

C. 因素分析法　　D. 目标利润法

E. 价值工程法

黑白卷

模拟题八

一、单项选择题（共 60 题，每题 1 分。每题的备选项中，只有一个最符合题意）

1. 生产性建设项目的总投资由（　　）构成。

A. 固定资产投资和流动资产投资

B. 有形资产投资和无形资产投资

C. 建筑安装工程费用和设备工器具购置费用

D. 建筑安装工程费用和工程建设其他费用

2. 下列工作中，属于工程项目发承包阶段造价管理内容的是（　　）。

A. 施工图预算编制　　B. 工程量清单编制和审核

C. 审核工程结算　　D. 项目融资方案分析

3. 以下关于发达国家和地区工程造价管理的描述中，准确的是（　　）。

A. 美国政府部门主要负责全面规范工程造价咨询行为

B. 英国的工程造价咨询业完全由行业协会管理

C. 工程造价咨询公司在日本被称为工程积算所，主要由工料测量师组成

D. 在我国香港地区，一般情况下工料测量师事务所要对工程造价负有较大责任

4. 根据《建设工程质量管理条例》，以下关于工程监理的各项说法中，正确的是（　　）。

A. 若设计单位具有相应的监理资质等级，则可以委托设计单位进行监理

B. 工程监理单位与被监理工程的设计单位有利害关系的，不得承担该项监理业务

C. 未经总监理工程师签字，建设单位不拨付工程款

D. 监理单位应对因设计造成的质量事故提出技术处理方案

5. 根据《招标投标法实施条例》，以下关于开标、评标和中标的描述中，正确的是（　　）。

A. 投标人对开标有异议的，应在 3 日内提出

B. 排名第一的中标候选人放弃中标的，应由排名第二的候选人中标

C. 招标人最迟应在书面合同签订后 5 日内向投标人退还投标保证金及银行同期存款利息

D. 标底可以作为评标的参考，投标报价接近标底是中标的基本条件

6. 对于货物规格标准统一、现货货源充足且价格变化幅度小的政府采购项目，可以采用（　　）方式采购。

A. 单一来源　　B. 竞争性谈判

C. 询价　　D. 邀请招标

7. 根据《政府采购法实施条例》，下列关于政府采购程序的说法中正确的是（　　）。

A. 对于技术、服务等标准统一的货物和服务项目，应当采用综合评分法进行评标

B. 具体评标标准由评标委员会在开标后集体商定

C. 招标文件发出后，不得修改

D. 采用综合评分法时，评审标准中的分值设置应当与评审因素的量化指标相对应

8. 债务人给付不足以清偿全部债务的，除当事人另有约定外，应首先偿付（　　）。

A. 主债务　　B. 利息

C. 实现债权的有关费用　　D. 孳息

9. 合同当事人一方违约时，其承担违约责任的首选方式是（　　）。

A. 支付违约金　　B. 定金

C. 继续履行合同　　D. 赔偿损失

10. 政府指导价、政府定价的定价权限和具体适用范围，以（　　）为依据。

A. 中央定价目录　　B. 地方定价目录

C. 中央和地方的定价目录　　D. 相关法律法规

11. 下列项目开工建设准备工作中，在办理工程质量监督手续之后才能进行的工作是（　　）。

A. 办理施工许可证　　B. 编制施工组织设计

C. 编制监理规划　　D. 审查施工图设计文件

12. 根据《关于实行建设项目法人责任制的暂行规定》，以下各项中属于项目总经理职责的是（　　）。

A. 审核概算文件　　B. 组织项目后评价

C. 提出项目开工报告　　D. 提出竣工验收申请报告

13. 使用预算资金（　　）万元人民币以上，且该资金占投资额 10%以上的项目，必须招标。

A. 100　　B. 200

C. 500　　D. 400

14. 以下各项中，属于直线职能制组织机构模式优点的是（　　）。

A. 横向联系效率高，信息传递迅速

B. 每个成员均受到双重领导，容易造成矛盾

C. 集中领导，职责清楚，有利于提高管理效率

D. 可以根据任务进行灵活调整，有较强的机动性

15. 根据《建筑施工组织设计规范》GB/T 50502，在单位工程施工组织设计编制中，首先需要完成的工作是（　　）。

A. 确定施工顺序　　B. 确定工作项目的持续时间

C. 划分工作项目　　D. 计算工程量

16. 根据《建筑施工组织设计规范》GB/T 50502，以下关于施工方案的描述中，正确的是（　　）。

A. 施工方案应由施工单位技术负责人组织编制和审批

B. 规模较大的专项工程的施工方案应按单位工程施工组织设计进行编制和审批

C. 施工方案是以单位工程为对象编制的施工技术与组织方案

D. 编制施工方案是对分部分项工程进行技术经济分析论证的基础

17. 下列各种目标控制的方法中，可以用来随时了解生产过程中质量变化情况的是（　　）。

A. 直方图法　　B. 排列图法

C. 鱼刺图法　　D. 控制图法

18. 在流水施工中，某专业工作队在一个施工段上的施工时间称为（　　）。

A. 流水步距　　B. 流水节拍

C. 流水强度　　D. 流水节奏

19. 某工程划分为 3 个施工过程、4 个施工段组织流水施工，流水节拍见下表，则该工程流水施工工期为（　　）天。

施工过程	施工段及流水节拍（单位：天）			
	①	②	③	④
Ⅰ	4	5	3	4
Ⅱ	3	2	3	2
Ⅲ	4	3	5	4

A. 22　　B. 23

C. 26　　D. 27

20. 某工程双代号网络计划如下图所示，其中关键线路有（　　）条。

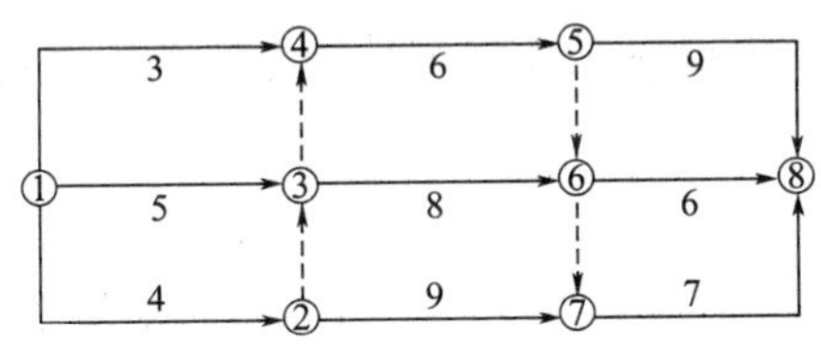

A. 4　　B. 3

C. 2　　D. 1

21. 以下关于双代号时标网络计划的说法中，正确的是（　　）。

A. 没有波形线的工作是关键工作

B. 以终点节点为完成节点的工作，其自由时差与总时差相等

C. 没有虚工作的线路为关键线路

D. 没有波形线的工作，自由时差一定为零

22. 在双代号时标网络图中，若某项工作之后只紧接虚工作，则该工作（　　）。

A. 总时差必然为零　　B. 自由时差必然为零

C. 自由时差与总时差相等　　D. 箭线上一定不存在波形线

23. 某工程进度检查发现，检查计划时工作 M 尚需作业周数为 4 周，到计划最迟完成时尚余 3 周，该工作原有总时差为 2 周，则以下说法正确的是（　　）。

A. 该工作比计划进度拖延 1 周　　B. 该工作比计划进度超前 1 周

C. 该工作影响工期 1 周　　　　D. 该工作尚有总时差为 1 周

24. 为缩短工期而采取的进度计划调整方法中，不需要改变网络计划中工作间逻辑关系的是（　　）。

A. 将顺序进行的工作改为平行作业　　　　B. 重新划分施工段组织流水施工

C. 采取措施压缩关键工作持续时间　　　　D. 将顺序进行的工作改为搭接作业

25. 根据《标准设备采购招标文件》，买方购进价值为 80 万元的工程设备，迟延付款 15 天，应支付迟延付款违约金（　　）元。

A. 9600　　　　B. 24000

C. 8000　　　　D. 12000

26. 在资金价值的作用下，下列现金流量图（单位：万元）中，有可能与现金流入现值 1200 万元等值的是（　　）。

A.
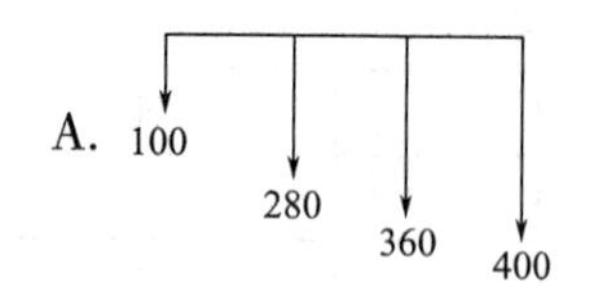

B.
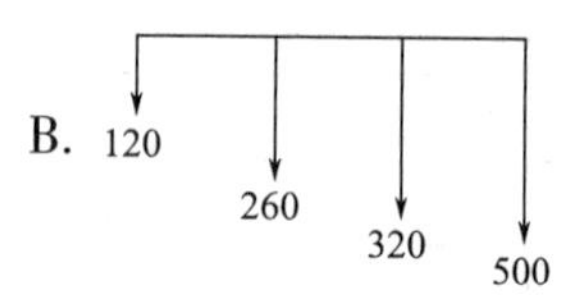

C.
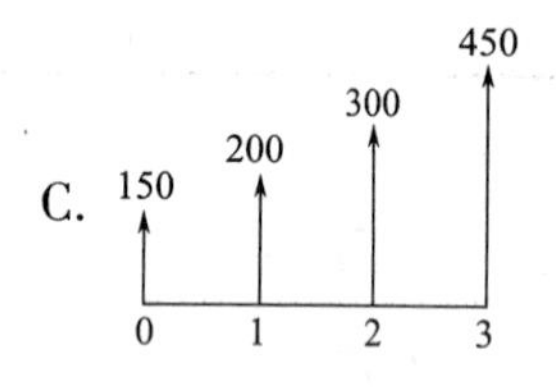

D.
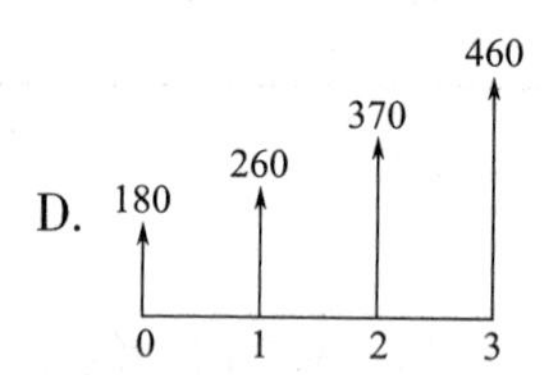

27. 某项借款 100 万元，年利率 12%，按月计息，每季度付息一次，则每年利息总额（　　）。

A. 12.00 万元　　　　B. 12.68 万元

C. 3.03 万元　　　　D. 12.12 万元

28. 以下关于投资收益率指标的描述中，说法正确的是（　　）。

A. 经济意义明确直观，受人为因素影响小

B. 在一定程度上反映了资本的周转速度，适用于各种投资规模

C. 计算简便，但不能全面考虑整个计算期的现金流量

D. 没有考虑资金的时间价值，且指标计算的主观随意性较大

29. 某企业投资项目，总投资 3000 万元，其中借贷资金占 40%，借贷资金的资金成本为 12%，企业自有资金的投资机会成本为 15%，在不考虑其他影响因素的条件下，基准收益率至少应达到（　　）。

A. 12.0%　　　　B. 13.2%

C. 13.8%　　　　D. 15.0%

30. 对于效益基本相同、但效益难以用货币直接计量的互斥投资方案，在进行比选时常用（　　）替代净现值。

A. 增量投资　　　　B. 费用现值

C. 年折算费用　　D. 净现值率

31. 工程项目盈亏平衡分析的特点是（　　）。

A. 能够预测项目风险发生的概率，但不能确定项目风险的影响程度

B. 能够确定项目风险的影响范围，但不能量化项目风险的影响效果

C. 能够分析产生项目风险的根源，但不能提出应对项目风险的策略

D. 能够度量项目风险的大小，但不能揭示产生项目风险的根源

32. 计算完各区域价值系数后，应首先选择（　　）的区域作为价值工程改进对象。

A. 复杂的区域　　B. C-F 值大的区域

C. F/C 值低的区域　　D. F/C 值高的区域

33. 在功能整理的各项工作中，首先要完成的工作是（　　）。

A. 选出最基本功能　　B. 对功能定位进行必要修改

C. 明确各功能之间的关系　　D. 编制功能卡片

34. 价值工程应用中，如果评价对象的价值系数 $V<1$，则正确的策略是（　　）。

A. 剔除不必要功能或降低现实成本　　B. 剔除过剩功能及降低现实成本

C. 不作为价值工程改进对象　　D. 提高现实成本或降低功能水平

35. 价值工程活动中，方案评价阶段的工作顺序是（　　）。

A. 综合评价—经济评价和社会评价—技术评价

B. 综合评价—技术评价和经济评价—社会评价

C. 技术评价—经济评价和社会评价—综合评价

D. 经济评价—技术评价和社会评价—综合评价

36. 工程寿命周期成本分析中，为了权衡设置费与维持费之间关系，可采用的手段是（　　）。

A. 进行充分研发，降低制造费用

B. 购置备用件，提高可修复性

C. 提高材料周转速度，降低生产成本

D. 聘请操作人员，减少维修费用

37. 在进行某住宅项目方案评价时，如果住宅预算只有一个规定的数额，要根据该预算额选出效果最佳的方案，此时可采取的方案评价方法是（　　）。

A. 费用效率法　　B. 权衡分析法

C. 固定效率法　　D. 固定费用法

38. 以下关于项目资本金占项目总投资最低比例的说法中，错误的是（　　）。

A. 铁路、公路、城市轨道交通项目不低于 30%

B. 保障性住房和普通商品住房项目不低于 20%

C. 钢铁、电解铝项目不低于 40%

D. 水泥项目不低于 35%

39. 在既有法人作为项目法人进行资本金筹措时，下列各项中属于既有法人内部资金来源的是（　　）。

A. 企业增资扩股　　B. 发行企业债券

C. 申请银行贷款　　D. 企业产权转让

40. 为了扩大项目规模，项目公司需要追加投资，比选各个追加筹资方案的重要依据是（　　）。

A. 个别资金成本　　B. 综合资金成本

C. 边际资金成本　　D. 加权资金成本

41. 解决项目融资的资金结构问题的核心是（　　）。

A. 确定项目资本金比例　　B. 筹集债务资金

C. 资本金筹措　　D. 资金成本核算

42. 某企业发行普通股正常市价为30元，估计年增长率为8%，第一年预计发放股利1.2元，筹资费用率为股票市价的10%，所得税税率25%，则新发行普通股的成本率为（　　）。

A. 10.83%　　B. 9.33%

C. 10.50%　　D. 12.44%

43. 项目融资属于“非公司负债型融资”，其含义是指（　　）。

A. 项目借款不会影响项目投资人（借款人）的利润和收益水平

B. 项目借款可以不在项目投资人（借款人）的资产负债表中体现

C. 项目投资人（借款人）在短期内不需要偿还借款

D. 项目借款的法律责任应当由借款人法人代表而不是项目公司承担

44. 在BT项目中，民营机构是投资者或项目法人，可以获得项目的（　　）。

A. 建设权　　B. 建设权和经营权

C. 建设权和所有权　　D. 建设权、经营权和所有权

45. PFI项目融资方式的特点包括（　　）。

A. 旨在增加公共服务的产出大众化

B. 项目的控制权必须由公共部门掌握

C. 项目融资成本低、手续简单

D. 运营期结束时，私营部门应将PFI项目连同剩余债务归还政府

46. 每一年度全部PPP项目需要从预算中安排的支出，占一般公共预算支出比例应当（　　）。

A. 不超过15%　　B. 不低于15%

C. 不超过10%　　D. 不低于10%

47. 教育费附加的计税依据是实际缴纳的（　　）税额之和。

A. 增值税、消费税　　B. 消费税、所得税

C. 增值税、城市维护建设税　　D. 消费税、所得税、城市维护建设税

48. 投保安装工程一切险时，安装施工用机器设备的保险金额应按（　　）计算。

A. 实际价值　　B. 损失价值

C. 重置价值　　D. 账面价值

49. 根据《工伤保险条例》，工伤保险费的缴纳和管理方式是（　　）。

A. 由企业按职工工资总额的一定比例缴纳，存入社会保障基金财政专户

B. 由企业按职工工资总额的一定比例缴纳，存入企业保险基金专户

C. 由企业按当地社会平均工资的一定比例缴纳，存入社会保障基金财政专户

D. 由企业按当地社会平均工资的一定比例缴纳，存入企业保险基金专户

50. 对有营业收入的非经营性项目进行财务分析时，应以营业收入抵补下列支出：①生产经营耗费；②偿还借款利息；③缴纳流转税；④计提折旧和偿还借款本金，其抵补顺序为（　　）。

A. ①②③④　　B. ①③②④

C. ③①②④　　D. ①③④②

51. 采用全寿命期费用法进行设计方案评价时，宜选用的费用指标是（　　）。

A. 正常生产年份总成本费用　　B. 项目累计净现金流量

C. 年度等值费用　　D. 运营期费用现值

52. 采用分组计算审查法审查施工图预算的特点是（　　）。

A. 可加快审查进度，但审查精度较差　　B. 审查质量高，但审查时间较长

C. 应用范围广，但审查工作量大　　D. 审查效果好，但应用范围有局限性

53. 根据《标准施工招标文件》，以下各项中应由发包人负责的是（　　）。

A. 场内施工道路的修建、维修和管理费用

B. 承包人外出行驶所需的场外公共道路通行费和税款

C. 超大件和超重件运输所造成的道路和桥梁的临时加固费

D. 施工过程中出现不利物质条件导致的承包人合理措施增加费

54. 根据《标准设计施工总承包招标文件》，因发包人原因造成监理人未能在合同签订之日起（　　）天内发出开始工作通知的，承包人有权提出价格调整要求，或解除合同。

A. 90　　B. 56

C. 30　　D. 14

55. 下列关于不平衡报价的说法错误的是（　　）。

A. 能够早日结算的项目可以适当提高报价

B. 工程内容说明不清楚的，尽可能提高报价

C. 设计图纸不明确，估计修改后工程量可能要增加的，可以提高报价

D. 如果工程分包，该暂定项目也可能由其他承包单位施工时，则不宜报高价

56. 在招标文件中规定了暂定金额的分项内容和暂定总价款时，投标人可采用的报价策略是（　　）。

A. 适当提高暂定金额分项内容的单价　　B. 适当减少暂定金额中的分项工程量

C. 适当降低暂定金额分项内容的单价　　D. 适当增加暂定金额中的分项工程量

57. 施工成本管理各环节是一个有机联系与相互制约的系统过程。其中，（　　）是实现责任成本目标的保证和手段。

A. 成本计划　　B. 成本控制

C. 成本分析　　D. 成本管理绩效考核

58. 在施工责任成本构成中，以下属于现场经费的是（　　）。

A. 工会经费　　　　B. 劳务费用

C. 材料费用　　　　D. 临时设施费

59. 在工程费用偏差分析中，若进度绩效指数>1，费用绩效指数<1，则说明（　　）。

A. 实际进度超前

B. 费用支出节约

C. 已完工程计划费用大于已完工程实际费用

D. 拟完工程计划费用大于已完工程实际费用

60. 根据《建设工程质量保证金管理办法》，保证金总预留比例不得高于工程价款结算总额的（　　）。

A. 3%　　　　B. 5%

C. 10%　　　　D. 15%

二、多项选择题（共20题，每题2分。每题的备选项中，有2个或2个以上符合题意，至少有1个错项。错选，本题不得分；少选，所选的每个选项得0.5分）

61. 工程造价的影响因素较多，决定了工程计价依据的复杂性。其中，设备单价的计算依据包括（　　）。

A. 人工单价　　　　B. 机械台班费

C. 设备原价　　　　D. 设备运杂费

E. 进口设备关税

62. AIA合同条件的合同计价方式主要有（　　）。

A. 固定单价合同　　　　B. 总价合同

C. 成本补偿合同　　　　D. 最高限定价合同

E. 变动单价合同

63. 根据《建设工程安全生产管理条例》，下列各类作业人员需取得特种作业操作资格证书后，方可上岗工作的有（　　）。

A. 垂直运输机械作业人员　　　　B. 起重信号工

C. 登高架设作业人员　　　　D. 大型挖掘设备作业人员

E. 爆破作业人员

64. 根据《政府采购法》，政府采购工程依法不进行招标的，应当依照《政府采购法》规定的（　　）方式采购。

A. 邀请招标　　　　B. 竞争性谈判

C. 单一来源采购　　　　D. 公开招标

E. 由采购人直接指定供货商

65. 根据《价格法》，政府可以在必要时实行政府指导价或政府定价的有（　　）。

A. 与人民生活关系重大的极少数商品价格

B. 公益性服务价格

C. 公用事业价格

D. 自然垄断经营的商品价格

E. 价值量极高的少数商品价格

66. 以下关于矩阵制组织形式的说法，正确的有（　　）。

A. 组织机构灵活性大　　B. 组织机构稳定性强

C. 组织机构机动性强　　D. 容易造成职责不清

E. 每一个成员受双重领导

67. 采用控制图控制工程质量，以下各项中可以表明生产过程发生了异常的有（　　）。

A. 点子跳出了控制界限

B. 有连续 8 个点子上升

C. 连续 7 个点子有 2 个落在 2 倍标准偏差与 3 倍标准偏差之间

D. 连续 10 个点子在中心线一侧

E. 点子在控制界限内随机排列，没有规律

68. 以下关于等步距异节奏流水施工特点的描述中，说法正确的有（　　）。

A. 各施工过程的流水节拍相等且等于流水步距

B. 相邻施工过程的流水步距不尽相等

C. 专业工作队数等于施工过程数

D. 施工段之间没有空闲时间

E. 各个专业工作队在各施工段上均能连续工作

69. 某工程双代号网络计划如下图所示，图中已标出各项工作的最早开始时间和最迟开始时间，该计划表明（　　）。

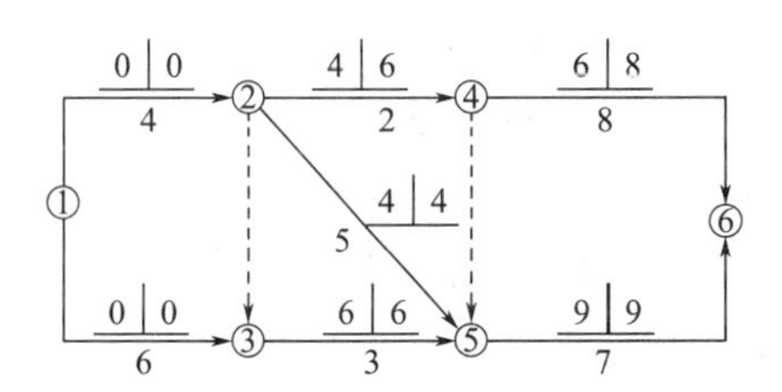

A. 工作 1-3 的自由时差为零　　B. 工作 2-4 的自由时差为 2

C. 工作 2-5 为关键工作　　D. 工作 3-5 的总时差为零

E. 工作 4-6 的总时差为 2

70. 根据《标准设计招标文件》（2017 年版），专用合同条款是对通用合同条款的（　　）。

A. 细化　　B. 完善

C. 修改或另行约定　　D. 补充

E. 调整与润色

71. 方案经济评价指标中，既考虑了资金时间价值，又考虑了项目在整个计算期内经济状况的有（　　）。

A. 净现值　　B. 动态投资回收期

C. 资产负债率　　D. 资本金净利润率

E. 内部收益率

72. 对互斥型投资方案进行经济效果评价时，可采用的静态评价方法有（　　）。

A. 最小公倍数　　B. 增量投资收益率法

C. 增量投资回收期法　　D. 增量投资内部收益率法
E. 年折算费用法
73. 价值工程研究对象的子功能量化方法有（　　）。
A. 类比类推法　　B. 流程图法
C. 理论计算法　　D. 技术测定法
E. 统计分析法
74. 结构合理是项目资金筹措过程中应遵循的原则之一，所谓结构合理是指（　　）。
A. 合理安排权益资本和债务资金的比例
B. 合理安排企业内部资金与外部资金的比例
C. 合理安排资金规模与筹资时间的关系
D. 合理安排不同资金筹措方式与成本的关系
E. 合理安排长期资金和短期资金的比例
75. 下列关于TOT项目融资方式的描述中，正确的有（　　）。
A. 对于承包商而言，TOT方式的风险大于BOT项目
B. TOT方式中，发起人将完工项目和新建项目的所有权均转让给SPV
C. TOT方式中，资产收益有保证，但需要较为复杂的信用保证结构
D. TOT方式是通过已建成项目为其他新项目进行融资
E. TOT方式中，通过经营权转让，政府可减少基础设施运营的财政补贴支出
76. 下列关于房产税的说明，正确的是（　　）。
A. 房产税的计税依据分为从价计征和从租计征
B. 房地产开发企业建造商品房，在出售前就应征收房产税
C. 以房产联营投资，不担风险的，按房租收入计征
D. 以房产联营投资，共担风险的，按房产余值计征
E. 个人出租房租的，税率为12%
77. 工程项目经济评价应遵循的基本原则包括（　　）。
A. 财务分析与经济分析相权衡原则
B. 效益与费用计算口径一致原则
C. 定量分析与定性分析相结合，定量分析为主原则
D. 动态分析与静态分析相结合，静态分析为主原则
E. “有无对比”原则
78. 设计概算审查的内容包括（　　）。
A. 概算编制的依据　　B. 概算编制的深度
C. 概算技术先进性　　D. 概算经济合理性
E. 概算主要内容
79. 以下关于施工安全责任和工期延误的说法中，正确的是（　　）。
A. 工程对土地占用所造成的第三者财产损失应由发包人承担
B. 施工场地内造成的第三者人身伤亡应由发包人承担
C. 施工场地内造成的第三者人身伤亡应由承包人承担

D. 由于发包人提供图纸延误造成工期延误的，承包人有权要求发包人延长工期

E. 由于发包人原因造成的工期延误，承包人可以申请工期、费用和利润的索赔

80. 在采用比较法进行成本分析时，可以分析的内容有（　　）。

A. 本期实际指标与本期计划指标　　B. 本期实际指标与上期实际指标

C. 本期计划指标与行业平均指标　　D. 本期实际指标与上期计划指标

E. 行业平均指标与行业先进指标

模拟题九

一、单项选择题（共60题，每题1分。每题的备选项中，只有一个最符合题意）

1. 某项目建安工程费用2000万元，设备和工器具购置费400万元，工程建设其他费360万元，预备费300万元（其中基本预备费200万元），建设期贷款利息240万元，则该工程静态投资为（　　）万元。

A. 3060　　B. 3000

C. 2960　　D. 3300

2. 以下关于造价工程师注册和执业的描述中，正确的是（　　）。

A. 取得造价工程师职业资格证书且从事工程造价相关专业者，即可以造价工程师名义执业

B. 造价工程师执业印章由住建部会同交通运输部、水利部统一制作

C. 造价工程师同时在两个单位执业的，应经县级以上主管部门批准

D. 工程造价咨询成果文件应由一级造价工程师审核并加盖执业印章

3. 以下关于发达国家和地区工程造价管理特点的说法中，错误的是（　　）。

A. 费用标准、工程量计算规则、经验数据等是发达国家和地区计算和控制工程造价的主要依据

B. 英国工程量的测算方法和标准都是由专业学会或协会进行负责

C. 在英国，测量师行的估价大体上是按比较法和系数法进行

D. AIA系列合同是英国的主要合同体系之一，主要通用于房屋建筑工程

4. 根据《建设工程质量管理条例》，涉及建筑主体和承重结构变动的装修工程，建设单位应当在施工前委托（　　）提出设计方案。

A. 施工单位　　B. 分包单位

C. 监理单位　　D. 原设计单位

5. 根据《招标投标法实施条例》，行政监督部门自收到关于招标投标活动的投诉之日起（　　）内决定是否受理投诉。

A. 3个工作日　　B. 3日

C. 7个工作日　　D. 7日

6. 根据《政府采购法实施条例》，招标文件提供期限自招标文件开始发出之日起，不得少于（　　）。

A. 5日　　B. 5个工作日

C. 10日　　D. 20日

7. 以下关于合同效力的说法，正确的是（　　）。

A. 合同生效的判断依据是承诺是否成立

B. 有些合同成立后，并非立即产生法律效力

C. 合同成立，是指合同产生法律效力

D. 依法成立的合同，自成立时生效

8. 自债务人的行为发生之日起（　　）没有行使撤销权的，该撤销权消灭。

A. 1 年　　B. 2 年

C. 3 年　　D. 5 年

9. 根据《民法典》合同编，以下关于标的物提存的说法中，正确的是（　　）。

A. 债权人领取提存物的期限为 1 年，逾期未领取者，提存物归国家所有

B. 债权人无正当理由拒绝受领，债务人可以将标的物提存以消灭合同

C. 提存是由于债务人不履行债务，由债权人发起的一项法律行为

D. 提存不能作为合同权利义务关系终止的情况之一

10. 根据我国《价格法》，制定关系群众切身利益的公用事业价格、公益性服务价格、自然垄断经营的商品价格时，应当建立（　　）制度。

A. 听证会　　B. 公示

C. 专家审议　　D. 评议

11. 如果初步设计提出的总概算超过可研报告总投资（　　）以上或主要指标变更，应重新审批。

A. 10%　　B. 15%

C. 20%　　D. 12%

12. 下列各项中，属于建设单位办理工程质量监督注册手续时需提供资料的是（　　）。

A. 可行性研究报告　　B. 施工图设计文件

C. 施工许可证　　D. 监理规划

13. 根据《关于实行建设项目法人责任制的暂行规定》，以下各项中属于建设项目董事会基本职责的是（　　）。

A. 组织编制初步设计文件　　B. 负责筹措建设资金

C. 负责控制建设投资、工期和质量　　D. 组织单项工程竣工验收

14. 以下关于 CM 承包模式的说法中，正确的是（　　）。

A. 业主方组织协调工作量小，但风险较大

B. CM 模式不是一种独立存在的模式

C. CM 模式采用快速路径法施工，可以实现“边设计、边施工”

D. CM 合同采用 GMP 加酬金方式

15. 工程项目管理组织机构采用直线制形式的主要优点是（　　）。

A. 管理业务专门化，易提高工作质量

B. 部门间横向联系强，管理效率高

C. 隶属关系明确，易实现统一指挥

D. 集权与分权结合，管理机构灵活

16. 下列组织机构形式中，具有较大机动性和灵活性，能够实现集权与分权最优结合的是（　　）。

A. 矩阵制　　B. 直线职能制

C. 直线制　　D. 职能制

17. 根据《建筑施工组织设计规范》GB/T 50502，在单位工程施工组织设计编制中，每班安排人数的上限主要由（　　）决定。

A. 最大劳动组合　　B. 最小劳动组合

C. 最小工作面　　D. 最大工作面

18. 以下关于控制图中点子分布情况的描述中，属于有缺陷的是（　　）。

A. 连续 7 个点中有 2 个落在 2 倍标准差与 3 倍标准差控制界限之间

B. 连续 5 个点子上升

C. 连续 11 个点中有 10 个在中心线一侧

D. 连续 6 个点子在中心线一侧

19. 在流水施工中，需要根据各施工过程节拍比例关系成立相应数量工作队的流水施工组织方式是（　　）。

A. 固定节拍流水施工　　B. 异步距异节奏流水施工

C. 等步距异节奏流水施工　　D. 非节奏流水施工

20. 某工程划分为 3 个施工过程、4 个施工段组织流水施工，流水节拍分别为 3 天、4 天、5 天、6 天，4 天、4 天、5 天、3 天和 3 天、4 天、3 天、4 天，则其流水施工工期为（　　）天。

A. 21　　B. 23

C. 25　　D. 26

21. 某工程双代号时标网络计划如下图所示，其中关键线路有（　　）条。

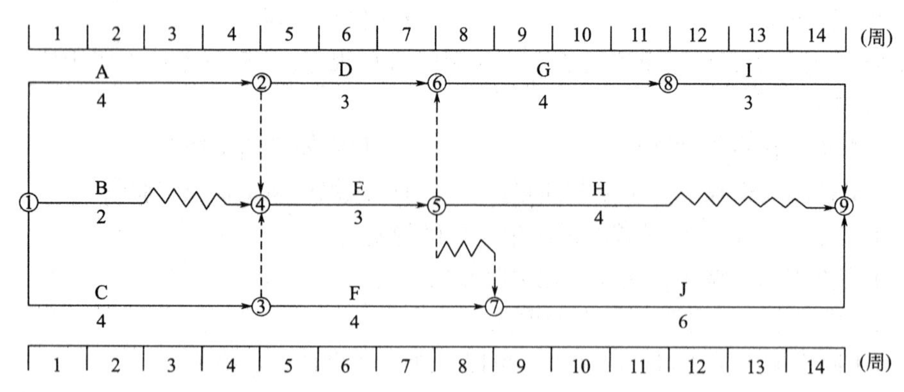

A. 1　　B. 2

C. 3　　D. 4

22. 对于有紧后工作的工作，其最迟完成时间等于其紧后工作（　　）。

A. 最迟开始时间的最大值　　B. 最迟开始时间的最小值

C. 最迟完成时间的最大值　　D. 最迟完成时间的最小值

23. 以下关于费用优化的说法中，正确的是（　　）。

A. 如果施工方案已经确定，直接费会随着工期的缩短而减少

B. 工程项目的间接费用一般会随着工期的缩短而增加

C. 费用优化是寻求总成本最低时的工期安排或按要求工期寻求最低成本的过程

D. 费用优化是寻求计算工期满足要求工期的优化过程

24. 根据《标准设备采购招标文件》，买方未能按合同约定支付合同价款，从迟延支付的第五周到第八周，每周迟延付款违约金为迟延付款金额的（　　）。

A. 0.08%　　B. 0.5%

C. 1%　　D. 1.5%

25. 根据《标准设计施工总承包招标文件》（2012 年版），发包人应委托监理人提前（　　）向承包人发出开始工作通知。

A. 5 天　　B. 7 天

C. 14 天　　D. 28 天

26. 对于复杂性程度和系统要求高的大型工程项目，其项目信息管理系统应采取的实施模式是（　　）。

A. 租赁　　B. 购买

C. 开发　　D. 众包

27. 在资金时间价值的作用下，下列现金流量图（单位：万元）中，有可能与第 2 期末 1000 万元现金流入等值的是（　　）。

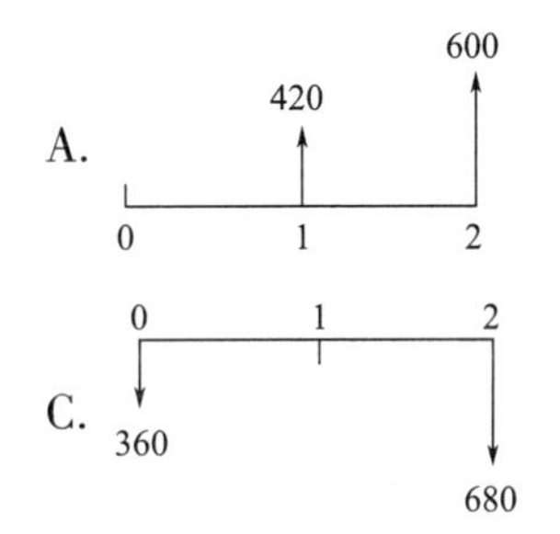

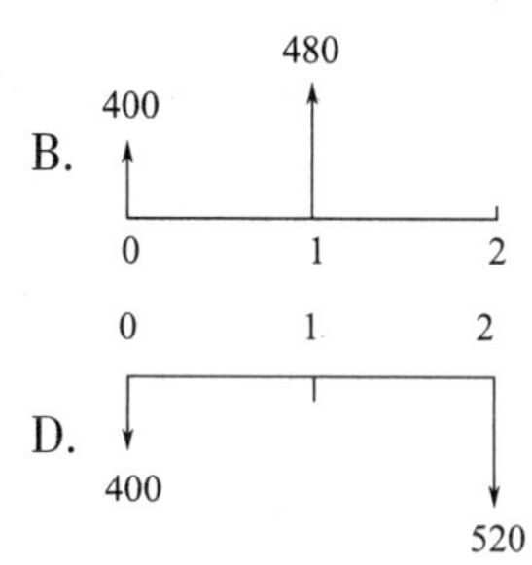

28. 企业从银行借入资金 500 万元，年利率 6%期限 1 年，按季复利计息，到期一次性还本付息，该项借款的年有效利率是（　　）。

A. 6.00%　　B. 6.09%

C. 6.12%　　D. 6.14%

29. 以下关于投资回收期指标的描述中，说法正确的是（　　）。

A. 投资回收期自项目投产年开始算起

B. 投资回收期没有考虑资金的时间价值，属于静态指标

C. 投资回收期在一定程度上反映了投资效果的优劣

D. 投资回收期在一定程度上显示了资本的周转速度

30. 下列影响因素中，用以确定基准收益率的基础因素是（　　）。

A. 资本成本和机会成本　　B. 机会成本和投资风险

C. 投资风险和通货膨胀　　D. 通货膨胀和资本成本

31. 在下列评价方法中，属于互斥型投资方案经济效果动态评价方法的是（　　）。

A. 增量投资回收期法　　B. 增量投资内部收益率法

C. 综合总费用法　　D. 年折算费用法

32. 采用盈亏平衡分析法进行投资方案不确定性分析的优点是能够（　　）。

A. 揭示产生项目风险的根源　　B. 度量项目风险的大小

C. 投资项目风险的降低途径　　D. 说明不确定因素的变动情况

33. 经评估，某投资项目处于 M 级风险水平，则应采取的风险应对策略是（　　）。

A. 放弃该项目

B. 修正拟议中的方案，采取补偿措施

C. 风险可忽略

D. 设定某些指标的临界值，一旦达到临界值就要变更设计或采取补偿措施

34. 以下关于价值工程对象选择方法的描述中，说法正确的是（　　）。

A. 基于“关键的少数和次要的多数”原理对一个产品的零部件进行分类，并选择“占产品成本比例高而占零部件总数比例低”的零部件作为价值工程对象，这种方法称为强制确定法

B. 价值指数法是通过分析某种费用对企业某个技术经济指标的影响程度大小（百分比）来选择价值工程对象

C. ABC 分析法有利于集中精力重点突破，且简便易行

D. 头脑风暴法可以用于价值工程对象选择

35. 可靠实现用户要求的最低成本，是指对象的（　　）。

A. 功能评价值　　B. 现实成本

C. 初始价值　　D. 平均成本

36. 某工程有四个设计方案，各方案的功能系数和单方造价见下表，按价值系数应优先选择的设计方案是（　　）。

设计方案	甲	乙	丙	丁
功能系数	0.26	0.25	0.20	0.29
单方造价（元/m^2）	3200	2960	2680	3140

A. 甲　　B. 乙

C. 丙　　D. 丁

37. 在方案详细评价过程中，以下属于经济可行性评价的是（　　）。

A. 分析功能的实现程度

B. 分析方案对国民经济效益的影响

C. 分析创新方案的适用期限与数量

D. 综合判断方案总体价值

38. 权衡分析的目的是（　　）。

A. 提高系统效率　　B. 降低寿命周期成本

C. 提高总体的经济性　　D. 提高利润水平

39. 以下关于资本金制度的描述中，正确的是（　　）。

A. 公益性投资项目试行资本金制度

B. 以工业产权、非专利技术作价出资比例不得超过资本金总额的20%

C. 作为计算各类项目投资资本金基数的总投资是指项目固定资产投资与流动资金之和

D. 城市轨道、港口、保障性住房、电力、机场项目资本金最低比例为20%

40. 以下各项中，属于未来生产经营中获得的可用于项目资本金的是（　　）。

A. 企业现金　　B. 折旧摊销

C. 资产变现　　D. 产权转让

41. 关于资金成本性质的说法，正确的是（　　）。

A. 资金成本是指资金所有者的利息收入

B. 资金成本是指资金使用人的筹资费和使用费

C. 资金成本一般只表现为时间的函数

D. 资金成本表现为资金占用和利息额的函数

42. 资本结构是项目融资方案中各种资金来源的构成及其比例关系，狭义的资本结构是指项目公司所拥有的（　　）。

A. 各种长期资本的构成及其比例关系

B. 各种短期资本的构成及其比例关系

C. 全部资本的构成

D. 全部资本的比例关系

43. 某公司的销售额为8000万元，固定成本为1000万元，变动成本为5000万元，流通在外的普通股为10000万股，债务利息为600万元，公司所得税为25%，则每股收益为（　　）元。

A. 0.035　　B. 0.105

C. 0.150　　D. 0.187

44. 下列项目融资工作中，属于融资决策分析阶段的是（　　）。

A. 评价项目风险因素　　B. 进行项目可行性研究

C. 分析项目融资结构　　D. 选择项目融资方式

45. 与BOT融资方式相比，TOT融资方式的特点是（　　）。

A. 信用保证结构简单　　B. 项目产权结构易于确定

C. 不需要设立具有特许权的专门机构　　D. 项目招标程序大为简化

46. 在进行项目物有所值定量评价时计算的PPP值，是指（　　）。

A. 项目全部风险成本

B. 参照项目建设和运营维护净成本现值

C. 竞争性中立调整值

D. PPP项目全生命周期内政府方净成本现值

47. 以下关于房产税的描述中，说法正确的是（　　）。

A. 房产税的纳税义务人是征税范围内的房屋产权所有人

B. 房产税的计税依据为房产原值一次减除一定比例后的余值

C. 房产出典的，由出典人缴纳房产税

D. 房产联营投资共担风险的，由出租方按房租收入计征房产税

48. 以下各项中，属于视同工伤范围的是（　　）。

A. 患职业病的

B. 上下班途中，受到非本人主要责任交通事故伤害的

C. 在工作时间和工作岗位，突发疾病死亡

D. 因工外出期间，发生过事故下落不明的

49. 以下关于建筑意外伤害保险的说法，不正确的是（　　）。

A. 被保险人是建筑施工现场从事施工作业和管理的人员

B. 实行不记名的投保方式

C. 根据施工单位安全生产业绩、安全生产管理状况确定差别费率

D. 以工程项目为投保单位

50. 在进行经济费用效益分析时，经济费用的计算应遵循（　　）原则。

A. 机会成本

B. 支付意愿

C. 实际货币效果

D. 接受补偿意愿

51. 能反映投资方案计算期各年的投资、融资及经营活动的现金流入和流出，用于计算盈余资金，分析投资方案的财务生存能力的现金流量表是（　　）。

A. 投资现金流量表

B. 资本金现金流量表

C. 投资各方现金流量表

D. 财务计划现金流量表

52. 工程设计中运用价值工程的目标是（　　）。

A. 降低建设工程全寿命期成本

B. 提高建设工程价值

C. 增强建设工程功能

D. 降低建设工程造价

53. 对于工程量大、结构复杂的工程施工图预算，要求审查时间短、效果好，但对审查人员专业素质要求较高的审查方法是（　　）。

A. 重点抽查法

B. 分组计算审查法

C. 对比审查法

D. 分解对比审查法

54. 根据《标准施工招标文件》，对于施工现场发掘的文物，发包人、监理人和承包人应按要求采取妥善保护措施，由此导致的费用增加应由（　　）承担。

A. 承包人

B. 发包人

C. 承包人和发包人

D. 发包人和监理人

55. 根据《标准设计施工总承包招标文件》，发包人最迟应在监理人收到进度付款申请单后的（　　）天内，将进度款支付给承包人。

A. 14

B. 28

C. 42

D. 56

56. 在施工方投标报价过程中，以下各项可选择报高价的是（　　）。

A. 不分标的暂定项目中，肯定要施工项目的单价

B. 不分标的暂定项目中，不一定施工项目的单价

C. 包干与混合制合同中的单价项目

D. 可能分标工程中的暂定项目

57. 若某评标委员会中有招标单位代表2人，其余为技术、经济方面专家，则该评标委员会成员总数最少为（　　）人。

A. 5　　B. 6

C. 7　　D. 9

58. 下列偏差分析方法中，既可分析费用偏差，又可分析进度偏差的是（　　）。

A. 时标网络图法和曲线法

B. 曲线法和控制图法

C. 排列图法和时标网络图法

D. 控制图法和表格法

59. 工程竣工结算审查时，对变更签证凭据审查的主要内容是其真实性、合法性和（　　）。

A. 严密性　　B. 包容性

C. 可行性　　D. 有效性

60. 偏差分析最常用的方法是（　　）。

A. 横道图法　　B. 时标网络图法

C. 表格法　　D. 曲线法

二、多项选择题（共20题，每题2分。每题的备选项中，有2个或2个以上符合题意，至少有1个错项。错选，本题不得分；少选，所选的每个选项得0.5分）

61. 下列关于工程造价管理的内容与原则，说法正确的有（　　）。

A. 技术与经济相结合是控制工程造价的最有效手段

B. 明确造价控制人员及其任务属于工程造价控制的组织措施

C. 立足于调查—分析—决策基础上的偏离—纠偏—再偏离—再纠偏属于主动控制

D. 经批准的施工图预算将作为拟建工程项目造价的最高限额

E. 工程造价管理贯穿于工程建设全过程

62. 根据《工程造价咨询企业管理办法》，以下属于工程造价咨询企业业务范围的有（　　）。

A. 项目经济评价报告编制　　B. 工程竣工决算报告编制

C. 工程设计方案比选　　D. 工程索赔费用计算

E. 项目概预算审批

63. 施工单位从事建设工程活动，应当具备国家规定的（　　）等条件，依法取得相应等级的资质证书，并在其资质等级许可的范围内承揽工程。

A. 注册资本　　B. 专业技术人员

C. 项目管理　　D. 安全生产

E. 技术装备

64. 根据《招标投标法实施条例》，下列各项中属于以不合理条件限制、排斥潜在投标人或投标人的情形有（　　）。

A. 就同一招标项目向投标人提供不同的项目信息

B. 设定的技术和商务条件与合同履行无关

C. 以特定行业或区域的业绩奖励作为加分条件

D. 对投标人采用无差别的资格审查标准

E. 对招标项目指定特定的品牌和原产地

65. 根据《价格法》，政府可依据有关商品或者服务的社会平均成本和市场供求状况，国民经济与社会发展要求以及社会承受能力，实行合理的（　　）。

A. 购销差价　　B. 批零差价

C. 利税差价　　D. 地区差价

E. 季节差价

66. 根据《关于实行建设项目法人责任制的暂行规定》，建设项目总经理的职权有（　　）。

A. 组织审核初步设计文件　　B. 组织工程设计招标

C. 审批项目财务预算　　D. 组织单项工程预验收

E. 编制项目财务决算

67. 采用频数分布直方图分析工程质量波动情况时，如果出现孤岛型分布，说明（　　）。

A. 数据分组不当　　B. 少量材料不合格

C. 组距确定不当　　D. 短时间内工人操作不熟练

E. 两个分布相混淆

68. 非节奏流水施工的特点有（　　）。

A. 相邻施工过程的流水步距相等，且等于流水节拍的最大公约数

B. 各施工过程在各施工段上的流水节拍不尽相等

C. 专业工作队数等于施工过程数

D. 施工段之间没有空闲时间

E. 各个专业工作队在各施工段上均能连续工作

69. 某工程双代号网络计划如下图所示（未标注各项工作的持续时间），根据各工作间的逻辑关系判断，自由时差恒为零的工作有（　　）。

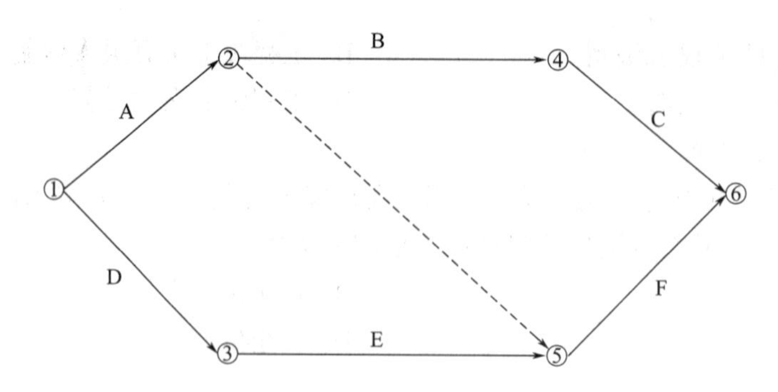

A. 工作 A　　B. 工作 B

C. 工作 D　　D. 工作 E

E. 工作 C、F

70. 某工程网络计划执行过程中进行期中检查，检查结果如下，据此可以说明（　　）。

工作名称	检查计划时尚需作业周数	至计划最迟完成时尚余周数	原有总时差
X	3	2	1
Y	1	2	0
Z	4	4	2

A. 工作 X 影响总工期 1 周
B. 工作 Y 提前 1 周
C. 工作 Y 尚有总时差为零
D. 工作 Z 按计划进行
E. 工作 X 尚有总时差 1 周

71. 在采用不变价格预测建设工程项目的现金流量时，确定基准收益率需要考虑的因素包括（　　）。

A. 投资周期
B. 通货膨胀
C. 投资风险
D. 资金成本
E. 机会成本

72. 采用净现值法评价计算期不同的互斥方案时，确定共同计算期的方法有（　　）。

A. 最大公约数法
B. 平均寿命期法
C. 最小公倍数法
D. 研究期法
E. 无限计算期法

73. 工程寿命周期成本分析中，常用的费用估算方法有（　　）。

A. 头脑风暴法
B. 类比估算法
C. 百分比分析法
D. 参数估算法
E. 费用模型估算法

74. 以下关于优先股的描述，正确的有（　　）。

A. 股息固定
B. 有还本期限
C. 融资成本较高
D. 股利可以税前扣除
E. 不参与公司经营

75. 下列项目中，属于 PFI 典型实施模式的有（　　）。

A. 向公共部门出售服务的项目
B. 私营企业与公共部门合资经营的项目
C. 在经济上自立的项目
D. 由政府部门掌握项目经营权的项目
E. 由私营企业承担全部经营风险的项目

76. 以下关于契税的描述中，正确的有（　　）。

A. 房屋建造、买卖的，应缴纳契税
B. 房屋赠予和交换的，不缴纳契税
C. 土地使用权交换的，以价格差额为计税依据
D. 土地使用权赠予的，参照土地使用权出售的市场价格核定

E. 契税实行3%~5%的幅度税率

77. 以下各项财务分析指标中，可用于判断项目偿债能力的指标有（　　）。

A. 内部收益率　　B. 资产负债率

C. 总投资收益率　　D. 速动比率

E. 项目资本金净利润率

78. 施工合同有多种类型，下列工程中不宜采用总价合同的有（　　）。

A. 没有施工图纸的灾后紧急恢复工程

B. 设计深度不够，工程量清单不够明确的工程

C. 已完成施工图审查的单体住宅工程

D. 工程内容单一，施工图设计已完成的路面铺装工程

E. 采用较多新技术、新工艺的工程

79. 在评标时，应作为废标处理的情形是（　　）。

A. 投标文件没有投标单位授权代表签字和加盖公章

B. 大写金额与小写金额不一致

C. 明显不符合技术规格、技术标准

D. 投标文件载明的货物包装方式不符合招标文件的要求

E. 投标文件附有招标单位不能接受的条件

80. 以下关于分部分项工程成本分析的描述中，正确的有（　　）。

A. 分部分项工程成本分析是施工项目成本分析的基础

B. 分部分项工程成本分析的对象是主要的已完分部分项工程

C. 分析方法是进行实际成本与目标成本的“两算对比”

D. 要对所有分部分项工程进行系统的成本分析

E. 要分析偏差产生的原因，为今后成本节约寻求途径

模拟题一答案与解析

一、单项选择题（共 60 题，每题 1 分。每题的备选项中，只有一个最符合题意）

1. **【答案】** C

2. **【答案】** D

【解析】 一级造价工程师职业资格证书全国范围内有效，二级造价工程师职业资格证书原则上在所在行政区域内有效，选项 A 错误；取得造价工程师职业资格证书且从事工程造价相关工作者，经注册方可以造价工程师名义执业，选项 B 错误；造价工程师执业时应持有注册证书（不是职业资格证书）和执业印章，选项 C 错误；执业印章由注册造价工程师按照统一规定自行制作，故选项 D 正确。

3. **【答案】** B

【解析】 英国的建设工程标准合同体系包括 JCT（JCT 公司）合同体系、ACA（咨询顾问建筑师协会）合同体系、ICE（土木工程师学会）合同体系、皇家政府合同体系。其中，JCT 是英国的主要合同体系之一，主要通用于房屋建筑工程，故选 B。

4. **【答案】** A

【解析】 建筑施工企业在编制施工组织设计时，应当根据建筑工程特点制定相应的安全技术措施；对于专业性较强的工程项目，应当编制专项安全施工组织设计，并采取安全技术措施。

5. **【答案】** A

【解析】 建设单位可以委托本工程的设计单位进行监理，前提是设计单位具有相应的工程监理资质等级，且与工程施工单位、供货单位没有利益关系或从属关系，故选项 B 错误；未经验收合格的工程不得使用，故选项 C 错误；向有关部门移交项目档案应由建设单位完成，选项 D 错误；建设单位报审的施工图设计文件未经审查批准的，不得使用，故选 A。

6. **【答案】** B

7. **【答案】** B

8. **【答案】** C

【解析】 合同主要包括书面形式、口头形式和其他形式三类。其中，书面形式合同包括合同书、信件、数据电文（包括电子邮件）等；电话联系属于口头形式，默示和推定合同属于其他形式合同，故选 C。

9. **【答案】** D

【解析】 对格式条款有两种以上解释的，应当作出不利于提供格式条款一方的解释。

10. **【答案】** D

11. **【答案】** B

12. **【答案】** A

【解析】按投资效益和市场需求划分，工程项目可以分为：竞争性项目、基础性项目和公益性项目。生产性项目和非生产性项目是按投资作用划分的。

13. 【答案】C

【解析】工艺流程和建筑结构设计（选项 A）属于技术设计内容；完整表现建筑物外型、内部空间分割（选项 B）以及确定非标准设备制造加工图（选项 D）均属于施工图设计内容；编制技术方案和项目总概算（选项 C）属于初步设计内容，故选 C。

14. 【答案】C

【解析】建设单位在办理工程质量监督注册手续时，需提供施工图设计文件的审查与批准书（而不是施工图设计文件，选项 D 错误）、中标通知书与相关合同（不是投标文件，选项 A 错误）、施工组织设计（选项 C 正确）与监理规划，故选 C。

15. 【答案】C

【解析】PMC 模式下，业主单位只对关键问题进行决策，绝大部分项目管理工作由 PMC 负责，选项 A 错误；PMC 单位有不同类型，可以承担部分 EPC 工作（选项 B 错误）；PMC 管理模式可以通过优化设计方案实现工程寿命周期成本的最低，选项 C 正确；PMC 单位在项目前期阶段的主要任务是代表业主进行项目管理，在项目实施阶段的主要任务是代表业主进行协调和监督，选项 D 错误，故选 C。

16. 【答案】B

17. 【答案】C

18. 【答案】C

【解析】控制图是一种典型的动态控制方法，可以随时了解生产过程中质量的变化情况。

19. 【答案】B

【解析】流水施工的表达方式有网络图、横道图和垂直图三种，其中垂直图斜向进度线的斜率可以直观地表示出各施工过程的进展速度。

20. 【答案】D

【解析】由图可知，该项目包括四个施工过程，分为 4 个施工段，四个施工过程的流水节拍各自相等，分别为：5、10、10、5，因此该工程属于异节奏流水施工方式。另外，施工过程Ⅱ和施工过程Ⅲ分别成立了 2 个工作队进行施工，且由图可知流水步距（K）均相等，因此该工程属于等步距异节奏流水，即成倍节拍流水施工，故选 D。

21. 【答案】D

22. 【答案】C

【解析】虚工作用以表示工作之间的逻辑关系，逻辑关系包括工艺关系和组织关系两种，在网络中均表现为工作的前后顺序。故选 C。

23. 【答案】B

【解析】双代号时标网络计划中，工作总时差的计算可以利用单代号网络计划总时差的计算公式，从后向前逆着箭线方向依次确定。本题中，工作 C 的紧后工作为 E 和 G，工作 C 与 E、G 之间时间间隔分别为 2 和 0。E 为关键工作，故总时差为 0；G 的紧后工作只有工作 H，H 的总时差为 1，G 的总时差为 1+3=4；所以，工作 C 的总时差 $=\min\{2+0, 0+4\}=2$，故选 B。此外，双代号时标网络图中工作总时差也可以按如下方法确定：列出从工作完成节点（工作C的完成节点④）开始到终点节点（节点⑩）的所有线路（④⑤⑥⑦⑨⑩、④⑤⑥⑧⑨⑩、④⑧⑨⑩），各线路中波形线水平投影长度最短的即为该工作总时差。两种方法原理相同，答案也相同。

24. **【答案】** D

25. **【答案】** B

【解析】 根据《标准设计施工总承包招标文件》，合同文件的优先顺序依次为：中标通知书、投标函及附录、专用合同条款、通用合同条款、发包人要求、价格清单、承包人建议、其他合同文件。本题中三项合同文件优先顺序依次为：②中标通知书；①发包人要求；③承包人建议，故选B。

26. **【答案】** B

【解析】 现金流量图中，横轴的起点表示时间序列的起点，即第一期期初，故选项B错误，其余各项均无误，故选B。

27. **【答案】** C

【解析】 借款发生在现金流量图0点，两笔还款分别发生在现金流量图的第3期末和第5期末，根据题意可知：第5年末尚需还本付息金额 $=2000(F/P, 8\%, 5)-1200(F/P, 8\%, 2)=2000\times1.08^5-1200\times1.08^2=1538.98$（万元），故选C。

28. **【答案】** B

【解析】 本题中，已知当前贷款额（P），求连续5年末的等额还款额（A），P与第一个A间隔一个计息周期（1年），可以直接利用P求A的公式（A/P, i, n）计算，即资金回收系数。相对等额本息还款方式，等额本金还款方式的前期还款额大，后期逐步递减，资金占用相对较少，利息总额也更少；还款年度越长，利息总额越高。

29. **【答案】** B

【解析】 在利率周期名义利率一定时，利率周期内计息期数越多，即计息周期利率越小、利率周期内复利计息次数越多，则利率周期有效利率越大，与利率周期名义利率相差也越大。

30. **【答案】** A。

【解析】 按季度计算并支付利息，即利息当期支付完毕，本期利息不再计入下一计息周期计算利息，相当于单利计息。季度利率 $=12\%/4=3\%$，则每季度利息 $=500\times3\%=15$（万元），每年利息 $15\times4=60$（万元）。当然，也可直接利用单利计息公式计算全年利息额：$500\times12\%=60$（万元），故选A。

31. **【答案】** C

32. **【答案】** B

【解析】 计算各年的累计净现金流量，如下表。

年份	0	1	2	3	4	5
现金流量（万元）	-1000	-500	0	600	700	800
累计现金流量	-1000	-1500	-1500	-900	-200	600

从表中可以看出，净现金流量累计出现正值的年份为第5年，上一年度累计净现金流量为-200，当年净现金流量为800，据此可以计算出投资方案的静态投资回收期为：(5-1)+200/800=4.25（年）。故选B。

33. **【答案】**A

【解析】内部收益率反映的是项目占用的尚未回收资金的盈利程度，而不是初始投资在整个计算期内的盈利率，选项B错误；内部收益率计算复杂，选项C错误；对于具有非常规现金流量的项目，内部收益率可能不唯一或者不存在，选项D错误；内部收益率能够反映投资过程的收益率，选项A正确；故选A。

34. **【答案】**B

【解析】采用增量投资内部收益率（ΔIRR）法比选计算期不同的互斥方案时，ΔIRR大于基准收益率时，选择初始投资额（不是内部收益率）大的方案；ΔIRR小于基准收益率时，选择初始投资额小的方案，故选B。

35. **【答案】**C

36. **【答案】**D

【解析】根据功能成本法，分别计算各功能区的价值系数，选择价值系数最低的功能区作为价值工程首先改进的对象；若两个对象的价值系数同样低，则应先改进成本改善期望值（ΔC）大的对象。本题计算结果如下表，功能区甲和丁的价值系数同样低（均为0.875），故优先改进ΔC大的功能区丁，故选D。

功能区	甲	乙	丙	丁
现实成本（元）	800	700	750	1200
目标成本（元）	700	750	750	1050
价值系数	0.875	1.071	1.000	0.875

37. **【答案】**D

【解析】寿命周期成本可以分为经济成本、环境成本和社会成本，主要注意区分环境成本和社会成本。植被破坏（选项B）属于环境成本；电力消耗（选项A）和人力资源消耗（选项C）属于经济成本；工程建设征地拆迁可能引发的不安定因素（选项D）属于社会成本，故选D。

38. **【答案】**C

【解析】项目资本金属于非债务性资金，选项A错误；投资者可以转让其出资，但不能以任何方式抽回，选项B错误；项目资本金后于负债受偿，选项D错误；项目的资本金可以视为负债融资的信用基础，故选C。

39. **【答案】**A

【解析】在项目资本金来源中，企业银行存款、企业资产变现和企业产权转让均属于既有法人内部资金来源；国家预算内投资（选项A）属于既有法人外部资金来源，故选A。

40. 【答案】D

【解析】目前，我国的政策性银行有中国进出口银行和中国农业发展银行，选项A错误；政策性银行主要为支持一些特殊的生产、贸易、基础设施建设项目，而非为实现国家中长期发展战略提供金融服务（此为国家开发银行职责，目前该行已不属于政策性银行），选项B、C错误；政策性银行贷款利率通常比商业银行贷款利率低，选项D正确，故选D。

41. 【答案】A

42. 【答案】B

43. 【答案】D

44. 【答案】C

【解析】TOT融资方式是通过已建成项目为其他新项目融资，资产收益具有确定性，选项C正确；TOT的融资谈判过程比较容易达成一致，也不会（BOT可能会）威胁国内基础设施的控制权和国家安全，故选项A错误；TOT需要建立具有特许权的专门机构（SPV），不需要太复杂的信用保证结构，选项B错误；主要通过在证券市场发行债券进行融资是ABS的特征，选项D错误，故选C。

45. 【答案】D

【解析】BOT项目特许经营期满后，必须无偿交给政府管理及运营，而PFI项目如果私营企业通过正常经营未达到合同规定的收益，可以继续保持运营权，选项A错误；“主要通过证券市场发行债券的方式进行融资”属于ABS方式的特征，选项B错误；“利用已建成项目为其他新项目进行融资”属于TOT方式的特征，选项C错误；选项D描述属于PFI特征，故选D。

46. 【答案】B

【解析】纳税人兼营不同税率项目的，应分别核算销售额，未分别核算的从高适用税率，选项A错误；当期销项税额小于进项税额不足抵扣的，不足部分可以结转下期继续抵扣，选项B正确；当采用简易计税方法时，建筑行业增值税征收率为3%，选项C错误；转让土地使用权、销售不动产适用的增值税税率为9%，选项D错误，故选B。

47. 【答案】C

【解析】城镇土地使用税采用定额税率，按不同城镇类别分别规定每平方米土地使用税的年应纳税额。

48. 【答案】D

【解析】对建筑工程一切险而言，保险人对因自然灾害、意外事故、突发事件等造成的物质损失承担赔偿责任，而自然磨损（选项D）的损失属于除外责任范围，故选D。

49. 【答案】A

50. 【答案】A

【解析】流动资金（选项A）与筹资方式及利息无关，可以在融资前进行估算；而固定资产原值、总成本费用、折旧与摊销均与融资方式及利息有关，不能在融资前进行估算，故选A。

51. 【答案】D

52.【答案】D

【解析】限额设计需要在投资额度不变的情况下，实现使用功能和建设规模最大化，故选D。

53.【答案】A

54.【答案】B

【解析】如果实际工程量与预计工程量可能有较大出入时，应优先选择单价合同。

55.【答案】A

【解析】根据无过错方不担责原则，已经监理人检查合格的隐蔽工程，监理人钻孔探测重新检验发现质量符合要求的，承包人无过错，由此所造成的费用和工期延误等损失应由发包人负责，选项A正确；B选项和D选项均出现“重新检验发现质量不符合要求”，则无论监理人检查与否，均由承包人负责；选项C中“承包人私自覆盖”，承包人存在过错，无论质量是否合格，均由承包人负责，故选A。

56.【答案】B

57.【答案】B

【解析】人工费、材料费、施工机具使用费和措施费中的二次搬运费、检验试验费，可以直接分解到工程分项，而企业管理费、利润、规费、税金，以及措施费中的临时设施费和保险费等不能直接分解到各工程分项，故选B。

58.【答案】B

【解析】施工成本控制是成本管理的核心内容，也是施工成本管理中不确定因素最多、最复杂、最基础的工作内容。

59.【答案】D

60.【答案】D

【解析】曲线法（S曲线）反映的是累计值，因此利用曲线法进行偏差分析也只能进行累计偏差的分析，很难进行局部偏差的分析。已完工程实际费用与已完工程计划费用的差额反映的是费用偏差，因此已完工程实际费用曲线与已完工程计划费用曲线的竖向距离表示累计费用偏差，故选D。

二、多项选择题（共20题，每题2分。每题的备选项中，有2个或2个以上符合题意，至少有1个错项。错选，本题不得分；少选，所选的每个选项得0.5分）

61.【答案】ACD

【解析】工程单价的计算依据包括人工单价、材料价格、材料运杂费、机械台班费等。

62.【答案】ACE

【解析】工程造价的宏观管理主体是指政府部门根据社会经济发展需求，利用法律、经济和行政等手段规范市场主体的价格行为、监控工程造价的系统活动。

63.【答案】ADE

【解析】工程监理单位与被监理工程的施工单位以及建筑材料、建筑构配件和设备供应单位有隶属关系或其他利害关系的，不得承担该项建设工程的监理业务。

64.【答案】ACDE

【解析】邀请招标也是招标的一种方式，故不宜招标的项目也就不能采用邀请招标，故选项 B 错误，其余各项描述无误，故选 ACDE。

65. 【答案】AD

66. 【答案】ADE

【解析】社会评价和风险分析（选项 B）、主要原材料供应方案（选项 C）属于可行性研究报告的内容，其余三项描述属于项目建议书应包括的内容，故选 ADE。

67. 【答案】ADE

68. 【答案】DE

【解析】在流水施工参数中空间参数包括工作面（选项 D）和施工段（选项 E）；流水能力（流水强度）、施工过程属于工艺参数；故选 DE。

69. 【答案】CD

【解析】网络计划中关键线路至少有一条，选项 A 错误；在计划工期不等于计算工期时，单代号网络图的终点节点工作（关键工作）自由时差不为零，故选项 B 错误；关键线路上各工作持续时间之和最大（而非最小），选项 E 错误；关键工作的机动时间最小（选项 C）、关键线路上相邻两工作间的时间间隔为零（选项 D）均无误，故选 CD。

70. 【答案】AB

71. 【答案】BCD

【解析】内部收益率为动态指标，选项 A 错误；投资回收期包括静态投资回收期和动态投资回收期两种形式，故选项 E 错误；利息备付率、资本金净利润率、资产负债率均为静态指标，故选 BCD。

72. 【答案】CD

【解析】此类考题关键在于考核增量投资内部收益率法的评价规则。首先不能根据各方案的内部收益率大小直接对方案进行排队，故选项 E 错误；另外，由于甲方案的内部收益率（9%）小于基准收益率（10%），故甲方案绝对不可行，应直接淘汰，故选项 A、B 错误；经判断，选项 CD 描述准确，故选 CD。

73. 【答案】ACDE

74. 【答案】CD

【解析】结构合理原则包括两个方面：一是合理安排权益资金和债务资金的比例；二是合理安排长期资金和短期资金的比例。

75. 【答案】AE

【解析】在 PPP 项目实施过程中，财务风险（选项 A）、运营维护风险（选项 E）应由社会资本承担；法律风险（选项 B）、最低需求风险（选项 C）应由政府承担，不可抗力风险（选项 D）应由双方合理共担，故选 AE。

76. 【答案】ABC

77. 【答案】ABCE

【解析】工程项目多方案比选包括：工艺方案比选、规模方案比选、选址方案比选、污染防治措施方案比选等，不包括投产后经营方案比选，故选 ABCE。

78. **【答案】** AB

79. **【答案】** CDE

【解析】 分部分项工程成本分析中，预算成本资料来自于以施工图和定额为依据编制的施工图预算成本，目标成本资料来自于分解到该分部分项工程上的计划成本（选项 A 和选项 B 描述相混淆，故选项 A、B 错误），其余选项描述准确，故选 CDE。

80. **【答案】** CDE

【解析】 工程竣工结算分为单位工程竣工结算、单项工程竣工结算和工程项目竣工总结算，故选项 A 错误；三种工程竣工结算的编制单位不同，单位工程竣工结算应由施工承包单位编制，故选项 B 错误；其余各项描述无误，故选 CDE。

模拟题二答案与解析

一、单项选择题（共60题，每题1分。每题的备选项中，只有一个最符合题意）

1.【答案】B

【解析】建设项目的组合性决定了工程计价的逐步组合过程。工程造价的组合过程为（由局部到整体的组合过程，与项目结构分解相反）：分部分项工程造价→单位工程造价→单项工程造价→建设项目总造价，故选B。

2.【答案】D

【解析】二级造价工程师的执业范围包括设计概算的编制，但二级造价工程师没有“审核”职责，选项D描述错误，其余各项说法均正确，故选D。

3.【答案】B

【解析】注册建筑师和注册结构工程师等注册执业人员应当在设计文件上签字，对设计文件负责，设计单位还应当就审查合格的施工图设计文件向施工单位作出详细说明。

4.【答案】C

【解析】美国政府没有统一发布的工程量规则和工程定额，但美国有统一的工程分项细目划分标准及编码体系，这些工程分类和编码体系应用于大多数建筑工程。工程造价咨询公司在英国被称为工料测量师行，在日本被称为工程积算所。

5.【答案】B

6.【答案】C

【解析】依法必须进行招标的项目，招标人应当自确定中标人之日起15日内，向有关行政监督部门提交招标投标情况的书面报告。

7.【答案】C

8.【答案】B

【解析】根据《政府采购法》，招标后没有供应商投标或没有合格标的，可以采用竞争性谈判方式采购，故选B。

9.【答案】D

【解析】合同订立过程中，发生下列情形之一的，要约失效：拒绝邀约的通知到达要约人；要约人依法撤销要约；承诺期限届满，受要约人未做出承诺；受要约人对要约内容做出实质性变更（选项D），故选D。

10.【答案】A

【解析】无论逾期交付还是逾期提取标的物，均按照无过错方不担责的原则确定交付价格。逾期交付标的物的，属于供货方违约，因此，均采用不利于供货方的价格，即无论价格上涨或下降，均按较低价格执行。

11.【答案】A

【解析】世界银行贷款项目的建设周期包括：项目选定、项目准备、项目评估、项目谈判、项目实施和项目总结评价 6 个阶段。

12. 【答案】A

【解析】可行性研究报告基本内容中包括市场风险分析，其余各选项均属于项目建议书的内容。

13. 【答案】B

【解析】施工图审查机构对施工图审查的主要内容包括是否符合工程建设强制性标准、地基基础与主体结构的安全性（选项 B）、相关执业人员是否按规定签字盖章，以及有关消防、人防、节能、绿色等标准要求等。不包括监理规划编制的合理性（选项 A）、施工组织设计的合理性（选项 C）、施工图设计文件的修改审批情况（选项 D），故选 B。

14. 【答案】C

15. 【答案】A

【解析】全过程工程咨询服务内容包括投资决策综合性咨询和工程建设全过程咨询，涉及投资决策和工程建设阶段，但不包括运营实施阶段。投资决策综合性咨询的目的是避免可行性研究论证的碎片化；工程建设全过程咨询可以满足建设单位一体化服务需求，增强工程建设过程的协同性。

16. 【答案】B

【解析】工程代建单位不负责建设资金筹措，也不负责贷款偿还，选项 B 错误；其余各项描述均正确，故选 B。

17. 【答案】C

18. 【答案】D

19. 【答案】A

【解析】施工过程（选项 A）属于工艺参数，施工段（选项 B）属于空间参数；流水步距（选项 C）和流水节拍（选项 D）属于时间参数，故选 A。

20. 【答案】C

【解析】等节奏流水与非节奏流水是流水施工的两个极端形式，但二者仍然具有共同点，即专业工作队数等于施工过程数（选项 C）、各专业工作队在施工段上能够连续作业。选项 B 不符合等节奏流水施工特点；选项 A 和选项 D 不符合非节奏流水施工特点，故选 C。

21. 【答案】C

【解析】关键工作的节点必为关键节点，但两端节点为关键节点的工作不一定是关键工作（选项 A 错误）；计划工期等于计算工期时，若某工作不一定是关键工作则其总时差不一定为零（选项 B 错误）；选项 D 也很容易用例证排除，例如：若该工作有持续时间更长的平行工作（紧前、紧后工作均相同），则该工作自由时差肯定不为零，因此本题可用排除法选择选项 C。选项 C 的详细分析如下：计划工期与计算工期相等时，关键节点的两个时间参数（最早时间 ET_j 和最迟时间 LT_j）相等。因此，该工作（i–j）完成节点 j 的最早时间（即以该节点 j 为开始节点的各项工作的最早开始时间 ES_{jk}）与最迟时间（本工作最迟完成时间 LF_{ij}）相等。该工作总时差 $TF_{ij}=LF_{ij}-EF_{ij}$，该工作自由时差 $FF_{ij}=$紧后工作最早开始时间最小值（即 ES_{jk}）$-EF_{ij}$，因为 $LF_{ij}=ES_{jk}$，所以 $TF_{ij}=FF_{ij}$，故选 C。

22. 【答案】D

【解析】工作 A2 和工作 B1 代号均为 2–3，应增加虚工作加以区分，故选 D。

23. 【答案】D

【解析】费用优化是指寻找工程总成本最低时的工期安排，工期优化是通过压缩关键工作的持续时间以满足工期目标的要求（选项 A、B 相互混淆）；资源优化的主要目的是通过优化使资源按照时间的分布符合优化目标，而不是减少资源。实际上，完成某项工作所需的资源数量一般不能通过资源优化而减少，选项 C 错误；“工期固定，资源均衡”的资源优化，可以通过方差值最小法、极差值最小、削高峰法等实现，选项 D 正确，故选 D。

24. 【答案】A

25. 【答案】B

26. 【答案】C

【解析】本题现金流量图如下图所示：

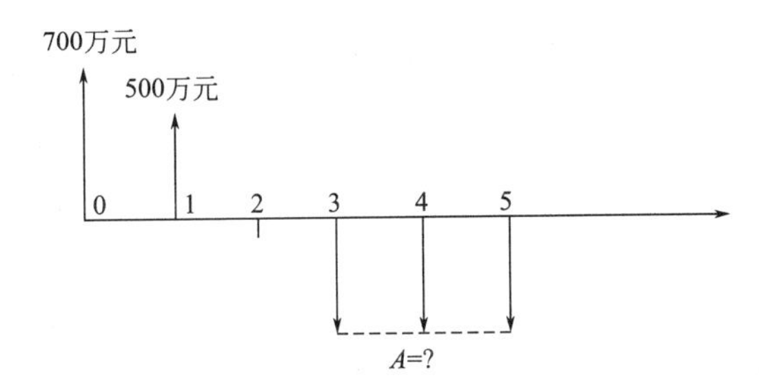

由上图可知：$A=(700\times1.08^2+500\times1.08)\times(A/P,8\%,3)$

$=1356.48\times8\%\times1.08^3/(1.08^3-1)$

$=526.36$（万元）。

故选 C。

27. 【答案】B

【解析】年（利率周期利率）名义利率 10%，按季度（计息周期）复利计息，季度有效利率 i= 利率周期利率（r）/利率周期内计息周期的个数（m）= 10%/4 = 2.5%。故选 B。

28. 【答案】C

29. 【答案】A

【解析】利息备付率是评价项目利息偿付能力的指标，利息备付率越高，表明利息偿付的保障程度越高，选项 A 正确，选项 B 错误；利息备付率大于 1（而非大于零），表明利息偿付能力强，选项 C、D 均错误；故选 A。

30. 【答案】D

【解析】线性内插法适用于常规投资项目 *IRR* 的估算，而非常规投资项目的内部收益率可能不存在或不唯一，因此不适宜采用线性内插法，故选项 D 正确，选项 A 错误；为保证计算精度，试用的两个折现率（i_1 和 i_2）差距不宜超过2%，最大不超过5%，选项C错误；净现值函数曲线一般是凸向原点的，因此利用线性内插法得到的近似值一般大于实际值，选项B错误，故选D。

31. 【答案】D

【解析】净现值率是项目净现值与项目全部投资现值之比，是单位投资现值所带来的净现值，是考察项目单位投资的盈利能力的动态指标，常作为净现值的辅助指标。

32. 【答案】D

【解析】利用增量投资内部收益率法进行计算期相同方案比选，首先计算各方案内部收益率，并淘汰内部收益率小于基准收益率的方案，选项A错误；然后，对于内部收益率大于等于基准收益率的方案，按初始投资额（非内部收益率）从小到大依次排列，选项B错误；若两方案的增量投资内部收益率大于基准收益率，则选择初始投资额大的方案，选项D正确。不能直接根据各方案内部收益率进行方案比选和排队，选项C错误。

33. 【答案】D

【解析】不能直接根据内部投资收益率的大小判断方案优劣，内部投资收益率大的方案净现值不一定大，故选项A、B错误；利用增量投资内部收益率进行方案比选时，若 ΔIRR 大于基准收益率，则保留初始投资额大的方案（而不是保留内部收益率大的方案），选项C错误；在互斥方案净现值函数示意图中（见教材190页，图4.2.6），当基准收益率等于图中两条曲线交点的横坐标所对应的折现率（i^*）时，两个方案净现值相等，即两方案增量投资内部收益率等于基准收益率等于 i^*，选项D描述正确。故选D。此题中选项D较为难懂，可以通过排除法确定正确答案。

34. 【答案】C

35. 【答案】C

36. 【答案】B

【解析】先根据暂定重要性系数计算各功能区的修正重要性系数，如下表。据此计算 F_3 的功能重要性系数 = 1.0/(3.0+1.5+1.0) = 1.0/5.5 = 0.18，故选B。

功能区	F_1	F_2	F_3
暂定重要性系数	2.0	1.5	
修正重要性系数	3.0	1.5	1.0

37. 【答案】D

38. 【答案】C

39. 【答案】C

40. 【答案】C

41. 【答案】B

42. 【答案】B

43. 【答案】D

【解析】个别资金成本（选项 A）用于比选各种筹资方式资金成本的高低；综合资金成本（选项 C）可用于比选融资方案，作为项目公司资本结构决策依据；边际资金成本（选项 D）是追加投资的决策依据；故选 D。

44. 【答案】C

45. 【答案】D

46. 【答案】D

47. 【答案】A

48. 【答案】A

49. 【答案】B

50. 【答案】C

【解析】工程项目策划中，规格和档次（选项 C）需要通过项目定位策划确定；工程项目的用途和性质（选项 D）是通过工程项目的定义策划确定的；在项目定义和定位明确的前提下，需要提出工程项目系统框架（选项 A），确定工程项目的系统组成（选项 B），故选 C。

51. 【答案】C

52. 【答案】C

【解析】总成本费用中包含折旧摊销和运营期各年利息，均与融资方案有关，需要在融资方案确定后进行估算。其余各项均与融资方案无关，可以在融资前估算。

53. 【答案】C

54. 【答案】D

【解析】总价合同中，建设工程项目合同总额基本固定，各类风险主要由施工承包单位承担，建设单位最容易控制造价，故选 D。

55. 【答案】B

56. 【答案】B

57. 【答案】C

【解析】所有工作都按最早开始时间开始，资源投入早，资金占用时间长，贷款利息较高（选项 A 错误），同时有利于提高工程按期竣工的保证率（选项 C 正确），故选 C。

58. 【答案】C

【解析】为满足施工成本管理的不同需求，可以从不同角度对施工成本进行划分，具体如表下所示：

序号	分类依据	内容
1	成本核算科目	直接成本和间接成本
2	成本计算依据	计划成本和实际成本
3	成本性态差异	固定成本和变动成本
4	成本是否可控	可控成本和不可控成本
5	成本要素构成	工期成本、质量成本、安全成本和环保成本

59.【答案】C

60.【答案】C

【解析】费用偏差的措施包括四类：组织措施、经济措施、技术措施和合同措施，四个选项分别属于这四类措施。

二、多项选择题（共 20 题，每题 2 分。每题的备选项中，有 2 个或 2 个以上符合题意，至少有 1 个错项。错选，本题不得分；少选，所选的每个选项得 0.5 分）

61.【答案】ABE

【解析】静态投资包括建安工程费用、设备和工器具购置费、工程建设其他费、基本预备费，以及因工程量误差引起的造价增减，故选 ABE。

62.【答案】BCDE

【解析】一级造价工程师执业范围包括建设项目全过程的工程造价管理与咨询等，具体工作内容有：项目建议书、可行性研究投资估算与审核、项目评价造价分析；建设工程设计概算、施工（图）预算的编制和审核；建设工程招标投标文件工程量和造价的编制与审核；建设工程合同价款、结算价款、竣工决算价款的编制与管理；建设工程审计、仲裁、诉讼、保险中的造价鉴定，工程造价纠纷调解；建设工程计价依据、造价指标的编制与管理；与工程造价管理有关的其他事项。

63.【答案】CD

【解析】申请领取施工许可证，应当具备如下条件：①已办理建筑工程用地批准手续（而非提交建筑工程用地申请，选项 B 错误）；②已取得建设工程规划许可证；③需要拆迁的，其拆迁进度符合施工要求；④已经确定建筑施工单位（选项 C 正确）；⑤有满足施工需要的资金安排（而非资金全额到位，选项 A 错误）、施工图纸及技术资料；⑥有保证工程质量和安全的具体措施（选项 D 正确）。完成施工图技术交底和图纸会审不是审理施工许可证前完成的工作，选项 E 错误，故选 CD。

64.【答案】BDE

65.【答案】ABD

【解析】承诺可以撤回，但承诺生效时合同成立（选项 D 正确），因此承诺不可以撤销（选项 C 错误）；招标人发出招标公告属于要约邀请，投标人提交投标文件属于要约（选项 E 错误）；选项 A、B 表述无误，故选 ABD。

66.【答案】ACE

【解析】采用资本金注入方式的政府投资项目，政府需要从投资决策角度审批项目建议书（选项 A）、可行性研究报告（选项 C）、初步设计（选项 E）和概算，一般情况下不再审批开工报告（选项 B）；采用投资补助、转贷、贷款贴息方式的政府投资项目，政府只审批资金申请报告（选项 D），故选 ACE。

67.【答案】ABC

【解析】工程总承包的优点有：有利于缩短工期；便于建设单位提前确定工程造价；使工程项目责任主体单一化；可减轻建设单位合同管理负担。不足是：道德风险高；建设单位前期工作量大；工程总承包单位报价高。

68.【答案】ABE

69. 【答案】BD

【解析】工程网络计划中，关键工作是指总时差最小（选项B）的工作，最迟完成时间与最早完成时间的差值即（总时差）最小，即总时差最小，选项D正确；其余各项表述与关键工作无关，故选BD。

70. 【答案】CE

71. 【答案】BCDE

【解析】据图可以判断，投资方案1的内部收益率 i_1 小于投资方案2的内部收益率 i_2，选项A错误；若基准收益率为 i_c，则方案1的净现值大于方案2，故方案1为优选方案，选项B正确；若基准收益率为 i^*，两条曲线相交，两投资方案的净现值相等，选项C正确；当两投资方案的增量投资内部收益率等于基准收益率时，两方案效果相当，即净现值相等，由图可知当基准收益率 $=i^*$ 时，两方案净现值相等，故此可以判断两方案的增量投资内部收益率为 i^*，选项D正确；取图中 i_c 为基准收益率，则两方案的增量投资内部收益率（i^*）大于基准收益率（i_c），应选初始投资额大的方案为优选方案。据图可知，方案1为优选方案（净现值大），所以方案1的初始投资额大于方案2，选项E正确，故选BCDE。本题中，选项D、E难度偏大，仅供学员开拓思路，不作考试复习重点。

72. 【答案】DE

【解析】投资回收期可以从项目建设开始年算起，也可以从投产年开始算起，但要注明：动态投资回收期比静态投资回收期长；投资回收期不能反映项目整个计算期内的现金流量，是该指标一个显著的不足。

73. 【答案】CDE

【解析】根据各功能区的重要性系数和目标总成本（1000元），分别计算各功能区的目标成本，如下表。凡现实成本大于目标成本的功能区（F_3、F_4、F_5）均应降低成本，故选CDE。

功能区	F_1	F_2	F_3	F_4	F_5
功能重要性系数	0.36	0.25	0.03	0.28	0.08
现实成本（元）	340	240	40	300	100
目标成本（元）	360	250	30	280	80

74. 【答案】DE

【解析】长期贷款和债券属于债务性资金，其资金成本可以计入总成本费用，在所得税前扣除，因此在计算其资金成本时要考虑所得税的影响。

75. 【答案】BDE

76. 【答案】ABE

【解析】建筑工程一切险的保险人可采取的赔付方式有：现金支付赔款、修复或重置（选项A、B）、赔付修理费（选项E），故选ABE。

77. 【答案】AC

78. 【答案】BCD

【解析】根据 FIDIC《施工合同条件》的规定，DAAB 须由 1 人或 3 人组成，选项 A 错误；合同双方对 DAAB 的裁定不满的可以申请仲裁，选项 E 错误；其余各项描述正确，故选 BCD。

79.【答案】BD

【解析】分部分项工程成本分析主要是进行预算成本、目标成本与实际成本的“三算对比”，主要是进行实际成本与预算成本（选项 B）、实际成本与目标成本（选项 D）的对比，故选 BD。

80.【答案】ABCD

【解析】取消合同中任何一项工作，但被取消的工作不能转由建设单位或其他单位实施者，属于变更，因此选项 E 表述有误。其余选项表述准确，故选 ABCD。

模拟题三答案与解析

一、单项选择题（共60题，每题1分。每题的备选项中，只有一个最符合题意）

1. **【答案】** C

【解析】 工程造价是工程项目在建设期（不是全寿命周期）预计或实际支出的建设费用，选项A错误；工程造价与建设项目总投资的统计范围不同，项目总投资包括固定资产投资（工程造价）和流动资产投资，选项B错误；工程造价是投资者作为市场供给主体“出售”项目时确定价格的尺度，而非“出售”项目时的价格，选项D错误；选项C表述正确，故选C。

2. **【答案】** D

【解析】 工程发承包阶段造价管理工作内容包括：进行招标策划，编制和审核工程量清单、最高投标限价或标底，确定投标报价及其策略，直至确定承包合同价。

3. **【答案】** B

4. **【答案】** D

【解析】 在建工程因故中止施工的，建设单位（不是施工单位）应当自中止施工之日起1个月内向发证机关报告，并按规定做好建设工程的维护管理工作，选项A错误；建设单位应当自领取施工许可证之日起3个月（非6个月）内开工，选项B错误；中止施工满1年（非3个月）的工程恢复施工前，建设单位应当报发证机关核验施工许可证，选项C错误；选项D表述无误，故选D。

5. **【答案】** D

【解析】 根据《建设工程安全生产管理条例》，涉及深基坑、地下暗挖、高大模板工程的专项施工方案，要组织专家进行论证、审查，故选D。

6. **【答案】** D

【解析】 开标应由投标人主持；一般招标项目的评标委员会成员应采取随机抽取方式确定；特殊招标项目的评标委员会成员可以由招标人直接确定；评标委员会可以要求投标人对投标文件中含义不明的内容作出必要澄清或说明，但澄清或说明不得超出投标文件范围或改变投标文件的实质性内容。

7. **【答案】** A

【解析】 投标人撤回已提交的投标文件，应当在投标截止时间前，书面通知招标人。

8. **【答案】** D

9. **【答案】** D

【解析】 要约和承诺均可撤回，选项A错误；订立合同要经过要约和承诺两个阶段，而要约邀请不是订立合同必需的过程，选项B错误；超过承诺期限发出的承诺，除要约人及时通知受要约人该承诺有效外，为新要约，选项C错误；选项D表述无误，故选D。

10. 【答案】C

【解析】违约责任以有效合同（而非合同成立）为前提，选项 A 错误；违约责任是一种赔偿责任，可以由合同双方在法律范围内约定（“自由约定”表述有误），选项 B 错误；缔约过失责任发生在合同不成立或合同无效的缔约过程，而违约责任必须以有效合同为前提，故缔约过失责任不属于违约责任，选项 D 错误；违约责任是一种民事赔偿责任，贯彻损益相当原则，选项 C 正确，故选 C。

11. 【答案】C

【解析】单位工程是指具备独立施工条件并能形成独立使用功能的工程。如工业厂房工程中的土建工程、设备安装工程、工业管道工程等。

12. 【答案】A

13. 【答案】D

14. 【答案】B

15. 【答案】A

【解析】矩阵制具有较大的机动性和灵活性，能够实现集权与分权的最优结合，但因有双重领导，容易产生扯皮现象的事，故选 A。

16. 【答案】D

【解析】项目管理规划大纲由企业管理层在投标之前编制，而项目管理实施规划应由项目经理部在开工之前编制，故选 D。

17. 【答案】C

18. 【答案】D

【解析】施工段是将施工对象在平面或空间上划分成若干个劳动量大致相等的施工段落，划分施工段的目的是为了组织流水施工。

19. 【答案】D

【解析】流水施工参数中，工作面和施工段属于空间参数，故选 D。

20. 【答案】D

【解析】等步距异节奏流水施工中，专业工作队数大于施工过程数，选项 A 错误；流水步距相等且等于流水节拍的最大公约数（而非流水节拍），选项 B 错误；施工段之间没有空闲，选项 C 错误；同一施工过程各个施工段的流水节拍相等，故选 D。

21. 【答案】A

【解析】在工程网络计划中，关键工作是指总时差最小的工作，而最迟完成时间与最早完成时间的差值最小（选项 A）即为总时差最小，故选 A。

22. 【答案】D

【解析】如图可以判断，工作 D 为工作 F 的唯一紧前工作，故工作 D 的自由时差为 0；关于工作 D 总时差的计算可以有多种不同方式，最简单的一种方式是：首先，找出本网络图的关键线路为：①②③⑤⑥，工作 D 不是关键工作；然后，假设工作 D 延误 1 天、2 天、3 天……判断其何时变成关键工作，进而可确定其总时差。本题中，工作 D 延误 1 天时，线路①②④⑤⑥变为关键线路，工作 D 变为关键工作，故工作 D 的总时差为 1 天。故选 D。

23. 【答案】C

【解析】根据《标准施工招标文件》，专用条款可以对通用条款进行补充、细化，但补充和细化的内容不得与通用条款内容相抵触，即专用条款不能对通用条款进行修改，选项 A 错误；通用条款（而非专用条款）可同时适用于单价合同和总价合同，选项 B 错误；合同协议书是解释顺序最高的合同文件，其次为中标通知书、投标函等，选项 C 正确；施工组织设计文件的编制应为承包人的工作职责，选项 D 错误，故选 C。

24. 【答案】D

【解析】设备采购合同违约金按周核算，迟延交付第一周到第四周，每周迟延交付违约金为 0.5%，则迟延交付 15 天（按 3 周核算）的违约金为：3000×3×0.5%=45（万元）。

25. 【答案】B

26. 【答案】B

27. 【答案】B

【解析】根据题意，绘出现金流量图如下。注意：本题要先将第 5 年末的 1000 万元折算到第 4 年末，然后再终值求年金。计算如下：$A=1000(P/F,10\%,1)(A/F,10\%,5)=1000/1.1\times0.1/(1.1^5-1)=148.91$（万元），故选 B。

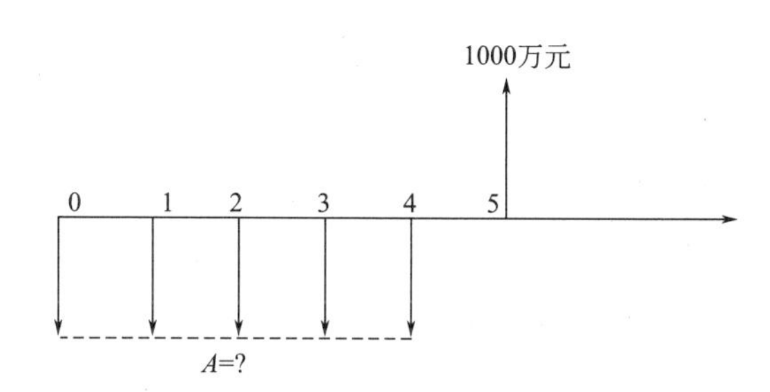

28. 【答案】B

29. 【答案】B

30. 【答案】D

31. 【答案】C

【解析】内部收益率与净现值均考虑了资金的时间价值（选项 A）和项目在整个计算期内的经济状况（选项 D），内部收益率能反映投资过程收益程度且不受外部指标影响，而净现值不能反映投资过程的收益程度而且受外部指标（i_c）影响，选项 C 描述准确；两个指标均不能反映项目投资中单位投资的盈利能力，选项 B 错误，故选 C。

32. 【答案】B

【解析】敏感度系数是评价指标变化率与不确定因素变化率的比值。评价指标的变化率为：(1700-2000)/2000=-15%，所以，敏感度系数为：-15%/10%=-1.5。

33. 【答案】A

【解析】价值工程的目标是以最低的寿命周期成本，使产品具备其所必须具备的功能，即以提高对象的价值为目标，故选 A。

34. 【答案】C

35. 【答案】B

【解析】部件A、B、C、D、E的重要程度依次增大，则采用0-1评分法确定的功能得分分别为：0、1、2、3、4；修正得分分别为：1、2、3、4、5，合计15；所以，部件B的功能重要性系数=2/15=0.133，故选B。

36.【答案】D

37.【答案】C

38.【答案】B

【解析】项目资本金是投资者认缴的出资额，项目法人不承担项目资本金的利息（选项B正确），不属于债务性资金（选项A错误）。投资者可以转让其出资（选项C错误），但不可以任何方式抽回（选项D错误），故选B。

39.【答案】B

40.【答案】A

【解析】发行债券融资一般需要第三方担保，以获得债券信用升级，并降低债券发行成本；债券发行与股票发行相似，可以在资本市场公开发行，也可以私募方式发行；债券成本较低，但可能使企业的总资金成本增大。

41.【答案】D

42.【答案】B

43.【答案】A

44.【答案】D

【解析】ABS融资方式是将具有可靠未来现金流量的项目资产归集起来，通过一定安排，进而转换为可以在金融市场上出售和流通的证券过程。所以，通过ABS进行项目融资的物质基础是具有可靠未来现金流量的项目资产，故选D。

45.【答案】C

【解析】PPP项目全生命周期过程的财政支出责任主要包括股权投资、运营补贴、风险承担和配套投入。其中，股权投资应根据资本金要求和股权结构合理确定；运营补贴支出应根据项目建设成本、运营成本及利润水平合理确定，故选C。

46.【答案】B

47.【答案】C

【解析】转让房地产收入1000万元，扣除项目金额为400万元，则增值额为600万元，应缴纳土地增值税=200×30%+200×40%+200×50%=240（万元）。也可以按速算方法计算：本题中增值额600万元，超过扣除项的100%不足扣除项的200%，适用最高税率为50%，应速算扣除系数15%。缴纳土地增值税=600×50%-400×15%=300-60=240（万元），故选C。

48.【答案】B

49.【答案】C

50.【答案】D

【解析】经营成本包括：外购原材料、燃料和动力费（1100万元）、工资及福利费（500万元）、修理费（50万元）、其他费用（40万元）。因此，本项目年度经营成本=1100+500+50+40=1690（万元），故选D。

51.【答案】D

【解析】综合费用法（在第四章中也有涉及：综合费用法）属于一种静态评价方法，因此其不足是没有考虑资金的时间价值，故选 D。

52.【答案】D

【解析】审查建设工程设计概算的编制范围，包括各项费用应列的项目是否符合法律法规及工程建设标准，是否存在多列或遗漏的取费项目，故选 D。

53.【答案】D

【解析】对比审查法审查速度快，但同时需要具有较为丰富的相关工程数据库作为开展工作基础。

54.【答案】C

55.【答案】D

【解析】FIDIC《施工合同条件》中的争端解决方式有裁决、友好协商、仲裁等。

56.【答案】D

57.【答案】B

【解析】按工程进度编制施工阶段资金使用计划时，首先要编制工程施工进度计划（选项 B），然后计算单位时间的资金支出目标（选项 A）、计算规定时间内累计资金支持额（选项 D），最后绘制资金使用时间进度计划 S 曲线（选项 C），故选 B。

58.【答案】B

59.【答案】A

60.【答案】C

【解析】引起偏差的原因包括客观原因、建设单位原因、设计原因、施工原因。进度安排不合理属于施工原因，图纸提供不及时属于设计原因，利率及汇率变化属于客观原因，增加工程内容属于建设单位原因，故选 C。

二、多项选择题（共 20 题，每题 2 分。每题的备选项中，有 2 个或 2 个以上符合题意，至少有 1 个错项。错选，本题不得分；少选，所选的每个选项得 0.5 分）

61.【答案】BCE

【解析】控制工程造价应从多方面采取措施。组织措施包括：明确项目组织结构，明确造价控制者及其任务，明确管理职能分工；技术措施包括：重视设计多方案选择，严格审查监督初步设计、技术设计、施工图设计、施工组织设计，深入研究节约投资的可能性；经济措施包括：动态地比较造价的计划值和实际值，严格审核各项费用支出，采取对节约投资的有力奖励措施等。

62.【答案】ABDE

63.【答案】ABCE

【解析】建设工程竣工验收应具备的条件包括：完成设计文件及合同要求的各项工作；完整的技术档案和施工管理资料；工程使用的主要建筑材料设备的进场试验报告；有勘察、设计、施工、工程监理等单位分别签署的质量合格文件和施工单位签署的工程保修书。而工程款结算证明文件（选项 D）不属于竣工验收条件要求。故选 ABCE。

64.【答案】ABC

65. 【答案】ACDE

【解析】应当先履行债务的当事人，有确切证据证明对方有下列情形之一的，可以中止履行合同：(1)经营状况严重恶化；(2)转移财产、抽逃资金，以逃避债务；(3)丧失商业信誉；(4)有丧失或者可能丧失履行债务能力的其他情形。

66. 【答案】ABCD

【解析】工程建设全过程咨询是指由一家具有相应资质的咨询企业或联合体为建设单位提供招标代理、勘察、设计、监理、造价、项目管理等全过程咨询服务，满足建设单位一体化服务需求，增强工程建设过程的协同性。

67. 【答案】ABD

【解析】工程项目建设总进度计划的表格有工程项目一览表、工程项目总进度计划（选项 A）、投资计划年度分配表（选项 B）、工程项目进度平衡表（选项 D），故选 ABD。

68. 【答案】BDE

69. 【答案】BD

【解析】双代号（单代号则不一定）网络计划中由关键工作（关键节点则错误）组成的线路为关键线路，故选项 A、选项 E 错误；双代号时标网络计划（而非双代号网络计划）中没有波形线的线路为关键线路，选项 C 错误、选项 D 正确；选项 B 属于关键线路的定义，符合关键线路判别条件，故选 BD。

70. 【答案】ABCE

【解析】利用前锋线比较法对实际进度进行检查和控制时，可以利用各项工作的自由时差和总时差，确定进度偏差对后续工作和总工期的影响程度（选项 E）。而仅依靠自由时差不能判断工作实际进展对总工期的影响，选项 D 描述有误；其余各项描述正确，故选 ABCE。

71. 【答案】ABD

【解析】利率是一个时间单位内所得利息与借款本金的比值，必须注明是“一个时间单位”，因为利率是有周期的，月利率即为一个月所得利息与本金的比值，选项 C 错误。利息可以理解为资金的一种机会成本（非沉没成本），选项 E 错误。

72. 【答案】AC

【解析】根据图示可以判断，该方案在基本条件下的净现值为 120 万元，选项 C 正确；敏感程度自高至低依次为投资额、产品价格、经营成本，选项 A 正确；净现值随经营成本的增加而减少，选项 B 错误；净现值指标对产品价格的临界点（而非敏感度系数）为−6%，选项 E 错误；敏感性分析可以分析不确定因素对评价指标的影响，但不能揭示各个不确定因素发生变动的概率，选项 D 错误；故选 AC。

73. 【答案】ACD

【解析】确定产品功能评价值的方法有强制评分法、多比例评分法、逻辑评分法、环比评分法，故选 ACD。

74. 【答案】CD

75. 【答案】ABC

76. 【答案】AE

【解析】 根据《工伤保险条例》，患职业病的（选项 A）、因工外出期间由于工作原因发生事故下落不明的（选项 E），上下班途中受到非本人主要责任的交通事故伤害的（选项 D“本人主要责任”表述有误）属于《工伤保险条例》明确认定的工伤；在工作时间和工作岗位突发疾病死亡（选项 B），在抢险救灾等维护国家利益、公共利益活动中受伤（选项 C）的，视同工伤，故选 AE。

77. **【答案】** BCD

78. **【答案】** ABE

【解析】 承包人车辆外出行驶所需的场外公共道路通行费、养路费和税款等由承包人承担；监理人使用施工控制网的，承包人应提供必要协助，发包人不再为此支付费用。

79. **【答案】** ADE

【解析】 DAAB 在收到书面报告后 84 天内裁决争端并说明理由（选项 B 错误），合同一方对 DAAB 裁决不满时，应在收到裁决后 28 天内发出表示不满的通知（选项 C 错误）。其余选项表述无误。

80. **【答案】** CDE

【解析】 企业对项目经理部可控责任成本进行考核的指标有：责任目标总成本降低率（降低额）、施工责任目标成本实际降低率（降低额）、施工计划成本实际降低率（降低额），故选 CDE。

专家权威详解

模拟题四答案与解析

一、单项选择题（共 60 题，每题 1 分。每题的备选项中，只有一个最符合题意）

1. **【答案】** D

2. **【答案】** A

3. **【答案】** D

4. **【答案】** B

5. **【答案】** C

6. **【答案】** A

7. **【答案】** B

8. **【答案】** C

【解析】 推定形式的合同是指当事人不用语言、文字，而是通过某种有目的的行为表达自己意思的一种形式，从当事人的积极行为中，可以推定当事人已进行意思表示。

9. **【答案】** B

【解析】《民法典》合同编规定的合同无效的情形，同样适用于格式合同条款，选项 A 错误；格式条款是为重复使用而预先拟定，并在订立合同时未与对方协商的条款，选项 C 错误；格式条款提供方免除自己责任、加重对方责任、排除对方主要权利的条款无效，选项 D 错误；格式条款和非格式条款不一致的，应当采用非格式条款，故选 B。

10. **【答案】** C

11. **【答案】** A

12. **【答案】** C

【解析】 效益后评价的内容包括：经济效益后评价、环境效益后评价、社会效益后评价、项目可持续性后评价和综合效益后评价。而过程后评价（选项 C）与效益后评价是并列关系，均属于后评价的内容，故选 C。

13. **【答案】** D

【解析】 必须招标项目的单项合同额最低标准分别为：施工项目 400 万；重要设备、材料采购项目 200 万；勘察、设计、监理等服务项目 100 万，达到该标准的各类项目必须进行招标。

14. **【答案】** B

【解析】 代建单位的责任范围只是在建设实施阶段，不负责前期决策，也不负责资金筹措和偿还。在项目建设期间，代建单位不存在经营性亏损或盈利，只收取代理费、咨询费，不负责运营期间的资产保值增值。

15. **【答案】** B

16. **【答案】** C

【解析】CM 模式下，CM 单位可以早在设计阶段就凭借其施工成本控制方面的实践经验，应用价值工程方法对工程设计提出合理化建议，以进一步挖掘节省工程投资的可能性。

17. 【答案】C

【解析】中矩阵也称平衡矩阵，其特点是需要精心建立管理程序和配备训练有素的协调人员，适用于中等技术复杂程度且建设周期较长的工程项目。

18. 【答案】B

19. 【答案】D

【解析】香蕉曲线法和 S 曲线法可同时用来控制工程造价和工程进度；而直方图法、鱼刺图法均为质量控制的方法，故选 D。

20. 【答案】C

21. 【答案】C

【解析】流水步距、流水节拍与流水工期属于流水施工的时间参数，故选 C。

22. 【答案】D

【解析】固定节拍流水施工工期＝(4+3−1)×5+2−4＝28（天），故选 D。

23. 【答案】D

【解析】单代号网络计划中，相邻两项工作之间时间间隔均为零的线路为关键线路，选项 D 正确；在双代号网络图中，由关键工作组成的线路是关键线路，而在单代号网络图中则不一定，选项 A 错误；由关键节点组成的线路，无论双代号或单代号网络图均不一定为关键线路，选项 C 错误；相邻两项工作之间时距与关键线路无关，选项 B 错误，故选 D。

24. 【答案】C

【解析】关键工作两端的节点必为关键节点，但两端节点均为关键节点的工作不一定为关键工作，选项 A 错误；既然无法判断该工作是否为关键工作，也就无法判断其总时差是否为零，选项 B 错误；工作的总时差＝完成节点最迟时间（即本工作最迟完成时间）−本工作的最早完成时间；自由时差＝完成节点最早时间（即紧后工作最早开始时间）−本工作最早完成时间，当计划工期与计算工期相等时，关键节点的最早时间与最迟时间相等，因此该工作的总时差与自由时差相等，选项 C 正确；而该工作自由时差是否为零无法判断，选项 D 错误；故选 C。

25. 【答案】C

【解析】当事人对欠付工程款利息计付标准有约定的，从其约定；没有约定的，按照中国人民银行发布的同期同类贷款利率计息，故选 C。

26. 【答案】B

【解析】要实现工程项目管理数智化，需要建立基于互联网、物联网的工程项目数智管控平台，该平台至少包含企业和项目两个层级。

27. 【答案】A

【解析】社会平均利润率是利率的最高（而非最低）界限，选项 C 错误；借出资本承担的风险越大，利率就越高，选项 A 正确；其余各项表述均与事实相反，故选 A。

28. 【答案】B

【解析】根据题意，第三年末还款金额 = $500\times(F/A, 8\%, 3)\times(F/P, 8\%, 1)=[500\times(1.08^3-1)/0.08]\times1.08=1753.06$（万元），故选 B。

29. 【答案】B

【解析】容易忽视的是投资回收期指标，投资回收期分为静态投资回收期和动态投资回收期两类，因此简单说投资回收期属于静态指标或动态指标均不准确。显然，题中所列净现值、净现值率、内部收益率为动态指标，故选 B。

30. 【答案】C

31. 【答案】B

【解析】对于寿命期不同的互斥方案比选，净年值是最为简便的方法。

32. 【答案】A

【解析】同等条件下（各不确定性因素变化均为 10%），净现值变化最大的即为最敏感。显然，不确定因素甲的变化引起净现值变化的绝对值最大 200-120=80（万元），故选 A。

33. 【答案】C

【解析】盈亏平衡分析只适用于财务评价，敏感性分析和风险分析可同时用于财务评价和国民经济评价，故选 C。

34. 【答案】B

【解析】价值工程分析阶段的工作内容包括：收集整理资料、功能定义、功能整理、功能评价。

35. 【答案】C

【解析】价值指数法是通过比较各个对象（或零部件）之间的功能水平位次和成本位次，寻找价值较低的对象（零部件），并将其作为价值工程研究对象。

36. 【答案】A

【解析】根据已知得分情况，可以将部件 C 所在行的得分填满：2、1、1、0，合计 4 分。因为 5 个部件采用 0-4 评分法进行评分的得分总和为 40 分，所以，C 的重要性系数 = 4/40 = 0.1，故选 A。

37. 【答案】C

38. 【答案】B

【解析】在寿命周期成本分析中，对于不直接表现为量化成本的隐性成本，必须采用一定方法使其转化为可直接计量的成本，故选 B。

39. 【答案】D

【解析】工业产权和非专利技术不属于货币形式，可以作价出资，属于资本金中货币出资之外的其他形式，故选 D。

40. 【答案】D

41. 【答案】C

【解析】优先股股息固定，但没有还本期限，选项 A 错误；优先股股东没有公司控制权，其优先权是指优先分配股利和优先受偿，选项 B 错误；优先股融资成本较高且股利不能像债券利息一样在税前扣除，选项 D 错误；相对于普通股股东而言，优先股要优先受偿，是一种负债，选项 C 正确，故选 C。

42. 【答案】D

【解析】普通股资金成本率 = 1/[20×(1−12%)]+10% = 15.68%，故选 D。

43. 【答案】A

44. 【答案】C

45. 【答案】B

【解析】采用 ABS 方式融资时，债券存续期内资产所有权归特殊目的的机构（SPV）（选项 B 正确），而项目经营权与决策权仍属于原始权益人；其余各项描述均错误，故选 B。

46. 【答案】B

47. 【答案】C

48. 【答案】B

【解析】国有土地使用权转让，转让方应交土地增值税，选项 B 正确；而国有土地使用权出让时，出让方不交土地增值税，选项 A 错误；房屋买卖（符合条件的）和交换均需要缴纳土地增值税，选项 C、D 错误，故选 B。

49. 【答案】B

50. 【答案】D

51. 【答案】C

【解析】有些分析中可只进行融资前分析（如项目建议书阶段），但无论融资前分析还是融资后分析，均以动态分析为主、静态分析为辅，故选 C。

52. 【答案】A

【解析】设计方案评价与优化通常采用技术经济分析法，即技术与经济相结合，既要考察工程技术方案，更要关注工程费用。

53. 【答案】A

【解析】实际工程量与统计工程量可能有较大出入时（选项 A），可以采用单价合同；施工图设计已完成，图纸和工程量清单详细而明确时（选项 B），可采用总价合同；采用新技术、新工艺，施工难度大且无施工经验和国家标准（选项 C）以及工期特别紧迫，要求尽快开工且无施工图纸（选项 D）应采用成本加酬金合同，故选 A。

54. 【答案】C

55. 【答案】D

【解析】根据 FIDIC《施工合同条件》，仲裁是唯一的争端解决的最终形式，选项 A 错误；DAAB 成员的酬金由发承包双方各付一半，选项 B 错误；DAAB 裁决不具有强制性，任何一方不服仍可提请仲裁，选项 C 错误；仲裁裁决具有法律效力，但仲裁机构没有强制执行权，一方不执行裁决者，另一方可向法院申请强制执行，故选 D。

56. 【答案】C

57. 【答案】C

58. 【答案】A

【解析】按照因素分析法，应先对采购量进行置换（参照教材例题置换顺序：先实物量后价值量）。因此，由于采购量增加而使外购商品混凝土增加的成本=（3100−3000）×420=4.2（万元）（计算时价格仍采用计划价格），故选A。本题也可以利用挣值分析法（赢得值法）计算，结果相同。

59.【答案】D

【解析】曲线法反映的是累计偏差，同样具有形象直观特征，但难以用于局部偏差分析。

60.【答案】D

二、多项选择题（共20题，每题2分。每题的备选项中，有2个或2个以上符合题意，至少有1个错项。错选，本题不得分；少选，所选的每个选项得0.5分）

61.【答案】AB

【解析】工程计价特征包括：计价的单件性、计价的多次性、计价的组合性、计价方法的多样性和计价依据的复杂性。

62.【答案】BCE

【解析】根据《工程造价咨询企业管理办法》，工程造价咨询企业资质的有效期为3年（而非4年），选项A错误；工程造价咨询企业从事工程造价咨询活动不受行政区域限制，跨省承接业务者，要到工程所在地省级主管部门备案，选项D错误；其余各项表述无误，故选BCE。

63.【答案】ABC

64.【答案】ABD

【解析】招标人明示投标人压低投标报价、招标人授意投标人修改投标文件、招标人向投标人透漏招标标底均属于招标人与投标人串通，选项A、B、D符合题意；招标人向投标人公布招标控制价（选项C）或组织投标人进行现场踏勘（选项E）属于合理范畴不属于串通，故选ABD。

65.【答案】BD

【解析】无权代理人以被代理人名义订立的合同，被代理人已经开始履行合同义务或接受相对人履行的，视为对合同的追认，选项A错误；法定代表人超越权限订立的合同，除相对人知道或应当知道其超越权限外，该代表行为有效，选项C错误；合同成立（不是生效）的判断依据是承诺是否生效，选项E错误。

66.【答案】BDE

【解析】施工图审查机构对施工图设计文件审查的内容包括：施工图设计文件的审查与批准书（选项A描述不符）；人防工程（不含人防指挥工程）防护安全性（选项C错误）；其余各项均属于施工图审查机构对施工图设计文件审查的内容，故选BDE。

67.【答案】BCE

【解析】选项A“工程设计修改”应改为“工程设计有重大修改”；工程量发生重大变化不属于应对施工组织总设计进行修改或补充的情形，选项D错误；其余各项无误，故选BCE。

68.【答案】AB

69. 【答案】ADE

【解析】图中存在两个起点节点：①、②，选项 A 正确；图中工作 G 的起点节点编号⑦大于终点节点编号⑥，节点编号有误，选项 D 正确；图中虚工作③-⑤为多余虚工作，选项 E 正确；图中只有一个终点节点⑧，且未出现循环回路，选项 B、C 错误；故选 ADE。

70. 【答案】BCE

71. 【答案】CDE

【解析】利率周期利率（年利率 12%）一般为名义利率，选项 D 正确；明确了利率周期为"年"，故利率为间断复利（而非连续复利），选项 A 错误；年名义利率为 12%，按月计息，计息周期与利率周期不同，则年有效利率不等于名义利率（12%），选项 B 错误；月有效利率 = 12%/12 = 1%，选项 C 正确；季度有效利率 = $(1+1\%)^3-1>3\%$，选项 E 正确，故选 CDE。

72. 【答案】AC

【解析】利息备付率反映投资方案偿付债务利息（不包含本金）的保障程度，选项 B 错误；利息备付率是息税前利润与当年（不是上一年度）应付利息的比值，选项 D 错误；利息备付率应大于 1，并结合债权人要求确定，选项 E 错误；选项 A、C 描述准确，故选 AC。

73. 【答案】ABDE

【解析】"实施方案所需要的投入"属于对创新方案经济可行性评价的内容，其余各项均为技术可行性评价内容，故选 ABDE。

74. 【答案】ACD

75. 【答案】ABC

76. 【答案】AB

【解析】意外伤害保险的保险期限应在施工合同规定的工程竣工之日 24 时止，选项 A 正确；工程提前竣工的，保险责任自行终止，选项 B 正确；工程因故延长工期的，应办理延期手续，选项 C 错误；保险期限自开工之日起最长不超过 5 年（而非 3 年），选项 D 错误；保险期内工程停工的，保险人不承担保险责任，选项 E 错误，故选 AB。

77. 【答案】DE

【解析】经营成本 = 总成本费用 - 折旧费 - 摊销费 - 利息支出（财务费）= 外购原材料、燃料及动力费 + 工资福利费 + 修理费 + 其他费用，故选 DE。

78. 【答案】ACD

79. 【答案】BC

【解析】无利润报价主要是根本不考虑利润以获得中标机会，主要包括急于获得项目或者具有低成本完成项目的可能，或者是能够获得其他形式的利润等情形。有可能在中标后将大部分工程分包给索价较低的分包商（选项 B）、长时期无在建项目，如果再不中标就难以维持生存（选项 C）可以采用无利润报价法；其余各选项所列情形均应采取较高报价，故选 BC。

80. 【答案】ABD

【解析】费用偏差（CV）>0，即：已完工程计划费用 - 已完工程实际费用 >0，说明费用节约（选项 A 正确），已完工程实际费用<已完工程计划费用，选项 B 正确；进度偏差（*SV*）>0，即：已完工程计划费用-拟完工程计划费用>0，说明进度超前（选项 D 正确），拟完工程计划费用<已完工程计划费用，选项 E 错误；由于费用偏差和进度偏差均大于零，则：拟完工程计划费用和已完工程实际费用均小于已完工程计划费用，所以无法比较拟完工程计划费用和已完工程实际费用的大小，选项 C 错误，故选 ABD。

挣值分析法的理解和计算可参照下图：

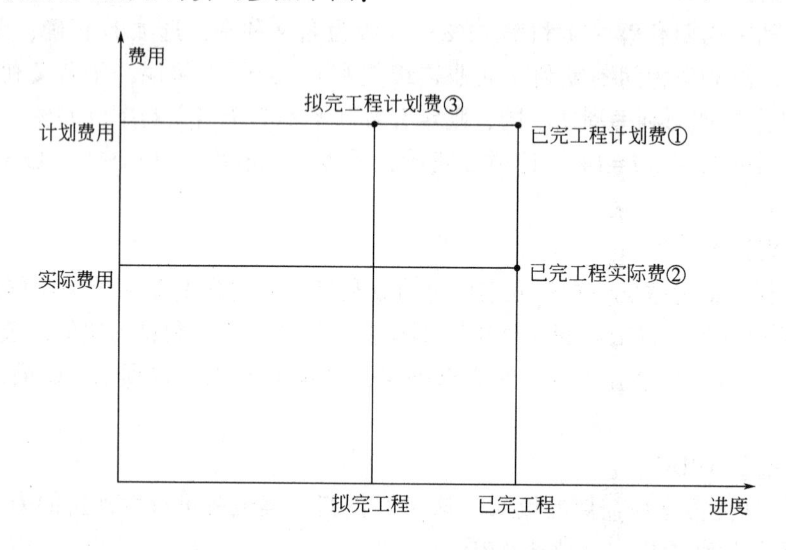

偏差计算：费用偏差=①-②，费用偏差>0，代表费用节约；

进度偏差=①-③，进度偏差>0，代表进度超前。

模拟题五答案与解析

一、单项选择题（共 60 题，每题 1 分。每题的备选项中，只有一个最符合题意）

1. **【答案】** D

2. **【答案】** C

3. **【答案】** A

【解析】 AIA 系列合同条件的核心是“通用条件”，采用不同计价方式时，只需选用不同的“协议书格式”与“通用条件”结合。

4. **【答案】** C

【解析】 根据《建筑法》，监理单位认为工程设计不符合工程质量标准的，应当报告建设单位要求设计单位改正（选项 C 描述准确）。监理单位认为施工不符合设计、施工技术标准和合同约定的，有权直接要求其改正（选项 A 错误），故选 C。

5. **【答案】** C

6. **【答案】** C

【解析】 评标委员会总人数为 5 人以上单数，其中技术经济方面专家不少于总人数的 2/3。已知招标人代表 2 人，设技术经济方面专家 x 人，则有：$2+x \geqslant 5$；$2+x$ 为单数；$x/(x+2) \geqslant 2/3$，解得 $x \geqslant 4$ 且为单数，故选 C。当然，此题也可以用排除法进行选择，若专家人数为 3 人，则专家数为评标委员会总人数的 3/5，小于 2/3，选项 A 错误；若专家为 4 人，则总人数不为单数，选项 B 错误；若专家人数为 5 人，满足要求且最小，故选 C。

7. **【答案】** C

【解析】 根据《招标投标法实施条例》，行政监督部门应在收到投诉之日起 3 个工作日内决定是否受理投诉，并自受理投诉之日起 30 个工作日内作出书面处理决定；需要检验、测验、鉴定、专家评审的，所需时间不计算在内。

8. **【答案】** C

【解析】 根据《政府采购法》，采购人需追加与合同标的相同货物、工程或服务的，在不改变合同其他条款的前提下，可以与供应商协商签订补充合同，但所有补充合同的采购金额不得超过原合同金额的 10%，$500 \times 10\% = 50$（万元），故选 C。

9. **【答案】** B

【解析】 对格式条款理解发生争议的，应当按照通常理解予以解释（选项 B 正确），当有两种以上解释的，应当作出不利于格式条款提供方的解释，故选 B。

10. **【答案】** B

【解析】 继续履行（而非偿付违约金）是一方违约时承担违约责任的首选方式，选项 A 错误；当事人在合同中约定的违约金可以根据实际造成的损失申请增加或适当减少，选项 B 无误；当事人既约定违约金又约定定金的，一方违约时，另一方可以决定适用定金条款或违约金条款，选项 C 错误；当事人双方都违反合同的，应各自承担违约责任，选项 D 错误，故选 B。

11. **【答案】** A

12. **【答案】** B

【解析】 应用 BIM 技术可以根据施工组织设计在 3D 模型基础上加入施工进度（选项 B）形成 4D 模型模拟实际施工；在 4D 模型基础上加入费用数据（选项 C）可以实现工程造价的模拟计算，故选 B。

13. **【答案】** A

14. **【答案】** D

【解析】 非代理型 CM 单位负责工程的发包，而代理型 CM 单位不负责，选项 A 错误；签订 CM 合同时一般只确定总包服务费，而不能确定合同总价，选项 B 错误；GMP 可大大减少建设单位（而非 CM 单位）的承包风险，选项 C 错误；CM 单位不赚取总包与分包之间的差价，选项 D 正确，故选 D。

15. **【答案】** B

【解析】 施工组织总设计的编制包括：工程概况、总体施工部署、施工总进度计划、总体施工准备与主要资源配置计划、主要施工方法、施工总平面布置等。其中，总体施工部署是编制施工总进度计划的前提，故选 B。

16. **【答案】** B

【解析】 排列图有两个纵坐标，左边的纵坐标表示频数，右边的纵坐标表示频率（累计频率）。

17. **【答案】** B

18. **【答案】** C

19. **【答案】** A

【解析】 流水节拍的确定方法有两种：定额计算法和经验估算法。对于采用新结构、新工艺、新方法和新材料等没有定额可循的工程项目，可以采用经验估算法估算流水节拍。

20. **【答案】** B

【解析】 流水步距 K=流水节拍的最大公约数=4，工作队数 $n'=8/4+4/4+4/4=4$，所以，该工程的流水施工工期=$(m+n'-1)\cdot K=(4+4-1)\times4=28$（天），故选 B。

21. **【答案】** B

【解析】 双代号网络计划中（单代号则不成立），由关键工作（而非根据节点）组成的线路是关键线路（A 选项、D 选项错）；双代号时标网络计划中，无波形线（而非虚工作）的线路是关键线路（C 选项错）；单代号网络计划中（相邻两工作间），时间间隔均为零的线路是关键线路，故选 B。

22. **【答案】** A

【解析】 时标网络计划宜按各项工作的最早开始时间编制，编制时应使每一个节点和每一项工作（包括虚工作）都尽量向左靠。

23. **【答案】** D

24. **【答案】** B

25. 【答案】C

【解析】承包人应按监理人指示为他人在施工场地或附近实施与工程有关的其他各项工作提供可能的条件。除合同另有约定外，因此而发生的费用，由监理人商定或确定。

26. 【答案】A

【解析】单利计息情况下，借款期内各年的利息不计入下一年度本金，即：利不生利。因此，借款期内各年利息相同，故选 A。

27. 【答案】A

【解析】$A = 800(F/A, 10\%, 3) \times (F/P, 10\%, 1) \times (A/P, 10\%, 5)$

$= 800 \times [(1.1^3 - 1)/0.1] \times 1.1 \times [0.1 \times 1.1^5/(1.1^5 - 1)]$

$= 800 \times (1.1^3 - 1) \times 1.1^6/(1.1^5 - 1)$

$= 768.39$（万元）。

故选 A。

28. 【答案】C

29. 【答案】B

【解析】偿债指标均未考虑资金的时间价值，属于静态指标，即不同时点的资金可以直接进行计算，选项 A 错误；资产负债率要结合国家、行业和企业环境等综合确定，并非越低（或越高）越好，选项 C 错误；利息备付率（非偿债备付率）是从付息资金来源的充裕性角度反映投资方案偿付债务利息的保障程度，选项 D 错误。可用于还本付息的资金 $EBITDA-T_{AX}$（净利润、折旧、摊销、应付利息），包括折旧摊销，选项 B 正确。

30. 【答案】C

【解析】设四个投资方案分别为 ABCD，则可供选择的方案分别为：AB、AC、AD、BC、BD、CD、ABC，共 7 个组合方案，故选 C。

31. 【答案】A

32. 【答案】D

【解析】用产销量表示的盈亏平衡点 $Q = 500/(150 - 130 - 150 \times 5\%) = 40$（万件），故选 D。

33. 【答案】B

【解析】功能水平 F_1、F_2、F_3、F_4 均能满足用户需求，则寿命周期成本最低的功能水平价值最高，故选 B。

34. 【答案】C

35. 【答案】C

【解析】价值指数 V 小于 1 时，主要改进方向是降低现实成本，选项 C 正确、选项 A 错误；价值指数 V 大于 1 时，主要改进方向是提高现实成本或降低功能水平，选项 B、D 均错误；故选 C。

36. 【答案】A

37. 【答案】A

【解析】寿命周期成本分析必须考虑资金的时间价值，选项 A 正确；费用效率是指工程系统效率与工程寿命周期成本（而非建造成本）的比值，选项 B 错误；如果以系统效率为输出，则寿命周期成本为输入，选项 C 描述相反；相对于寿命周期成本，系统效率不容易量化处理，选项 D 错误；故选 A。

38. 【答案】B

39. 【答案】D

【解析】通过发行金融工具等方式筹措项目资金的，按国家统一会计制度应当分类为权益工具的，可以认定为投资项目资本金，但不得超过资本金总额的 50%。

40. 【答案】A

【解析】发行债券融资可以从资金市场直接面向融资对象进行融资，属于直接融资，因而相对银行借款利率较低，选项 B、C 错误；可转换债券由于附加有可以转换为股权的权利，通常利率相对较低，选项 D 错误；债券融资大多需要第三方担保，获得债券信用增级以使债券发行成功，并可降低发行成本，故选 A。

41. 【答案】A

【解析】该债券的成本率 $=800\times9\%\times(1-25\%)/[1000\times(1-5\%)]=5.68\%$，故选 A。

42. 【答案】C

43. 【答案】C

44. 【答案】C

【解析】ABS 和 TOT 两种项目融资方式均需要组建 SPC 或 SPV，而 PFI 和 BOT 方式不需要。

45. 【答案】A

【解析】ABS 融资方式强调通过证券市场发行债券这一方式进行资金筹集，选项 A 正确；PFI（而非 ABS）强调私人部门在融资过程中的主动性，选项 B 错误；项目经营权和控制权在债券存续期内仍属于原始权益人，转移至 SPV 的是项目所有权，选项 C 错误；相对于 BOT，ABS 方式融资风险分散度高、成本低，选项 D 错误，故选 A。

46. 【答案】D

47. 【答案】B

48. 【答案】A

【解析】计算应纳土地增值税时，可以从收入中据实扣除开发间接费，而管理费用、财务费用、销售费用不能据实扣除，故选 A。

49. 【答案】B

50. 【答案】A

【解析】融资前分析应以动态分析为主，静态分析为辅。其余各项描述无误。

51. 【答案】D

【解析】保证项目财务可持续性首先体现在有足够大的经营活动净现金流量，其次各年累计盈余资金不出现负值，若出现负值则应发生短期借款，故选 D。

52. 【答案】B

53. 【答案】C

54. 【答案】D

55. 【答案】B

【解析】在 FIDIC《施工合同条件》实施过程中，DAAB 收到书面报告后 84 天内对争端做出裁决，并说明理由。如果合同一方对 DAAB 裁决不满，应在收到裁决后，28 天内向合同对方（不是向 DAAB）发出表示不满的通知，故选 B。

56.【答案】A

【解析】履约担保一般采用银行保函和履约担保书的形式，选项 A 正确；履约担保的金额一般为中标价的 10%（非 2%），选项 B 错误；中标单位不能按要求提交履约担保的，视为放弃中标，投标保证金不退，选项 C 错误；建设单位应在工程接受证书颁发后 28 天（非 14 天）内将履约担保退还承包商，选项 D 错误，故选 A。

57.【答案】A

【解析】直接成本包括人工费、材料费、施工机具使用费和措施费。

58.【答案】A

59.【答案】A

【解析】根据赢得值法，进度偏差=已完工程预算成本-拟完工程预算成本，因此在利用曲线法进行工程项目成本偏差的分析时，可以用已完工程预算成本曲线与拟完工程预算成本曲线的差值度量由进度偏差引起的成本偏差，而该偏差为累计偏差，故选 A。

60.【答案】A

二、多项选择题（共 20 题，每题 2 分。每题的备选项中，有 2 个或 2 个以上符合题意，至少有 1 个错项。错选，本题不得分；少选，所选的每个选项得 0.5 分）

61.【答案】ABCE

62.【答案】ABC

63.【答案】CD

【解析】根据《建设工程质量管理条例》，未经监理工程师签字，建筑材料、构件配件不得使用和安装，施工单位不得进行下一道工序施工；未经总监理工程师签字，建设单位不拨付工程款（选项 C），不进行竣工验收（选项 D），故选 CD。

64.【答案】ABC

65.【答案】ABCE

【解析】因不可抗力致使不能实现合同目的（选项 D），当事人可以解除合同。其余各项均属于债权债务终止的情形。

66.【答案】AE

【解析】采用联合体承包模式，与总分包模式类似，业主的合同结构简单，组织协调工作量小，选项 A 正确；对联合体中各承包商而言，能够集中联合体成员单位优势，增强抗风险能力，选项 E 正确；其余各项描述均与联合体承包模式不符，故选 AE。

67.【答案】ABD

【解析】单位工程施工进度计划的编制程序和方法如下：划分工作项目、确定施工顺序、计算工程量、计算劳动量和机械台班数、确定工作项目的持续时间、绘制施工进度计划图和施工进度计划的检查与调整。

68.【答案】ACD

【解析】在各种流水施工组织形式中，只有等步距异节奏流水（成倍节拍流水，选项B）需要根据流水节拍的比例关系成立不同的工作队数，其余各种流水施工方式（全等节拍流水、异步距异节奏流水、非节奏流水，选项ACD）均为工作队数等于施工过程数。异节奏流水（选项E）分为异步距异节奏流水和成倍节拍流水两类，成倍节拍流水的工作队数大于施工过程数，故选ACD。

69.【答案】ABC

【解析】图中存在两个终点节点（只有箭线流入，没有箭线流出）：节点9和节点10，应选A；图中出现了两个节点7，应选B；图中出现两项工作编号均为7-9，应选C；图中不存在循环回路（一般可以通过查找逆向箭线方式寻找），也只有一个起点（只有箭线流出，没有箭线流入）：节点1，排除选项D、选项E，故选ABC。

70.【答案】BDE

【解析】迟延交付和迟延付款违约金总额均不得超过合同价格的10%，而非5%，选项E正确，选项A错误；支付迟延交货违约金不能免除卖方继续交付合同材料的义务，选项B正确；标的物交付地点应为合同指定地点，合同双方当事人应当约定交付标的物的地点，如果当事人没有约定交付地点或者约定不明确，事后没有达成补充协议，也无法按照合同有关条款或者交易习惯确定，则区分不同情况确定交付地，不一定在订立合同时的卖方营业地，选项C错误；卖方在交货时应将产品合格证随同产品交买方据以验收，选项D描述无误，故选BDE。

71.【答案】CE

【解析】用于表示计算利息的时间单位称为计息周期，而非利率周期，选项A错误；利率是单位时间利息（利息总额表述不准确）与本金之比，选项B错误；利息是衡量资金时间价值的绝对尺度，利率是衡量资金时间价值的相对尺度，选项D错误；选项C、E表述无误，故选CE。

72.【答案】ACE

【解析】偿债备付率指标中，可用于还本付息的资金为EBITDA-Tax，包括计入总成本费用的应付利息（选项C）、固定资产折旧费（选项E）、无形资产摊销费（选项A），不包括增值税和固定资产大修理费（属于经营成本），故选ACE。

73.【答案】ACE

【解析】提高产品价值的途径有5种，不仅仅包括降低产品成本，选项B错误；功能整理的核心任务是建立功能系统图，而不是剔除不必要功能，选项D错误；其余各项表述无误，故选ACE。

74.【答案】BCD

75.【答案】BDE

【解析】项目融资具有信用结构多样化（选项B）、可利用税务优势（选项D）、属于资产负债表外融资（选项E）等优点，同时融资成本高（选项A错误），投资风险大、风险种类多（选项C错误），故选BDE。

76.【答案】CD

【解析】注意区分不征税收入和免税收入的差异，财政拨款、政府性基金属于不征税收入，股息、红利等权益性投资收益属于免税收入。

77. **【答案】** ABC

【解析】 修理费可直接在成本中列支（选项 C），如果当期修理费数额较大可以采用预提（选项 A）或摊销（选项 B）的方式；其余各项表述错误，故选 ABC。

78. **【答案】** ABC

79. **【答案】** ABE

80. **【答案】** ADE

【解析】 偏差分析最常用的方法是表格法（而非横道图法），选项 B 错误；曲线法反映的偏差是累计偏差，很难用局部偏差分析，选项 C 错误；其余各项表述准确，故选 ADE。

模拟题六答案与解析

一、单项选择题（共60题，每题1分。每题的备选项中，只有一个最符合题意）

1.【答案】C

【解析】工程造价的影响因素较多，决定了工程计价依据的复杂性。

2.【答案】C

【解析】工程造价控制的措施包括组织措施、技术措施、经济措施等，其中，重视设计多方案选择属于技术措施。

3.【答案】A

4.【答案】A

5.【答案】D

6.【答案】D

7.【答案】C

【解析】针对达到一定规模的危险性较大的分部分项工程，应编制专项施工方案，并附具安全验算结果，经施工单位技术负责人、总监理工程师签字后实施，由专职安全生产管理人员进行现场监督。

8.【答案】D

【解析】排名第一的中标候选人放弃中标的，可以由排名第二的中标候选人中标，也可以重新招标；中标候选人公示期不得少于3日；招标人收到异议之后，在作出答复之前应暂停招标投标活动。

9.【答案】D

【解析】评标委员会应当否决投标的情形包括：投标报价高于最高投标限价（选项A错误）或低于成本（选项B错误）、投标联合体未提交共同投标协议（选项C错误）、投标人不符合国家或者招标文件规定的资质条件等，选项D表述正确；故选D。

10.【答案】C

【解析】缔约过失责任发生在合同不成立或合同无效的缔约过程，一方有过错并因此给对方造成损失的，应承担缔约过失责任。当事人因合同谈判破裂，泄露对方商业机密，造成对方损失的（选项C）应承担缔约过失责任；其余各项均不符合缔约过失责任条件，故选C。

11.【答案】B

【解析】定金的数额由当事人约定；但不得超过主合同标的额的20%，超过部分不产生定金的效力。

12.【答案】A

13.【答案】B

【解析】应用 BIM 技术可以根据施工组织设计在 3D 基础上加入施工进度形成 4D 模型模拟施工；在 4D 基础上加入费用数据形成 5D 模型，从而实现对工程造价的模拟计算，故选 B。

14.【答案】D

【解析】强矩阵组织形式适用于技术复杂且时间紧迫的工程项目。技术复杂的工程项目，各职能部门之间的技术界面比较繁杂，采用强矩阵组织形式有利于加强各职能部门之间的协调配合，故选 D。

15.【答案】C

【解析】三类施工组织设计均由施工项目负责人主持编制，并由三个不同级别的技术负责人进行审批，其中，单位工程施工组织设计应由施工单位技术负责人审批，故选 C。

16.【答案】A

17.【答案】A

18.【答案】D

【解析】成倍节拍流水施工即等步距异节奏流水施工，是在组织异节奏流水施工时，按流水节拍比例关系成立相应数量工作队而进行的流水施工。

19.【答案】C

【解析】双代号网络图中，可能存在虚箭线，即虚工作。单代号网络图中不存在虚箭线，当网络计划中刚出现多项开始工作或多项结束工作时，应增设一项虚工作，虚工作只能出现在网络图的起点节点或终点节点处。

20.【答案】C

【解析】流水步距 K = 流水节拍的最大公约数 = 5，所以，该流水施工的流水步距为 5 天，故选 C。同时可知：工作队数 $n'=(5/5+10/5+10/5)=5$，所以，该工程的流水施工工期 $=(m+n'-1)\cdot K=(6+5-1)\times5=50$（天）。

21.【答案】B

22.【答案】B

【解析】根据节点编号的定义可知，工作 N 的最早开始时间为 2，可以计算其最早完成时间：2+4=6；最迟完成时间：9；紧后工作的最早开始时间：7。因此，工作 N 的总时差：9−6=3；自由时差：7−7=1，故选 B。此类知识点可以简单记忆：工作两端节点的 4 个参数中，“3” 对工作 N 没有意义，2+4=6（最早完成时间），7−6=自由时差；9−6=总时差。进而可以判断：若工作完成节点的两个时间参数相等（计划工期等于计算工期时，关键节点的两个时间参数相等），则该工作总时差等于自由时差。

23.【答案】D

24.【答案】B

25.【答案】C

【解析】合同协议书与下列文件一起构成合同文件：

（1）中标通知书；

（2）投标函及投标函附录；

（3）专用合同条款；

（4）通用合同条款；

（5）发包人要求；

（6）价格清单；

（7）承包人建议；

（8）其他合同文件。

上述文件相互补充和解释，如有不明确或不一致之处，以合同约定次序在先者为准。

26. **【答案】** D

27. **【答案】** C

【解析】 建设期两年初的两笔借款和运营期第 3 年末、第 5 年末的两笔还款，在现金流量图中发生的时间点分别为：0、1、5、7。因此，运营期第 5 年末应偿还金额 $F=800\times1.1^7+600\times1.1^6-1000\times1.1^2=1411.91$（万元），故选 C。

28. **【答案】** A

【解析】 等值计算的六个公式分别对应六个符号，其中等额支付情形四个公式分别是：等额支付系列偿债基金系数：$(A/F, i, n)$；等额支付系列资金回收系数：$(A/P, i, n)$；等额系列终值系数：$(F/A, i, n)$；等额系列现值系数：$(P/A, i, n)$，故选 A。

29. **【答案】** B

【解析】 总投资收益率＝息税前利润/项目总投资＝(200+20)/2000＝11%，故选 B。

30. **【答案】** C

31. **【答案】** A

32. **【答案】** D

【解析】 用销售单价表示的盈亏平衡点＝固定成本/设计产能＋单位可变成本＋单位产品销售税金及附加＝300/50+90+8＝104（元/件），故选 D。

33. **【答案】** B

34. **【答案】** A

35. **【答案】** D

36. **【答案】** B

37. **【答案】** A

【解析】 方案评价的技术可行性评价包括功能的实现程度（性能、质量、寿命等）、可靠性、维修性、操作性、安全性以及系统的协调性等。

38. **【答案】** C

【解析】 类比估算法在开发研究的初期阶段运用，通常在不能采用费用模型估算法和参数估算法时才采用，但实际上它是应用最广泛的方法。

39. **【答案】** D

【解析】 因减少劳动量而节省的劳务费计入 *SC*（而非 *X* 项，选项 A 错误）；提高质量所得的增收额列入 *Y* 项（而非 *X* 项，选项 B 错误）；增产所得的增收额列入 *X* 项（而非 *Y* 项，选项 C 错误）；对寿命周期成本的估算，必须尽可能在系统开发初期进行，选项 D 无误，故选 D。

40. 【答案】A

【解析】力求以最低的综合资金成本实现最大投资效益（选项 A）体现经济效益原则；合理安排权益资本与债务资本的比例（选项 B）和合理安排长期资金与短期资金的比例（选项 C）均属于结构合理原则；注意把握筹资的时间和规模（选项 D）属于规模适宜和时机适宜原则；故选 A。

41. 【答案】C

42. 【答案】A

【解析】采用资本资产定合模型确定，该股票的成本率 = 8% + 1.2×(15% − 8%) = 16.4%，故选 A。

43. 【答案】C

44. 【答案】B

45. 【答案】B

46. 【答案】B

47. 【答案】B

48. 【答案】C

【解析】国有土地使用权出让，以成交价格为契税计税依据，选项 C 无误；房屋赠予的，参照市场价格核定，选项 A 错误；房屋交换的，以所交换房屋价格的差额为计税依据，选项 B 错误；契税实行 3%～5%的幅度税率，四级超率累进税率是土地增值税的税率，选项 D 错误，故选 C。

49. 【答案】B

50. 【答案】B

【解析】工程项目经济评价中，经济分析采用体现资源合理有效配置（而非最优配置）的影子价格进行计量，财务分析采用现行市场价格体系（选项 D）对项目的投入与产出物的价值进行计量，故选 B。

51. 【答案】B

【解析】建设投资借款属于财务计划现金流量表中筹资活动净现金流量部分的现金流入，不属于资本金现金流量表，即对于股东而言，此类活动不产生现金流入或流出。回收流动资金属于资本金现金流量表的现金流入。折旧不产生现金流，在所有现金流量表中均不体现。借款本金偿还属于资本金现金流量表的现金流出，而非流入。

52. 【答案】A

【解析】工程造价目标的分解，首先将投资额分解到各个专业，然后再分解到各个单项、单位和分部分项工程，最后再将细化的目标明确到相应的设计人员，故选 A。

53. 【答案】B

54. 【答案】B

【解析】工期紧迫、施工图设计不完备的应急工程，各种不确定因素多、风险大，不能选用总价合同，选项 A 错误；同一工程项目中不同的工程部分或不同阶段，可以采用不同的合同类型，选项 B 无误；建设单位造价控制难度最大的合同方式是成本加固定比例酬金合同（而非成本加浮动酬金合同），选项 C 错误；施工单位承担的风险最大的合同方式是总价合同（而非单价合同形式）选项 D 错误，故选 B。

55. **【答案】** B

【解析】 根据《标准施工招标文件》，承包人应自行承担修建临时设施的费用，需要临时占地的，应由发包人办理申请手续并承担相应费用，故选 B。

56. **【答案】** B

【解析】 DAAB 裁决不具有强制性，任何一方对 DAAB 裁决有异议均可提出并提请仲裁，选项 A 错误；在仲裁过程中，可以将 DAAB 的决定作为一项证据，选项 B 无误；DAAB 成员由合同双方确定（而非发包人一方确定），选项 C 错误；DAAB 成员工作的终止必须经双方同意，选项 D 错误，故选 B。

57. **【答案】** C

58. **【答案】** C

59. **【答案】** B

【解析】 进度偏差=已完工程计划费-拟完工程计划费=(110-100)×60=600；费用偏差=已完工程计划费-已完工程实际费=110×(60-70)=-1100，故选 B。

60. **【答案】** C

【解析】 根据《建设工程质量保证金管理办法》，合同约定以银行保函代替预留保证金的，保函金额不得高于工程价款结算总额的 3%，780×3%=23.4（万元），故选 C。

二、多项选择题（共 20 题，每题 2 分。每题的备选项中，有 2 个或 2 个以上符合题意，至少有 1 个错项。错选，本题不得分；少选，所选的每个选项得 0.5 分）

61. **【答案】** ACE

【解析】 静态投资是动态投资的主要组成部分，也是其计算基础（选项 B 将动态投资和静态投资颠倒了，错误）；动态投资（而非静态投资）更符合市场价格运行机制，更符合实际，选项 D 错误；其余各项表述无误，故选 ACE。

62. **【答案】** CD

【解析】 工程发承包阶段的主要内容有：进行工程计量及工程款支付管理，实施工程费用动态监控，处理工程变更和索赔。

63. **【答案】** AC

【解析】 选项 B 所描述的内容属于设计单位应承担的安全责任；选项 D、E 所描述的内容属于施工单位应承担的安全责任；选项 A、C 所描述的内容属于建设单位应承担的安全责任，故选 AC。

64. **【答案】** ABD

【解析】 根据《招标投标法实施条例》，采用两阶段招标的，投标人应在第二阶段提交投标保证金，选项 C 错误；招标人最迟应在签订书面合同后 5 日内退还投标保证金，选项 E 错误，其余各项无误，故选 ABD。

65. **【答案】** ABC

【解析】 属于债权债务终止情形的有：债务已经履行、债务相互抵消、标的物提存、债权人免除债务、债权债务同归于一人、法律规定或当事人约定的其他情形。

66. **【答案】** ABCE

67. 【答案】ACE

【解析】CM 单位分为代理型和非代理型两种，非代理型 CM 单位直接与分包单位签订分包合同，而代理型 CM 单位不负责分包合同的签订，选项 B 错误；CM 单位与分包单位之间的合同价是透明的，CM 单位不赚取差价，选项 D 错误；其余各项描述无误，故选 ACE。

68. 【答案】ACDE

69. 【答案】ACD

70. 【答案】BC

【解析】由图可知，第 4 周末检查时工作 B 拖后 2 周（而非 1 周），选项 A 错误；第 10 周末检查时工作 I 提前 1 周，但另一条并行的关键线路中，工作 H 进度正常，因此工作 I 提前，不能使总工期提前，选项 D 错误；在第 4 周末检查时工作 F 正常，在第 10 周末检查时工作 I 提前 1 周。因此，在第 5 周到第 10 周内，工作 F 和工作 I 的实际进度提前 1 周，选项 E 错误；选项 B、C 无误，故选 BC。

71. 【答案】ACE

【解析】若方案 $NPV \geq 0$，说明方案满足基准收益率要求的盈利水平，在经济上是可行的；若方案 $NPV<0$，说明方案不能满足基准收益率要求的盈利水平，在经济上是不可行的，选项 A 正确，选项 B 错误；在利用净现值法对互斥方案进行比选时，必须构造相同的分析期限，否则不能对计算期不同的互斥方案进行直接比较，选项 D 错误；选项 C、E 描述无误，故选 ACE。

72. 【答案】ABCE

【解析】对于非常规现金流量方案，其内部收益率可能不唯一，也可能不存在，不能用线性内插法计算其近似的内部收益率。线性内插法只适用于常规现金流量的项目，选项 D 错误，其余各项表述无误，故选 ABCE。

73. 【答案】BC

【解析】在价值工程活动过程中，分析阶段的主要工作有收集整理资料、功能定义、功能整理、功能评价，故选 BC。

74. 【答案】ACD

【解析】水泥项目的资本金占项目总投资的最低比例为 35%；机场项目资本金占项目总投资的最低比例要求为 25%；其余各项均为 20%。

75. 【答案】ADE

【解析】项目可行性研究属于投资决策分析阶段，选项 C 错误；选择项目融资方式属于融资决策分析阶段，选项 B 错误；其余三项均属于项目融资结构设计阶段，故选 ADE。

76. 【答案】CE

【解析】一般纳税人发生应税行为的适用一般计税方法计税（选项 A 错误）；当期销项税额小于（而非大于）当期进项税额时，差额部分可下期抵扣（选项 B 错误）；采用一般计税方法时，构成税前造价的各项费用均以不包含增值税可抵扣进项税额的价格计算（选项 C 正确）；采用简易计税方法时，构成税前造价的各项费用均以包含（而非不包含）增值税可抵扣进项税额的价格计算（选项 D 错误），非固定业户应向应税行为发生地主管税务机关申报纳税，选项 E 正确，故选 CE。

77. **【答案】** ACE

78. **【答案】** BCDE

【解析】 限额设计的主要目的是在投资额不变的情况下，寻求使用功能和建设规模的最大化，而非寻求最大限度的投资节约，选项 A 错误；其余各项描述无误，故选 BCDE。

79. **【答案】** CD

80. **【答案】** BD

【解析】 人工费（选项 A）、材料费、施工机具使用费（选项 E）和措施费中的二次搬运费（选项 C）、检验试验费可以直接分解到各工程分项；保险费和临时设施费不能直接分解到各个工程分项，故选 BD。

模拟题七答案与解析

一、单项选择题（共60题，每题1分。每题的备选项中，只有一个最符合题意）

1. **【答案】** A

【解析】 工程发承包价格是一种重要且较为典型的工程造价形式，是在建筑市场通过发承包交易，由需求主体和供给主体共同确认或确定的价格。

2. **【答案】** B

【解析】 对于政府投资工程而言，经有关部门批准的设计概算将作为拟建工程项目造价的最高限额。

3. **【答案】** D

【解析】 一级造价工程师职业资格考试合格者，由省、自治区、直辖市人力资源社会保障主管部门颁发中华人民共和国一级造价工程师职业资格证书，该证书全国范围内有效。

4. **【答案】** C

【解析】 分包单位不可再分包；两个以上不同资质等级单位联合承包工程的，应该按资质较低的单位考虑其承揽工程的范围；鼓励建筑施工企业为其从事危险作业的职工办理意外伤害保险，此险为非强制性保险。

5. **【答案】** B

【解析】 开标应由招标人主持（而非公证机构），选项A错误；开标时间为招标文件确定的提交投标文件截止时间的同一时间，选项B正确；可以由投标人或其推选的代表检查投标文件的密封情况，也可以由招标人（而非投标人）委托的公证机构对密封情况进行检查并公正，选项C、D错误；故选B。

6. **【答案】** D

【解析】 根据《招标投标法实施条例》，如招标人在招标文件中要求投标人提交投标保证金，投标保证金不得超过招标项目估算价的2%。投标保证金有效期与投标有效期一致，故选D。

7. **【答案】** C

8. **【答案】** D

【解析】 根据《民法典》合同编，双方当事人依照有关法律对合同内容进行协商并达成一致意见时，合同成立（不是合同生效），选项A错误；承诺生效时合同成立（不是合同生效），选项B错误；依照法律法规规定，应当办理批准、登记手续的合同，待手续完成时合同生效（不是合同成立），选项C错误；选项D描述无误，故选D。

9. **【答案】** D

【解析】 无论发生任何情况，均应作出对违约方不利的处理。因此，逾期交付标的物时，交货方违约，永远执行相对低价。遇到价格上涨按原价格执行；遇到价格下降按新价格执行，故选 D。

10. 【答案】C

11. 【答案】B

12. 【答案】C

13. 【答案】D

【解析】代理型 CM 合同采用简单的成本加酬金合同；非代理型 CM 合同采用 GMP 加酬金合同，故选 D。

14. 【答案】C

15. 【答案】A

16. 【答案】D

17. 【答案】B

18. 【答案】A

【解析】流水步距等于流水节拍的最大公约数=4，工作队数 $n'=4/4+8/4+8/4+4/4=6$，成倍节拍流水施工的工期$=(m+n'-1)\cdot K=(8+6-1)\times4=52$（天），故选 A。

19. 【答案】C

【解析】在流水施工中，由于流水节拍的规律不同，决定了流水步距、流水工期的计算方法等也不同，甚至影响到各个施工过程的专业工作队数目。按照流水节拍的特征，可以将流水施工分为两大类：有节奏流水施工和非节奏流水施工。

20. 【答案】A

【解析】双代号网络图中，由关键工作组成的线路是持续时间最长的线路，即为关键线路，而由关键节点相连组成的线路不一定是关键线路。单代号网络图中，还需要考虑相邻两关键工作（节点）间的时间间隔均为零，才能判定为关键线路。

21. 【答案】C

【解析】关键工作两端的节点肯定是关键节点，但两端为关键节点的工作不一定是关键工作，选项 A 错误；在双代号网络图中，由关键工作（而非关键节点）组成的线路一定是关键线路，选项 B 错误；关键节点必然处在关键线路上，选项 C 正确；关键节点的最早时间和最迟时间差值最小，当计划工期等于计算工期时，关键节点的最早时间和最迟时间相等，选项 D 错误，故选 C。

22. 【答案】D

【解析】工作 D 的最早完成时间=10+3=13，紧后工作最早开始时间分别为 17 和 15。因此，工作 D 的自由时差$=\min\{17-13, 15-13\}=2$，故选 D。

23. 【答案】B

【解析】迟延交付违约金$=800000\times0.08\%\times15=9600$（元），故选 B。

24. 【答案】C

【解析】发包人应委托监理人按合同约定向承包人发出开工通知（选项 A 错误）；发包人应组织设计单位向承包人进行设计交底（选项 C 正确）。选项 BD 属于承包人义务。

25. 【答案】D

【解析】第 1 年利息 = 1000×8% = 80（万元），第 2 年利息 = (1000+80)×8% = 86.4（万元），则两年的利息差额 = 86.4−80 = 6.4（万元），故选 D。

26.【答案】D

【解析】第 8 年末需还本息 $= 1000\times(F/A, 8\%, 3)\times1.08^6-3000\times1.08^3$

$= 1000\times[(1.08^3-1)/0.08]\times1.08^6-3000\times1.08^3$

= 1372.49（万元）。

故选 D。

27.【答案】D

28.【答案】A

29.【答案】C

【解析】方案乙的投资额和经营成本均大于方案甲，因此，甲乙方案比选，甲方案优于乙方案，淘汰乙方案；甲方案和丙方案比较，增量投资收益率 = (100−70)/(1000−800) = 15%>12%，投资额大的丙方案优于甲方案，故淘汰方案甲；方案丙和方案丁比较，增量投资收益率 = (70−60)/(1200−1000) = 5%<12%，投资额小的丙方案优于投资额大的丁方案，淘汰丁方案，故最优方案为丙，故选 C。

30.【答案】C

【解析】盈亏平衡点越低，则达到盈亏平衡点的产量和收益或成本也就越少，即项目更容易实现盈亏平衡。项目投产后盈利可能性越大，适应市场能力越强，抗风险能力也越强，但与利润率无关。

31.【答案】B

【解析】敏感度系数是评价指标变化率与不确定因素变化率之比（选项 C 错误），临界点是指不确定因素变化使项目由可行变为不可行的临界数值（选项 B 正确），在以净现值为评价指标时，二者互为负倒数（选项 A 错误）。敏感度系数的绝对值越大或临界点的绝对值越小，则该因素的变动对评价指标的影响越显著（选项 D 错误），故选 B。

32.【答案】D

33.【答案】A

34.【答案】A

35.【答案】B

【解析】对象的功能评价值 F（目标成本），是指可靠地实现用户要求功能的最低成本。

36.【答案】B

【解析】价值系数等于 1 表示对象的现实成本等于目标成本，一般无需改进，故选 B。

37.【答案】D

38.【答案】C

39.【答案】A

40.【答案】B

【解析】资产变现是企业资产总额构成的变化，即非现金货币资产减少，现金货币资产增加，资产总额不变，选项 A 错误，选项 B 正确；产权转让是企业资产控制权或产权结构的变化，产权转让后，原控制人控制的资产总额减少，选项 C 错误；产权转让和资产变现均属于既有法人资本金筹措的内部资金（非外部资金）来源，选项 D 错误，故选 B。

41. 【答案】C

42. 【答案】C

【解析】优先股资金成本率 = 9%/(1-3%) = 9.27%；债券资金成本率 = 7%×(1-25%)/(1-5%) = 5.53，该企业的加权平均资金成本率 = 9.27%×1200/4000+5.53%×2800/4000 = 6.65%，故选 C。

43. 【答案】A

44. 【答案】B

45. 【答案】D

【解析】BT 项目建成后即移交给政府，投资者仅获得建设权。因此，BT 项目的经营权和所有权属于政府，故选 D。

46. 【答案】B

47. 【答案】C

48. 【答案】B

49. 【答案】C

50. 【答案】B

【解析】工程项目财务分析的标准和参数有：净利润、财务净现值、市场利率；而经济分析的主要标准和参数有净收益、经济净现值和社会折现率，故选 B。

51. 【答案】A

【解析】有营业收入的非经营性项目，其收入补偿各项费用的顺序是：补偿人工、材料等生产经营耗费、缴纳流转税、偿还借款利息、计提折旧和偿还借款本金。因此，在补偿人工、材料等生产经营耗费之后，优先用于缴纳流转税，故选 A。

52. 【答案】A

53. 【答案】A

【解析】总成本费用 = 经营成本 + 折旧费 + 摊销费 + 利息。因此，折旧费、摊销费和利息支出属于总成本费用而不属于经营成本。

54. 【答案】B

【解析】应用价值工程法对设计方案进行评价包括的内容有：功能分析、功能评价、计算功能评价系数、计算成本系数、计算价值系数，故选 B。

55. 【答案】B

【解析】合同价格是指承包人按照合同约定完成包括缺陷责任期内全部承包工作后，发包人应付给承包人的金额，包括履行合同过程中按合同约定进行的变更、价款调整、通过索赔应给予补偿的金额，故选 B。

56. 【答案】C

57. 【答案】C

【解析】工期要求紧的工程（选项 C），应该选择报高价；投标对手多竞争激烈的工程（选项 A）、支付条件好的工程（选项 B）可以报低价争取中标；可以利用附近工程的设备、劳务的工程（选项 D），企业成本较低，可以报低价；故选 C。

58. **【答案】** A

59. **【答案】** D

【解析】 施工承包单位提出的工程变更包括承包单位建议的变更和承包单位要求的变更两类。对于施工承包单位要求的工程变更，由承包单位向监理人提出书面变更建议，变更建议应阐明变更的依据，并附必要的图纸和说明，故选 D。

60. **【答案】** B

【解析】 已完工程计划费用（600 万元）<已完工程实际费用（800 万元），说明费用偏差小于零，费用超支；已完工程计划费用（600 万元）<拟完工程计划费用（700 万元），说明进度偏差小于零，进度拖后，故选 B。

二、多项选择题（共 20 题，每题 2 分。每题的备选项中，有 2 个或 2 个以上符合题意，至少有 1 个错项。错选，本题不得分；少选，所选的每个选项得 0.5 分）

61. **【答案】** ABCD

【解析】 按照国际造价管理联合会（ICEC）给出的定义，全面造价管理（TCM）是指有效地利用专业知识与技术对资源、成本、盈利和风险进行筹划和控制，故选 ABCD。

62. **【答案】** BCE

【解析】 根据《注册造价工程师管理办法》，注册证书（选项 B）、执业印章样式（选项 E）、注册证书编号规则（选项 C）应由住房和城乡建设部会同交通运输部、水利部统一制定，执业资格证书（选项 A）由人力资源与社会保障部门颁发执业印章由造价工程师按统一的规定自行制作，故选 BCE。

63. **【答案】** ACD

【解析】 实施建筑工程监理前，建设单位应当将委托的工程监理单位、监理的内容及监理权限，书面通知被监理的建筑施工企业。

64. **【答案】** ACD

【解析】 根据《招标投标法实施条例》，招标费用占合同比例过大的项目，可以采用邀请招标（而非不招标），选项 B 错误；招标人采用资格后审办法的，应当在开标后由评标委员会按规定的标准和方法对投标人进行资格审查，选项 E 错误；其余各项表述无误，故选 ACD。

65. **【答案】** BCDE

66. **【答案】** ABCE

67. **【答案】** BCD

68. **【答案】** ABCD

【解析】 各类流水施工作业中，专业工作队均可以连续工作，选项 E 错误，其余各项无误，故选 ABCD。

69. **【答案】** BC

【解析】 由图可知，工作 1-2 的自由时差 $=4-(0+4)=0$，选项 A 错误；工作 2-5 的总时差 $=14-(4+3)=7$，选项 B 正确；网络图中关键工作为：1-3、3-4、5-6，故选项 C

正确；选项 D、E 错误，故选 BC。

70. 【答案】AE

71. 【答案】ABE

72. 【答案】BCE

【解析】净现值和内部收益率均考虑了资金的时间价值（选项 B），并全面考虑了整个计算期内经济状况（选项 E），均可对独立方案进行评价（选项 C）且结论一致；净现值指标受外部指标（基准收益率）影响，而内部收益率不受外部指标影响，选项 A 错误；净现值不能反映投资回收过程的收益程度，选项 D 错误，故选 BCE。

73 【答案】CDE

【解析】应用价值工程进行方案评价的定量方法有直接评分法、加权评分法、比较价值评分法、环比评分法、强制评分法、几何平均值评分法等。故选 CDE。

74. 【答案】CDE

75. 【答案】CE

【解析】TOT 方式中，外商掌握已建成项目的控制权（而非待建项目），选项 A 错误；在基础设施领域，BOT 应用范围小，而 ABS 应用更为广泛，选项 B 错误；ABS 主要通过证券市场风险债券筹集资金，风险分散程度比 BOT 项目高，选项 D 错误；其余各项描述无误，故选 CE。

76. 【答案】ABCE

77. 【答案】BD

78. 【答案】ABCE

79. 【答案】AD

【解析】不可抗力发生后，承包人承担自有人员伤亡（选项 A）、自有设备损失和停工损失（选项 D），其余各项一般由发包人承担，故选 AD。

80. 【答案】AC

【解析】成本分析的基本方法有比较法、因素分析法（选项 C）、差额计算法（选项 A）、比率法；技术进步法（选项 B）、目标利润法（选项 D）属于成本计划的方法；价值工程法（选项 E）属于成本控制的方法；故选 AC。

模拟题八答案与解析

一、单项选择题（共 60 题，每题 1 分。每题的备选项中，只有一个最符合题意）

1. **【答案】** A

【解析】 生产性建设项目的总投资由固定资产投资和流动资产投资两部分组成，非生产性建设项目总投资仅包括固定资产投资，故选 A。

2. **【答案】** B

3. **【答案】** D

【解析】 英国的行业协会负责管理工程造价专业人士、编制工程造价计量标准，发布相关造价信息及指标；建设主管部门的工作重点则是制定政策法律，全面规范工程造价咨询行为。美国联邦政府没有主管建筑业的政府部门，工程造价咨询业完全由行业协会管理。工程造价咨询公司在日本被称为工程积算所，主要由建筑积算师组成。在我国香港地区，一般情况下，由于工料测量师事务所受雇于业主，收取一定的咨询服务费，要对工程造价负有较大责任。

4. **【答案】** C

【解析】 若设计单位具有相应的监理资质等级，且与施工单位和供货单位没有利害关系和从属关系，则可以委托设计单位进行监理，选项 A 错误；工程监理单位与被监理工程的施工承包单位和材料设备供货单位（而非设计单位）有利害关系的，不得承担该项监理业务，选项 B 错误；未经总监理工程师签字，建设单位不拨付工程款、不进行竣工验收，选项 C 正确；设计单位（而非监理单位）应对因设计造成的质量事故提出技术处理方案，选项 D 错误；故选 C。

5. **【答案】** C

【解析】 投标人对开标有异议的，应当场提出，选项 A 错误；排名第一的中标候选人放弃中标的，可以由排名第二的候选人中标，也可以重新招标，选项 B 错误；招标人最迟应在书面合同签订后 5 日内向投标人退还投标保证金及银行同期存款利率，选项 C 正确；标底可以作为评标的参考，但不能将是否接近标底作为是否中标的条件，选项 D 错误，故选 C。

6. **【答案】** C

【解析】 对于货物规格标准统一、现货货源充足且价格变化幅度小的政府采购项目，可以采用询价方式采购。

7. **【答案】** D

【解析】 对于技术、服务等标准统一的货物和服务项目，应当采用最低评标价法进行评标，选项 A 错误；招标文件中没有规定的评标标准不得作为评审的依据，选项 B 错误；招标文件发出后可以进行必要的澄清和修改，若澄清和修改的内容可能影响投标文件编制的，应在投标截止 15 日前以书面形式通知，选项 C 错误；选项 D 描述无误，故选 D。

8. 【答案】C

【解析】债务人给付不足以清偿全部债务的，除当事人另有约定外，应当按照下列顺序履行：(1)实现债权的有关费用；(2)利息；(3)主债务。

9. 【答案】C

【解析】继续履行是合同当事人一方违约时，其承担违约责任的首选方式。

10. 【答案】C

【解析】政府指导价、政府定价的定价权限和具体适用范围，以中央和地方的定价目录为依据。

11. 【答案】A

12. 【答案】B

13. 【答案】B

14. 【答案】C

【解析】直线职能制组织机构模式横向联系差，信息传递路线长，选项 A 错误；每个成员均受到双重领导，容易造成矛盾（选项 B）；可以根据任务进行灵活调整，有较强的机动性（选项 D）均属于矩阵制组织结构模式的特点；选项 C 无误，故选 C。

15. 【答案】C

16. 【答案】B

【解析】施工方案应由项目负责人主持编制，项目技术负责人审批，选项 A 错误；规模较大的专项工程的施工方案应按单位工程施工组织设计进行编制和审批，选项 B 正确；施工方案是以分部分项工程或专项工程（而非单位工程）为对象编制的施工技术与组织方案，选项 C 错误；应在进行技术经济分析论证的基础上编制施工方案，选项 D 错误，故选 B。

17. 【答案】D

【解析】控制图是一种典型的动态分析方法，控制图的横轴为时间轴，可以随时了解生产过程中质量的变化情况，故选 D。

18. 【答案】B

19. 【答案】D

【解析】非节奏流水工期按照通用公式计算：流水工期 = 步距之和 + 最后一个施工过程的持续时间。其中，流水步距根据潘特考夫斯基的累加数列错位相减取大差法计算。

（1）分别计算三个施工过程流水节拍的累加数列：

施工过程Ⅰ：4、9、12、16；

施工过程Ⅱ：3、5、8、10；

施工过程Ⅲ：4、7、12、16。

（2）利用累加数列错位相减，求得差数列：

Ⅰ与Ⅱ之间：

$$\begin{array}{cccccc} & 4, & 9, & 12 & 16 & \\ - & & 3, & 5, & 8, & 10 \\ \hline & 4, & 6, & 7, & 8, & -10 \end{array}$$

Ⅱ与Ⅲ之间：

$$\begin{array}{cccccc} & 3, & 5, & 8 & 10 & \\ - & & 4, & 7, & 12 & 16 \\ \hline & 3, & 1, & 1, & -2 & -16 \end{array}$$

（3）在差数列中取最大值求得流水步距：

施工过程Ⅰ和施工过程Ⅱ之间的流水步距：max{4，6，7，8，-10}=8（天）；

施工过程Ⅱ和施工过程Ⅲ之间的流水步距：max{3，1，1，-2，-16}=3（天）；

所以，流水工期=步距之和+最后一个施工过程的持续时间：$T=8+3+16=27$（天），故选 D。

20. 【答案】B

21. 【答案】B

【解析】双代号时标网络图中，没有波形线的工作线路是关键线路，而没有波形线的工作不一定是关键工作，选项 A 错误；以终点节点为完成节点的工作，其自由时差与总时差相等，选项 B 正确；没有波形线（而非虚工作）的线路为关键线路，选项 C 错误；没有波形线的工作，自由时差不一定为零。若该工作后只紧接虚工作，则其紧接的虚工作中波形线水平投影长度最短的为该工作的自由时差，选项 D 错误，故选 B。

22. 【答案】D

【解析】在双代号时标网络图中，若某项工作之后只紧接虚工作，则该工作箭线上一定不存在波形线，而其紧接的虚箭线中波形线水平投影长度最短者为该工作的自由时差。

23. 【答案】C

【解析】该工作尚需作业周数为 4 周，到计划最迟完成时尚余 3 周，则该工作尚有总时差为 3-4=-1（周），影响工期 1 周（选项 D 错误，选项 C 正确）；原有总时差 3 周，尚有总时差-1 周，该工作拖延 3-(-1)=4（周）（选项 A、B 错误）。

24. 【答案】C

【解析】在进度计划调整方法中，将顺序进行的工作改为平行作业（选项 A）或搭接作业（选项 D）、重新划分施工段组织流水施工（选项 B）等，均需改变网络计划中工作间逻辑关系；而采取措施压缩关键工作持续时间（选项 C）一般不会影响工作间逻辑关系，故选 C。

25. 【答案】D

【解析】根据《标准设备采购招标文件》，购买设备迟延付款 15 天，视为拖延 3 周，应付延付款违约金=3×0.5%×800000=12000（元），故选 D。

26. 【答案】D

【解析】横轴上方的箭线表示现金流入，故选项 A、B 错误；在资金价值的作用下，现金流量折现时，数额会减小。选项 C 各点现金流量代数和为 1100 万元，折现后不可能与现值 1200 万元等值，选项 C 错误；选项 D 各点现金流量代数和为 1270 万元，折现后有可能与现金流入现值 1200 万元等值，故选 D。

27. 【答案】D

【解析】月利率 = 12%/12 = 1%，每季度应付利息 = 100×[(1+1%)^3−1] = 3.03（万元），故每年利息总额 = 3.03×4 = 12.12（万元），故选 D。

28. 【答案】D

【解析】投资收益率属于静态指标，经济意义明确，计算简便，但主观随意性较大，受人为因素影响大（选项 A 错误，选项 D 正确）；反映资本的周转速度（选项 B）、不能全面考虑整个计算期的现金流量（选项 C）属于投资回收期的特点，与投资收益率无关，故选 D。

29. 【答案】C

【解析】基准收益率 = 12%×40%+15%×60% = 13.8%，故选 C。

30. 【答案】B

31. 【答案】D

【解析】工程项目盈亏平衡分析的特点是能够度量项目风险的大小，但不能揭示产生项目风险的根源；敏感性分析能够在一定程度上定量描述不确定因素发生增减变化时对评价指标的影响，但不能分析各种不确定因素发生变动的可能性，故选 D。

32. 【答案】C

【解析】应首先选择 F/C 值低的区域作为价值工程改进对象，在 n 个功能区域的价值系数同样低时，就要优选 ΔC（$C-F$）较大的区域作为重点对象。

33. 【答案】D

34. 【答案】B

【解析】如果评价对象的价值系数 $V<1$，一般均应进行改进（选项 C 错误），改进方向为剔除过剩功能及降低现实成本，选项 B 正确；注：剔除过剩功能的目的也是降低现实成本，“剔除过剩功能及降低现实成本”不是两种方法，而是均以降低现实成本为改进方向；本题选项 A 表述存在较大干扰性，存在“不必要功能”属于价值系数 $V>1$ 的一种情形，与题意不符，选项 A 错误；提高现实成本或降低功能水平（选项 D）属于价值系数 $V>1$ 时的两种改进方向，选项 D 错误，故选 B。

35. 【答案】C

36. 【答案】B

37. 【答案】D

38. 【答案】A

39. 【答案】D

【解析】企业增资扩股属于既有法人外部资金来源，选项 A 错误；发行企业债券（选项 B）和申请银行贷款（选项 C）均为负债融资；企业产权转让属于既有法人内部资金来源，故选 D。

40. 【答案】C

【解析】边际资金成本是追加筹资决策的重要依据。

41. 【答案】B

【解析】一般情况下，项目融资中债务融资占有较大比例。因此，项目债务资金的筹集是解决项目融资的资金结构问题的核心。

42.【答案】D

【解析】该普通股的成本率 = 1.2/[30×(1−10%)] + 8% = 4.44% + 8% = 12.44%，故选 D。

43.【答案】B

44.【答案】A

45.【答案】A

【解析】PFI 方式的核心是旨在增加包括私营企业参与的公共服务或公共服务产出的大众化，选项 A 正确；PFI 项目的控制权必须由私营部门（而非公共部门）掌握，选项 B 错误；项目融资成本高、时间长，结构复杂，选项 C 错误；运营期结束时，私营部门应将 PFI 项目完好、无债务地归还政府，选项 D 错误，故选 A。

46.【答案】C

47.【答案】A

48.【答案】C

49.【答案】A

【解析】工伤保险费由企业按职工工资总额（而非社会平均工资）的一定比例缴纳，职工个人不缴纳工伤保险费；工伤保险基金要存入社会保障基金财政专户，故选 A。

50.【答案】B

51.【答案】C

【解析】采用全寿命期费用法进行设计方案评价时，因各方案寿命期不等，因此不能采用净现值，而应选用年度等值费用，故选 C。

52.【答案】A

53.【答案】D

【解析】根据《标准施工招标文件》，场内施工道路的修建、维修和管理费用、承包人外出行驶所需的场外公共道路通行费和税款、超大件和超重件运输所造成的道路和桥梁的临时加固费均应由承包人负责；施工过程中出现不利物质条件导致的承包人合理措施增加费（选项 D）应由发包人负责，故选 D。

54.【答案】A

55.【答案】B

【解析】工程内容说明不清楚的，估计工程量会增加的应提高单价，估计工程量会减少的，应该降低报价，选项内容表述 B 错误；其余各项表述均正确，故选 B。

56.【答案】A

【解析】在招标文件中规定了暂定金额的分项内容和暂定总价款时，由于暂定总价款是固定的，分项内容单价不影响投标人总报价，因此投标人应适当提高暂定金额分项内容的单价，故选 A。

57.【答案】D

【解析】施工成本管理各环节是一个有机联系与相互制约的系统过程。其中，成本计划是开展成本控制和分析的基础，也是成本控制的主要依据；成本控制能对成本计划的实施进行监督，保证成本计划的实现；成本分析是对成本计划是否实现进行检查，并为成本管理绩效考核提供依据；成本管理绩效考核是实现责任成本目标的保证和手段。

58. **【答案】** A

【解析】 现场经费是指为组织施工生产和经营管理所需的费用，包括项目经理部人员的工资、五险一金、工会经费、职工教育经费、办公设备及生活用品购置费、日常办公费等。

59. **【答案】** A

【解析】 进度绩效指数>1，表明实际进度超前，选项 A 正确；费用绩效指数<1，说明费用超支（选项 B 错误），已完工程计划费用小于（而非大于）已完工程实际费用（选项 C 错误）；三个参数顺序应为：拟完工程计划费用<已完工程计划费用<已完工程实际费用，选项 D 错误，故选 A。

60. **【答案】** A

二、多项选择题（共 20 题，每题 2 分。每题的备选项中，有 2 个或 2 个以上符合题意，至少有 1 个错项。错选，本题不得分；少选，所选的每个选项得 0.5 分）

61. **【答案】** CDE

62. **【答案】** BCD

63. **【答案】** ABCE

【解析】 根据《建设工程安全生产管理条例》，垂直运输机械作业人员（选项 A）、安装拆卸工、爆破作业人员（选项 E）、起重信号工（选项 B）、登高架设作业人员（选项 C）等特种作业人员，需取得特种作业操作资格证书后，方可上岗工作；大型挖掘设备作业人员（选项 D）不在此列，故选 ABCE。

64. **【答案】** BC

65. **【答案】** AD

66. **【答案】** ACE

67. **【答案】** ABD

68. **【答案】** DE

69. **【答案】** ACDE

【解析】 由图可知，关键线路为 1–2–5–6 和 1–3–5–6，工作 1–3、2–5、3–5 均为关键工作且总时差、自由时差均为零，故选项 ACD 正确；工作 4–6 总时差 = 8–6 = 2，故选项 E 正确；工作 2–4 自由时差 = 6–(4+2) = 0，选项 B 错误，故选 ACDE。

70. **【答案】** ABCD

【解析】 根据《标准设计招标文件》（2017 年版），专用合同条款是对通用合同条款的细化、完善、补充、修改或另行约定。

71. **【答案】** AE

【解析】 净现值（选项 A）和内部收益率（选项 E）既考虑了资金时间价值，又考虑了项目在整个计算期内经济状况；动态投资回收期（选项 B）考虑了资金时间价值，但没有考虑整个计算期内的现金流量；资产负债率（选项 C）和资本金净利润率（选项 D）均为静态指标，故选 AE。

72. 【答案】BCE

73. 【答案】ACDE

74. 【答案】AE

75. 【答案】BDE

【解析】TOT 方式是通过已建成项目为其他新项目进行融资，承包商的风险小于 BOT（选项 A 错误），资产收益有保证，且不需要太复杂的信用保证结构（选项 C 错误），其余各项均为 TOT 融资方式的特点，故选 BDE。

76. 【答案】ACD

77. 【答案】BCE

78. 【答案】ABE

79. 【答案】ADE

【解析】施工场地内造成的第三者人身伤亡要进行责任界定和原因分析，因发包人原因造成的施工场地内第三者人身伤亡应由发包人承担；因承包人原因造成的，则由承包人承担，故选项 B、C 错误；其余各项表述无误，故选 ADE。

80. 【答案】AB

【解析】在采用比较法进行成本分析时，比较分析的内容有：本期实际指标与本期计划指标（选项 A）、本期实际指标与上期实际指标（选项 B）、本期实际指标与行业平均、先进指标对比，故选 AB。

模拟题九答案与解析

一、单项选择题（共 60 题，每题 1 分。每题的备选项中，只有一个最符合题意）

1. 【答案】C

【解析】静态投资包括建安工程费用（2000 万元）、设备和工器具购置费（400 万元）、工程建设其他费（360 万元）、基本预备费（200 万元）等。合计：2000+400+360+200=2960（万元），故选 C。

2. 【答案】D

【解析】取得造价工程师职业资格证书且从事工程造价相关专业者，经注册方可以造价工程师名义执业，选项 A 错误；造价工程师执业印章由造价工程师按照统一规定自行制作，选项 B 错误；造价工程师不得同时在两个单位执业，选项 C 错误；工程造价咨询成果文件应由一级造价工程师审核并加盖执业印章，选项 D 描述无误，故选 D。

3. 【答案】D

【解析】JCT 合同是英国的主要合同体系之一，主要通用于房屋建筑工程。AIA 是美国建筑师学会的简称，故选项 D 表述错误，其余各选项说法无误，故选 D。

4. 【答案】D

【解析】涉及建筑主体和承重结构变动的装修工程，建设单位应当在施工前委托原设计单位或具有相同资质等级的设计单位提出设计方案，故选 D。

5. 【答案】A

6. 【答案】B

【解析】根据《政府采购法实施条例》，招标文件提供期限自招标文件开始发出之日起，不得少于 5 个工作日。

7. 【答案】B

【解析】合同成立的判断依据是承诺是否生效；合同生效，是指合同产生法律效力，具有法律约束力；有些合同成立后，并非立即产生法律效力，而是需要其他条件成就后才开始生效；依法成立的合同，自成立时生效，但是法律另有规定或当事人另有约定的除外。

8. 【答案】D

【解析】撤销权自债权人知道或应当知道撤销事由之日起一年内行使。自债务人的行为发生之日起五年内没有行使撤销权的，该撤销权消灭。

9. 【答案】B

【解析】债权人领取提存物的期限为 5 年，选项 A 错误；提存是由于债权人原因导致债务人无法履行债务，由债务人将标的物提存，选项 C 错误；提存可以作为合同权利义务关系终止的情况之一，选项 D 错误；选项 B 属于提存的一种情形，描述无误，故选 B。

10. 【答案】A

11. 【答案】A

12. 【答案】D

13. 【答案】B

【解析】筹措建设资金、按时偿还债务是董事会的职责，故选项 B 正确；其余各项均为总经理的工作职责，故选 B。

14. 【答案】C

15. 【答案】C

【解析】直线制组织机构的主要优点是结构简单、权力集中、易于统一指挥、隶属关系明确、职责分明、决策迅速。但由于未设职能部门，项目经理没有参谋和助手，要求领导者通晓各种业务，成为“全能式”人才。无法实现管理工作专业化，不利于项目管理水平的提高。

16. 【答案】A

【解析】矩阵制组织机构的优点是具有较大的机动性和灵活性，实现了集权与分权的最优结合，有利于调动各类人员的工作积极性。但是，矩阵制组织机构经常变动，稳定性差，尤其是业务人员的工作岗位频繁调动。

17. 【答案】C

【解析】最小工作面（选项 C）决定了每班安排人数的上限，最小劳动组合（选项 B）决定了每班安排人数的下限，故选 C。

18. 【答案】C

【解析】连续 3 个（不是 7 个）点中有 2 个落在 2 倍标准差与 3 倍标准差控制界限之间属于有缺陷，故选项 A 错误；连续 7 个（不是 5 个）点子上升或下降属于有缺陷，故选项 B 错误；连续 7 个（不是 6 个）点子在中心线一侧属于有缺陷，故选项 D 错误；选项 C 描述准确：连续 11 个点中有 10 个在中心线一侧属于有缺陷，故选 C。

19. 【答案】C

【解析】在各类流水施工中，只有等步距异节奏流水（成倍节拍流水）施工方式需要根据各施工过程节拍的比例关系成立相应数量工作队，而其余各类流水施工方式中，施工队数量均等于施工过程数，故选 C。

20. 【答案】C

【解析】根据潘特考夫斯基的流水工期计算方法：

（1）分别计算三个施工过程节拍的累加数列：

施工过程Ⅰ：3、7、12、18；

施工过程Ⅱ：4、8、13、16；

施工过程Ⅲ：3、7、10、14。

（2）利用累加数列错位相减，求得差数列：

Ⅰ与Ⅱ之间：3，　7，　12，　18

－　　　　4，　8，　13，　16

3，　3，　4，　5，　−16

Ⅱ与Ⅲ之间：4， 8， 13， 16

$$
\begin{array}{rrrrrr}
 & 4, & 8, & 13, & 16 & \\
- & & 3, & 7, & 10, & 14 \\
\hline
 & 4, & 5, & 6, & 6, & -14
\end{array}
$$

（3）在差数列中取最大值求得流水步距：

施工过程Ⅰ和施工过程Ⅱ之间的流水步距：$\max\{3, 3, 4, 5, -16\}=5$（天）；

施工过程Ⅱ和施工过程Ⅲ之间的流水步距：$\max\{4, 5, 6, 6, -14\}=6$（天）；

所以，流水工期=步距之和+最后一个施工过程的持续时间为：$T=5+6+14=25$（天），故选C。

21. **【答案】** D

【解析】 双代号时标网络图中，自始至终没有波形线的线路为关键线路，根据题意可知，该网络计划的关键线路分别为：①②⑥⑧⑨；①②④⑤⑥⑧⑨；①③④⑤⑥⑧⑨；①③⑦⑨，共4条关键线路，故选D。

22. **【答案】** B

【解析】 以网络计划终点节点为完成节点的工作，其最迟完成时间等于网络计划的计划工期。其他工作（有紧后工作的工作）的最迟完成时间等于其紧后工作最迟开始时间的最小值。

23. **【答案】** C

【解析】 直接费会随着工期的缩短而增加（选项A错误），间接费包括企业经营管理费，一般会随着工期的缩短而减少（选项B错误）。工期优化（非费用优化）是寻求计算工期满足要求工期的优化过程（选项D错误）；选项C描述无误，故选C。

24. **【答案】** C

【解析】 买方采购设备未能按合同约定支付合同价款应支付迟延付款违约金：从迟付的第一周到第四周，每周迟延付款违约金为迟延付款金额的0.5%；从迟付的第五周到第八周，每周迟延付款违约金为迟延付款金额的1%；从迟付的第九周起，每周迟延付款违约金为迟延付款金额的1.5%。迟付不足一周的按一周计算，迟延付款违约金总额不得超过合同价格的10%，故选C。

25. **【答案】** B

【解析】 根据《标准设计施工总承包招标文件》（2012年版），发包人应委托监理人提前7天向承包人发出开始工作通知。

26. **【答案】** C

【解析】 项目信息管理系统应采取的实施模式包括自行开发、直接购买和租用服务三种方式，其中自行开发针对性强、可靠性好，但费用较高、周期最长，适用于复杂性程度和系统要求高的大型工程项目。

27. **【答案】** B

【解析】 首先，现金流入应用向上的箭线表示，现金流出用向下的箭线表示。此外，在资金时间价值的作用下，现金流量折现（由期末向期初折算）时数额会减小，而由现值折算为终值时数额会增大。因此，可能与第2期末1000万元现金流入等值，且发生在第1期初、第1期末和第2期末的现金流量其代数和必然小于1000万，且用向上的箭线表述。选项 C、D 为向下箭线，首先排除；选项 A 的现金流量代数和大于 1000 万，根据题意判断只有选项 B 符合题意，故选 B。

28. 【答案】D

【解析】计息周期利率(i)= 利率周期利率(r)/利率期内计息周期的个数(m)= 6%/4 = 1.5%，所以，年有效利率 = $(1+1.5\%)^4-1=6.14\%$，故选 D。

29. 【答案】D

【解析】投资回收期可以从项目建设开始年算起，也可以从项目投产年开始算起，选项 A 错误；投资回收期分为静态、动态两种，选项 B 错误；选项 C 所述是投资收益率的特点；选项 D 描述无误，故选 D。

30. 【答案】A

【解析】资本成本和机会成本（选项 A）是确定基准收益率的基础因素，投资风险和通货膨胀（选项 C）是确定基准收益率必须考虑的影响因素，故选 A。

31. 【答案】B

【解析】增量投资内部收益率法（选项 B）属于互斥型投资方案经济效果动态评价方法，而其余各项均为静态评价方法，故选 B。

32. 【答案】B

【解析】盈亏平衡分析法可以度量项目风险的大小（选项 B），但不能揭示产生项目风险的根源（选项 A 描述错误），选项 C、D 与敏感性分析的相关特征有关，与盈亏平衡分析特点无关，故选 B。

33. 【答案】B

【解析】项目风险分为 K、M、T、R、I 五级，其中 K 级风险应放弃该项目（选项 A），M 级风险应修正拟议中的方案，采取补偿措施（选项 B），T 级风险应设定某些指标的临界值，一旦达到临界值就要变更设计或采取补偿措施（选项 D），故选 B。

34. 【答案】C

【解析】选项 A 的描述是 ABC 法的特点，故错误；选项 B 是百分比法的特点，故错误；选项 D 中，头脑风暴法可以用于方案创造而不能用于价值工程对象的选择，价值工程对象选择的方法有：因素分析法、ABC 法、强制确定法、百分比分析法、价值指数法。选项 C 描述准确：ABC 分析法有利于集中精力重点突破，且简便易行，故选 C。

35. 【答案】A

【解析】价值工程中的价值（F）是评价对象的目标成本，也是可靠实现用户要求的最低成本，故选 A。

36. 【答案】D

【解析】本题首先注意分析题意，是选择最优的设计方案，而不是选择需要进行价值工程改进的对象。寻找价值工程改进对象是比选价值相对最低的研究对象，而此题目应比选“价值”最高的方案。本题目中正常思路是分别计算四个方案单方造价的相对比例关系（成本系数），再用功能系数除以成本系数，得到价值系数，然后选择价值系数最大的方案，计算结果如下表，故选 D。此外，类似题目可以简单计算，可以不计算各方案的成本系数，而是直接用各方案的功能系数除以单方造价（所得的商没有经济含义，但数值的大小顺序与价值系数相同），选择商值最大的方案即可。

设计方案	甲	乙	丙	丁
功能系数	0.26	0.25	0.20	0.29
单方造价（元/m^2）	3200	2960	2680	3140
成本系数	0.27	0.25	0.22	0.26
价值系数	0.96	1.00	0.91	1.12

37.【答案】C

【解析】创新方案的适用期限与数量（选项 C）属于经济可行性评价；分析功能的实现程度（选项 A）属于技术可行性评价；方案对国民经济效益的影响（选项 B）属于社会评价；综合判断方案总体价值（选项 D）属于综合评价，故选 C。此考点可能对各类评价内容无法精确记忆，但了解评价的几个方面：技术评价、经济评价、社会评价、综合评价，也可以筛选排除。

38.【答案】C

【解析】权衡分析是对费用和效率两个要素做适当处理，其目的是为了提高总体的经济性。

39.【答案】B

【解析】公益性投资项目不实行资本金制度；作为计算资本金基数的总投资是指项目固定资产投资与铺底流动资金（不是全部流动资金）之和；城市轨道、港口、保障性住房、电力项目资本金最低比例为 20%，机场项目资本金最低比例为 25%。

40.【答案】B

【解析】在未来生产经营现金流量中，财务费用及流动资金占用的增加部分不能用于固定资产投资，折旧、无形及其他资产摊销通常认为可用于再投资或偿还债务，净利润中有一部分需要用于分红或留存，其余部分可用于再投资或偿还债务。

41.【答案】B

【解析】资金成本包括两部分，不仅指资金所有者的利息收入，还包括资金筹集成本，故选项 A 错误；资金成本表现为资金占用额的函数（选项 D 错误）；实际上资金成本也与时间相关（教材未提及），但“资金成本只是时间的函数（选项 C）”显然是错误的；资金成本是指资金使用人的筹资费和使用费，表述无误，故选 B。

42.【答案】A

43.【答案】B

【解析】本题中未提及优先股，故：每股收益 $=(S-VC-F-I)\cdot(1-T)/N=(8000-5000-1000-600)\times(1-25\%)/10000=0.105$(元/股)。故选 B。

44.【答案】D

45.【答案】A

46. 【答案】D

47. 【答案】A

【解析】房产税分为从价计征和从租计征两类。从价计征时，计税依据为房产原值一次减除10%~30%的扣除比例后的余值，选项B描述片面；房产出典的，由承典人缴纳房产税，选项C错误；房产联营投资共担风险的，按房产余值为计税依据计征房产税，选项D错误；选项A描述无误，故选A。

48. 【答案】C

【解析】视同工伤范围包括：在工作时间和工作岗位，突发疾病死亡或48小时内抢救无效死亡的；在抢险救灾等维护国家利益、公共利益活动中受到伤害的；职工原在部队服役，因战、因公负伤致残，已取得革命伤残军人证，到用人单位后旧伤复发的。

49. 【答案】C

【解析】建筑意外伤害保险实行差别费率和浮动费率。差别费率可与工程规模、类型、工程项目风险程度和施工现场环境等因素挂钩；浮动费率可与施工单位安全生产业绩、安全生产管理状况等因素挂钩。

50. 【答案】A

51. 【答案】D

52. 【答案】B

53. 【答案】A

54. 【答案】B

55. 【答案】B

56. 【答案】A

【解析】在施工方投标报价过程中，不分标的暂定项目中，肯定要施工项目不会由其他单位承包，故其单价可选择报高价（选项A正确），而不一定施工的项目应该报低价（选项B错误）；包干与混合制合同中的包干项目应报高价而单价项目应报低价（选项C错误）；可能分标工程中的暂定项目应该报低价（选项D错误），故选A。

57. 【答案】C

【解析】评标委员会总人数为5人以上单数，且技术、经济方面专家占评标委员会成员总数不少于2/3（即招标人代表不大于评标委员会总人数的1/3）。本题中招标人代表2人，设评标委员会总人数为x，则$2 \leqslant x/3$，$x \geqslant 6$，故$x=7$。

58. 【答案】A

59. 【答案】D

60. 【答案】C

二、多项选择题（共20题，每题2分。每题的备选项中，有2个或2个以上符合题意，至少有1个错项。错选，本题不得分；少选，所选的每个选项得0.5分）

61. 【答案】ABE

【解析】立足于调查—分析—决策基础上的偏离—纠偏—再偏离—再纠偏属于被

动控制而非主动控制，选项 C 错误；在设计阶段，经批准的工程概算（不是施工图预算）将作为拟建工程项目造价的最高限额，故选项 D 错误；其余各项表述无误，故选 ABE。

62. **【答案】** ABD

63. **【答案】** ABDE

【解析】 施工单位从事建设工程活动，应当具备国家规定的注册资本、专业技术人员、技术装备和安全生产等条件，依法取得相应等级的资质证书，并在其资质等级许可的范围内承揽工程。

64. **【答案】** ABCE

【解析】 对投标人采用无差别的资格审查标准（选项 D）是合理的，不属于“以不合理条件限制、排斥潜在投标人或投标人”，其余各项均属于，故选 ABCE。

65. **【答案】** ABDE

66. **【答案】** BDE

【解析】 审核、上报初步设计文件（选项 A）属于董事会职权；审批项目财务预算（选项 C）教材未明确提及，但“编制”项目财务预算、决算属于总经理职权，合理推理“审批”项目财务预算、决算应属于董事会职权，故选项 C 错误。组织工程设计招标、组织单项工程预验收、编制项目财务决算均属于总经理职权，故选 BDE。

67. **【答案】** BD

【解析】 采用频数分布直方图分析工程质量波动情况时，出现孤岛型分布的原因可能是少量材料不合格（选项 B）或者是短时间内工人操作不熟练（选项 D）；而数据分组不当（选项 A）和组距确定不当（选项 C）会导致折齿型分布；将两个分布相混淆（选项 E）会导致双峰型分布，故选 BD。

68. **【答案】** BCE

【解析】 相邻施工过程的流水步距相等，且等于流水节拍的最大公约数（选项 A）属于等步距异节奏流水施工特点；施工段之间没有空闲时间（选项 D）是等节奏流水和等步距异节奏流水施工的特点，故选项 AD 错误；其余各项描述无误，故选 BCE。

69. **【答案】** ABC

【解析】 工作自由时差是指不影响紧后工作最早开始的前提下，本工作可以利用的机动时间。因此，若某项工作只有一项紧前工作 X，则工作 X 的自由时差必然恒为零，即若工作 X 发生延误，必然会影响其紧后工作的最早开始时间。此题目中，工作 A、B、D 分别为工作 B、C、E 的唯一紧前工作，故工作 A、B、D 自由时差均恒为零，选项 ABC 正确；工作 E 的紧后工作 F 有两项紧前工作：工作 A 和 E，若工作 E 的最早完成时间小于工作 A 的最早完成时间，则工作 E 存在自由时差，故选项 D 错误；工作 C、F 没有紧后工作，其自由时差等于其总时差，若工作 C（工作 F）为非关键工作，则其总时差和自由时差均不为零。即使工作 C（工作 F）为关键工作，在计划工期大于计算工期时，工作 C（工作 F）的总时差和自由时差也不为零，故选项 E 错误。故选 ABC。

70. **【答案】** AB

【解析】 根据题意可以计算出各工作的尚余总时差及其对工期的影响，如下表：

工作名称	检查计划时尚需作业周数①	至计划最迟完成时尚余周数②	原有总时差③	尚有总时差④=②-①	提前周数⑤=④-③	影响工期④<0则影响
X	3	2	1	-1	-2（拖后）	影响1周
Y	1	2	0	1	1（提前）	不影响
Z	4	4	2	0	-2（拖后）	不影响

由表可知，工作X尚有总时差为-1周（选项E错误），影响总工期1周（选项A正确）；工作Y提前1周（选项B正确）；工作Y尚有总时差为1（选项C错误）；工作Z拖后2周（选项D错误）；故选AB。

71. 【答案】CDE

【解析】按当年价格预测项目现金流量时，确定基准收益率需要考虑的因素包括：资金成本和机会成本、投资风险、通货膨胀；按不变价格预测项目现金流量时（通货膨胀因素已经剔除），确定基准收益率需要考虑的因素包括：资金成本和机会成本、投资风险；故本题选CDE。

72. 【答案】CDE

73. 【答案】BDE

74. 【答案】ACE

【解析】优先股与债券相似的特征是股息固定（选项A正确），与普通股相同的是没有还本期限（选项B错误）；优先股融资成本较高（选项C正确），且股利不能税前扣除（选项D错误），优先股股东不参与公司经营（选项E正确），故选ACE。

75. 【答案】ABC

76. 【答案】CDE

【解析】房屋建造不缴纳契税，房屋买卖、赠予和交换的应缴纳契税，选项A、B表述有误；其余选项描述无误，故选CDE。

77. 【答案】BD

【解析】内部收益率（选项A）、总投资收益率（选项C）、资本金净利润率（选项E）是反映项目盈利能力的指标；资产负债率（选项B）、速动比率（选项D），以及利息备付率、偿债备付率、流动比率是反映项目偿债能力的指标，故选BD。

78. 【答案】ABE

【解析】采用总价合同时，一般要求合同条件明确，施工图设计完成，合同不确定性小，风险较低，故选ABE。

79. 【答案】ACDE

【解析】在评标时，出现投标文件中大写金额与小写金额不一致时，应以大写金额为准，不作废标处理，故选项B错误；其余各项均按废标处理，故选ACDE。

80. 【答案】ABE

【解析】分部分项工程成本分析的分析方法是进行预算成本、目标成本与实际成本的“三算对比”，选项C错误；分部分项工程成本分析要对主要的分部分项工程进行系统的成本分析，而不是所有分部分项工程，故选项D错误；其余各项表述无误，故选ABE。